# Visual Basic .NET

# 實力應用教材

楊錫凱・陳世宏　編著

 全華圖書股份有限公司　印行

自從Microsoft推出視覺化的程式開發工具—Visual Basic之後，儘管經過多次的版本升級，但由於此視窗程式開發工具的學習曲線短，且其功能強大，學習Visual Basic的熱潮從未退卻，也間接使得許多領域如工業、商業及學術研究等，均可見到其應用。

隨著VB.NET新版本的推出（不管是VB 2008/VB 2010/VB 2012，這裡統稱為VB.NET），其完整的物件導向特色與基於.NET Framework平台的豐富資源，使得視窗程式的開發在資源的支援與跨平台的應用上更是如虎添翼。事實上，從VB 6.0演變至VB.NET，基本的程式語法大抵是相通的，但VB.NET在物件導向觀念上的應用則有顯著的差異。

本書撰寫的對象是針對以VB.NET為應用工具的讀者，希望透過範例程式的撰寫，引導讀者迅速了解基本的物件觀念，在具備清晰的物件導向觀念後，便能放心的發揮VB.NET提供的支援。透過本書的編排與設計，讀者應可快速的具備VB.NET程式設計的基本能力。

本書的另外一個特色是針對各單元的重點及觀念，設計大量實用的範例，同時佐以詳細的資料解說，使讀者在了解觀念之後，一方面可以很迅速的知道如何去應用它；另一方面則可以學得程式設計的技巧。此外，為使讀者能在循序學習VB.NET後，有能力自行開發完整的應用程式，本書亦以分類的方式，設計多個完整的範例，並且詳細的說明程式設計的思考過程，希望藉此作為讀者自行開發應用程式的參考，也期望讀者能夠多方面的思考VB.NET的應用層面，結合自己的專業能力，開發出屬於自己的應用程式。

本書是作者平日實際設計程式與教學過程的經驗累積整理所得，若有未臻理想及誤謬之處，尚請諸位先進不吝指教。

楊錫凱　skyang335@gmail.com

陳世宏　Charly7840@hotmail.com

# 第一章　**VB.NET**簡介

# 第二章　**Visual Studio**中的**.NET Framework** 類別庫簡介

# 第三章　**VB.NET**整合設計環境

## 第六章　程式流程控制

# 第七章　一般程序

# 第八章　事件處理程序

# 第九章 陣列

# 第十章 進階GUI控制項

# 第十一章　My參考

# 第十二章　VB.NET的繪圖世界

# 第十六章　應用實例演練

# 第三章　**VB.NET**整合設計環境

# 第四章　基本**GUI**控制項

# 第五章　運算子、常數、變數與資料型別

# 第六章　程式流程控制

## 第七章　一般程序

## 第八章　事件處理程序

# 第九章　陣列

# 第十章　進階GUI控制項

## 第十一章　**My**參考

# 第十二章　VB.NET的繪圖世界

# 第十三章　**VB.NET**的序列通訊

# 第十四章　**VB.NET**與資料庫

## 第十五章　錯誤與例外狀況處理

```
PRIVATE SUB BUTTON1_CLICK(BYVAL SENDER AS SYS
BYVAL E AS SYSTEM.EVENTARGS) HANDLES BUTTON
    TEXTBOX1.COPY()
END SUB

PRIVATE SUB BUTTON2_CLICK(BYVAL SENDER AS SYS
BYVAL E AS SYSTEM.EVENTARGS) HANDLES BUTTON2
    TEXTBOX1.CUT()
END SUB

PRIVATE SUB BUTTON3_CLICK(BYVAL SENDER AS SYS
BYVAL E AS SYSTEM.EVENTARGS) HANDLES BUTTON
    TEXTBOX1.PASTE()
END SUB

PRIVATE SUB BUTTON4_CLICK(BYVAL SENDER AS SYS
BYVAL E AS SYSTEM.EVENTARGS) HANDLES BUTTON
    TEXTBOX1.U
END SUB
```

# 1

# VB.NET簡介

Visual Basic

```
RIVATE SUB BUTTON3_
LICK(BYVAL SENDER AS
YSTEM.OBJECT, BYVAL E
S SYSTEM.EVENTARGS)
ANDLES BUTTON3.CLICK
    LABEL1.LEFT += 10
ND SUB

RIVATE SUB BUTTON4_
LICK(BYVAL SENDER AS
YSTEM.OBJECT, BYVAL E
S SYSTEM.EVENTARGS)
ANDLES BUTTON4.CLICK
    BUTTON2.ENABLED =
ALSE
    BUTTON3.ENABLED =
ALSE
ND SUB
```

## 1-1 關於程式設計

在開始介紹VB程式語言之前，先針對「程式設計」做一些觀念的說明。「程式設計」就是透過電腦懂的語言（事實上，所謂的「程式語言」都必須透過『翻譯器』才能讓電腦懂，因為在電腦裡運作的資料只有0和1），請電腦幫我們做事（要知道，電腦是很聽話的，只要下達的指令它認得，它就會照著做）。當然，既然是「設計」，那就會有一些特定的目標，因此必須妥善的規劃程式語言的內容，以達到既定的目標。而進行這一系列要下達給電腦動作的指令的規劃就是程式設計。

所謂讓電腦懂的語言，其實是一種語言規範，程式設計師必須依照規範撰寫程式語言，『編譯器』才能順利將它翻譯成電腦懂的語言。然而，依照不同的目的（如執行效率的考量、工作目標的考量、學習曲線的考量等等），衍生出多種不同的「程式語言」規範，如BASIC、C、C++、Fortran、ASP、Java等等，其實編譯器本身，也是一個程式。

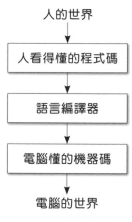

圖1-1　程式語言的位置

因此，如果你是一個剛要踏入程式設計領域的新手，恭喜你！VB.NET是一個嶄新的、功能強大的程式語言。然而，如果你曾經是VB 6.0末代版本的擁護者，儘管市場仍有許多以VB 6.0所開發的應用程式待維護，但你心裡明白，遲早有一天，還是得接受.NET。不過也不用太過擔心，只要弄清楚VB.NET基於物件導向程式設計的概念，你將很快速的融入它，且喜歡上它。

**從VB 6.0到VB.NET的演變**

　　從VB版本的演進，你就可以知道VB程式語言受歡迎的程度。由於VB 6.0的學習門檻較低，圖形化設計介面很容易上手，因此曾經廣泛地流行；即使是現在，還是有許多公司及產業界使用以VB 6.0開發的應用程式，甚至仍進行應用程式的開發，因此也可以這麼說：VB 6.0截至目前為止，仍未完全被VB.NET所取代。表1-1列出VB到VB.NET版本的演進。

表1-1　VB版本演進

| 發布年份 | 版本 | 備註 |
|---|---|---|
| 1995年 | VB 4.0 | 引入控制項的觀念 |
| 1997年 | VB 5.0 | 支援使用者自建控制項 |
| 1998年 | VB 6.0 | 迄今仍無法被VB.NET完全取代 |
| 2002年 | VB.NET 7.0 / VB.NET 2002 | 引進.NET Framework類別庫 VB包含於Visual Studio中 |
| 2003年 | VB.NET 7.1 / VB.NET 2003 | |
| 2005年 | VB.NET 8.0 / VB 2005 | 提供免費簡化版本Express Edition |
| 2008年 | VB.NET 9.0 / VB 2008 | |
| 2010年 | VB.NET 10.0 / VB 2010 | |
| 2012年 | VB 2012 | |

　　Visual Basic語言的語法簡單易學，且本身提供內建的資料型別，如Integer（整數）、Long（長整數）與String（字串）；內建的函式，如字串處理、資料型別轉換、數學函式以及檔案處理函式等等。因此，在圖形化設計環境中，可以快速地完成應用程式開發。此外，Visual Basic亦具備呼叫Win32 API的功能，當應用程式有較接近系統底層的需求時，透過Win32 API可以執行一些標準Visual Basic功能無法執行的工作，因此，對於接近系統底層的複雜應用程式設計，VB 6.0也幾乎都能達到，這也是VB 6.0能受到眾人喜愛的原因。不過，畢竟Win32 API的函式相當的多，且Win32 API與C語言較為接近，函式引數複雜，引用並不是那麼方便；而後來微軟推出的.NET Framework概念則解決了上面的問題。

　　.NET Framework平台提供了一個共通語言執行環境（Common Language Runtime, CLR），同時還提供了一個完整的共通的類別程式庫（Common Class Library）。你可以想像VB.NET將VB 6.0原有的一些內建常數與函式，都分門別類的歸納到.NET Framework的類別庫中，且在此類別程式庫下，不同的程式語言使用者可以使用相同的類別程式庫，進行應用程式的開發設計；也就是說，支援此.NET Framework平台的程式語言，均能夠依循相同的統一架構進行工作，不需要學習各自語言的API架構，就能以自己熟悉的語言撰寫應用程式，甚至開發元件，及將其他程式設計師所開發的元件整合到自己的應用程式中。

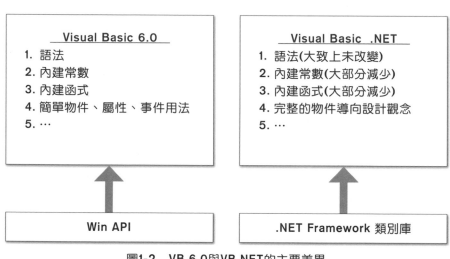

圖1-2　VB 6.0與VB.NET的主要差異

　　另一方面，有了.NET Framework這個平台，也使得部署Visual Basic .NET應用程式變得更加容易。程式語言經VB.NET編譯之後，是一種受管理程式碼（Managed code，類似Java的byte code觀念），也就是一個可在.NET Framework執行環境中執行的中介程式碼，在實際執行時經由.NET Framework中的即時編譯器（Just-In-Time Compiler, JIT Compiler），會將中介程式碼編譯成該平台下的實際執行碼，達到跨平台的功能。而程式語言經Visual Basic 6.0編譯後，則是一種原生碼（Native Code），雖可直接在作業系統中執行，但所開發的應用程式在封裝時，則須考慮所呼叫函式的相依性問題。

　　當然，VB.NET與VB 6.0最重要的差異為：VB.NET是一完整的物件導向程式設計語言。除了VB 6.0版早就提供的封裝功能之外，VB.NET還提供了物件類別繼承的機制與類別成員多型的功能，這使得VB.NET的發展性變得更為強大。

## 1-3　關於物件導向程式設計

　　回到問題的重點。前面提到，VB.NET已經是一種完整的物件導向程式語言，對於非資訊本科系的程式設計初學者來說，要在進行「程式設計」前完全了解什麼是「物件導向程式設計」，那真是一個令人沉重的負擔，特別是對於只是想以「程式語言」作為解決問題的工具的人來說，「物件導向」這四個字可能就足以讓他們打退堂鼓了。事實上，在資訊工具如此飛躍的年代，幾乎所有的行業都會有以電腦協助工作或處理資訊的需求，電腦不會平白無故的幫你做事，靠的就是在其中撰寫程式的程式設計師；且即使是一般家庭，程式都可以幫忙解決許多生活上的問題。因此，對於一個以程式作為處理問題的工具的人來說，他可以是一個很專業的物件設計者，專門服務大眾，提供設計精良的友善物件供人使用；他更可以是一個物件的活用者，他熟知物件的介面，善於利用各種物件，並能結合程式邏輯語法，設計出許多好用的應用程式。

　　既然「程式」是一種工具，不見得每個有程式設計需求的人都必須先成為「專業的物件設計者」，因為這是相當耗時，且需要有相當的磨練。對於大多數以解決問題為目的而開始學習程式的人，他的目標就是要將屬於自己專業的知識和方法加以程式化；或者是將老闆交辦的目標以程式來實現，老闆不會去在乎你是不是很會「物件導向」，他看的是最後的結果。因此，只要有物件導向的觀念，便可以解決大多數他們想要解決的問題。

　　當然，能如此跳躍過「物件」的設計，直接進行應用程式的開發，這也是源自物件導向程式設計的特性之一－介面與封裝。所謂的物件導向程式語言（Object Oriented Program Language, OOPL），是指利用物件導向（Object Oriented, OO）技術來作為主要程式設計風格的程式語言。物件導向技術主要的特色有三：即封裝、繼承和多型。而在進行程式實作時，物件的屬性、方法與事件等，則是程式設計與物件互動的主要介面。

在使用物件之前，有必要先了解一下什麼是類別。有關類別與物件的關係簡單說明如下：類別好比一張設計藍圖，透過此藍圖產生的物品就是物件。因此，類別是一個規範，或是將現實世界實體的特徵提取成為一個抽象化的概念；而物件則是符合該規範的實體。因此，可以說所有物件都是以類別為基礎所建立執行實體。

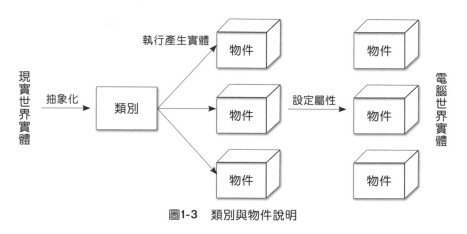

圖1-3　類別與物件說明

## 一、什麼是類別？

就物件導向程式設計而言，類別就是一組程式碼所定義的範本，這個範本規定了未來物件實體所要擁有的特性、能力、反應等等。以物件導向的專有名詞來說明，類別的主要內容包含了欄位、屬性、方法與程序，分別簡述如下：

1. 欄位：常設定為公用變數，雖說好用，但缺乏變數的檢查機制。因此，可透過設計屬性的方式來改善。

2. 屬性：一種具有保護的變數，提供讀寫此物件內容之功能。在屬性的設計中，可設定該變數是唯讀／唯寫／讀寫。此外，可以將對讀入的變數進行運算與管控。屬性提供了可以改變物件外觀、特徵、內容等的途徑。

3. 方法：是物件所提供可供呼叫的服務，「方法」在本質上是類別中針對服務的內容所設計的程序。

4. 事件：針對物件發生特定狀況時，發出通知訊息。使用者透過此事件訊息可規劃所要進行的處置。在類別中使用Events關鍵字來宣告事件名稱，並使用RaiseEvent關鍵字來引發事件。

除了以上常見成員，列舉、委派與其他類別也可以是類別的成員。

## 二、什麼是物件？

如前所述，物件是基於類別所建立的執行實體。事實上，VB.NET的設計表單，以及表單上所有的控制項都是物件，這些現成的物件背後都是基於.NET Framework中的類別所建立，我們直接利用物件提供的介面，包括屬性、方法與事件等，對物件進行運用、設定與處置。比如說：依汽車設計圖（類別）所生產的汽車（物件），我們可以選擇所要的顏色（屬性）、可以啟動Turbo功能（方法）、當車子發生打滑（事件）時，會自動啟動循跡功能（方法）；或當倒車接近障礙物（事件）時，倒車雷達會鳴叫（方法），駕駛也可依此事件進行駕駛處置等。因此，透過介面的使用，可以讓基於同一個類別的各個物件，成為獨立的、不同的實體。

本書主要目標是要讓使用者本著物件導向的觀念，熟悉程式語法，並能輕鬆的進行應用程式的開發。至於更深入的物件導向內涵與類別設計，則留待未來再談。

## 1-4 VB程式設計的應用

程式是一種工具，應用在不同的領域就會有不同的發展，這也可以從各式求才資訊中看得到。在資訊科技蓬勃發展的時代，不管是什麼行業都需要程式應用相關的人才。底下列出一些常見與VB有關的應用需求：

1. 管理系統：客戶管理、進出貨管理、整合小型資料庫之系統開發。

2. 網頁設計：結合ASP.NET與資料庫設計。

3. 工程應用：一般工程問題、通訊與圖形監控、網路遠端監控。

4. 智慧型裝置：Windows Mobile或Smartphone等可攜式裝置設計應用。

5. 即時嵌入式系統：WinCE即時作業系統下的應用、工業用控制器設計。

　　因此，從運用的角度看，程式就是將專業知識程式化，並結合友善的人機介面，使應用程式使用者可以容易的操作，同時得到所要的結果。


# 習 題

1. 什麼是程式語言？

2. 就你生活上的問題，你覺得哪些問題可以透過程式設計來實現或解決？

3. 就你學習專業上的問題，你覺得哪些是可以透過程式設計來實現或解決？

4. 透過人才資訊網站，列出你的專業學習方面，哪些職缺有程式設計的需求，及其工作內容為何？

5. 比較類別和物件的差別？

6. 試舉一實例來說明比較類別和物件？

```
PRIVATE SUB BUTTON1_CLICK(BYVAL SENDER AS SY
    BYVAL E AS SYSTEM.EVENTARGS) HANDLES BUTTON
        TEXTBOX1.COPY()
    END SUB

    PRIVATE SUB BUTTON2_CLICK(BYVAL SENDER AS SY
    BYVAL E AS SYSTEM.EVENTARGS) HANDLES BUTTON.
        TEXTBOX1.CUT()
    END SUB

    PRIVATE SUB BUTTON3_CLICK(BYVAL SENDER AS SY
    BYVAL E AS SYSTEM.EVENTARGS) HANDLES BUTTON
        TEXTBOX1.PASTE()
    END SUB

    PRIVATE SUB BUTTON4_CLICK(BYVAL SENDER AS SY
    BYVAL E AS SYSTEM.EVENTARGS) HANDLES BUTTON.
        TEXTBOX1.U
    END SUB
```

# 2

Visual Basic

# Visual Studio中的
# .NET Framework類別庫簡介

```
RIVATE SUB BUTTON3_
CLICK(BYVAL SENDER AS
SYSTEM.OBJECT, BYVAL E
S SYSTEM.EVENTARGS)
ANDLES BUTTON3.CLICK
    LABEL1.LEFT += 10
ND SUB

RIVATE SUB BUTTON4_
CLICK(BYVAL SENDER AS
SYSTEM.OBJECT, BYVAL E
S SYSTEM.EVENTARGS)
ANDLES BUTTON4.CLICK
    BUTTON2.ENABLED =
ALSE
    BUTTON3.ENABLED =
ALSE
ND SUB
```

Visual Basic.NET是包含於Visual Studio.NET程式語言中的一種；而Visual Studio.NET則是微軟(Microsoft) .NET平台下的一個工具。本章將簡單介紹微軟.NET平台、.NET Framework與.NET程式語言的關聯。

#  2-1 Microsoft .NET平台與.NET Framework

根據微軟官方的定義，.NET就是微軟為XML Web Services（可延伸標記語言網路服務）所提供的一個平台。XML Web Services可讓應用程式透過網路來溝通與共用資料，這樣的目標，常見於許多公司企業或ISP業者；而這些服務的重點，就是必須與特定的作業系統、裝置或程式設計語言無關。微軟.NET平台就是要提供開發人員在建立XML Web Services時所需的功能，並將這些功能整合在一起；換句話說，也就是希望提供簡單且吸引人的操作環境，並能歸納整合Web Services，使Web Services普及化。聽起來有點複雜，簡單來說，早期微軟將重心擺在單機與伺服器的Windows作業系統開發；但隨著網路技術與應用的盛行，微軟企圖建立一個能將資訊、人、系統和裝置連結在一起的軟體。

微軟建構中的.NET平台分成五大要項，包括：開發人員工具、伺服器、XML Web Services、用戶端裝置和.NET操作環境。其中，開發人員工具指的就是Microsoft Visual Studio .NET以及Microsoft .NET Framework，它提供開發人員完整的解決方案，以建置、部署和執行XML Web Services；伺服器是以XML為核心建置而成，如Windows 2000、SQL Server 2000、Exchange 2000，用來加速歸納整合XML Web Services；XML Web Services則提供應用程式間彼此互動的直接管道；至於用戶端裝置，泛指個人電腦、筆記型電腦、工作站、電話、手持電腦、平板電腦、電玩遊戲主機及其他智慧型裝置等，針對以上裝置提供軟體，並使其具備存取XML Web Services的能力；至於.NET操作環境，指的是要提供使用者一個整合了Web Services的操作環境，也就是建置在平台上的應用程式。

對於傳統程式設計來說，善用.NET平台的工具（Visual Studio .NET與.NET Framework），以建立友善的.NET操作環境（應用程式的開發）將是我們的目標。目前，.NET Framework已支援超過20種不同的程式語言，它使程式開發人員可以使用一致的物件導向程式設計環境；透過.NET Framework可管理大部分開發軟體時所涉及的系統配合問題，程式開發人員可以更加專注於應用程式的開發，表2-1為Microsoft .NET Framework的版本演進狀況。

表2-1　Microsoft .NET Framework的版本演進

| 版本 | 發行時間 | 適用程式語言 | 其他說明 |
|------|----------|--------------|----------|
| 1.0 | 2002年2月 | Visual Studio.NET | 最早的.NET架構 |
| 1.1 | 2003年4月 | Visual Studio.NET 2003 | |
| 2.0 | 2005年11月 | Visual Studio 2005 | |
| 3.0 | 2006年11月 | | Windows Vista |
| 3.5 | 2007年11月 | Visual Studio 2008 | Windows 7 |
| 4.0 | 2010年4月 | Visual Studio 2010 | |
| 4.5 | 2011年9月 | Visual Studio 2012 | Windows 8 |

## 2-2　.NET Framework的組成

　　.NET Framework主要包含兩個元件：Common Language Runtime（CLR）和.NET Framework類別庫。簡單來說，.NET Framework類別庫提供程式設計的基礎類別函式庫；而Common Language Runtime則為程式碼經編譯後的執行環境。

　　在應用程式的開發方面，目前支援.NET Framework的程式語言有許多種，以Visual Studio 2012來說，支援的語言包括Visaul C++、Visual C#、Visual BASIC、Visual F#（Visual Studio 2010以前不支援）等等。雖然不同的語言擁有各自的程式語法，但只要符合.NET Framework下的共通語言規範（Common Language Specification, CLS），程式設計師就可以使用自己熟悉的程式語言，撰寫屬於自己的類別（Class），並提供給其他的.NET語言繼承使用；當然，亦可設計DLL類別庫供其他的語言來呼叫。在進行程式設計時，儘管使用不同的程式語言，但使用的類別庫卻是相同的（.NET

Framework類別庫）。此外，不同語言撰寫的程式碼經編譯後，則是在相同的共同語言執行環境（Common Language Runtime）中執行。程式語言與.NET Framework的關係如圖2-1。

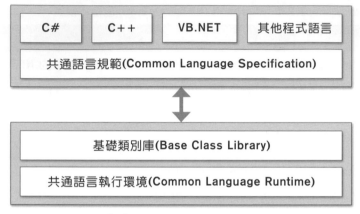

| C# | C++ | VB.NET | 其他程式語言 |
|---|---|---|---|
| 共通語言規範(Common Language Specification) | | | |

| 基礎類別庫(Base Class Library) |
|---|
| 共通語言執行環境(Common Language Runtime) |

圖2-1　程式語言與.NET Framework的關係

底下再簡單說明.NET Framework的主要元件的特性：

## 1. 共通語言執行期（Common Language Runtime, CLR）環境

由於早期在進行應用程式封裝與部署過程中，若是以VB 6語言開發時，封裝時便需把VB 6執行時期的相關DLL一併封裝進去，以便客戶端部署時電腦具備VB 6的Runtime環境；同樣的，當以VC++ 6語言開發時，要使應用程式能在客戶的機器上順利執行，也必須在客戶端部署時安裝上必要的C++的相關DLL，以具備C++的Runtime環境。顯然，早期的應用程式開發與使用方式，不同的程式語言必須在屬於自己相同的Runtime環境下才能夠執行，那更遑論要以A語言開發出類別，並提供給B語言使用的情況了，也造成熟悉不同語言的人極大的隔閡與不便。

而以.NET語言所開發的應用程式，則都必須在CLR上面執行。CLR提供諸如記憶體管理、執行緒管理，和遠端處理等非常多的核心服務，讓應用程式在開發上或執行上更加穩定與快速。因此，CLR可以看成是一個用來隔開硬體的抽象層，在CLR下，不同.NET語言開發的應用程式，都可以在Windows平台上執行無礙，亦即在CLR之上的每個程式語言地位都平等。此外，使用A語言開發出來的元件，可以不用修改的提供給B語言繼承使用，如

此一來，一些大型程式的元件，只要定義好介面，便可交給開發團隊中不同的程式設計師設計；每個程式設計師可用自己熟悉的語言來開發元件；開發完成的元件可以彼此整合運用，此即所謂的跨語言開發。

2. .NET Framework基礎類別函式庫（Basic Class Library, BCL）

在進行應用程式開發時，基於功能上的需求，常會用到一些API、COM Library、MFC/ATL等等，.NET Framework整合這些功能需求，並提供一致的函式庫，稱為基礎類別函式庫（Basic Class Library, BCL）。在.NET Framework下，不同的程式語言使用相同的BCL進行程式設計，當然，這也是跨程式語言平台的一大特色。

## 2-3　.NET程式編譯步驟

從應用程式的執行面上來看，各種.NET程式語言經過編譯之後，都會變成所謂的微軟中介語言（Microsoft Intermediate Language, MSIL），並產生必要的中繼資料。MSIL是一種可以有效率地轉換為機器碼而與CPU無關的指令集，但MSIL本身是無法直接執行的。

在.NET機制中，MSIL執行前會透過即時（Just-In-Time, JIT）編譯器翻譯成與CPU相關的特定機器碼，然後再交給CLR去執行。這整個過程都是在CLR中運行。由於CLR會為每個支援的CPU架構提供JIT編譯器，因此，程式開發人員可以撰寫可在不同架構的電腦上進行JIT編譯和執行的MSIL集。

一般而言，以CLR為目標的程式碼稱為Managed（受管理的）程式碼，而直接以CPU為目標的程式碼稱為Unmanaged（未受管理的）程式碼；也就是說，由Visual Studio .NET建立的程式碼屬於Managed程式碼；而VB 6、VC++ 6或更早版本建立的程式碼屬於Unmanaged程式碼。由於Managed程式碼不能被CLR外部存取及呼叫，而Unmanaged程式碼則可略過.NET Framework，直接呼叫作業系統的資源，因此可以這麼說：Managed程式碼在設計上比Unmanaged程式碼來得可靠與強健。至於Native Code（原生碼）則泛指可以直接在CPU上執行的程式碼，因此，Unmanaged Code及經JIT編譯完成的Managed code都可以稱為Native Code。

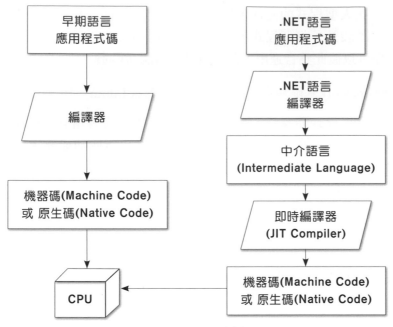

圖2-2　VB.NET程式編譯說明

# 2-4　.NET Framework類別庫與命名空間

　　.NET Framework類別庫中包含非常多的函式、方法、屬性等成員,當進行程式設計時,要程式開發人員在成千上萬的成員中找出具備特定功能的成員,實在是不可能的任務。因此,.NET Framework設計人員便將上述成員依其相關性加以分類,分成一群一群的模組(類別、結構、介面等);但是,分類完成的模組數量還是相當多,於是再將相關性高的模組納入同一群組(命名空間)內,並且賦予一個名稱,如此一來,程式開發人員就可以從特定的命名空間,進入特定的模組(類別、結構、介面等),再找出具備所需要的功能的成員。

　　總結來說,.NET Framework類別庫是由許多的命名空間(Namespace)所組成的,每個命名空間都包含可使用在程式中的型別:類別(Class)、結構(Structure)、列舉型別(Enumeration)、委派(Delegate)及介面(Interface)等。至於每個類別中的成員則包括:函式、方法、屬性、介面、運算子等。.NET Framework類別庫的內容架構說明如圖2-3。

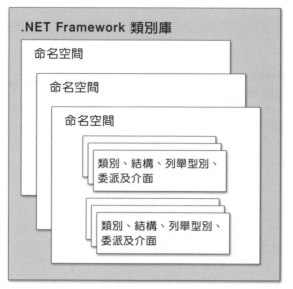

圖2-3 .NET Framework類別庫的內容架構

　　圖2-4為微軟線上說明MSND Library有關.NET Framework類別庫的畫面。畫面顯示.NET Framework類別庫下的命名空間，而在點擊進入各階層後，還可以看到更多的資訊。基本上，微軟提供相當完整的線上說明與範例，甚至是相關文章與論壇，要學好Visual Studio程式設計，一定要善用這些資源，它常可以提供我們許多問題的解決方法。

圖2-4 線上說明中有關.NET Framework類別庫的內容架構

# 習 題

1. .NET Framework的組成為何？

2. 什麼是.NET Framework的類別庫？

3. 說明.NET程式語言的程式編譯流程？

4. .NET Framework基礎類別庫的特色是什麼？

5. 什麼是共同語言執行期環境？

```
PRIVATE SUB BUTTON1_CLICK(BYVAL SENDER AS SY
  BYVAL E AS SYSTEM.EVENTARGS) HANDLES BUTTON
    TEXTBOX1.COPY()
END SUB

PRIVATE SUB BUTTON2_CLICK(BYVAL SENDER AS SY
  BYVAL E AS SYSTEM.EVENTARGS) HANDLES BUTTON
    TEXTBOX1.CUT()
END SUB

PRIVATE SUB BUTTON3_CLICK(BYVAL SENDER AS SY
  BYVAL E AS SYSTEM.EVENTARGS) HANDLES BUTTON
    TEXTBOX1.PASTE()
END SUB

PRIVATE SUB BUTTON4_CLICK(BYVAL SENDER AS SY
  BYVAL E AS SYSTEM.EVENTARGS) HANDLES BUTTON
    TEXTBOX1.U
END SUB
```

# VB.NET整合設計環境

```
RIVATE SUB BUTTON3
LICK(BYVAL SENDER AS
YSTEM.OBJECT, BYVAL E
S SYSTEM.EVENTARGS)
ANDLES BUTTON3.CLICK
    LABEL1.LEFT += 10
ND SUB

RIVATE SUB BUTTON4_
LICK(BYVAL SENDER AS
YSTEM.OBJECT, BYVAL E
S SYSTEM.EVENTARGS)
ANDLES BUTTON4.CLICK
    BUTTON2.ENABLED =
ALSE
    BUTTON3.ENABLED =
ALSE
ND SUB
```

# 3-1 安裝VB 2008/2010 Express

　　要安裝VB 2008 Express和VB 2010 Express，可在微軟網站免費下載。圖 3-1為安裝VB 2010 Express的畫面。

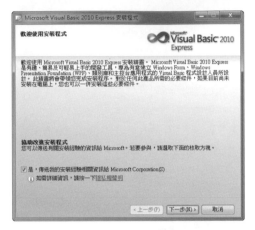

(a)進入安裝程式

(b)接受授權條款

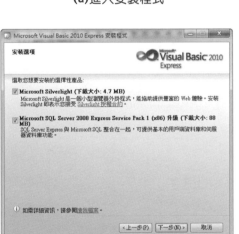

(c)選擇安裝項目

(d)設定目的資料夾

**(e)顯示下載和安裝進度**

**(f)安裝完成**

**圖3-1　VB 2010 Express安裝步驟畫面**

## 3-2　VB.NET開發環境介紹

### 3-2-1　執行VB 2008 /VB 2010 Express

　　第一次執行VB開發環境，會花比較長的時間進行初次使用環境的設定。當進入[起始頁]後，在[最近使用的專案]頁面中有兩個選項，其中[開啟]是針對既有的專案的開啟；[建立](VB 2008) / [新增](VB 2010)則是要建立新的專案。

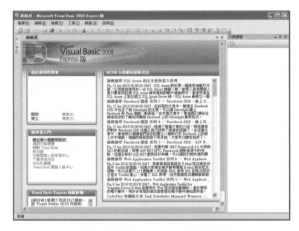

(a)VB 2008 Express開啟畫面

(b)VB 2010 Express開啟畫面

圖3-2　開啟VB 2008 / VB 2010 Express

選擇[新增]（或[建立]）專案後，出現[新增專案]視窗，VB Express版可以讓你選擇不同的專案範本，包括Windows Form應用程式、類別庫、WFP應用程式、WFP瀏覽器應用程式、主控台應用程式等。

**(a)VB 2008新增專案畫面**

**(b)VB 2010新增專案畫面**
**圖3-3　進入新增專案畫面**

選擇Windows Form應用程式開發範本及鍵入專案名稱（預設名稱為WindowsApplication1）後按確定鈕，即出現表單設計視窗。

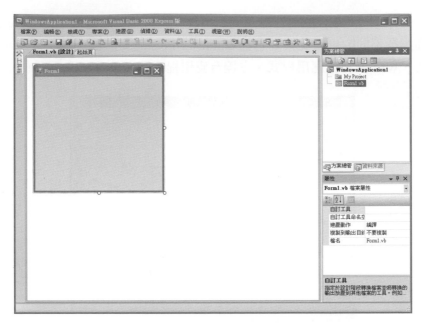

(a)VB 2008表單設計視窗

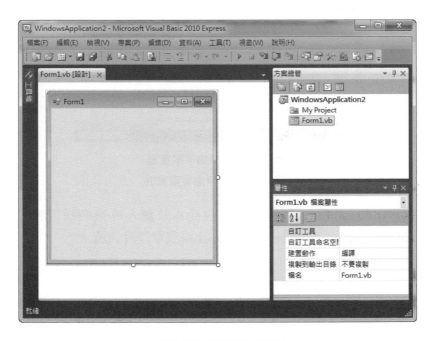

(b)VB 2010表單設計視窗

圖3-4 表單設計視窗

　　視窗左邊的[工具箱]預設為自動隱藏，當滑鼠移到[工具箱]標籤，即會出現工具箱視窗。

(a)VB 2008 Express的工具箱　　　　　(b)VB 2010 Express的工具箱

圖3-5　工具箱視窗

　　若要使[工具箱]視窗常駐在設計視窗，則可以按下[工具箱]視窗右上角的圖釘圖示。

圖3-6　工具箱視窗常駐在設計視窗

## 3-2-2 開發環境中的視窗配置設定

　　VB整合設計環境中的視窗指示如圖3-7，隱藏的視窗可以經由功能表中的[檢視/其他視窗]下拉清單選項來開啟。

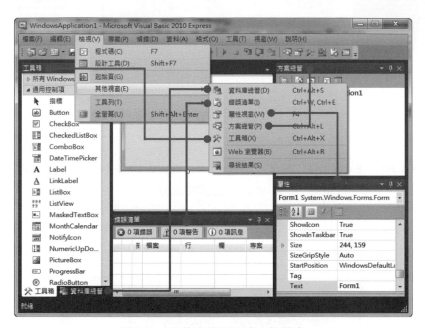

**圖3-7　VB整合設計環境中的視窗**

　　此外，VB整合設計環境中的視窗可以依照使用者的習慣，自行配置到習慣的位置。當以滑鼠拖曳視窗的標題欄時，整合設計環境便會出現視窗落點提示指標，使用者便可依照指標位置拖曳視窗到指示位置，並觀察是否符合需求，在滑鼠尚未鬆手前，被拖曳的視窗是不會確定位置的。

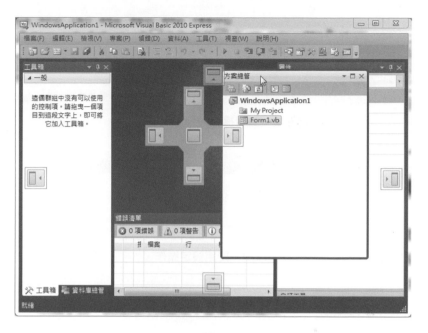

圖3-8　視窗配置的選擇

### 3-2-3　開發環境中表單上控制項的格式設定

從[工具箱]中增加控制項到表單上，其位置與大小可以直接以拖曳的方式對控制項進行設定；也可以透過控制項的屬性視窗進行屬性值的設定。此外，VB.NET的編輯環境亦提供對表單上控制項的格式（大小、位置、間距排列、控制項層別）相當有效率的設定方式，熟悉這些操作將有助於表單控制項的規劃與排列。要使用[格式]功能，必須將表單畫面設為焦點（相對於程式碼編輯畫面）。圖3-9為針對表單上的控制項的各種[格式]設定。

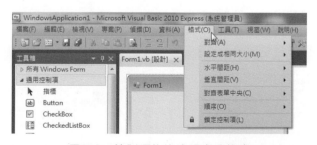

圖3-9　控制項的格式設定功能表

圖3-10　對齊操作與尺寸大小操作

圖3-11　間距設定操作

圖3-12　表單相對位置操作與控制項層次操作

## 例 3-1　表單上控制項的格式設定練習

**✱ 表單配置**

(1)在表單上放置任意四個Button控制項。

(2)以滑鼠選取四個Button控制項。

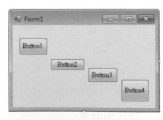
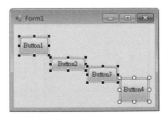

圖3-13　拖曳四個Button控制項，最後一個控制項（Button4）預設為主焦點

(3)以滑鼠點選Button1作為主焦點控制項，Button1的選取小方塊變成白色。

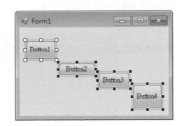

圖3-14　變更主焦點控制項為Button1

(4)上緣對齊。從功能表的[格式/對齊]以滑鼠點選[上]選項，則所有Button控制項全部與Button1的上緣對齊。

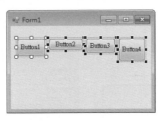

圖3-15　設定控制項上緣對齊

(5)大小相同。從功能表的[格式/設成相同大小]以滑鼠點選[兩者]選項，則所有Button控制項全部與Button1的大小相同。

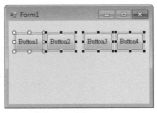

圖3-16　設定控制項大小相等

(6)等距設定。從功能表的[格式/水平間距]以滑鼠點選[設成相等]選項,則所有Button控制項的間距全部都調整為相等。

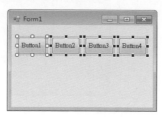

圖3-17　設定控制項水平間距相等

(7)字型設定。改變所有Button控制項的字型,從屬性視窗中的Font屬性點選設定圖示,則出現自行設定視窗,選擇字型與字型大小後按確定鈕,則所有被選到的Button控制項字型會一次地被更改完成。

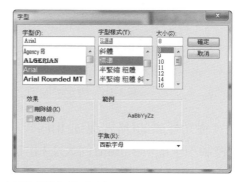

**(a)設定控制項字型**

**(b)完成字型設定畫面**

圖3-18　按鈕位置與字型之設定

## 3-2-4　開發環境中的程式編輯視窗設定

點選功能表的[工具/選項]，即進入[選項]視窗。

### 編輯視窗字體

點選[選項]視窗中的[環境/字型和色彩]，即可設定文字編輯器的字型相關設定。

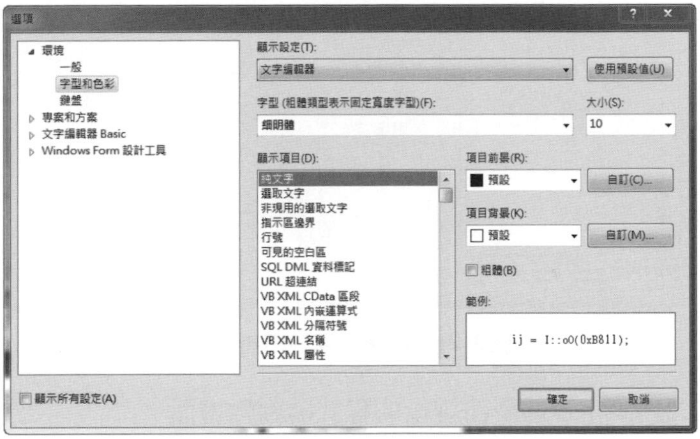


圖3-19　設定編輯視窗的字型樣式和顏色

圖3-20爲設定字型大小爲9和12後的程式碼編輯視窗。

```
Public Class Form1

    Private Sub Form1_Load(ByVal sender As System.Object, ByVal e As

    End Sub
End Class
```

(a)設定前

```
Public Class Form1

    Private Sub Form1_Load(ByVal sender As System.Object, By

    End Sub
End Class
```

(b)設定後

圖3-20　完成編輯視窗的字型樣式和顏色

## ➥ 智慧型縮排

為增加程式碼的可讀性,程式設計師都會對程式碼進行縮排處理。透過[選項]視窗中的[文字編輯器Basic/編輯器],讓程式碼編輯時,自動設定縮排,這對程式設計師是一個很貼心的設定,不用一直按Tab鍵設定縮排結構。

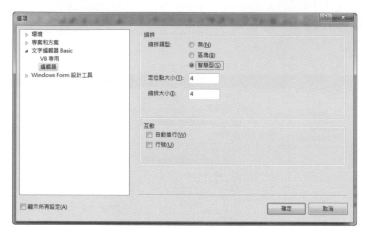

圖3-21 編輯視窗的縮排設定

以下程式為設定智慧型縮排後的程式碼編輯畫面。

```
Public Class Form1

    Private Sub Button1_Click(ByVal sender As S
    Dim s As Int16 = 0
    For i = 1 To 10
    s = s + i
    Next
    End Sub

End Class
```

```
Public Class Form1

    Private Sub Button1_Click(ByVal sender
        Dim s As Int16 = 0
        For i = 1 To 10
            s = s + i
        Next
    End Sub

End Class
```

**(a)未選智慧型縮排**　　　　　**(b)有選智慧型縮排**

圖3-22 編輯視窗的智慧型縮排

## 3-2-5　程式編輯視窗的一些注意事項

### ↘ 在程式碼中加入註解

在程式碼中加入註解的目的之一，是要為程式碼撰寫說明文字，只要在程式碼中鍵入「'」，則在「'」之後的該行文字全變為註解。在程式碼加註解的另一個目的，常是程式設計過程中的暫時行為，可能針對一行程式或一整段程式不去執行而加上註解，這時使用工具列上的[註解選取行]圖示就變得相當好用了。

**圖3-23　工具列上的[註解設定]圖示**

以下為選取整段程式碼後，按下工具列的[註解選取行]圖示的結果。

```
01    Public Class Form1
02
03    'Private Sub Button1_Click(ByVal sender As System.Object, ByVal e
      As System.EventArgs) Handles Button1.Click
04    '    Dim s As Int16 = 0
05    '    For i = 1 To 10
06    '        s = s + i
07    '    Next
08    'End Sub
09
10    End Class
```

圖3-24為[取消註解選取行]圖示，其操作與[註解選取行]圖示相同。

**圖3-24　工具列上的[取消註解設定]圖示**

## ➥ 程式碼太長

程式碼編輯時，程式碼太長雖會自動換行，但閱讀性不佳；對於VB 2008及之前版本的使用者，編輯可以善用「_」（底線）符號。在截斷程式後先鍵入空白鍵，再插入「_」符號，則原程式與斷行後的程式代表的意思是相同的。例如：以滑鼠雙擊表單進入程式編輯視窗，若在表單載入事件處理程序Form1_Load()的第二個引數前鍵入空白鍵及「_」，則程式敘述仍屬合理。

```
01   Public Class Form1
02
03   Private Sub Form1_Load(ByVal sender As System.Object, _
04              ByVal e As System.EventArgs) Handles MyBase.Load
05
06   End Sub
07
08   End Class
```

至於VB 2010的使用者，過長的程式碼已可以直接換行，智慧型程式編輯器會自動依照程式的敘述判斷是否為合理的斷行。如同上面的程式碼移除「_」符號，在VB 2010中也是合理的敘述。但若斷點位置在Form1_Load後面，則程式便是錯誤的，因為程式編輯器自動為Form1_Load改為Form1_Load()，而後面的引數便不合理了。

```
01   Public Class Form1
02
03     Private Sub Form1_Load()
04   (ByVal sender As System.Object, ByVal e As System.EventArgs) Handles
       MyBase.Load
05
06       End Sub
07
08   End Class
```

## ↘ 顯示「"」符號

　　因為字串的前後都要加上「"」，所以要把「"」符號也當成字串的一部分。例如：欲顯示「"」，則程式中需撰寫為「"""」(共三個「"」，也就是用前後兩個「"」包住欲顯示的「"」。

## 3-3 進入VB.NET程式設計

本小節將引領從未進入VB.NET的你按部就班的認識VB.NET的程式設計環境的一些注意事項,並認識VB自動產生程式碼的特性。

### ↘ Form1.vb及Form1.Designer.vb

首先,建立一個新的專案後,進入以下的整合設計環境(IDE)。

圖3-25 建立新專案

從方案總管視窗可以看到:專案的名稱是WindowsApplication1(預設),在此專案下有一個My Project資料夾和一個Form1.vb檔。

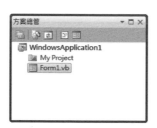

圖3-26 方案總管視窗

　　按視窗上方工具列[顯示所有檔案]圖示，方案總管視窗會顯示資料夾與檔案清單如圖3-27。

圖3-27　顯示所有檔案

　　基本上，我們並未動手撰寫任何程式，所以各個資料夾內的檔案內容都是系統自動產生的，對於系統自動產生的內容，我們都不要去更動它。這裡我們要注意兩個檔案：Form1.vb及Form1.Designer.vb。

　　由於VB.NET是視窗應用程式開發語言，所完成的應用程式包括視窗操作介面，以及介面背後訊息的處理與互動。VB.NET將這兩個部分的程式碼分開成兩個獨立的檔案，也就是Form1.vb及Form1.Designer.vb。其中，Form1.Designer.vb是建立視窗介面的程式檔案；而Form1.vb則是程式設計者要動手撰寫的程式檔案，此部分多是一些程式設計者規劃的事件處理相關程式，以及為其他功能設計的程式碼。

　　事實上，當程式設計者以拖曳的方式設計表單介面，再透過屬性視窗修改表單上的控制項屬性時，此過程中不需要撰寫任何程式。然而，系統會自動產生對應的「建立視窗介面」的程式碼，這省下了程式設計者許多的時間，因為他只要專心撰寫表單背後的程式碼就好。

　　接下來，當我們雙擊方案總管視窗中的Form1.Designer.vb，就可以看到系統自動產生的程式碼（如圖3-28）。

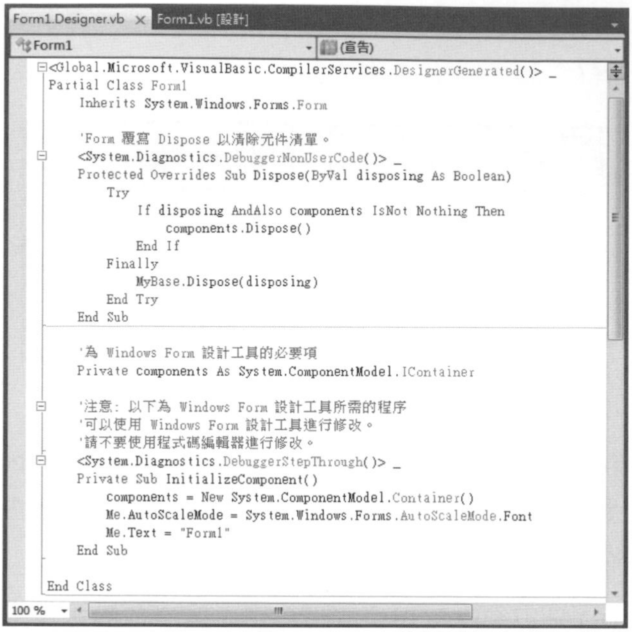

Form1.Designer.vb
Form1.vb [設計]
Form1
(宣告)
<Global.Microsoft.VisualBasic.CompilerServices.DesignerGenerated()> _
Partial Class Form1
Inherits System.Windows.Forms.Form
'Form 覆寫 Dispose 以清除元件清單。
<System.Diagnostics.DebuggerNonUserCode()> _
Protected Overrides Sub Dispose(ByVal disposing As Boolean)
Try
If disposing AndAlso components IsNot Nothing Then
components.Dispose()
End If
Finally
MyBase.Dispose(disposing)
End Try
End Sub
'為 Windows Form 設計工具的必要項
Private components As System.ComponentModel.IContainer
'注意: 以下為 Windows Form 設計工具所需的程序
'可以使用 Windows Form 設計工具進行修改。
'請不要使用程式碼編輯器進行修改。
<System.Diagnostics.DebuggerStepThrough()> _
Private Sub InitializeComponent()
components = New System.ComponentModel.Container()
Me.AutoScaleMode = System.Windows.Forms.AutoScaleMode.Font
Me.Text = "Form1"
End Sub
End Class
100 %

**圖3-28 系統自動產生的程式碼**

由上而下大致可以看出，程式碼的意思爲：表單視窗的類別名稱爲Form1，它是繼承（Inherits）自System.Windows.Forms.Form，且它還有一個經過覆寫（Override）的解構方法－Dispose()；此外，還包括一個元件初始化的程序InitializeComponent()，針對Form1的屬性做一些初始化設定。

接著觀察Form1.vb的內容，在方案總管視窗中點擊一下Form1.vb，然後按下工具列中的[檢視程式碼]圖示(如圖3-29a)，顯示資料夾與檔案清單如圖3-29b。

方案總管
檢視程式碼
My Proj
參考
bin
obj
App.config
Form1.vb
Form1.Designer.vb
Form1.vb [設計]*
Form1.Designer.vb*
Form1.vb*
(一般)
(宣告)
Public Class Form1
End Class

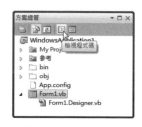

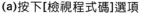

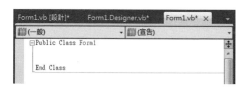

**(a)按下[檢視程式碼]選項** **(b) 程式碼設計視窗**

**圖3-29 進入程式碼設計視窗**

圖3-29中，程式碼的部分只有一個Form1類別的宣告，空白處就是程式設計者要撰寫程式的地方。

---

例 3-2　觀察VB.NET自動產生的程式碼

從工具箱中拖曳出一個Button控制項到表單上，觀察Form1.Designer.vb的程式碼變化情形。

**✱ 表單配置**

圖3-30　表單配置圖

Form1.Designer.vb程式碼如下：

```
01    <Global.Microsoft.VisualBasic.CompilerServices.DesignerGenerated()>
      _
02    Partial Class Form1
03    Inherits System.Windows.Forms.Form
04
05     ' Form覆寫Dispose以清除元件清單。
06     <System.Diagnostics.DebuggerNonUserCode()> _
07     Protected Overrides Sub Dispose(ByVal disposing As Boolean)
08        Try
09           If disposing AndAlso components IsNot Nothing Then
              components.Dispose()
10           End If
11        Finally
12           MyBase.Dispose(disposing)
13        End Try
```

```vb
14      End Sub
15

16      '為Windows Form設計工具的必要項
17      Private components As System.ComponentModel.IContainer
18

19      '注意:以下為Windows Form設計工具所需的程序
20      '可以使用Windows Form設計工具進行修改。
21      '請不要使用程式碼編輯器進行修改。
22      <System.Diagnostics.DebuggerStepThrough()> _
23      Private Sub InitializeComponent()
24          Me.Button1 = New System.Windows.Forms.Button()
25          Me.SuspendLayout()
26          '
27          'Button1
28          '
29          Me.Button1.Location = New System.Drawing.Point(53, 41)
30          Me.Button1.Name = "Button1"
31          Me.Button1.Size = New System.Drawing.Size(172, 66)
32          Me.Button1.TabIndex = 0
33          Me.Button1.Text = "Button1"
34          Me.Button1.UseVisualStyleBackColor = True
35          '
36          'Form1
37          '
38          Me.AutoScaleDimensions = New System.Drawing.SizeF(6.0!, 12.0!)
39          Me.AutoScaleMode = System.Windows.Forms.AutoScaleMode.Font
40          Me.ClientSize = New System.Drawing.Size(284, 152)
41          Me.Controls.Add(Me.Button1)
42          Me.Name = "Form1"
43          Me.Text = "Form1"
44          Me.ResumeLayout(False)
45
46      End Sub
47      Friend WithEvents Button1 As System.Windows.Forms.Button
48
49  End Class
```

　　比較表單上有不同控制項時的差異：程式碼的第47行宣告Button1是一個具有事件的Button變數(Friend WithEvents Button1…)，接著初始化程序 InitializeComponent()中的New System.Windows.Forms.Button()(第24行)就是建立一個Button控制項執行實體Button1。此外，後面也多了一段此新增執行實體Button1的屬性設定程式碼。

　　由上面的例子可知：從工具箱中拖曳出所要使用的控制項到表單上來，就是在建立新的物件執行實體。也就是說，你已經完成物件的建立了，而系統則自動幫我們產生了建立表單及表單中所有控制項的程式碼。

END

## ↘ 程式設計開始

1. 表單設計模式下設計表單

　　在工具箱中拖曳Button控制項到Form1表單上，如圖3-31。

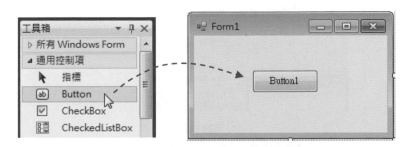

圖3-31　拖曳Button控制項到Form1表單

2. 進入程式設計模式

　　雙擊 Button1 按鈕，即可進入程式設計模式。觀察圖3-32中的程式內容。

圖3-32　程式設計視窗

圖3-32中的程式結構是一個事件處理程序的架構，Button1_Click()程序是要處理(Handles) Button1被單擊(Button1.Click)這個事件，當然，這個程序架構也是系統產生的，不過真正的處理就要程式設計者來撰寫了。

3. 撰寫程式與偵錯

試著撰寫一行程式如圖3-33：

**圖3-33　在程式設計視窗中撰寫程式**

Debug是一個物件，它有一個Print方法，功能是在[即時運算視窗]中印出括弧內的字串，字串是頭尾以「"」符號包圍的文字內容，它是一種資料的型別，在真正學習程式語法之前，我們先透過Debug物件來觀察程式的執行狀況。接著按下F5或執行功能表[偵錯/開始偵錯]進行偵錯（如圖3-34）。

**(a)開始偵錯**

**(b)執行畫面**

**圖3-34　進行程式偵錯**

按下 Button1 鈕，即時運算視窗就會出現我們所要印出的內容"Hello! VB.NET"。

圖3-35　即時運算視窗顯示結果

在這段程式中，Button1_Click()是預設的程序名稱，當然，你也可以替它改名，例如：將它改成中文名稱——按鈕單擊處理程序()，其偵錯結果也是一樣的。

圖3-36　更改程序名稱

不過，系統產生的程序名稱具有很好的可讀性，建議還是不要任意去改名。

4. 認識sender和e引數

接下來有兩個很重要的變數sender和e作為引數傳進程序Button1_Click()。

```
Button1_Click(ByVal sender As System.Object, ByVal e As System.EventArgs)
```

其中，引數sender的資料型態是System.Object，從字義上我們知道它是一個物件（Object），其實就是引發事件的物件；而e的資料型態是System.EventArgs，其中，EventArgs為含有事件資料之類別的基底類別，其實就是引發的事件資訊。表3-1簡單整理說明。

表3-1　範例3-2之說明

| 項目 | 說明 |
|---|---|
| Class Form1 | 類別宣告 |
| Private sub<br>...<br>End Sub | 程序架構 |
| Button1_Click | 事件處理程序的名稱 |
| Button1.Click | Button1發生了Click事件 |
| Handles | 關鍵字。用來宣告程序處理指定的事件 |
| sender | 發生事件的來源物件 |
| e | 該物件發生的事件相關資訊 |
| System.Object | 物件類別 |
| EventArgs | 含有事件資料之類別的基底類別 |

## 例 3-3　觀察事件處理程序的引數sender

**✱ 功能說明**

按下按鈕後，會將sender的資訊顯示在即時運算視窗。

**✱ 學習目標**

透過Debug觀察sender的資訊。

**✱ 表單配置**

建立表單後，將Button1的Text屬性修改為"觀察sender"。

 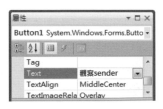

圖3-37　表單配置與屬性設定

**✱ 程式碼**

　　由於sender本身為物件，無法直接使用Debug的print方法印出它的內容，所以撰寫程式時必須利用sender本身的方法將物件轉換成字串；或直接利用sender的屬性取得sender的資訊，因此，撰寫程式如下：

```
01    Public Class Form1
02
03    Private Sub Button1_Click(ByVal sender As System.Object, ByVal e As
      System.EventArgs) Handles Button1.Click
04        Debug.Print("透過toString方法==>" & sender.ToString)
05        Debug.Print("透過Text屬性==>" & sender.Text)
06        Debug.Print("透過Name屬性==>" & sender.Name)
07     End Sub
08
09    End Class
```

**✱ 執行結果**

　　執行後按下[觀察sender]鈕，從即時運算視窗可以看到偵錯的結果。

(a)執行表單畫面

(b)即時運算視窗畫面

圖3-38　按下Button1的結果

由即時運算視窗知：sender是一個形態爲Syetem.Windows.Forms.Button 類別的物件，物件名稱（Name）爲Button1，顯示的文字（Text）爲"觀察 sender"。

---

END

---

**✱ 功能說明**

按下按鈕和在文字方塊輸入文字後，均會將e的資訊顯示在即時運算視窗。

**✱ 學習目標**

透過Debug觀察e的資訊。

**✱ 表單配置**

爲觀察不同事件下e的內容，在表單中新增一個TextBox控制項 TextBox1。

圖3-39　表單配置

**✱ 程式碼**

我們要增加一個在TextBox1中鍵入文字的事件KeyPress()，從程式設計 畫面左上角下拉類別選單，選擇TextBox1，接著從右上角的方法下拉選單選 擇KeyPress事件（如圖3-40），系統即自動產生程式碼。

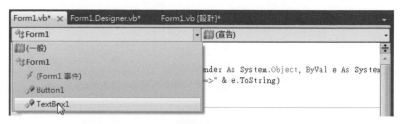

**(a)選擇控制項**

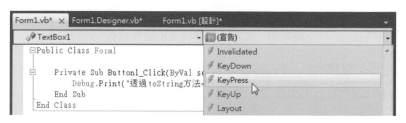

**(b)選擇控制項對應的事件**

**圖3-40　在程式設計視窗中選擇控制項對應的事件**

　　灰底部分為系統自動產生的事件處理程序，也就是我們要撰寫程式的地方。

```
01    Public Class Form1
02
03    Private Sub TextBox1_KeyPress(ByVal sender As Object, ByVal e
      As System.Windows.Forms.KeyPressEventArgs) Handles TextBox1.
      KeyPress
04
05     End Sub
06
07    Private Sub Button1_Click(ByVal sender As System.Object, ByVal e As
      System.EventArgs) Handles Button1.Click
08       Debug.Print("透過toString方法==>" & e.ToString)
09     End Sub
10    End Class
```

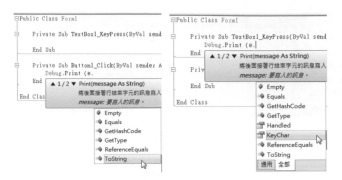

圖3-41　比較不同事件下的物件成員

比較Click事件與KeyPress事件對應物件的成員，KeyPress對應物件的成員多了KeyChar及Handled屬性。撰寫以下程式：

```
01    Public Class Form1
02
03    Private Sub TextBox1_KeyPress(ByVal sender As Object, ByVal e
      As System.Windows.Forms.KeyPressEventArgs) Handles TextBox1.
      KeyPress
04        Debug.Print(e.KeyChar)
05    End Sub
06
07    Private Sub Button1_Click(ByVal sender As System.Object, ByVal e As
      System.EventArgs) Handles Button1.Click
08        Debug.Print(e.ToString)
09    End Sub
10
11    End Class
```

★ 執行結果

執行後，按下[觀察e]鈕，即時運算視窗畫面如下：

圖3-42　執行結果(I)

接著依序在TextBox1中按下A→B→C，即時運算視窗就會把A、B、C列印出來。也就是說，我們可以從包含KeyPress這個事件資訊的物件取得想要的訊息。

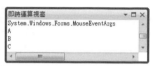

圖3-43　執行結果(II)

## 偵錯與即時運算視窗

前面已介紹在程式碼中鍵入：

> **Debug.Print(欲顯示的內容字串)**

當程式執行後，即可在即時運算視窗中列印出[欲顯示的內容字串]，透過即時運算視窗，可以作為程式偵錯時使用。

至於程式偵錯的方式可以直接執行（按{F5}）；也可以逐行執行（按{F8}），除此之外，亦可在程式碼前設定中斷點，當程式執行到該行後，即暫停執行。此時，可在即時運算視窗中進行偵錯運算，或按下{F8}進行程式碼的逐行執行，或按{F5}繼續執行，直到該程序結束，或遇到下一個中斷點後再次暫停。

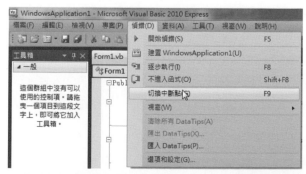

圖3-44　程式的逐步執行/切換中斷點/偵錯等操作

## ↘ 產生的檔案內容

完成程式設計，並經存檔後，VB會產生許多相關的檔案，一些常見的檔案說明於表3-2。

表3-2　VB相關檔案說明

| 副檔名 | 儲存內容 |
|---|---|
| .sln | 方案檔。儲存方案中使用哪些相關檔案和相關資訊 |
| .vbproj | 專案檔。儲存專案中使用哪些相關檔案和相關資訊 |
| .vbproj.user | 專案使用者檔 |
| .Designer.vb | 程式檔。儲存系統自動產生的程式碼，主要是有關表單上拖曳出的控制項之物件宣告和屬性設定 |
| .vb | 程式檔。儲存程式設計師撰寫的程式碼 |
| .exe | 執行檔。專案編譯後的執行檔 |
| .resx | 資源檔。用來編輯和定義應用程式資源的檔案，如Image屬性設定的圖形檔 |
| .setting | 設定檔。使用者設定檔 |
| .config | 應用程式組態檔。用來設定應用程式設定值的檔案 |
| .xsd | XML結構描述檔。用來建立具有DataSet類別的XML結構描述的檔案 |

一般來說，一建立方案與專案，系統便會建立.sln、.vbproj、.vb和.Designer.vb，接著在表單上配置好控制項，接著進行程式撰寫，.vb和.Designer.vb內容會隨著改變。若在表單的控制項中加入圖片，則會再建立.resx檔，當完成偵錯、建置後，便會再產生.exe檔。

# 3-4　組件、參考與Imports關鍵字

前面提到過，VB.NET的物件和函式庫都已經被分門別類到.NET Framework的命名空間中，程式中若使用了特定的物件或函式，編譯器必須知道該特定物件或函式所在的命名空間，才能順利編譯程式，這會造成程式的編輯相當冗長。因此，VB.NET有將命名空間列為參考的全域性層次方式；或是在模組層次中匯入命名空間，這樣在程式撰寫時，就不需要鍵入包含命名空間的物件及函式名稱。

目前專案下，我們可以從[方案總管]視窗點選[顯示所有檔案]功能按鈕，並展開[參考]選項，[方案總管]視窗會列出目前專案所參考的命名空間。

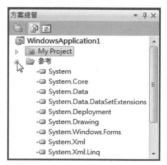

圖3-45　目前專案參考的命名空間

我們也可以從[物件瀏覽器]看到目前專案更完整的物件參考資訊。[物件瀏覽器]可以從[方案總管]視窗的[參考]項目中，以滑鼠雙擊一個選項後出現。從[物件瀏覽器]可以看到，Microsoft.VisualBasic命名空間也是目前方案的參考。

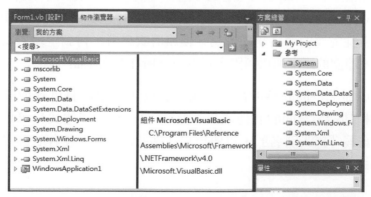

圖3-46　[物件瀏覽器]

要加入新的參考，可以在功能表上下拉[專案]功能清單；或在[方案總管]中的[參考]項目上按滑鼠右鍵，然後選擇[加入參考]選項，這樣就可以讓開發中的專案參考其他的命名空間或外部組件。

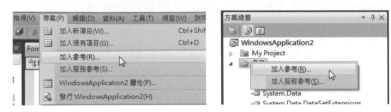

圖3-47 [加入參考]選項

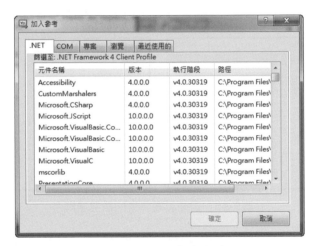

圖3-48 [加入參考]視窗

上面的參考是屬於全域層次的，也就是說，整個專案都適用。另外，也可以在模組層次使用Imports陳述式來選擇想要使用的項目的命名空間。以命名空間來說，在程式編輯時，以及編譯器是否「認識」程式中的物件或函式的宣告，會從完整的命名空間撰寫、模組層次參考，再到全域層次參考，由小範圍到大範圍的順序加以判別，以確認其所在命名空間。

當完成命名空間的參考後，應用程式就可使用所有可存取的類別、屬性、方法和其命名空間的其他成員。此外，Imports陳述式也可以為匯入的命名空間定義「匯入別名」，以簡化程式碼的撰寫，並使程式碼易於讀取。Imports陳述式有下列語法：

```
Imports [ Aliasname =] Namespace
```

　　其中，Aliasname是可以在程式碼內使用的別名；Namespace是要匯入的命名空間。例如：要使用Microsoft.VisualBasic.ControlChars模組中的控制字元，完整的寫法為：

```
Microsoft.VisualBasic.ControlChars.Back          '退格字元
Microsoft.VisualBasic.ControlChars.Tab           '定位字元
```

　　若先匯入別名如下：

```
Imports CtrlChrs = Microsoft.VisualBasic.ControlChars    'CtrlChars為別名
```

　　則後面的程式撰寫可以簡化為：

```
CtrlChrs.Back
CtrlChrs.Tab
```

# 習 題

1. 請關閉整合開發環境中的所有視窗，然後再一一回復到原來的配置。

2. 每個控制項的事件都會有兩個引數sender和e，請說明這兩個引數代表何意義？

3. 建立一個新的表單後，立即存檔，會建立哪些檔案？

4. 建立一個新的表單後，先進行偵錯，接著存檔，請問會建立哪些檔案？

5. Imports關鍵字的用途為何？

# NOTE

```
PRIVATE SUB BUTTON1_CLICK(BYVAL SENDER AS SY
    BYVAL E AS SYSTEM.EVENTARGS) HANDLES BUTTON
        TEXTBOX1.COPY()
    END SUB


PRIVATE SUB BUTTON2_CLICK(BYVAL SENDER AS SY
    BYVAL E AS SYSTEM.EVENTARGS) HANDLES BUTTON
        TEXTBOX1.CUT()
    END SUB


PRIVATE SUB BUTTON3_CLICK(BYVAL SENDER AS SY
    BYVAL E AS SYSTEM.EVENTARGS) HANDLES BUTTON
        TEXTBOX1.PASTE()
    END SUB


PRIVATE SUB BUTTON4_CLICK(BYVAL SENDER AS SY
    BYVAL E AS SYSTEM.EVENTARGS) HANDLES BUTTON
        TEXTBOX1.U
    END SUB
```

# Visual Basic

# 4

# 基本GUI控制項

Visual Basic

```
PRIMATE SUB BUTTON3_
CLICK(BYVAL SENDER AS
STEM.OBJECT, BYVAL E
S SYSTEM.EVENTARGS)
ANDLES BUTTON3.CLICK
    LABEL1.LEFT += 10
ND SUB


RIVATE SUB BUTTON4_
CLICK(BYVAL SENDER AS
STEM.OBJECT, BYVAL E
S SYSTEM.EVENTARGS)
ANDLES BUTTON4.CLICK
    BUTTON2.ENABLED =
LSE
    BUTTON3.ENABLED =
LSE
ND SUB
```

Visual的意思就是「視覺的」，要完成視覺化的應用程式介面，最簡單的方式就是使用Visual Basic整合設計環境中的控制箱，直接將所要呈現的介面元件拖曳到表單上。VB控制箱中的元件非常多，為使後面章節的說明較為順暢，這裡先介紹幾個基本物件。而本章的範例將以說明控制項的屬性、事件與方法的基本操作為原則，盡量不去涉及程式設計的語法與邏輯，詳細的控制項運用留待以後章節配合學習主題一併練習。

# 4-1 常見屬性、事件與方法

許多初學者在開始學習物件導向程式設計時，常被程式中許多的英文名詞所困擾，甚至擊敗。事實上，常用控制項的相關常用英文專有名詞並不多，而且幾乎與大部分的控制項都有關，因此，在介紹控制項之前，先對控制項中一般都會具備的屬性、事件與方法的英文名詞作介紹，建議初學者把這些英文背起來，而且要熟知它們的用途，這樣才能輕鬆面對程式的學習。

1. 常見屬性

由於控制項就是一種物件，它的基本屬性除名稱（Name）外，一般區分為配置、行為、外觀等幾類。

表4-1　一般常用屬性

| 分類 | 名稱 | 說明 |
|------|------|------|
| 其他 | Name | 控制項的名稱 |
|      | Tag | 可自訂之控制項相關資料 |
| 外觀 | BackColor | 控制項的背景色彩 |
|      | BorderStyle | 控制項的框線樣式 |
|      | Font | 控制項顯示文字的字型 |
|      | ForeColor | 控制項的前景色彩 |
|      | Image | 控制項上顯示的影像 |
|      | Text | 控制項上顯示的文字 |
|      | TextAlignment | 控制項顯示文字的對齊方式 |

| 行為 | Enabled | 控制項致能 |
|---|---|---|
| | TabIndex | 控制項定位順序 |
| | Visible | 控制項是否顯示 |
| 配置 | AutoSize | 控制項是否自動調整大小以顯示其全部內容 |
| | Left | 控制項左邊緣和其容器工作區左邊緣之間的距離 |
| | Top | 控制項上邊緣和其容器工作區上邊緣之間的距離 |
| | Width | 控制項的寬度 |
| | Height | 控制項的高度 |
| | Location | 控制項左上角相對於其容器左上角的座標 |
| | Size | 控制項的高度和寬度 |

2. 常見方法

　　控制項的方法是指控制項具備的功能，因此，一般具有獨特性。表4-2列出控制項一般都會具備的幾個重要方法。

表4-2　一般常用方法

| 名稱 | 說明 |
|---|---|
| BringToFront | 將控制項帶到疊置順序的前面 |
| Contains | 判斷控制項是否為某控制項的收納器 |
| Dispose | 釋放控制項所使用的資源 |
| Focus | 設定控制項為焦點 |
| GetType | 取得目前執行個體的Type |
| Hide | 隱藏控制項。等同於將Visible屬性設定為False |
| SendToBack | 將控制項傳送到疊置順序的後面 |
| Select | 啟動控制項 |
| Show | 顯示控制項 |

3. 常見事件

事件一般是因訊息所引發的，從表4-3中事件名稱和對應的說明可以清楚看到，所列內容都是視窗應用程式操作時較常發生的事件。

表4-3　一般常用事件

| 分類 | 名稱 | 說明 |
|------|------|------|
| 控制項本身 | Disposed | 發生於系統釋放控制項資源時 |
| | GotFocus | 發生於控制項取得焦點時 |
| | LostFocus | 發生於控制項失去焦點時 |
| | Resize | 發生於重設控制項大小時 |
| 鍵盤相關 | KeyDown | 發生於控制項具有焦點，且使用者按下鍵盤按鍵時 |
| | KeyPress | 發生於控制項具有焦點，且使用者按下鍵盤按鍵時 |
| | KeyUp | 發生於控制項具有焦點，且使用者放開鍵盤按鍵時 |
| 滑鼠相關 | Click | 發生於滑鼠單擊控制項時 |
| | DoubleClick | 發生於滑鼠雙擊控制項時 |
| | MouseDown | 發生於滑鼠指標位於控制項上，且按下滑鼠時 |
| | MouseLeave | 發生於滑鼠指標從控制項離開時 |
| | MouseMove | 發生於滑鼠指標在控制項上移動 |
| | MouseUp | 發生於滑鼠指標位於控制項上，且鬆開滑鼠時 |
| 屬性變更相關 | TextChanged | 發生於Text屬性變更時（如TextBox、Combo控制項） |
| | ValueChanged | 發生於Value屬性變更時（如HScrollBar、VScrollBar、TarckBar、NumericUpDown等控制項） |
| | CheckedChanged | 發生於Checked屬性變更時（如CheckBox、RadioButton控制項） |
| | SelectedIndexChanged | 發生於Index屬性變更時（如Combo、ListBox控制項） |

以上為常用控制項中常見的成員，後面章節介紹控制項將不再列表說明，僅會針對該控制項的其他常用成員作說明。

 **4-2　Form表單物件**

Form控制項為視窗應用程式中的基本視窗，作為其他控制項的收納器（container）。收納器的意思，是指該控制項可以放入其他控制項。Form除了上面介紹的常用成員之外，幾個與視窗有關的屬性與事件列於表4-4。

表4-4　Form的常見屬性

| 名稱 | 說明 |
|------|------|
| BackgroundImage | 取得或設定在控制項中顯示的背景影像 |
| BackgroundImageLayout | 取得或設定在控制項中顯示的背景影像的配置 |
| ControlBox | 取得或設定值，指出控制項方塊是否顯示在表單的標題列中 |
| FormBorderStyle | 取得或設定表單的框線樣式 |
| Icon | 取得或設定表單的圖示 |
| MaximizeBox | 取得或設定值，指出是否要在表單的標題列中顯示[最大化]按鈕 |
| MaximumSize | 取得或設定表單所能調整的大小上限 |
| MinimizeBox | 取得或設定值，指出是否要在表單的標題列中顯示[最小化]按鈕 |
| MinimumSize | 取得或設定表單所能調整的大小下限 |
| Opacity | 取得或設定表單的透明度等級 |
| ShowIcon | 取得或設定值，指出圖示是否會顯示在表單的標題列中 |
| TransparencyKey | 取得或設定將表示表單透明區域的色彩 |
| WindowState | 取得或設定表單的視窗狀態 |

表4-5　Form的常見事件

| 名稱 | 說明 |
| --- | --- |
| Activated | 發生於表單以程式碼或由使用者啟動時 |
| Deactivate | 發生於表單失去焦點，且不再是使用中的表單時 |
| FormClosed | 發生於表單關閉之後 |
| FormClosing | 發生於表單關閉之前 |
| Load | 發生在表單第一次顯示之前 |
| Paint | 發生於重繪控制項時 |

## 例 4-1　表單的操作與屬性練習

**✱ 功能說明**

在Form1按下／鬆開滑鼠及鍵盤鍵均可改變表單的屬性。

**✱ 學習目標**

了解表單的基本屬性設定與事件處理。

**✱ 表單配置**

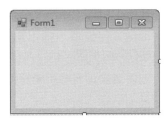

圖4-1　範例表單配置

## ✱ 程式碼

```
01    Public Class E4_1_Form
02
03    Private Sub Form1_KeyPress(ByVal sender As Object, ByVal e As System.
      Windows.Forms.KeyPressEventArgs) Handles Me.KeyPress
04        '設定標題文字內容
05        Me.Text = "按鍵中"
06        '顯示立體外框
07        Me.FormBorderStyle = Windows.Forms.FormBorderStyle.Fixed3D
08    End Sub
09
10    Private Sub Form1_KeyUp(ByVal sender As Object, ByVal e As System.
      Windows.Forms.KeyEventArgs) Handles Me.KeyUp
11        '設定標題文字內容
12        Me.Text = "我是表單"
13        '顯示簡單外框
14        Me.FormBorderStyle = Windows.Forms.FormBorderStyle.FixedSingle
15    End Sub
16
17    Private Sub Form1_Load(ByVal sender As System.Object, ByVal e As
      System.EventArgs) Handles MyBase.Load
18        '設定標題文字內容
19        Me.Text = "我是表單"
20    End Sub
21
22    Private Sub Form1_MouseDown(ByVal sender As Object, ByVal e As
      System.Windows.Forms.MouseEventArgs) Handles Me.MouseDown
23        '設定標題文字內容
24        Me.Text = "按下滑鼠中"
25        '標題欄無控制方塊
26        Me.ControlBox = False
27        Me.BackColor = Color.White
28    End Sub
29
30    Private Sub Form1_MouseUp(ByVal sender As Object, ByVal e As System.
      Windows.Forms.MouseEventArgs) Handles Me.MouseUp
```

```
31              '設定標題文字內容
32              Me.Text = "我是表單"
33              '標題欄顯示控制方塊
34              Me.ControlBox = True
35              Me.BackColor = Color.Green
36          End Sub
37
38      End Class
```

**✱ 執行結果**

程式執行後（如圖4-2(a)），隨即按下滑鼠，此時表單背景變為白色（如圖4-2(b)），且表單標題欄顯示「按下滑鼠中」，接著鬆開滑鼠，表單背景變為綠色（如圖4-2(c)），最後按下鍵盤任何鍵，表單外框變為立體（如圖4-2(d)）。

**(a)執行程式**

**(b)按下滑鼠，表單背景白色，控制方塊隱藏**

**(c)鬆開滑鼠，表單背景綠色，控制方塊顯現**

**(d)按下任何鍵，表框變為立體**

**圖4-2　範例執行結果表單**

因爲其他控制項都是依附著Form物件，所以Form的生命週期是特別需要注意的主題。底下以範例4-2來觀察Form從建立到釋放資源過程所經歷的各種事件，程式稍長，耐心練習對表單的操控有很大的幫助。

---

### 例 4-2　表單的操作與事件練習

#### ✽ 功能說明

透過Debug顯示建立表單所引發的各種事件。滑鼠單擊Form1表單後會出現Form2表單，滑鼠雙擊Form2表單則會釋放Form2資源。

#### ✽ 學習目標

了解建立表單與釋放表單資源所引發的事件順序，包括Activated、Click、DoubleClick、GotFocus、LostFocus、FormClosing、FormClosed、Disposed、Load、Deactivate、Paint等，及練習Show與Dispose方法。

#### ✽ 表單配置

新增專案後加入兩個Windows Form：Form1和Form2。

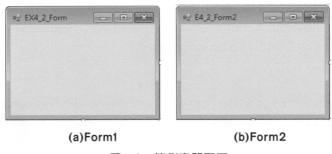

(a)Form1　　　　　　　(b)Form2

圖4-3　範例表單配置

#### ✽ 程式碼

1. Form1程式碼

```
01   Public Class E4_2_Form
02
03      Private Sub E4_2_Form_Activated(ByVal sender As Object, ByVal e As
```

```vb
         System.EventArgs) Handles Me.Activated
04          Debug.Print("Form1->Activated")
05      End Sub
06
07      Private Sub E4_2_Form_Click(ByVal sender As Object, ByVal e As System.
        EventArgs) Handles Me.Click
08          Debug.Print("Form1->Click")
09          Debug.Print("---- 執行 Form2.show() ----")
10          E4_2_Form2.Show()
11      End Sub
12
13      Private Sub E4_2_Form_GotFocus(ByVal sender As Object, ByVal e As
        System.EventArgs) Handles Me.GotFocus
14          Debug.Print("Form1->GotFocus")
15      End Sub
16
17      Private Sub E4_2_Form_Disposed(ByVal sender As Object, ByVal e As
        System.EventArgs) Handles Me.Disposed
18          Debug.Print("Form1->Disposed")
19      End Sub
20
21      Private Sub E4_2_Form_FormClosed(ByVal sender As Object, ByVal e As
        System.Windows.Forms.FormClosedEventArgs) Handles Me.FormClosed
22          Debug.Print("Form1->FormClosed")
23      End Sub
24
25      Private Sub E4_2_Form_FormClosing(ByVal sender As Object, ByVal
        e As System.Windows.Forms.FormClosingEventArgs) Handles
        Me.FormClosing
26          Debug.Print("Form1->FormClosing")
27      End Sub
28
29      Private Sub E4_2_Form_Load(ByVal sender As System.Object, ByVal e As
        System.EventArgs) Handles MyBase.Load
30          Debug.Print("Form1->Load")
31      End Sub
32
```

```
33    Private Sub E4_2_Form_Paint(ByVal sender As Object, ByVal e As System.
      Windows.Forms.PaintEventArgs) Handles Me.Paint
34        Debug.Print("Form1->Paint")
35    End Sub
36
37    Private Sub E4_2_Form_LostFocus(ByVal sender As Object, ByVal e As
      System.EventArgs) Handles Me.LostFocus
38        Debug.Print("Form1->LostFocus")
39    End Sub
40
41    Private Sub E4_2_Form_Deactivate(ByVal sender As Object, ByVal e As
      System.EventArgs) Handles Me.Deactivate
42        Debug.Print("Form1->Deactivate")
43    End Sub
44
45  End Class
```

## 2. Form2程式碼

```
01    Public Class E4_2_Form2
02
03    Private Sub E4_2_Form2_Activated(ByVal sender As Object, ByVal e As
      System.EventArgs) Handles Me.Activated
04        Debug.Print("Form_2-->" & "Activated")
05    End Sub
06
07    Private Sub E4_2_Form2_Disposed(ByVal sender As Object, ByVal e As
      System.EventArgs) Handles Me.Disposed
08        Debug.Print("Form2-->Disposed")
09    End Sub
10
11    Private Sub E4_2_Form2_DoubleClick(ByVal sender As Object, ByVal e As
      System.EventArgs) Handles Me.DoubleClick
12        Debug.Print("Form2-->DoubleClick")
13        Debug.Print("----Form2 執行Dispose method----")
14        Me.Dispose()
15    End Sub
```

```
16
17      Private Sub E4_2_Form2_FormClosed(ByVal sender As Object, ByVal e As
        System.Windows.Forms.FormClosedEventArgs) Handles Me.FormClosed
18          Debug.Print("Form_2-->FormClosed")
19      End Sub
20
21      Private Sub E4_2_Form2_FormClosing(ByVal sender As Object,
        ByVal e As System.Windows.Forms.FormClosingEventArgs) Handles
        Me.FormClosing
22          Debug.Print("Form_2-->FormClosing")
23      End Sub
24
25      Private Sub E4_2_Form2_GotFocus(ByVal sender As Object, ByVal e As
        System.EventArgs) Handles Me.GotFocus
26          Debug.Print("Form_2-->GetFocus")
27      End Sub
28
29      Private Sub E4_2_Form2_Load(ByVal sender As System.Object, ByVal e
        As System.EventArgs) Handles MyBase.Load
30          Debug.Print("Form_2-->Load")
31      End Sub
32
33      Private Sub E4_2_Form2_Paint(ByVal sender As Object, ByVal e As
        System.Windows.Forms.PaintEventArgs) Handles Me.Paint
34          Debug.Print("Form_2-->Paint")
35      End Sub
36
37   End Class
```

**✱ 執行結果**

　　滑鼠單擊Form1即出現Form2，同時焦點轉移到Form2；而雙擊Form2
表單即釋放Form2資源，同時將焦點移回Form1。再一次單擊Form1出現
Form2，接著透過表單右上角的 ✕ 關閉Form2，且焦點回到Form1，同樣的
透過Form1表單右上角的 ✕ 關閉Form1。

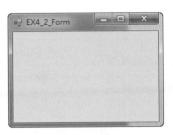

圖4-4　範例執行結果表單

　　執行過程中，即時運算視窗記錄了事件轉移過程。茲將事件轉移與說明列於表4-6。

表4-6　執行結果說明

| 操作 | 即時運算視窗顯示的內容 | 說明 |
|---|---|---|
| 開始執行程式 | Form1->Load | 載入Form1表單 |
| | Form1->GotFocus | Form1表單顯示，且取得焦點 |
| | Form1->Activated | Form1啟動完成 |
| | Form1->Paint | Form1表單重繪 |
| 單擊 Form1 | Form1->Click | 引發Click事件 |
| | ---- 執行 Form2.show() ---- | 執行Form2.Show |
| | Form2-->Load | 載入Form2表單 |
| | Form1->Deactivate | Form1表單停用 |
| | Form1->LostFocus | Form1表單失去焦點 |
| | Form2-->GetFocus | Form2表單顯示，且取得焦點 |
| | Form2-->Activated | Form2啟動完成 |
| | Form2-->Paint | 表單重繪 |
| 雙擊 Form2 | Form2-->DoubleClick | 引發雙擊事件 |
| | ----Form2 執行Dispose method---- | 執行Form2.Dispose |
| | Form1->GotFocus | Form1取得焦點 |
| | Form1->Activated | Form1啟動完成 |

| | Form2-->Disposed | 因呼叫Dispose而引發 |
|---|---|---|
| 再次單擊 Form1 | Form1->Click | Form1上引發Click事件 |
| | ---- 執行 Form2.show() ---- | 執行Form2.Show |
| | Form2-->Load | 載入Form2表單 |
| | Form1->Deactivate | Form1表單停用 |
| | Form1->LostFocus | Form1表單失去焦點 |
| | Form2-->GetFocus | Form2表單取得焦點 |
| | Form2-->Activated | Form2啟動完成 |
| | Form2-->Paint | Form2表單重繪 |
| 按Form2 的 [x] | Form2-->FormClosing | Form2表單正在關閉 |
| | Form2-->FormClosed | Form2表單已關閉 |
| | Form1->GotFocus | Form1取得焦點 |
| | Form1->Activated | Form2啟動完成 |
| | Form2-->Disposed | 釋放Form2資源 |
| 按Form1 的 [x] | Form1->FormClosing | Form1表單正在關閉 |
| | Form1->FormClosed | Form1表單已關閉 |
| | Form1->Deactivate | Form1表單停用 |
| | Form1->LostFocus | Form1表單失去焦點 |
| | Form1->Disposed | 釋放Form1資源 |

例 4-3 不規則形狀(星星形狀)的工作視窗設定

**✱ 功能說明**

建立一個不規則形狀（星星形狀）的工作視窗，滑鼠雙擊後即消失。

**✱ 學習目標**

利用表單屬性的設定，建立外型客製化的工作視窗。

**✱ 表單配置**

表單設計步驟如下：

**Step 1** 設定表單的BackgroundImage屬性。

圖4-5 表單、方案總管和屬性視窗

**Step 2** 點擊BackgroundImage屬性設定按鈕⋯後，進入資源匯入視窗，並選擇所要匯入的圖片檔名。

(a)[選取資源]視窗　　　　　　　　(b)匯入圖片

**(c)匯入完成**      **(d)[方案總管]自動加入Resources項目**

**圖4-6　匯入圖案過程及[方案總管]畫面**

**Step 3**　設定BackgroundImageLayout屬性為Center，使星星圖案置中。

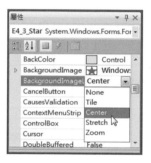

**圖4-7　設定圖案在表單正中央**

**Step 4**　完成表單以下屬性之設定。

**表4-7　表單的屬性設定**

| 屬性 | 值 | 說明 |
|------|-----|------|
| BackColor | White | 設定表單的背景色為白色，與星星圖案外圍的背景色相同 |
| TranparencyKey | White | 設定表單白色部分為透明色彩 |
| FormBorderStyle | None | 設定表單外框及標題樣式均為無 |
| StartPosition | CenterScreen | 設定表單第一次出現的位置為螢幕正中央 |

　　另須特別注意：顯示器的色彩品質不能高於24位元，否則可能無法順利完成表單的透明設定，完成後的表單配置如圖4-8。

圖4-8　完成之範例表單配置

## ✱ 程式碼

```
01    Public Class E4_3_Star
02
03    Private Sub E4_3_Star_DoubleClick(ByVal sender As Object, ByVal e As
      System.EventArgs) Handles Me.DoubleClick
04        '雙擊滑鼠後應用程式結束
05        End
06    End Sub
07
08  End Class
```

## ✱ 執行結果

　　程式執行後，表單以星星圖案呈現（如圖4-9），當以滑鼠雙擊星星圖案後，星星隨即消失不見。

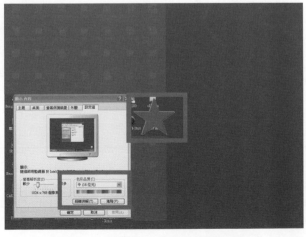

圖4-9　執行畫面（含色彩品質設定）

# 4-3 Label控制項

　　Label控制項為文字顯示標籤，主要用於訊息的說明與呈現。Label控制項的屬性可在程式設計階段由屬性視窗中加以設定；也可以在程式執行階段設定或修改。底下直接以範例來練習Label控制項的基本操作。

## 例 4-4　　Label控制項的屬性、方法與事件練習

### ✱ 功能說明

　　滑鼠點擊、雙擊和移入/移出Label控制項都有對應的動作。

### ✱ 學習目標

　　了解Label控制項的常用屬性（Text、BackColor、ForeColor、BoderStyle）、方法（Show、Hide）與事件（Click、DoubleClick、MouseLeave、MouseMove）的應用。

### ✱ 表單配置

　　自工具箱中拖曳出三個Label控制項。

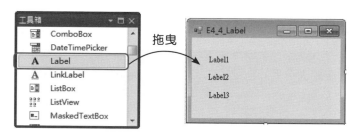

圖4-10　範例表單配置

### ✱ 程式碼

```
01    Public Class E4_4_Label
02
03    Private Sub E4_4_Label_Load(ByVal sender As System.Object, ByVal e As
      System.EventArgs) Handles MyBase.Load
```

```
04        Label1.Text = "Hello!   <= Click"
05        Label2.Text = "VB      <= DoubleClick"
06        Label3.Text = "Hi!VB   <= MouseMove"
07    End Sub
08
09    Private Sub Label1_Click(ByVal sender As System.Object, ByVal e As
      System.EventArgs) Handles Label1.Click
10        Label1.Hide()
11    End Sub
12
13    Private Sub Label2_DoubleClick(ByVal sender As Object, ByVal e As
      System.EventArgs) Handles Label2.DoubleClick
14        Label1.Show()
15        Label1.BackColor = Color.Yellow
16    End Sub
17
18    Private Sub Label3_MouseLeave(ByVal sender As Object, ByVal e As
      System.EventArgs) Handles Label3.MouseLeave
19        Label3.BorderStyle = BorderStyle.None
20        Label3.ForeColor = Color.Black
21        Label3.Text = "Hi!VB    <= MouseMove"
22        Label3.Font = New Font(Label3.Font.Name, 10)
23    End Sub
24
25    Private Sub Label3_MouseMove(ByVal sender As Object, ByVal e As
      System.Windows.Forms.MouseEventArgs) Handles Label3.MouseMove
26        Label3.BorderStyle = BorderStyle.FixedSingle
27        Label3.ForeColor = Color.Red
28        Label3.Text = "Hi!VB   <= MouseLeave"
29        Label3.Font = New Font(Label3.Font.Name, 15)
30    End Sub
31
32  End Class
```

✱ 執行結果

程式執行結果如圖4-11之說明。

(a)滑鼠點擊Hello!

(b)Hello!被隱藏起來

(c)滑鼠雙擊VB，Hello出現，並有背景色

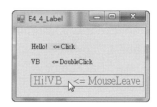

(d)滑鼠移入Hi!VB

(e)滑鼠移出Hi!VB

圖4-11　執行結果畫面

註 由於一般具有Font屬性的控制項，其Font.Size屬性（字體大小）是唯讀的，除非在程式設計階段直接由屬性視窗中的Font屬性設定，程式執行階段無法直接設定文字的Font.Size屬性。

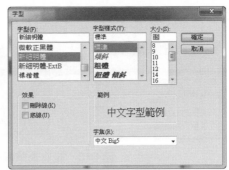

圖4-12 Font屬性設定

在程式執行階段須透過指定新的Font物件給控制項的Font屬性來改變。例如：只要改變Label控制項Label3的字體大小，可以將程式寫為：

---

**Label3.Font = New Font(Label3.Font.Name, 15)　'其中15為字體的大小**

---

這裡的Font是一個物件，Font的用法會在第十二章繪圖中詳細說明。

END

# 4-4　Button控制項

Button控制項是一個按鈕元件，按鈕最主要的功能就是要進入下一個程式執行步驟的確認。底下先以範例進行Button控制項的基本練習。

## 例 4-5　Button控制項基本練習

✱ **功能說明**

按下Button控制項可以讓Label控制項向左和向右移動。

✱ **學習目標**

Button控制項結合Lable控制項的基本屬性練習。

**✱ 表單配置**

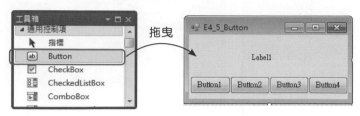

圖4-13 範例表單配置

**✱ 程式碼**

```
01    Public Class E4_5_Button
02
03    Private Sub E4_5_Button_Load(ByVal sender As System.Object, ByVal e
      As System.EventArgs) Handles MyBase.Load
04        Label1.Text = "Hi!VB"
05        Label1.BorderStyle = BorderStyle.FixedSingle
06        Label1.BackColor = Color.GreenYellow
07        Button1.Text = "按鈕致能"
08        Button2.Text = "向左"
09        Button3.Text = "向右"
10        Button4.Text = "按鈕禁能"
11        Button2.Enabled = False
12        Button3.Enabled = False
13    End Sub
14
15    Private Sub Button1_Click(ByVal sender As System.Object, ByVal e As
      System.EventArgs) Handles Button1.Click
16        Button2.Enabled = True
17        Button3.Enabled = True
18    End Sub
19
20    Private Sub Button2_Click(ByVal sender As System.Object, ByVal e As
      System.EventArgs) Handles Button2.Click
21        Label1.Left -= 10    '表示Label1左緣位置的變化減量為10(左移)
22    End Sub
23
```

```
24    Private Sub Button3_Click(ByVal sender As System.Object, ByVal e As
      System.EventArgs) Handles Button3.Click
25       Label1.Left += 10   '表示Label1左緣位置的變化增量為10(右移)
26    End Sub
27
28    Private Sub Button4_Click(ByVal sender As System.Object, ByVal e As
      System.EventArgs) Handles Button4.Click
29       Button2.Enabled = False
30       Button3.Enabled = False
31    End Sub
32
33  End Class
```

**✱ 執行結果**

程式執行結果如圖4-14之說明。

**(a)執行後畫面**

**(b)按下[按鈕致能]鈕**

**(c)按下[向左]及[向右]鈕**

**(d)按下[按鈕禁能]鈕**

**圖4-14 範例執行結果**

END

除了前面介紹的基本屬性外，Button控制項可透過Image屬性（須先將圖片匯入資源檔）選擇要顯示的圖片。

圖4-15　Button控制項的Image屬性設定

　　或者透過建立關聯的ImageList控制項（須先將影像加入ImageList控制項）中圖片的索引值（ImageIndex）屬性，來指定顯示在Button上的圖片。

圖4-16　Button控制項的ImageList屬性與ImageIndex設定

　　接著利用ImageAlign可指定圖片在按鈕上的對齊方式；而Button控制項的文字對齊方式，也可以透過TextAlign來設定。

圖4-17　Button控制項的ImageAlign屬性與TextAlign設定

　　透過兩個屬性的組合，可以對Button控制項的外觀進行所需的設計。關於ImageList控制項的使用，稍後再說明。

**4-5**　**TextBox控制項**

　　TextBox控制項為文字方塊元件，可用於文字的輸入與顯示，除了前面介紹的基本屬性外，TextBox還有其他屬於文字方塊的專有屬性，列表於表4-8：

表4-8　TextBox控制項常用的屬性

| 屬性 | 說明 |
|---|---|
| PasswordChar | 取得或設定在單行TextBox控制項中，用來遮罩密碼字元的字元 |
| MultiLine | 設定TextBox控制項是否可擴展為多行 |
| Lines | 取得或設定文字方塊控制項中的文字行數 |
| ScrollBars | 取得或設定在多行TextBox控制項中顯示捲軸，有水平、垂直與兩者 |
| SelectedText | 取得或設定值，指出控制項中目前選取文字 |
| SelectionLength | 取得或設定文字方塊中所選取的字元數 |
| SelectionStart | 取得或設定文字方塊中選取文字的起點 |

　　至於TextBox控制項的方法有很多，表4-9列出常用的方法。

表4-9　TextBox控制項常用的方法

| 方法 | 說明 |
|---|---|
| Select | 在文字方塊中選取的文字範圍 |
| SelectAll | 選取文字編輯控制項的整個內容 |
| Clear | 將所有內容從文字方塊中清除 |
| Copy | 將TextBox控制項的目前選項文字複製到Clipboard |
| Cut | 從TextBox控制項中移除目前選項，並複製到Clipboard |
| Paste | 將剪貼簿內容貼到TextBox控制項 |
| Redo | 復原最近一次在TextBox控制項的編輯作業 |

　　至於TextBox控制項常見的引發事件為TextChanged，發生於TextBox控制項的內容（Text屬性）發生變化時。範例4-6進行TextBox控制項的基本練習。

## 例 4-6　利用TextBox設計帳號和密碼輸入表單

**✻ 功能說明**

　　設計一個表單，可以輸入帳號與密碼。

**✻ 學習目標**

　　TextBox控制項的屬性PasswordChar與事件TextChanged練習。

**✻ 表單配置**

圖4-18　範例表單配置

**✻ 程式碼**

```
01    Public Class E4_6_TextBox1
02
03    Private Sub E4_6_TextBox1_Load(ByVal sender As System.Object, ByVal e
      As System.EventArgs) Handles MyBase.Load
04        Label1.Text = "輸入帳號："
05        Label2.Text = "輸入密碼："
06        Label3.Text = ""
07        TextBox2.PasswordChar = "*"
08        Button1.Text = "確定"
09        Button2.Text = "取消"
10    End Sub
```

```
11
12    Private Sub Button2_Click(ByVal sender As System.Object, ByVal e As
      System.EventArgs) Handles Button2.Click
13       TextBox1.Text = ""
14       TextBox2.Text = ""
15       TextBox1.Focus()
16    End Sub
17
18    Private Sub Button1_Click(ByVal sender As System.Object, ByVal e As
      System.EventArgs) Handles Button1.Click
19       Label3.Text = "帳號：" & TextBox1.Text & ", 密碼：" & TextBox2.Text
20    End Sub
21
22    Private Sub TextBox1_TextChanged(ByVal sender As System.Object, ByVal
      e As System.EventArgs) Handles TextBox1.TextChanged
23       Label3.Text = ""
24       TextBox2.Text = ""
25    End Sub
26
27    Private Sub TextBox2_TextChanged(ByVal sender As System.Object, ByVal
      e As System.EventArgs) Handles TextBox2.TextChanged
28       Label3.Text = ""
29    End Sub
30
31    End Class
```

## ✱ 執行結果

程式執行結果如圖4-19之說明。

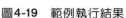

(a)程式執行　　　　(b)輸入帳號和密碼　　　(c)按下[確定]鈕

圖4-19　範例執行結果

(d)按下[取消]鈕　　(e)再次輸入帳號和密碼　(f)若帳號修改，密碼需重新輸入

圖4-19　範例執行結果(續)

## 例 4-7　TextBox的文字選取操作

**✸ 功能說明**

設計一表單文字輸入方塊，且可以顯示滑鼠選取的文字內容。

**✸ 學習目標**

TextBox控制項的MultiLine、TextBox1.SelectionLength、TextBox1.SelectedText屬性練習。

**✸ 表單配置**

 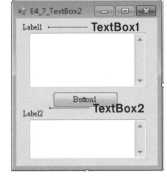

(a)屬性設定前　　　　　(B)屬性設定後

圖4-20　範例表單配置

(a)設定多行屬性　　(b)設定捲軸屬性

圖4-21　TextBox控制項屬性設定（**TextBox1及TextBox2均要設定**）

## ✱ 程式碼

```
01    Public Class E4_7_TextBox2
02
03    Private Sub E4_7_TextBox2_Load(ByVal sender As System.Object, ByVal e
      As System.EventArgs) Handles MyBase.Load
04        Label1.Text = "輸入文字區："
05        Label2.Text = "反白內容"
06        Button1.Text = "選取反白內容"
07        'TextBox1.Text = "Visual的意思就是「視覺的」，要完成視覺化的應用程
      式介面，最簡單的方式就是使用Visual Basic整合設計環境中的控制箱，直
      接將所要呈現的介面拖曳到表單上。"
08     End Sub
09
10    Private Sub Button1_Click(ByVal sender As System.Object, ByVal e As
      System.EventArgs) Handles Button1.Click
11        Label2.Text = "反白內容如下(共有" & TextBox1.SelectionLength & "個
      字)："
12        TextBox2.Text = TextBox1.SelectedText
13     End Sub
14
15    End Class
```

**✱ 執行結果**

程式執行結果如圖4-22之說明。

**(a)程式執行**

**(b)輸入（或貼上）文字**

**(c)滑鼠選取文字**

**(d)按下[選取反白內容]鈕**

圖4-22　範例執行結果

END

---

例 4-8　　**TextBox的複製、剪下、貼上操作**

**✱ 功能說明**

設計一表單文字輸入方塊，且可以進行文字的複製、剪下、貼上等操作。

* 學習目標

TextBox控制項的Copy、Cut、Paste方法及SelectedText屬性練習。

* 表單配置

圖4-23 表單配置(TextBox1控制項的MultiLine屬性設定為True)

* 程式碼

```
01    Public Class E4_8_TextBox3
02
03    Private Sub E4_8_TextBox3_Load(ByVal sender As System.Object, ByVal e
      As System.EventArgs) Handles MyBase.Load
04        Button1.Text = "複製"
05        Button2.Text = "剪下"
06        Button3.Text = "貼上"
07        Button4.Text = "復原"
08    End Sub
09
10    Private Sub Button1_Click(ByVal sender As System.Object, ByVal e As
      System.EventArgs) Handles Button1.Click
11        TextBox1.Copy()
12    End Sub
13
14    Private Sub Button2_Click(ByVal sender As System.Object, ByVal e As
      System.EventArgs) Handles Button2.Click
15        TextBox1.Cut()
16    End Sub
17
18    Private Sub Button3_Click(ByVal sender As System.Object, ByVal e As
      System.EventArgs) Handles Button3.Click
```

```
19        TextBox1.Paste()
20    End Sub
21
22    Private Sub Button4_Click(ByVal sender As System.Object, ByVal e As
      System.EventArgs) Handles Button4.Click
23        TextBox1.Undo()
24    End Sub
25
26  End Class
```

## ✱ 執行結果

程式執行後，在文字方塊中鍵入一段文字；接著以滑鼠選取其中一小段文字後按下[複製]鈕；接著滑鼠移到文字輸入方塊中後端，按下[貼上]鈕，即可貼上複製的文字。[剪下]與[復原]鈕也可自行測試。

(a)鍵入文字

(b)選取後複製

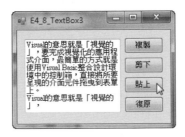
(c)貼上

圖4-24　範例執行結果

**4-6　ListBox控制項**

　　ListBox控制項是一個文字清單的顯示元件，可用於文字項目顯示，除了前面介紹的基本屬性外，ListBox控制項還有其他屬於文字方塊的專有屬性與方法，列表於表4-10：

表4-10　ListBox常用的屬性

| 名稱 | 說明 |
|------|------|
| ColumnWidth | 取得或設定多資料行ListBox中的資料行寬度 |
| Items | 取得ListBox的項目集合 |
| MultiColumn | 取得或設定值，指出ListBox是否支援多個資料行 |
| SelectedIndex | 取得或設定ListBox中目前選取項目以零起始的索引 |
| SelectedIndices | 取得集合，其中包含ListBox中所有目前選取項目以零起始的索引 |
| SelectedItem | 取得或設定ListBox中目前選取的項目 |
| SelectedItems | 取得ListBox目前選取的項目集合 |
| SelectionMode | 取得或設定ListBox中，用來選取項目的方法。其值為列舉型別，成員如下： <table><tr><th>成員</th><th>值</th><th>功能</th></tr><tr><td>None</td><td>0</td><td>沒有可選取項目</td></tr><tr><td>One</td><td>1</td><td>只能選取一個項目</td></tr><tr><td>MultiSimple</td><td>2</td><td>可以選取多重項目</td></tr><tr><td>MultiExtended</td><td>3</td><td>可以選取多重項目，且使用者可以用SHIFT、CTRL和方向鍵進行選取</td></tr></table> |
| Sorted | 取得或設定值，指出ListBox中的項目是否依照字母順序排序。 |

　　至於TextBox控制項的方法有很多，表4-11列出常用的方法。

表4-11　ListBox常用的方法

| 名稱 | 說明 |
|---|---|
| ClearSelected | 取消選取ListBox中的所有項目 |
| FindString | 尋找ListBox中第一個以指定字串為開頭的項目 |
| FindStringExact | 尋找ListBox中第一個與指定字串完全相符的項目 |
| GetItemText | 傳回指定項目的文字表示 |
| GetSelected | 傳回值，指出是否選取指定的項目 |
| SetSelected | 選擇或清除ListBox中指定項目的選取範圍 |

由於清單的項目屬於集合物件（ListBox.ObjectCollection類別），因此，對於清單項目的操作有另外的方法，使用語法為：

ListBox控制項名稱.Items.方法[(參數)]

常用的方法列表於表4-12：

表4-12　Items的方法

| 名稱 | 說明 | 範例 |
|---|---|---|
| Add | 將項目加入至ListBox的項目清單 | ListBoxObj.Items.Add("文字字串") |
| Clear | 將所有項目從集合中移除 | ListBoxObj.Items.Clear |
| IndexOf | 傳回指定項目集合中的索引 | N＝ListBoxObj.Items.Index("指定字串") |
| Insert | 將項目插入清單方塊中的指定索引處 | ListBoxObj.Items.Insert(索引,"項目") |
| Remove | 從集合中移除指定的物件 | ListBoxObj.Items.Remove("項目") |
| RemoveAt | 移除這個集合中位於指定索引處的項目 | ListBoxObj.Items.RemoveAt(索引) |

加入清單項目的方式也可以在設計階段直接在屬性視窗中的Items屬性中鍵入項目。

(a)點擊ListBox的Items屬性　　　　　(b)編輯Items的項目內容

圖4-25　在屬性視窗設定Items屬性的內容

另外，清單選取項目屬性SelectedItems也是一種集合物件，物件的操作除無Insert和RemoveAt方法外，大致與表4-12所列相同。

## 例 4-9　ListBox的屬性設定，以及新增項目與移除練習

### ✱ 功能說明

清單中顯示所有水果名稱，透過滑鼠，水果項目可以多選，同時列出清單上的訊息。此外，利用TextBox可增加水果清單項目的內容，而滑鼠雙擊清單項目則可進行項目的移除，且可清除選擇項目及刪除所有項目。

### ✱ 學習目標

ListBox控制項Items屬性和SelectItems屬性的使用，以及SelectedIndexChanged事件與多重選擇時的SelectionMode和SelectedItems.Count屬性練習。

### ✱ 表單配置

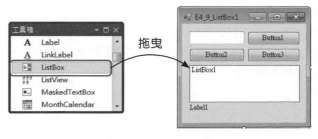

圖4-26　表單配置

★ 程式碼

```
01    Public Class E4_9_ListBox1
02
03    Private Sub E4_9_ListBox1_Load(ByVal sender As System.Object, ByVal e
      As System.EventArgs) Handles MyBase.Load
04       ListBox1.Items.Add("香蕉")
05       ListBox1.Items.Add("蘋果")
06       ListBox1.Items.Add("草莓")
07       ListBox1.Items.Add("櫻桃")
08       ListBox1.Items.Add("西瓜")
09       ListBox1.Items.Add("鳳梨")
10       ListBox1.Items.Add("芭樂")
11       Button1.Text = "加入新水果"
12       Button2.Text = "清除水果選項"
13       Button3.Text = "刪除所有水果"
14       TextBox1.Text = "楊桃"
15       Label1.Text = "共有" & ListBox1.Items.Count & "種水果。"
16       ListBox1.MultiColumn = True
17       ListBox1.ColumnWidth = 80
18       ListBox1.SelectionMode = SelectionMode.MultiSimple
19    End Sub
20
21    Private Sub ListBox1_DoubleClick(ByVal sender As Object, ByVal e As
      System.EventArgs) Handles ListBox1.DoubleClick
22       MsgBox("你將移除--" & ListBox1.Text)
23       ListBox1.Items.Remove(ListBox1.Text)
24    End Sub
25
26    Private Sub ListBox1_SelectedIndexChanged(ByVal sender As
      System.Object, ByVal e As System.EventArgs) Handles ListBox1.
      SelectedIndexChanged
27       Label1.Text = "共有" & ListBox1.Items.Count & "種水果，"
28       Label1.Text += vbNewLine & "其中你選了" & ListBox1.SelectedItems.
      Count & "種水果"
29    End Sub
30
```

```
31    Private Sub Button1_Click(ByVal sender As System.Object, ByVal e As
      System.EventArgs) Handles Button1.Click
32        ListBox1.Items.Add(TextBox1.Text)
33        Label1.Text = "你已增加--" & TextBox1.Text
34        ListBox1.SelectedItems.Clear()
35    End Sub
36
37    Private Sub Button2_Click(ByVal sender As System.Object, ByVal e As
      System.EventArgs) Handles Button2.Click
38        ListBox1.SelectedItems.Clear()
39    End Sub
40
41    Private Sub Button3_Click(ByVal sender As System.Object, ByVal e As
      System.EventArgs) Handles Button3.Click
42        ListBox1.Items.Clear()
43        Label1.Text = "刪除所有水果"
44    End Sub
45
46  End Class
```

## ✱ 執行結果

程式執行結果如圖4-27之說明。

**(a)程式執行**

**(b)按[加入新水果]鈕**

(c)多重選擇與訊息顯示

(d)按[清除水果選項]鈕

(e)滑鼠雙擊欲移除的項目

(f)按[刪除所有水果]鈕

圖4-27　範例執行結果

END

## 例 4-10　ListBox中項目的移除和搬移操作

**✱ 功能說明**

　　利用TextBox增加清單項目，清單中則可進行項目的移除和搬移操作。

**✱ 學習目標**

　　ListBox控制項的Add、RemoveAt方法，SelectedIndexChanged事件與多重選擇時的SelectionMode和SelectedIndices.Count屬性練習。

**\* 表單配置**

**圖4-28　範例表單配置**

**\* 程式碼**

```
01   Public Class E4_10_ListBox2
02
03   Private Sub E4_10_ListBox2_Load(ByVal sender As System.Object, ByVal
     e As System.EventArgs) Handles MyBase.Load
04       Label1.Text = "輸入增加項目："
05       Label2.Text = "項目清單："
06       Label3.Text = ""
07       ListBox2.Text = ""
08       Button1.Text = "加入清單"
09       Button2.Text = "搬移反白項目"
10       Button3.Text = "移除反白項目"
11       ListBox1.Items.Add("台北市")
12       ListBox1.Items.Add("新北市")
13       ListBox1.Items.Add("台中市")
14       'ListBox1.Items.Add("彰化市")
15       'ListBox1.Items.Add("台南市")
16       'ListBox1.Items.Add("高雄市")
17       'ListBox1.Items.Add("屏東市")
18       '設為多重選擇
19       ListBox2.SelectionMode = SelectionMode.MultiExtended
20    End Sub
21
22    Private Sub Button1_Click(ByVal sender As System.Object, ByVal e As
      System.EventArgs) Handles Button1.Click
23        ListBox1.Items.Add(TextBox1.Text)
```

```vbnet
24          Label3.Text = "[" & TextBox1.Text & "]完成加入"
25          TextBox1.Focus()
26          '將輸入內容反白
27          TextBox1.SelectionStart = 0
28          TextBox1.SelectionLength = TextBox1.Text.Length
29      End Sub
30
31      Private Sub Button2_Click(ByVal sender As System.Object, ByVal e As
        System.EventArgs) Handles Button2.Click
32          ListBox2.Items.Add(ListBox1.SelectedItem)
33          ListBox1.Items.RemoveAt(ListBox1.SelectedIndex)
34          Label3.Text = "完成搬移"
35      End Sub
36
37      Private Sub Button3_Click(ByVal sender As System.Object, ByVal e As
        System.EventArgs) Handles Button3.Click
38          ListBox1.Items.RemoveAt(ListBox1.SelectedIndex)
39          Label3.Text = "完成移除"
40      End Sub
41
42      Private Sub ListBox2_MouseUp(ByVal sender As Object, ByVal e As
        System.Windows.Forms.MouseEventArgs) Handles ListBox2.MouseUp
43          Label3.Text = "你選了 " & ListBox2.SelectedIndices.Count & "個項目"
44      End Sub
45
46      Private Sub ListBox1_SelectedIndexChanged(ByVal sender As
        System.Object, ByVal e As System.EventArgs) Handles ListBox1.
        SelectedIndexChanged
47          Label3.Text = "你選了[" & ListBox1.SelectedItem & "]"
48      End Sub
49
50      Private Sub TextBox1_TextChanged(ByVal sender As System.Object, ByVal
        e As System.EventArgs) Handles TextBox1.TextChanged
51          Label3.Text = "輸入文字內容：" & TextBox1.Text
52      End Sub
53
54  End Class
```

## ✱ 執行結果

程式執行結果如圖4-29之說明。

**(a)程式執行**

**(b)文字方塊輸入內容**

**(c)將[彰化市]加入清單**

**(d)繼續加入其他項目**

**(e)選擇[彰化市]**

**(f)按下[搬移反白項目]鈕**

(g)選擇[屏東市]　　　　　　(h)按下[移除反白項目]鈕

(i)在搬移多個項目後，以滑鼠選取多個項目

**圖4-29　範例執行結果**

 **CoomboBox控制項**

CoomboBox控制項的用法和ListBox控制項類似，CoomboBox控制項可以看成是TextBox與ListBox的結合，因此可以在文字方塊上鍵入內容。也因為有文字方塊可以顯示選取的項目內容，所以CoomboBox控制項較適用於當有建議的選擇項目時；而ListBox控制項則適用於對清單的選項內容有輸入的限制時。

例 4-11　以ComboBox操作字型樣式、字體大小與對齊方式之設定

**❋ 功能說明**

設計一程式可以設定文字顯示區的字型樣式、字體大小與對齊方式。

**❋ 學習目標**

ComboBox控制項、ListBox控制項的組合練習，並練習Label控制項的TextAlign屬性。

**❋ 表單配置**

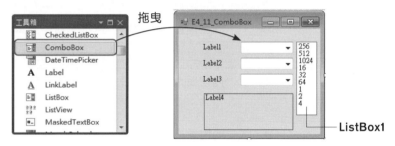

圖4-30　範例表單配置

其中，Label4的BorderStyle屬性設為FixedSingle，AutoSize屬性設為False。ComboBox1、ComboBox2、ComboBox3、ListBox1的Items集合項目設定如圖4-31。

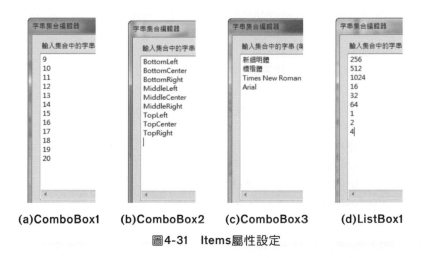

(a)ComboBox1　(b)ComboBox2　(c)ComboBox3　(d)ListBox1

圖4-31　Items屬性設定

　　Label控制項的文字對齊方式屬性TextAlign，其值屬於ContentAlignment列舉型別（列於表4-13），因此，事先輸入至ListBox1的Items中，再配合ComboBox2的SeletedIndex屬性間接選取。

表4-13　ContentAlignment列舉型別

| 成員名稱 | 值 | 說明 |
|---|---|---|
| BottomLeft | 256 | 內容垂直靠下對齊，且水平靠左對齊 |
| BottomCenter | 512 | 內容垂直靠下對齊，且水平置中對齊 |
| BottomRight | 1024 | 內容垂直靠下對齊，且水平靠右對齊 |
| MiddleLeft | 16 | 內容垂直居中對齊，且水平靠左對齊 |
| MiddleCenter | 32 | 內容垂直居中對齊，且水平置中對齊 |
| MiddleRight | 64 | 內容垂直居中對齊，且水平置右對齊 |
| TopLeft | 1 | 內容垂直靠上對齊，且水平靠左對齊 |
| TopCenter | 2 | 內容垂直靠上對齊，且水平置中對齊 |
| TopRight | 4 | 內容垂直靠上對齊，且水平靠右對齊 |

**✱ 程式碼**

```
01    Public Class E4_11_ComboBox
02
03    Private Sub E4_11_ComboBox_Load(ByVal sender As System.Object,
      ByVal e As System.EventArgs) Handles MyBase.Load
04        Label1.Text = "字型大小："
05        Label2.Text = "對齊方式："
06        Label3.Text = "字體選擇："
07        Label4.Text = "嗨!VB"
08        Label4.BackColor = Color.Yellow
09        ListBox1.Visible = False
10        '初始屬性
11        ComboBox1.Text = Label4.Font.Size
12        ComboBox2.Text = "TopLeft"
13        ComboBox3.Text = Label4.Font.Name
14    End Sub
```

```
15
16    Private Sub ComboBox1_SelectedIndexChanged(ByVal sender As
      System.Object, ByVal e As System.EventArgs) Handles ComboBox1.
      SelectedIndexChanged
17      Label4.Font = New Font(Label4.Font.Name, ComboBox1.Text)
18    End Sub
19
20    Private Sub ComboBox2_SelectedIndexChanged(ByVal sender As
      System.Object, ByVal e As System.EventArgs) Handles ComboBox2.
      SelectedIndexChanged
21      Label4.TextAlign = ListBox1.Items(ComboBox2.SelectedIndex)
22    End Sub
23
24    Private Sub ComboBox3_SelectedIndexChanged(ByVal sender As
      System.Object, ByVal e As System.EventArgs) Handles ComboBox3.
      SelectedIndexChanged
25      Label4.Font = New Font(ComboBox3.Text, Label4.Font.Size)
26    End Sub
27
28  End Class
```

## ✱ 執行結果

程式執行結果如圖4-32之說明。

(a)字型大小、對齊方式、字體選擇組合1　　(b)字型大小、對齊方式、字體選擇組合2

圖4-32　範例執行結果

## 4-8 RadioButton控制項與CheckBox控制項

　　RadioButton控制項是一個選項按鈕元件，可從多個選項中選擇其中一個項目，類似考試題目的單選題。CheckBox控制項則為核取方塊選項按鈕元件，類似考試題目的複選題，兩者都是屬於按鈕元件，因此，與Button控制項一樣，可以設定圖片，以及文字和圖片的對齊方式。除了前面介紹的基本屬性外，RadioButton控制項和CheckBox控制項的常用事件為CheckedChanged，它會在Checked屬性的值變更時發生。

### 例 4-12　　利用RadioButton進行血型選擇操作

**＊ 功能說明**

　　依點選到的血型選項，顯示血型結果。

**＊ 學習目標**

　　RadioButton控制項基本練習。

**＊ 表單配置**

(a)控制項配置　　　　(b)更改Name和Text屬性

圖4-33　　表單設計流程

相關屬性修改列於表4-14。

表4-14　控制項屬性設定

| 屬性<br>控制項 | Name | | Text | |
|---|---|---|---|---|
| | 更新前 | 更新後 | 更新前 | 更新後 |
| RadioButton | RadioButton1 | RB1 | RadioButton1 | A型 |
| RadioButton | RadioButton2 | RB2 | RadioButton2 | B型 |
| RadioButton | RadioButton3 | RB3 | RadioButton3 | AB型 |
| RadioButton | RadioButton4 | RB4 | RadioButton4 | O型 |

## ✱ 程式碼

```
01    Public Class E4_12_RadioButton
02
03    Private Sub RB1_CheckedChanged(ByVal sender As System.Object,
      ByVal e As System.EventArgs) _
04      Handles RB1.CheckedChanged, RB2.CheckedChanged, RB3.
      CheckedChanged, RB4.CheckedChanged
05      Label1.Text = "你的血型是" & sender.text
06     End Sub
07
08  End Class
```

## ✱ 執行結果

程式執行結果如圖4-34之說明。

(a)開始執行

(b)點選[B型]選項

(c)點選[AB型]選項

圖4-34　範例執行結果

例 4-13　以RadioButton與CheckBox控制項進行學歷與興趣選項

**✽ 功能說明**

設計一個個人資料的填寫表單，包括單選項的學歷與多選項的興趣。

**✽ 學習目標**

RadioButton與CheckBox控制項的練習。

**✽ 表單配置**

圖4-35　範例表單配置

**✽ 程式碼**

```
01    Public Class E4_13_RadioButton_CheckBox
02
03    Private Sub E4_13_RadioButton_CheckBox_Load(ByVal sender As
      System.Object, ByVal e As System.EventArgs) Handles MyBase.Load
04        Label1.Text = "個人資料填寫"
05        Label1.Font = New Font(Label1.Font.Name, 14)
06        Label2.Text = "學歷："
07        Label3.Text = "興趣："
08        Label4.Text = "你的學歷："
09        Label5.Text = "你的興趣："
10        Label6.Text = ""
11        Label7.Text = ""
12        label8.text = ""
13        Label4.ForeColor = Color.Red
14        Label5.ForeColor = Color.Red
```

```
15        Label6.ForeColor = Color.Red
16        Label7.ForeColor = Color.Red
17        Label8.ForeColor = Color.Red
18        RadioButton1.Text = "高中"
19        RadioButton2.Text = "大學"
20        RadioButton3.Text = "其他"
21        CheckBox1.Text = "音樂"
22        CheckBox2.Text = "運動"
23        CheckBox3.Text = "閱讀"
24    End Sub
25
26    Private Sub RadioButton1_CheckedChanged(ByVal sender As System.
      Object, ByVal e As System.EventArgs) Handles RadioButton1.
      CheckedChanged, _
27        RadioButton2.CheckedChanged, RadioButton3.CheckedChanged
28        Label4.Text = "你的學歷:" & sender.text
29    End Sub
30
31    Private Sub CheckBox1_CheckedChanged(ByVal sender As System.
      Object, ByVal e As System.EventArgs) Handles CheckBox1.
      CheckedChanged
32        Label6.Text = sender.text & sender.checked
33    End Sub
34
35    Private Sub CheckBox2_CheckedChanged(ByVal sender As System.
      Object, ByVal e As System.EventArgs) Handles CheckBox2.
      CheckedChanged
36        Label7.Text = sender.text & sender.checked
37    End Sub
38
39    Private Sub CheckBox3_CheckedChanged(ByVal sender As System.
      Object, ByVal e As System.EventArgs) Handles CheckBox3.
      CheckedChanged
40        Label8.Text = sender.text & sender.checked
41    End Sub
42
43  End Class
```

✱ **執行結果**

程式執行結果如圖4-36之說明。

(a)開始執行畫面 　　　　(b)選擇後畫面

**圖4-36　範例執行結果**

相較於RadioButton控制項，CheckBox控制項還有一個專有屬性 CheckState：

**圖4-37　CheckState屬性設定**

一般我們是以Checked屬性的值（True或False）判斷控制項是否被選取；而CheckState屬性則多了一個狀態Indeterminate（待定）可供運用。例如：我們如果把上例的三個CheckBox控制項的CheckState屬性都設為Indeterminate，則程式執行的畫面為：

圖4-38　修改範例的執行結果

　　通常RadioButton控制項和CheckBox控制項的使用會結合收納器元件—Group控制項和Pannel控制項，透過與收納器的結合，可以在表單上區隔出不同類別的選項。

END

# 4-9　CheckedListBox控制項

　　CheckedListBox控制項類似ListBox控制項，會顯示項目清單；但CheckedListBox控制項擴充了ListBox控制項，幾乎具備了ListBox控制項的所有功能，同時增加了可以在清單中的項目旁邊顯示核取記號的能力。

圖4-39　CheckedListBox畫面

　　由於CheckedListBox控制項多了核取方塊，所以不需要再支援多重選擇功能（即SelectionMode屬性只能設為None或One）；而ListBox控制項則可以設定多重選擇功能（SelectionMode屬性可設為MultiSimple或MultiExtended）。

　　CheckedListBox控制項結合了ListBox控制項與CheckBox控制項的功能，清單中的項目若有改變會引發ItemCheck事件。

```
Private Sub CheckedListBox1_ItemCheck(ByVal sender As Object, _
 ByVal e As System.Windows.Forms.ItemCheckEventArgs) _
 Handles CheckedListBox1.ItemCheck
 …
End Sub
```

其中引數e包含項目的核取狀態(e.NewValue)，而核取清單中被核取的項目集合儲存在CheckedItems屬性中。範例4-14進行CheckedListBox控制項的基本練習。

## 例 4-14　利用CheckedListBox設計菜單選項清單

✱ 功能說明

設計一個菜單選項清單，可以顯示選了幾道菜。

✱ 學習目標

CheckedListBox控制項的練習。

✱ 表單配置

圖4-40　表單設計流程

✱ 程式碼

```
01    Public Class E4_14_CheckedListBox
02
03    Private Sub E4_14_CheckedListBox_Load(ByVal sender As System.Object,
      ByVal e As System.EventArgs) Handles MyBase.Load
04        CheckedListBox1.Items.Add("醉雞")
05        CheckedListBox1.Items.Add("三杯雞")
06        CheckedListBox1.Items.Add("蝦仁炒蛋")
07        CheckedListBox1.Items.Add("鹽酥蝦")
08        CheckedListBox1.Items.Add("紅燒魚")
09        CheckedListBox1.Items.Add("清蒸魚")
10        CheckedListBox1.Items.Add("東坡肉")
11        CheckedListBox1.Items.Add("蒜泥白肉")
12        Label1.Text = "菜單:"
13        Button1.Text = "確定"
14    End Sub
15
16    Private Sub Button1_Click(ByVal sender As System.Object, ByVal e As
      System.EventArgs) Handles Button1.Click
17        MsgBox("你選了" & CheckedListBox1.CheckedItems.Count & "道菜!!", ,
      "CkeckedListBox練習")
18    End Sub
19
20    End Class
```

✱ 執行結果

　　程式執行結果如圖4-41之說明。

(a)執行畫面

(b)勾選三道菜

(c)按完[確定]鈕後的訊息

圖4-41　範例執行結果(選三道菜的訊息)

在這裡我們使用了MsgBox函式，它可以產生一個訊息對話視窗，語法如下：

---

**MsgBox(** "視窗顯示的文字", 按鈕樣式參數, "標題欄文字" **)**

---

另外，假設最多只能選4道菜，為主動提供訊息，增加程式如下：

```
01    Private Sub CheckedListBox1_ItemCheck(ByVal sender As Object,
      ByVal e As System.Windows.Forms.ItemCheckEventArgs) Handles
      CheckedListBox1.ItemCheck
02     If CheckedListBox1.CheckedItems.Count >= 4 And e.NewValue =
      CheckState.Checked Then
03         MsgBox("你最多能選4道菜!!", , "CkeckedListBox練習")
04         e.NewValue = CheckState.Unchecked
05     End If
06    End Sub
```

上面程式中第一次使用If…Then…End If語法。它的使用方式為：

---

**If [條件] Then**
    **[處理]**
**End If**

---

程式配合語法的意思是：

---

**If** (假如)
    **CheckedListBox1.CheckedItems.Count >= 4** (核取項目數量大於等於4)
    **And** (且)
    **e.NewValue=CheckState.Checked** (目前項目又是被核取的狀態)
**Then** (則)
    **MsgBox("你最多能選4道菜!!", , "CkeckedListBox練習")** (顯示訊息方塊)
    **e.NewValue = CheckState.Unchecked** (強制目前項目取消核取狀態)
**End If** (If敘述結束)

---

因此，當從選單選了第五道菜時，程式執行將會顯示如圖4-42的訊息。

圖4-42　範例執行結果（按選第五道菜後出現的訊息）

END

# 4-10　Group控制項

Group控制項是一個可以在程式設計階段直接規劃作為其他控制項收納器的群組元件。接下來直接以範例結合RadioButton控制項和CheckBox控制項做說明：

## 例 4-15　利用Group整合RadioButton與CheckBox設計表單

**✱ 功能說明**

設計一個多個選擇群組的個人資料填寫表單。

**✱ 學習目標**

GroupBox控制項整合RadioButton與CheckBox控制項的練習。

**✳ 表單配置**

圖4-43 表單設計流程

**✳ 程式碼**

```
01    Public Class E4_15_Group
02
03    Private Sub E4_15_Group_Load(ByVal sender As System.Object, ByVal e
      As System.EventArgs) Handles MyBase.Load
04        Label1.Text = "個人資料填寫"
05        Label1.Font = New Font(Label1.Font.Name, 14)
06
07        GroupBox1.Text = "學歷"
08        RadioButton1.Text = "高中"
09        RadioButton2.Text = "大學"
10        RadioButton3.Text = "其他"
11
12        GroupBox2.Text = "性別"
13        RadioButton4.Text = "男"
14        RadioButton5.Text = "女"
15
16        GroupBox3.Text = "興趣"
17        CheckBox1.Text = "音樂"
18        CheckBox2.Text = "運動"
19        CheckBox3.Text = "閱讀"
20
21        GroupBox4.Text = "電腦專長"
```

```
22          CheckBox4.Text = "程式設計"
23          CheckBox5.Text = "電腦繪圖"
24          CheckBox6.Text = "文書處理"
25      End Sub
26
27  End Class
```

**✷ 執行結果**

程式執行結果如圖4-44。

**圖4-44　範例執行結果**

END

# 4-11　Timer控制項

　　Timer控制項簡單來說，是一個週期性引發事件的計時器，它在固定的時間週期會引發Tick事件，並進入對應的處理程序，使用者將需要固定處理的程式寫進事件處理程序中，即可進行所謂的「輪詢」。Timer控制項的應用很廣，如簡易的動畫、計時、監控等與時間有關的作業。Timer控制項的屬性很簡潔，底下Timer控制項的屬性視窗列出其所有的屬性。

圖4-45　Timer的屬性設定視窗

　　使用上一定會用到的屬性有Enabled與Interval。Enabled是致能Timer控制項，也就是使Timer控制項週期性觸發Tick事件；但觸發的週期則是由Interval屬性設定，如果Interval屬性設定為0，那麼，即使Enabled屬性設為True，那也是沒有用的。接下來以範例來說明。

## 例 4-16　利用Timer設計閃爍的文字

**＊ 功能說明**

　　設計一個可以使文字閃爍的程式。

**＊ 學習目標**

　　Label控制項的Visible屬性和Timer控制項Enabled、Intervals屬性與Tick事件的整合練習。

**＊ 表單配置**

圖4-46　範例表單配置

**✱ 程式碼**

```
01   Public Class E4_16_Timer
02
03   Private Sub E4_16_Timer_Load(ByVal sender As System.Object, ByVal e
     As System.EventArgs) Handles MyBase.Load
04       Label1.Text = "Hi!VB"
05       Label1.BackColor = Color.Yellow
06       Label1.BorderStyle = BorderStyle.FixedSingle
07       Label1.Font = New Font(Label1.Font.Name, 20)
08       Button1.Text = "開始閃爍"
09       Button2.Text = "停止閃爍"
10       Timer1.Enabled = False
11       Timer1.Interval = 200
12   End Sub
13
14   Private Sub Button1_Click(ByVal sender As System.Object, ByVal e As
     System.EventArgs) Handles Button1.Click
15       Timer1.Enabled = True
16   End Sub
17
18   Private Sub Timer1_Tick(ByVal sender As System.Object, ByVal e As
     System.EventArgs) Handles Timer1.Tick
19       Label1.Visible = Not Label1.Visible
20   End Sub
21
22   Private Sub Button2_Click(ByVal sender As System.Object, ByVal e As
     System.EventArgs) Handles Button2.Click
23       Timer1.Enabled = False
24       Label1.Visible = True
25   End Sub
26
27   End Class
```

**＊ 執行結果**

　　程式中設定Timer的觸發周期為200ms(Timer1.Interval = 200)，並利用
Label控制項的Visible屬性變化，產生閃爍的效果，讀者可以自行更改Timer
控制項的Interval屬性，觀察Label控制項的閃爍變化狀況。

圖4-47　範例執行結果

　　此外，儘管Interval屬性的最小單位是毫秒，但是，Timer控制項並沒有
辦法達到那麼準確與快速的觸發（正確率約為55毫秒，這與系統震盪器的頻
率有關）。同一個專案可以開啟多個Timer控制項，但須了解Timer控制項的
啟用其實是執行緒的一種應用，同一個專案下使用越多Timer控制項，執行效
率就會受到影響，所以，適當的將程序整合到較少的Timer控制項是較佳的建
議。

END

# 4-12　PictureBox控制項

　　PictureBox控制項是一個圖片顯示元件，除了前面介紹的基本屬性外，
PictureBox控制項的專有屬性與方法，主要是如何將圖片放入控制項及設定圖
片顯示的形式。在PictureBox中放入圖片的方法可於程式設計階段直接由屬性
視窗設定Image屬性。

圖4-48　PictureBox的Image屬性設定

此外，在程式執行階段則可使用Image物件的FromFile方法指定圖片所在路徑，以將該路徑的圖片指定給PictureBox的Image屬性，語法如下：

**PictureBox控制項名稱.Image＝Image.FromFile(含檔案所在路徑之圖片檔名)**

至於圖片的顯示形式則由SizeMode屬性設定。

圖4-49　PictureBox的SizeMode屬性設定

表4-15　PictureBox的SizeMode屬性的值

| 成員名稱 | 值 | 說明 |
|---|---|---|
| Normal | 0 | 將影像的左上角置於PictureBox上，顯示PictureBox大小不變 |
| StretchImage | 1 | 自動調整影像大小，以符合PictureBox的大小，使其與影像大小一致 |
| AutoSize | 2 | 自動調整PictureBox控制項的大小，使其與影像大小一致 |
| CenterImage | 3 | 將影像的位置置中於PictureBox內 |
| Zoom | 4 | 自動調整影像大小，以符合PictureBox的大小，但會保持原始影像的比例 |

## 例 4-17　PictureBox上的圖片設定操作

**✱ 功能說明**

設計一選單可以控制圖片的位置與大小。

**✱ 學習目標**

PictureBox的SizeMode練習。

**✱ 表單配置**

(a)表單配置

(b)ComboBox1的Items屬性設定

**(c)PictureBox的Image屬性設定**　　　**(d)設定後之表單畫面**

圖4-50　範例表單配置與控制項設定

## ✱ 程式碼

```
01   Public Class E4_17_PictureBox
02     Private Sub E4_17_PictureBox_Load(ByVal sender As System.Object,
       ByVal e As System.EventArgs) Handles MyBase.Load
03       PictureBox1.BorderStyle = BorderStyle.FixedSingle
04       ComboBox1.Text = "Normal"
05     End Sub
06
07     Private Sub ComboBox1_SelectedIndexChanged(ByVal sender As
       System.Object, ByVal e As System.EventArgs) Handles ComboBox1.
       SelectedIndexChanged
08       PictureBox1.SizeMode = ComboBox1.SelectedIndex
09     End Sub
10
11   End Class
```

## ✱ 執行結果

選擇不同的SizeMode屬性，結果如圖4-51。

(a)Normal

(b)StretchImage

(c)CenterImage

(d)Zoom

(e)AutoSize

圖4-51　不同SizeMode屬性的執行結果

END

 **4-13　HScrollBar控制項、VScrollBar控制項、TrackBar控制項**

　　HScrollBar控制項、VScrollBar控制項（捲軸控制項），可透過定位鈕讓使用者在大量資訊中進行水平和垂直捲動或視覺調整數字設定；TrackBar控制項（滑桿控制項）則以移動滑桿來瀏覽大量資訊或視覺調整數字設定。它們的常用屬性大致相同。

表4-16　HScrollBar控制項、VScrollBar控制項與TrackBar控制項常用屬性

| 名稱 | 說明 |
|---|---|
| AutoSize | 取得或設定值，指出控制項的高度或寬度是否可自動調整大小 |
| LargeChange | 取得或設定捲動方塊或TrackBar滑桿大距離移動時，Value屬性加或減的值 |
| Maximum | 取得或設定捲軸或TrackBar使用範圍上限 |
| Minimum | 取得或設定捲軸或TrackBar使用範圍下限 |
| SmallChange | 取得或設定捲動方塊或TrackBar滑桿小距離移動時Value屬性加或減的數值 |
| Value | 取得或設定目前捲軸或TrackBar的位置 |
| TickFrequency | 取得或設定值，指定TrackBar控制項上描繪的刻度間之差異 |
| TickStyle | 取得或設定值，指出刻度標記在TrackBar上的顯示方式 |

至於HScrollBar控制項、VScrollBar控制項與TrackBar控制項最常用事件，則為ValueChanged。

## 例 4-18　利用TrackBar控制項設定PictureBox背景色的切換週期

**✻ 功能說明**

利用TrackBar控制項設定PictureBox背景色的切換週期。

**✻ 學習目標**

TrackBar控制項的基本練習，並結合Timer控制項的簡易動畫應用。

**✻ 表單配置**

圖4-52　範例表單配置

## ✱ 程式碼

```
01   Public Class E4_18_ScrollBar1
02
03   Private Sub E4_18_ScrollBar1_Load(ByVal sender As System.Object,
     ByVal e As System.EventArgs) Handles MyBase.Load
04       '設定滑桿上下限值
05       TrackBar1.Maximum = 10
06       TrackBar1.Minimum = 1
07       TrackBar1.LargeChange = 2
08       '設定PictureBox控制項的顏色和邊框樣式
09       PictureBox1.BorderStyle = BorderStyle.FixedSingle
10       PictureBox1.BackColor = Color.FromArgb(0, 0, 0)     '黑色
11       PictureBox2.BorderStyle = BorderStyle.FixedSingle
12       PictureBox2.BackColor = Color.FromArgb(255, 0, 0)    '紅色
13       'PictureBox1與PictureBox2重合
14       PictureBox2.Location = PictureBox1.Location
15       'PictureBox1移到最上層
16       PictureBox1.BringToFront()
17       Button1.Text = "啟動"
18       Button2.Text = "停止"
19       Label1.Text = "閃爍週期(s)=0.2"
20   End Sub
21
22   Private Sub TrackBar1_ValueChanged(ByVal sender As Object, ByVal e As
     System.EventArgs) Handles TrackBar1.ValueChanged
23       Timer1.Interval = TrackBar1.Value * 100
24       Label1.Text = "閃爍週期(s)=" & (2 * Timer1.Interval / 1000)
25   End Sub
26
27   Private Sub Timer1_Tick(ByVal sender As System.Object, ByVal e As
     System.EventArgs) Handles Timer1.Tick
28       PictureBox1.Visible = Not PictureBox1.Visible
29   End Sub
30
31   Private Sub Button1_Click(ByVal sender As System.Object, ByVal e As
     System.EventArgs) Handles Button1.Click
```

```
32       Timer1.Enabled = True
33    End Sub
34
35    Private Sub Button2_Click(ByVal sender As System.Object, ByVal e As
      System.EventArgs) Handles Button2.Click
36       Timer1.Enabled = False
37       PictureBox1.Visible = True
38    End Sub
39
40 End Class
```

**✱ 執行結果**

程式執行結果如圖4-53之說明。

**(a)按[啟動]鈕**　　　　　　**(b)按[停止]鈕**

**圖4-53　範例執行結果**

📝 Color是System.Drawing命名空間中的一種結構，它的屬性可以取得系統定義的許多色彩。例如：Color.Red表示取得系統定義的紅色；Color.Black表示取得系統定義的黑色。另外，它的FromArgb則可從指定的8位元（0~255）色彩值（紅、綠和藍）建立Color結構。例如：Color.FromArgb(255,0,0)表示取得系統定義的紅色；Color.FromArgb(0, 255,0)表示取得系統定義的綠色。

## 例 4-19　利用HScrollBar控制項設定色塊

### ✱ 功能說明

　　利用三個HScrollBar控制項，可分別設定PictureBox控制項BackColor屬性的Color結構中的RGB值。

### ✱ 學習目標

　　HScrollBar控制項的基本練習。

### ✱ 表單配置

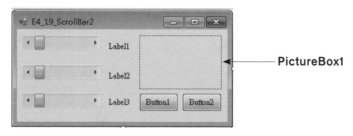

**圖4-54　範例表單配置**

### ✱ 程式碼

```
01    Public Class E4_19_ScrollBar2
02
03    Private Sub E4_19_ScrollBar2_Load(ByVal sender As System.Object,
      ByVal e As System.EventArgs) Handles MyBase.Load
04        Button1.Text = "黑色"
05        Button2.Text = "白色"
06        '設定Label控制項顏色
07        Label1.BackColor = Color.FromArgb(255, 0, 0)
08        Label2.BackColor = Color.FromArgb(0, 255, 0)
09        Label3.BackColor = Color.FromArgb(0, 0, 255)
10        'HScrollBar最大值均設為255
11        HScrollBar1.Maximum = 255
12        HScrollBar2.Maximum = 255
13        HScrollBar3.Maximum = 255
```

```
14          'HScrollBar預設值均為255
15          HScrollBar1.Value = 255
16          HScrollBar2.Value = 255
17          HScrollBar3.Value = 255
18          '設定PiuctureBox1邊框樣式
19          PictureBox1.BorderStyle = BorderStyle.FixedSingle
20      End Sub
21
22      Private Sub Button1_Click(ByVal sender As System.Object, ByVal e As
        System.EventArgs) Handles Button1.Click
23          '黑色RGB值
24          HScrollBar1.Value = 0
25          HScrollBar2.Value = 0
26          HScrollBar3.Value = 0
27      End Sub
28
29      Private Sub Button2_Click(ByVal sender As System.Object, ByVal e As
        System.EventArgs) Handles Button2.Click
30          '白色RGB值
31          HScrollBar1.Value = 255
32          HScrollBar2.Value = 255
33          HScrollBar3.Value = 255
34      End Sub
35
36      Private Sub HScrollBar1_ValueChanged(ByVal sender As Object, ByVal e
        As System.EventArgs) Handles HScrollBar1.ValueChanged
37          Label1.Text = HScrollBar1.Value
38          PictureBox1.BackColor = Color.FromArgb(HScrollBar1.Value,
        HScrollBar2.Value, HScrollBar3.Value)
39      End Sub
40
41      Private Sub HScrollBar2_ValueChanged(ByVal sender As Object, ByVal e
        As System.EventArgs) Handles HScrollBar2.ValueChanged
42          Label2.Text = HScrollBar2.Value
43          PictureBox1.BackColor = Color.FromArgb(HScrollBar1.Value,
        HScrollBar2.Value, HScrollBar3.Value)
```

```
44        End Sub
45
46        Private Sub HScrollBar3_ValueChanged(ByVal sender As Object, ByVal e
          As System.EventArgs) Handles HScrollBar3.ValueChanged
47             Label3.Text = HScrollBar3.Value
48             PictureBox1.BackColor = Color.FromArgb(HScrollBar1.Value,
          HScrollBar2.Value, HScrollBar3.Value)
49        End Sub
50
51   End Class
```

**\* 執行結果**

程式執行結果如圖4-55之說明。

**(a)開始執行（全白）**

**(b)選擇全黑**

**(c)調整三原色值**

**圖4-55　範例執行結果**

# 4-14　NumericUpDown控制項與 PrograssBar控制項

NumericUpDown控制項（上下按鈕控制項）提供數值的調整設定功能，PrograssBar控制項（進度列控制項）則常見於執行進度訊息，或遊戲的生命值、攻擊力強度等的呈現。

## 例 4-20　利用PrograssBar控制項設計小遊戲

**✻ 功能說明**

利用PrograssBar控制項，設計一個小遊戲，比賽誰按得快。

**✻ 學習目標**

NumericUpDown控制項與PrograssBar控制項的基本練習。

**✻ 表單配置**

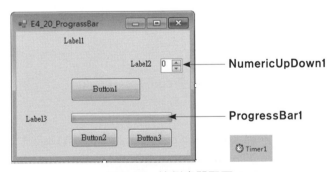

圖4-56　範例表單配置

**✻ 程式碼**

```
01    Public Class E4_20_PrograssBar
02
03    Private Sub E4_20_PrograssBar_Load(ByVal sender As System.Object,
      ByVal e As System.EventArgs) Handles MyBase.Load
04        Label1.Text = "按多快遊戲"
05        Label1.Font = New Font(Me.Font.Name, 15)
```

```
06        Label2.Text = "得分："
07        Label3.Text = "生命值："
08        Button1.Text = "按我增加生命值"
09        Button2.Text = "遊戲開始"
10        Button3.Text = "遊戲暫停"
11        '得分按鈕禁能
12        Button1.Enabled = False
13     End Sub
14
15     Private Sub Timer1_Tick(ByVal sender As System.Object, ByVal e As
       System.EventArgs) Handles Timer1.Tick
16        '當ProgressBar1.Value -5 <0(預設值)，判斷為Game Over!
17        If ProgressBar1.Value < 5 Then
18           Timer1.Enabled = False
19           MsgBox("Game Over!" & vbCrLf & "你的得分是 " & NumericUpDown1.
              Value)
20           Button2.Text = "重玩"
21           Button1.Enabled = False
22           NumericUpDown1.Value = 0
23           Exit Sub
24        End If
25        '生命值隨時間遞減
26        ProgressBar1.Value -= 5
27        Label3.Text = "生命值：" & ProgressBar1.Value
28     End Sub
29
30     Private Sub Button1_Click(ByVal sender As System.Object, ByVal e As
       System.EventArgs) Handles Button1.Click
31        '每按一次，生命值加5，得分加1
32        ProgressBar1.Value += 5
33        NumericUpDown1.Value += 1
34     End Sub
35
36     Private Sub Button2_Click(ByVal sender As System.Object, ByVal e As
       System.EventArgs) Handles Button2.Click
37        '遊戲開始，預設生命值=100
38        ProgressBar1.Value = 100
```

```
39        Timer1.Enabled = True
40        Button1.Enabled = True
41        Button2.Enabled = True
42    End Sub
43
44    Private Sub Button3_Click(ByVal sender As System.Object, ByVal e As
      System.EventArgs) Handles Button3.Click
45        '遊戲停止
46        Timer1.Enabled = False
47        Button3.Enabled = False
48    End Sub
49
50 End Class
```

## ✱ 執行結果

程式執行結果如圖4-57之說明。

(a)開始執行，按[遊戲開始]

(b)按[按我增加生命值]

(c)Game Over

(d)重玩畫面

圖4-57　範例執行結果

## 4-15 LineShape、OvalShape與 RectangleShape控制項

Microsoft.VisualBasic.PowerPacks命名空間（Namespace）包含Visual Basic Power Packs控制項的類別，Visual Basic Power Packs控制項爲增補的 Windows Form控制項，原本是採用免費增益集（Add-In）的方式發行；但現 在已包含在Visual Studio 2010中。

圖4-58　VB 2010工具箱中的Visual Basic Power Packs中的控制項

若使用VB 2008，在控制項工具箱找不到Visual Basic Power Packs控制項 的話，須先到微軟網站下載並執行。

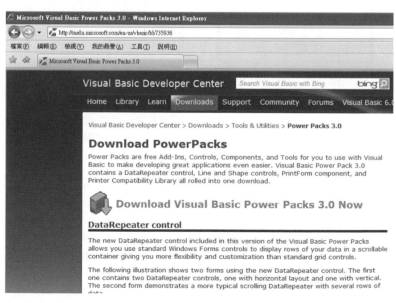

圖4-59　下載Visual Basic Power Packs

隨後便可以從功能表下拉選擇[專案/加入參考]項目,接著出現加入參考視窗,直接選擇Microsoft.VisualBasic.PowerPacks.Vs,按下確定鈕即可。

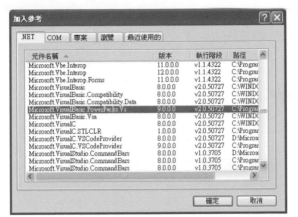

圖4-60 將Visual Basic Power Packs加入參考

Visual Basic Power Packs中的LineShape控制項可以在表單與收納器上分別繪製水平線、垂直線與對角線;OvalShape控制項在表單或收納器上繪製圓形或橢圓形;RectangleShape控制項在表單或收納器上繪製正方形、矩形或圓角矩形。但須注意的是:Shape相關控制項只能包含在作為線條和形狀控制項畫布的ShapeContainer物件中。

包括Form、GroupBox控制項、Panel控制項等均可作為其收納器(Container),至於其他控制項若欲作為Shape相關控制項的收納器,則須先建立一個PowerPacks.ShapeContainer物件,並透過Parent屬性來設定,用法如下(假設以PictureBox控制項作為Shape相關控制項的Container):

```
Dim Container名稱 As New PowerPacks.ShapeContainer
Container名稱.Parent = PictureBox1
OvalShape1.Parent = Container名稱
```

例 4-21　以按鈕控制OvalShape（球）的上、下、左、右位置

**✱ 功能說明**

　　設計四個按鈕，可以控制球的上、下、左、右位置。

**✱ 學習目標**

　　OvalShape控制項練習。

**✱ 表單配置**

圖4-61　表單配置

**✱ 程式碼**

```
01    Public Class E4_21_Shape1
02
03    Private Sub E4_21_Shape1_Load(ByVal sender As System.Object, ByVal e
      As System.EventArgs) Handles MyBase.Load
04        '實心
05        OvalShape1.FillStyle = PowerPacks.FillStyle.Solid
06        '紅色
07        OvalShape1.FillColor = Color.Red
08        Button1.Text = "上"
09        Button2.Text = "下"
10        Button3.Text = "左"
11        Button4.Text = "右"
12    End Sub
13
```

```
14    Private Sub Button1_Click(ByVal sender As System.Object, ByVal e As
      System.EventArgs) Handles Button1.Click
15        OvalShape1.Top -= 10
16     End Sub
17
18    Private Sub Button2_Click(ByVal sender As System.Object, ByVal e As
      System.EventArgs) Handles Button2.Click
19        OvalShape1.Top += 10
20     End Sub
21
22    Private Sub Button3_Click(ByVal sender As System.Object, ByVal e As
      System.EventArgs) Handles Button3.Click
23        OvalShape1.Left -= 10
24     End Sub
25
26    Private Sub Button4_Click(ByVal sender As System.Object, ByVal e As
      System.EventArgs) Handles Button4.Click
27        OvalShape1.Left += 10
28     End Sub
29
30     End Class
```

## ✱ 執行結果

程式執行結果如圖4-62之說明。

(a)按[左]鈕

(b)按[右]鈕

圖4-62　範例執行結果

## 例 4-22  LineShape控制項與MouseMove事件組合練習

**✽ 功能說明**

　　利用兩條直線，設計成可以自動跟隨滑鼠移動的垂直與水平線，兩線的交點即為滑鼠的座標，並以Label控制項來顯示。

**✽ 學習目標**

　　LineShape控制項與MouseMove事件練習。

**✽ 表單配置**

**圖4-63　範例表單配置**

**✽ 程式碼**

```
01    Public Class E4_22_Shape2
02
03    Private Sub E4_22_Shape2_Load(ByVal sender As System.Object, ByVal e
      As System.EventArgs) Handles MyBase.Load
04        Dim shpContainer As New PowerPacks.ShapeContainer
05        '設定PictureBox1為shpContainer的收納器
06        shpContainer.Parent = PictureBox1
07        '設定shpContainer為LineShape1和LineShape2的收納器
08        LineShape1.Parent = shpContainer
09        LineShape2.Parent = shpContainer
10        '兩直線設為虛線
11        LineShape1.BorderStyle = Drawing2D.DashStyle.Dash
```

```
12          LineShape2.BorderStyle = Drawing2D.DashStyle.Dash
13          '設定LinShape1為水平線
14          LincShape1.X1 = 0
15          LineShape1.X2 = PictureBox1.Width
16          LineShape1.Y1 = 0
17          LineShape1.Y2 = 0
18          '設定LinShape2為垂直線
19          LineShape2.X1 = 0
20          LineShape2.X2 = 0
21          LineShape2.Y1 = 0
22          LineShape2.Y2 = PictureBox1.Height
23          '設定PictureBox1的邊框
24          PictureBox1.BorderStyle = BorderStyle.FixedSingle
25          '清除Label1內容
26          Label1.Text = ""
27      End Sub
28
29      Private Sub PictureBox1_MouseMove(ByVal sender As Object, ByVal
        e As System.Windows.Forms.MouseEventArgs) Handles PictureBox1.
        MouseMove
30          '設定LinShape1的Y座標
31          LineShape1.Y1 = e.Y
32          LineShape1.Y2 = e.Y
33          '設定LinShape1的X座標
34          LineShape2.X1 = e.X
35          LineShape2.X2 = e.X
36          '顯示座標值
37          Label1.Text = "(" & e.X & "," & e.Y & ")"
38      End Sub
39
40  End Class
```

✱ 執行結果

　　當滑鼠移動時，十字交叉線的交點會隨著滑鼠改變位置，同時在Label控制項中顯示當時的座標。

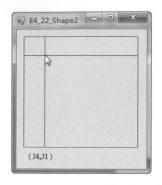 

圖4-64 範例執行結果

END

# 習 題

1. 設計如圖一之功能，按[按我加1]鈕，目前值增加1（提示：使用Tag屬性記錄目前值）。

圖一

2. 設計如圖二計算圓面積的介面。

圖二

3. 兩張圖片重疊,並利用顯示與否,產生動態招手的效果。

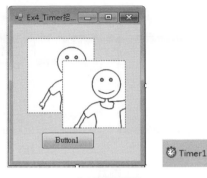

**(a)表單配置**

**(b)招手畫面**

圖三

4. 利用CheckBox與RadioButton控制項設計下面的介面,可以設定Label控制項的字體樣式及對齊方式。

(a)　　　　　　　　　　(b)

圖四

5. 當點選左邊清單的五都名稱時，右邊清單會指向對應的市長。

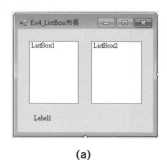
(a)

(b)

圖五

6. 如下圖，聖誕老人的圖片會被置中，且可以放大與縮小。

(a)表單配置

(b)執行畫面

(c)放大圖片

(d)縮小圖片

圖六

7. 如下圖，設計一個可以設定生日的選單，其中生日月份選單項目1~12月，
生日日期則會依月份設上限值為30日或31日。

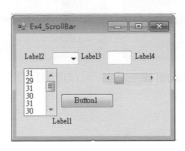
(a)表單配置

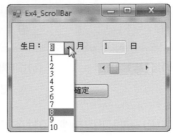
(b)選擇月份

(c)選擇日期

(d)按[確定]鈕

圖七

8. 如下圖，設計一個交通號誌，按[綠燈]和[紅燈]鈕可以出現對應的燈號；按
[閃黃燈]鈕，則可以呈現閃爍的黃燈。

(a)表單配置

(b)按[綠燈]鈕

(c)按[閃黃燈]鈕

(d)按[紅燈]鈕

圖八

9. 如下圖，設計一個可以倒數10秒的倒數計時器。

(a)表單配置

(b)執行畫面

(c)倒數中

(d)倒數完成

圖九

```
PRIVATE SUB BUTTON1_CLICK(BYVAL SENDER AS SYS
    BYVAL E AS SYSTEM.EVENTARGS) HANDLES BUT
    TEXTBOX1.COPY()
END SUB

PRIVATE SUB BUTTON2_CLICK(BYVAL SENDER AS SYS
    BYVAL E AS SYSTEM.EVENTARGS) HANDLES BUT
    TEXTBOX1.CUT()
END SUB

PRIVATE SUB BUTTON3_CLICK(BYVAL SENDER AS SYS
    BYVAL E AS SYSTEM.EVENTARGS) HANDLES BUT
    TEXTBOX1.PASTE()
END SUB

PRIVATE SUB BUTTON4_CLICK(BYVAL SENDER AS SYS
    BYVAL E AS SYSTEM.EVENTARGS) HANDLES BUT
    TEXTBOX1.U
END SUB
```

# 5

# 運算子、常數、變數與資料型別

## Visual Basic

```
IVATE SUB BUTTON3
  CLICK(BYVAL SENDER
  AS SYSTEM.OBJECT,
  BYVAL E AS SYSTEM.
  EVENTARGS) HANDLES
  BUTTON3.CLICK
  LABEL1.LEFT += 10
D SUB

IVATE SUB BUTTON4_
  CLICK(BYVAL SENDER
  AS SYSTEM.OBJECT,
  BYVAL E AS SYSTEM.
  EVENTARGS) HANDLES
  BUTTON4.CLICK
  BUTTON2.ENABLED =
FALSE
  BUTTON3.ENABLED =
```

本章的主題是關於程式中基本元素的資料型別介紹,其中包括常數、一般變數與物件變數。不過,在進入主題之前,對程式撰寫時用到的運算子先做簡單的說明,以便使後續章節的學習更為順暢。

# 5-1 運算子

對元素本身,或元素與元素之間進行作用,需透過運算子來達成。VB.NET的運算子依功能可區分為表5-1所列幾種。

表5-1 VB.NET的運算子分類

| 運算子 | 描述 |
|---|---|
| 算術運算子 | 此類運算子執行數學計算 |
| 串連運算子 | 此類運算子結合字串 |
| 位元移位運算子 | 此類運算子執行位元模式算術移位(Arithmetic Shift) |
| 指派運算子 | 此類運算子執行指派運算 |
| 比較運算子 | 此類運算子執行比較 |
| 邏輯/位元運算子 | 此類運算子執行邏輯運算 |
| 雜項運算子 | 此類運算子執行雜項運算。包括AddressOf運算子、GetType運算子、TypeOf運算子(Visual Basic)和If運算子 |

## 5-1-1 算術運算子與串連運算子

表5-2 算術運算子

| 運算子 | 說明 | 範例 | |
|---|---|---|---|
| | | 描述 | 意義 |
| ^ | 指數運算 | A=2^5 | A=32 |
| − | 負數 | A=10: B=-A | B=-10 |
| *、/ | 乘法和除法 | A=5*2:B=5/2 | A=10,B=2.5 |
| \ | 整數除法 | A=17\5 | A=3 |

| Mod | 餘數運算 | A=17 Mod 5 | A=2 |
|---|---|---|---|
| +、− | 加法和減法 | A=3+4-2 | A=5 |
| & | 字串連結 | A="ACE" & "_Studio" | A="ACE_Studio" |

表5-3　串連運算子

| 運算子 | 說明 | 範例 | |
|---|---|---|---|
| | | 描述 | 意義 |
| & | 字串連結 | A="ACE" & "_Studio" | A="ACE_Studio" |
| + | 字串連結 | A="ACE" & "_Studio" | A="ACE_Studio" |
| | | A="12" +34 | A=46 |

**註** 使用"+"運算子進行字串連結時，必須兩個元素都為字串。

## 5-1-2　位元移位運算子與指派運算子

表5-4　位元移位（Shift）運算子

| 運算子 | 說明 | 範例 | |
|---|---|---|---|
| | | 描述 | 意義 |
| << | 執行位元模式的算術左移位 | A=4 << 1 | A=8<br>[說明]：$(4)_{10}=(100)_2$<br>4 << 1 表示 $(100)_2$位元左移變為<br>$(1000)_2=(8)_{10}$ |
| >> | 執行位元模式的算術右移位 | A=4 >> 1 | A=2<br>[說明]：<br>4 >> 1表示 $(100)_2$位元右移變為<br>$(010)_2=(2)_{10}$ |

表5-5　指派運算子

| 運算子 | 說明 | 範例 | |
|---|---|---|---|
| | | 描述 | 意義 |
| = | 指派值給變數或屬性 | A = 4 | 指定變數A的內容為4 |

| 運算子 | 說明 | 範例 | |
|--------|------|------|------|
| | | 描述 | 意義 |
| ^ = | 將變數值或屬性值與運算式作乘冪運算，然後將結果指派給變數或屬性 | A = 4<br>A ^ = 2 | A = 16 |
| * = | 將變數或屬性值乘以運算式的值，然後將結果指派給變數或屬性 | A = 4<br>A * = 2 | A = 8 |
| /= | 將變數或屬性的值除以運算式的值，然後將浮點結果指派給變數或屬性 | A = 5<br>A /= 2 | A = 2.5 |
| \= | 變數或屬性的值除以運算式的值，然後將整數結果指派給變數或屬性 | A = 5<br>A \= 2 | A = 2 |
| += | 將數值運算式的值加入至數值變數或屬性的值，然後將結果指派給變數或屬性。也可以將String運算式串連至String變數或屬性，然後將結果指派給變數或屬性 | A = 4<br>A += 3 | A = 7 |
| -= | 從變數值或屬性值減去運算式的值，並且將結果指派給變數或屬性 | A = 4<br>A -= 3 | A = 1 |
| <<= | 執行變數或屬性值上的算術左移位，並將結果指派回該變數或屬性 | A = 4<br>A <<= 2 | A = 16<br>[說明]：<br>A <<= 2 表示 $(100)_2$ 位元左移 2 位變為 $(10000)_2 = (16)_{10}$ |
| >>= | 執行變數或屬性值上的算術右移位，並將結果指派回該變數或屬性 | A = 4<br>A >>= 2 | A = 1<br>[說明]：<br>A >>= 2 表示 $(100)_2$ 位元右移2位變為 $(001)_2 = (1)_{10}$ |

| 運算子 | 說明 | 範例 | |
|---|---|---|---|
| | | 描述 | 意義 |
| &= | 將String運算式串連到String變數或屬性，然後將結果指派給變數或屬性 | A = "ABC"<br>A &= "DE" | A = "ABCDE" |

## 5-1-3　比較運算子與邏輯運算子

表5-6　比較運算子

| 運算子 | 說明 | 範例 | |
|---|---|---|---|
| | | 描述 | 意義 |
| = | 相等 | C=(1=2) | C=False |
| <> | 不等 | C=("YSK"<>"ysk") | C=True |
| <、> | 小於、大於 | C=("D">"K") | C=False |
| <=<br>>= | 小於或相等<br>大於或相等 | C1 = (3 >= 5)<br>C2 = ("D" <= "K") | C1 = False<br>C2 = True |
| Like | 比較兩個字串 | C=("ABCDE" like "A*E") | C=True |
| IsNot | 比較兩個物件參考變數 | A = "ABC"<br>B = "DEF"<br>C = A IsNot B | C=True |
| Is | 比較兩個物件的引用變數 | Set a = Picture1<br>Set b = Picture2<br>C = a Is b | C=False |

表5-7　邏輯運算子

| 運算子 | | 說明 | 範例 | |
|---|---|---|---|---|
| | | | 描述 | 意義 |
| Not | 反 | 真假相反 | C = Not (5>3) | C = False |
| And | 且 | 兩者為真，才為真 | C = (5>3) And (4<=6) | C = True |
| Or | 或 | 之一為真，即為真 | C = (5>3) Or (7<2) | C = True |
| Xor | 互斥 | 兩者相異，方為真 | C = (4>2) Xor (7<9) | C = False |

至於運算式中，運算子使用的優先順序則列於表5-8。

表5-8　運算子之優先順序

| 優先順序 | 說明 | 運算子 |
|---|---|---|
| 1 | 括號 | ( ) |
| 2 | 函數程序 | 請參閱第7章 |
| 3 | 指數 | ^ |
| 4 | 負號 | — |
| 5 | 乘、除 | *、/ |
| 6 | 商數 | \ |
| 7 | 餘數 | Mod |
| 8 | 加、減 | +、— |
| 9 | 字串串連 | & |
| 10 | 算術位元移位 | <<、>> |
| 11 | 比較運算子 | =、<>、>、<、>=、<=、Like、Is、Isnot、TypeOf...Is |
| 12 | 反 | Not |
| 13 | 且 | And、AndAlso |
| 14 | 或 | Or、OrElse |
| 15 | 互斥 | Xor |

## 例 5-1　　真值表—邏輯運算子練習

**✱ 功能說明**

完成真值表，可顯示AND、OR和XOR運算的結果。

**✱ 學習目標**

AND、OR和XOR邏輯運算子練習。

✱ **表單配置**

圖5-1　表單配置

✱ **程式碼**

```
01 Public Class E5_1_真值表
02
03    Private Sub E5_1_真值表_Load(ByVal sender As System.Object, ByVal e As
         System.EventArgs) Handles MyBase.Load
04       Button1.Text = " A And B"
05       Button2.Text = " A Or B"
06       Button3.Text = " A Xor B"
07       Label1.Text = " A  |  B  | A op B"
08       Label2.Text = "------------------"
09       Label3.Text = " T  |  T  |    "
10       Label4.Text = " T  |  F  |    "
11       Label5.Text = " F  |  T  |    "
12       Label6.Text = " F  |  F  |    "
13    End Sub
14
15    Private Sub Button1_Click(ByVal sender As System.Object, ByVal e As
         System.EventArgs) Handles Button1.Click
16       Label1.Text = " A  |  B  |" & Button1.Text
17       Label2.Text = "------------------"
18       Label3.Text = " T  |  T  |   " & (True And True)
19       Label4.Text = " T  |  F  |   " & (True And False)
20       Label5.Text = " F  |  T  |   " & (False And True)
21       Label6.Text = " F  |  F  |   " & (False And False)
22    End Sub
```

```
23
24    Private Sub Button2_Click(ByVal sender As System.Object, ByVal e As
          System.EventArgs) Handles Button2.Click
25      Label1.Text = " A  |  B  |" & Button2.Text
26      Label2.Text = "-------------------"
27      Label3.Text = " T  |  T  |   " & (True Or True)
28      Label4.Text = " T  |  F  |   " & (True Or False)
29      Label5.Text = " F  |  T  |   " & (False Or True)
30      Label6.Text = " F  |  F  |   " & (False Or False)
31    End Sub
32
33    Private Sub Button3_Click(ByVal sender As System.Object, ByVal e As
          System.EventArgs) Handles Button3.Click
34      Label1.Text = " A  |  B  |" & Button3.Text
35      Label2.Text = "-------------------"
36      Label3.Text = " T  |  T  |   " & (True Xor True)
37      Label4.Text = " T  |  F  |   " & (True Xor False)
38      Label5.Text = " F  |  T  |   " & (False Xor True)
39      Label6.Text = " F  |  F  |   " & (False Xor False)
40    End Sub
41 End Class
```

## ✱ 執行結果

程式執行結果如圖5-2之說明。

(a)執行畫面

(b)And運算

**(c)Or運算**　　　　　　　　**(d)Xor運算**

圖5-2　執行結果

END

## 5-1-4　雜項運算子

### ↘ If運算子

　　If運算子可以使用三個引數或兩個引數來進行呼叫，使用最少運算評估，有條件地傳回兩個引數值的其中一個。語法如下：

---
**If( [引數1,] 引數2, 引數3 )**
---

1. 用三個引數呼叫If運算子

　　當使用三個引數呼叫If時，第一個引數必須評估為可轉換成Boolean的值。該Boolean值會判斷要評估並傳回其餘兩個值中的哪一個。引數說明如下：

　(1) 引數1：必要項。Boolean。判斷要評估及傳回哪一個剩下的引數。

　(2) 引數2：必要項。Object。如果引數1評估為True，則加以評估及傳回。

　(3) 引數3：必要項。Object。如果引數1評估為False，則加以評估及傳回。

2. 用二個引數呼叫If運算子

　　當略過Boolean引數時，第一個引數必須是參考或可為Null的型別。如果第一個引數評估為Nothing，會傳回第二個引數的值。在所有其他情況下，會傳回第一個引數的值。下列範例說明此項評估如何運作。引數說明如下：

(1) 引數2：必要項。Object。必須是參考或可爲Null的型別。當評估爲 Nothing以外的值時，進行評估及傳回。

(2) 引數3：必要項。Object。如果引數2評估爲Nothing，則加以評估及傳 回。

## 例 5-2　If運算子練習

★ **功能說明**

利用If運算子，判斷兩TextBox的輸入內容是否相同。

★ **學習目標**

If運算子練習。

★ **表單配置**

圖5-3　表單配置

★ **程式碼**

```
01 Public Class E5_2_If運算字
02
03    Private Sub E5_2_If運算字_Load(ByVal sender As System.Object, ByVal e
       As System.EventArgs) Handles MyBase.Load
04      Label1.Text = "A ="
05      Label2.Text = "B ="
06      Button1.Text = "判斷 A 與 B 是否相同?"
07    End Sub
08
09    Private Sub Button1_Click(ByVal sender As System.Object, ByVal e As
       System.EventArgs) Handles Button1.Click
```

```
10      Dim A, B As String
11      A = TextBox1.Text
12      B = TextBox2.Text
13      MsgBox("A與B" & If(A = B, "相同", "不相同"))
14   End Sub
15
16 End Class
```

## ✱ 執行結果

程式執行結果如圖5-4之說明。

(a)輸入不同A和B值，顯示判斷結果

(b)輸入相同A和B值，顯示判斷結果

圖5-4　執行結果

END

## ⤵ TypeOf … Is運算子

TypeOf運算子可用來判斷物件變數目前是否參考特定的資料型別。如果運算元的執行階段型別是衍生自特定型別（或會實作特定型別），TypeOf...Is運算式會評估為True。

## 例 5-3　If運算子與TypeOf運算子的練習

### ✱ 功能說明

結合If運算子與TypeOf運算子的練習，顯示變數的型別。

### ✱ 學習目標

If運算子與TypeOf運算子的練習。

### ✱ 表單配置

圖5-5　表單配置

### ✱ 程式碼

```
01 Public Class E5_3_TypeOf
02
03    Private Sub Button1_Click(ByVal sender As System.Object, ByVal e As
       System.EventArgs) Handles Button1.Click
04       Dim A As Object
05       A = 1
06       Debug.Print("A的型別是" & If(TypeOf A Is Integer, "Integer", Nothing))
07       A = 1.234
08       Debug.Print("A的型別是" & If(TypeOf A Is Double, "Double", Nothing))
09       A = "ABC"
10       Debug.Print("A的型別是" & If(TypeOf A Is String, "String", Nothing))
11    End Sub
12 End Class
```

**＊ 執行結果**

[即時運算視窗]顯示結果如圖5-6。

圖5-6　執行結果

END

## GetType運算子

GetType運算子可傳回指定型別的Type物件。Type物件會提供型別的相關資訊，例如其屬性、方法和事件。

### 例 5-4　GetType運算子練習

**＊ 功能說明**

顯示定義特定資料型別的命名空間相關資訊。

**＊ 學習目標**

GetType運算子的練習。

**＊ 表單配置**

圖5-7　表單配置

✱ 程式碼

```
01 Public Class E5_4_GetType
02
03    Private Sub Button1_Click(ByVal sender As System.Object, ByVal e As
         System.EventArgs) Handles Button1.Click
04       Debug.Print(GetType(Single).ToString)
05       Debug.Print(GetType(Char).ToString)
06       Debug.Print(GetType(String).ToString)
07       Debug.Print(GetType(Button).ToString)
08       Debug.Print(GetType(TextBox).ToString)
09       Debug.Print(GetType(Form).ToString)
10    End Sub
11
12 End Class
```

✱ 執行結果

上述範例會將下列幾行寫入[即時運算視窗]。

圖5-8　執行結果

END

## ↘ AddressOf運算子

AddressOf運算子用以建立參考特定程序的程序委派執行個體。語法如下：

---

**AddressOf 程序名稱**

---

AddressOf運算子會建立指向「程序名稱」所指定之函式的函式委派。當指定的程序是執行個體方法時，函式委派會同時參考執行個體和方法。叫用（Invoke）該函式委派時，會呼叫所指定執行個體的指定方法。使用時多結合AddHandler陳述式指定事件處理常式。

## 例 5-5　　AddHandler和AddressOf建立事件與事件處理程序

### ✱ 功能說明

表單上配置一個Button控制項Button1，當程式執行時會產生一個新的Button控制項newButton，此新的控制項newButton與原Button1的click事件共用一個Button1_click事件。

### ✱ 學習目標

利用AddHandler和AddressOf建立事件與事件處理程序的關聯。

### ✱ 表單配置

圖5-9　表單配置

### ✱ 程式碼

```
01 Public Class E5_5_AddressOf
02
03    Dim newButton As New Button
04    Private Sub Button1_Click(ByVal sender As System.Object, ByVal e As
        System.EventArgs) Handles Button1.Click
05       MsgBox(sender.ToString)
06    End Sub
07
```

```
08    Private Sub E5_5_AddressOf_Load(ByVal sender As System.Object, ByVal
      e As System.EventArgs) Handles MyBase.Load
09      Me.Controls.Add(newButton)
10      '設定newButton的外觀
11      newButton.Text = "newButton"
12      '設定newButton的尺寸與位置
13      newButton.Width = Button1.Width
14      newButton.Height = Button1.Height
15      newButton.Left = Button1.Left
16      newButton.Top = Button1.Top + 1.2 * Button1.Height
17      '設定newButton的事件
18      AddHandler newButton.Click, AddressOf Button1_Click
19    End Sub
20
21 End Class
```

**✱ 執行結果**

程式執行結果如圖5-10之說明。

(a)執行畫面

(b)按[Button1]鈕的結果

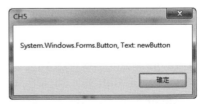

(c)按[newButton]鈕的結果

圖5-10　執行結果

至於詳細的AddHandles陳述式與Addressof運算子，會在後面章節中再詳細說明。

# 5-2　常數與列舉型別

在程式設計過程中，經常會有某些固定不變的數值或字串，一而再再而三的在程式碼中出現，且這些數值或字串表面上通常都缺乏明確的意義，這不僅大大的降低了程式的可讀性，更因而增加了程式維護的困難度。例如：圓周率 、紅色的顏色值&H000000FF等等。因此，對於這些常用的數值或字串，若是可以用一些有意義的符號來代替，將使程式的撰寫和維護都容易許多。而這個有意義的符號就叫作常數。

在Visual Basic 6.0中，許多常數是使用Visual Basic語言所定義的；但在VB.NET中，除仍定義條件式編譯（Compilation）、列印和顯示資料等常數外，其他大部分常數都是以.NET Framework中的列舉型別（Enumeration）來取代，不過，許多Visual Basic 6.0中的常數仍然可以使用。

所謂「列舉型別（Enumeration）」是提供使用相關常數組和建立常數值與名稱間關聯的便利方法，透過列舉型別，則可以輕鬆的使用一組相關的常數。列舉型別是一組值的符號名稱。在撰寫Visual Basic程式時，常數與列舉型別可分成兩種：

1. 內建常數與內建列舉型別。

2. 使用者自訂常數與自訂列舉型別。

## 5-2-1　內建常數與列舉型別

### ↘ Visual Basic內建常數

Visual Basic提供多個預先定義的常數供開發者運用，表5-9為列印和顯示相關常數，VB 6.0與VB.NET都適用。

表5-9　列印和顯示常數

| 常數 | 說明 |
|---|---|
| vbCrLf | 歸位/換行字元（Carriage Return/Line Feed）組合 |
| vbCr | 歸位字元 |
| vbLf | 換行字元 |
| vbNewLine | 新行字元（Newline Character） |
| vbNullChar | 字元值為0 |
| vbNullString | 與長度為零的字串（""）不同；用來呼叫外部程序 |
| vbObjectError | 錯誤代碼。使用者定義錯誤代碼應大於這個值。例如：<br>Err.Raise(Number) = vbObjectError + 1000 |
| vbTab | 定位字元 |
| vbBack | 退格鍵（Backspace） |
| vbFormFeed | Microsoft Windows不適用 |
| vbVerticalTab | 在Microsoft Windows中的作用不大 |

## 例 5-6　　vbNewLine、vbTab、vbCrLf等常數的練習

**✱ 功能說明**

　　組合vbNewLine、vbTab、vbCrLf的字串，並以訊息方塊來顯示。

**✱ 學習目標**

　　vbNewLine、vbTab、vbCrLf等常數的練習。

**✱ 表單配置**

圖5-11　表單配置

## ✱ 程式碼

```
01 Public Class E5_6_Constants
02
03    Private Sub E5_6_Constants_Load(ByVal sender As System.Object, ByVal e
         As System.EventArgs) Handles MyBase.Load
04       Button1.Text = "顯示成績"
05    End Sub
06
07    Private Sub Button1_Click(ByVal sender As System.Object, ByVal e As
         System.EventArgs) Handles Button1.Click
08       Dim str1 As String = " "
09       str1 = "成績清單"
10       str1 = str1 & vbNewLine          '換新行
11       str1 = str1 & "--------------"
12       str1 = str1 & vbNewLine          '換新行
13       str1 = str1 & "國文" & vbTab & "90"
14       str1 = str1 & vbCrLf             '歸位/換行
15       str1 = str1 & "英文" & vbTab & "82"
16       str1 = str1 & vbCrLf             '歸位/換行
17       str1 = str1 & "數學" & vbTab & "88"
18       MsgBox(str1)
19    End Sub
20
21 End Class
```

## ✱ 執行結果

執行後按下[顯示成績]鈕。

圖5-12　執行結果

## 定義於.NET Framework類別庫中的結構與列舉型別

在.NET Framework中，透過類別庫各類別中的結構與列舉型別來定義常數。表5-10列出定義在.NET Framework類別庫裡的兩類常用的常數：鍵盤常數與顏色常數。其中，鍵盤常數定義在System.Windows.Forms.Keys（列舉型別）中；顏色常數則定義在System.Drawing.Color（結構）中。這兩類常數在VB 6.0中也有類似的定義，但目前VB.NET已不再支援，底下列出這兩類常數的內容。

表5-10　鍵盤常數

| 分類 | Visual Basic .NET的鍵盤常數 | Visual Basic 6.0<br>(ASCII碼)對應的常數 |
|---|---|---|
| 字母按鍵<br>碼常數 | System.Windows.Forms.Keys.A<br>\|<br>System.Windows.Forms.Keys.Z | vbKeyA (65)<br>\|<br>vbKeyZ (90) |
| 數字鍵常數 | System.Windows.Forms.Keys.D0<br>\|<br>System.Windows.Forms.Keys.D9 | vbKey0 (48)<br>\|<br>vbKey9 (57) |
| 功能鍵常數 | System.Windows.Forms.Keys.F1<br>\|<br>System.Windows.Forms.Keys.F16 | vbKeyF1 (112)<br>\|<br>vbKeyF16 (127) |
| 數字鍵台<br>按鍵常數 | System.Windows.Forms.Keys.NumPad0<br>\|<br>System.Windows.Forms.Keys.NumPad9 | vbKeyNumpad0 (96)<br>\|<br>vbKeyNumpad9 (105) |
| | System.Windows.Forms.Keys.Multiply | VbKeyMultiply (106) |
| | System.Windows.Forms.Keys.Add | VbKeyAdd (107) |
| | System.Windows.Forms.Keys.Separator | VbKeySeparator (108) |
| | System.Windows.Forms.Keys.Subtract | VbKeySubtract (109) |
| | System.Windows.Forms.Keys.Decimal | VbKeyDecimal (110) |
| | System.Windows.Forms.Keys.Divide | VbKeyDivide (111) |
| 其他 | System.Windows.Forms.Keys.LButton | vbKeyLButton (1) |
| | System.Windows.Forms.Keys.RButton | vbKeyRButton (2) |
| | System.Windows.Forms.Keys.Cancel | vbKeyCancel (3) |

| 分類 | Visual Basic .NET的鍵盤常數 | Visual Basic 6.0 (ASCII碼)對應的常數 |
|---|---|---|
| 其他 | System.Windows.Forms.Keys.MButton | vbKeyMButton (4) |
| | System.Windows.Forms.Keys.Back | vbKeyBack (8) |
| | System.Windows.Forms.Keys.Tab | vbKeyTab (9) |
| | System.Windows.Forms.Keys.Clear | vbKeyClear (12) |
| | System.Windows.Forms.Keys.Return | vbKeyReturn (13) |
| | System.Windows.Forms.Keys.ShiftKey | vbKeyShift (16) |
| | System.Windows.Forms.Keys.ControlKey | vbKeyControl (17) |
| | System.Windows.Forms.Keys.Menu | vbKeyMenu (18) |
| | System.Windows.Forms.Keys.Pause | vbKeyPause (19) |
| | System.Windows.Forms.Keys.Capital | vbKeyCapital (20) |
| | System.Windows.Forms.Keys.Escape | vbKeyEscape (27) |
| | System.Windows.Forms.Keys.Space | vbKeySpace (32) |
| | System.Windows.Forms.Keys.PageUp | vbKeyPageUp (33) |
| | System.Windows.Forms.Keys.PageDown | vbKeyPageDown (34) |
| | System.Windows.Forms.Keys.End | vbKeyEnd (35) |
| | System.Windows.Forms.Keys.Home | vbKeyHome (36) |
| | System.Windows.Forms.Keys.Left | vbKeyLeft (37) |
| | System.Windows.Forms.Keys.Up | vbKeyUp (38) |
| | System.Windows.Forms.Keys.Right | vbKeyRight (39) |
| | System.Windows.Forms.Keys.Down | vbKeyDown (40) |
| | System.Windows.Forms.Keys.Select | vbKeySelect (41) |
| | System.Windows.Forms.Keys.Print | vbKeyPrint (42) |
| | System.Windows.Forms.Keys.Execute | vbKeyExecute (43) |
| | System.Windows.Forms.Keys.Snapshot | vbKeySnapshot (44) |
| | System.Windows.Forms.Keys.Insert | vbKeyInsert (45) |

| 分類 | Visual Basic .NET的鍵盤常數 | Visual Basic 6.0 (ASCII碼)對應的常數 |
|---|---|---|
| 其他 | System.Windows.Forms.Keys.Delete | vbKeyDelete (46) |
| | System.Windows.Forms.Keys.Help | vbKeyHelp (47) |
| | System.Windows.Forms.Keys.Numlock | vbKeyNumlock (144) |
| | System.Windows.Forms.Keys.Scroll | vbKeyScrollLock (145) |

表5-11 部分顏色常數

| Visual Basic .NET的顏色常數 | Visual Basic 6.0對應的常數 |
|---|---|
| System.Drawing.Color.Black | vbBlack |
| System.Drawing.Color.Red | vbRed |
| System.Drawing.Color.Lime | vbGreen |
| System.Drawing.Color.Yellow | vbYellow |
| System.Drawing.Color.Blue | vbBlue |
| System.Drawing.Color.Magenta | vbMagenta |
| System.Drawing.Color.Cyan | vbCyan |
| System.Drawing.Color.White | vbWhite |

## 延伸閱讀

### 列舉型別、結構與類別的差異

在上面的說明中，列舉型別與結構都可以提供程式設計預設之常數，兩者的層級都在命名空間底下，但在本質上是不同的。列舉型別中定義的常數都為整數；但結構中定義的常數則不受限制。此外，列舉型別純粹是整數常數的定義，不提供其他的屬性和方法；但是結構是可以有屬性與方法的。至於結構和類別的最大差異為：結構屬於數值型別；而類別則為參考型別。關於數值型別和參考型別會在後面的資料型別中詳細說明。

## 例 5-7　　KeyDown事件與鍵盤常數練習

### ✱ 功能說明

　　輸入身高後按下Enter鍵,游標自動移到體重輸入欄位;輸入體重後按下Enter鍵,游標自動移到Button1按鈕。再按下Enter鍵,顯示訊息方塊。

### ✱ 學習目標

　　KeyDown事件與鍵盤常數練習。

### ✱ 表單配置

**圖5-13　表單配置**

### ✱ 程式碼

```
01 Public Class E5_7_KeysConst
02
03    Private Sub Form1_Load(ByVal sender As System.Object, ByVal e As
       System.EventArgs) Handles MyBase.Load
04       Label1.Text = "身高(m)="
05       Label2.Text = "體重(Kg)="           .
06       Button1.Text = "Enter"
07    End Sub
08
09    Private Sub TextBox1_KeyDown(ByVal sender As Object, ByVal e As
       System.Windows.Forms.KeyEventArgs) Handles TextBox1.KeyDown
10       If e.KeyCode = Keys.Enter Then
11          TextBox2.Focus()
12       End If
13    End Sub
```

```
14
15    Private Sub TextBox2_KeyDown(ByVal sender As Object, ByVal e As
      System.Windows.Forms.KeyEventArgs) Handles TextBox2.KeyDown
16      If e.KeyCode = Keys.Enter Then
17        Button1.Focus()
18      End If
19    End Sub
20
21    Private Sub Button1_Click(ByVal sender As System.Object, ByVal e As
      System.EventArgs) Handles Button1.Click
22      MsgBox("你的身高是 " & TextBox1.Text & " m" & vbCrLf & "你的體重是 " &
      TextBox2.Text & " Kg")
23    End Sub
24
25 End Class
```

**✱ 執行結果**

程式執行結果如圖5-14之說明。

**(a)執行**

**(b)輸入身高和體重**

**(c)按下Enter**

**圖5-14　執行結果**

例 5-8　顏色常數與If運算子練習

**✴ 功能說明**

每按一次按鈕，按鈕的背景色黑(Color.Black)白(Color.White)交替。

**✴ 學習目標**

顏色常數與If運算子練習。

**✴ 表單配置**

圖5-15　表單配置

**✴ 程式碼**

```
01 Public Class E5_8_Colors
02
03    Private Sub E5_8_Colors_Load(ByVal sender As System.Object, ByVal e As
       System.EventArgs) Handles MyBase.Load
04       Button1.Text = ""
05       Button1.BackColor = Color.White
06    End Sub
07
08    Private Sub Button1_Click(ByVal sender As System.Object, ByVal e As
       System.EventArgs) Handles Button1.Click
09       Button1.BackColor = If(Button1.BackColor = Color.White, Color.Black,
       Color.White)
10    End Sub
11
12 End Class
```

* 執行結果

程式執行結果如圖5-16之說明。

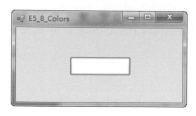
(a)執行

(b)按下按鈕

圖5-16　執行結果

.NET FrameWork中有很多的列舉型別，其中產生訊息方塊的MsgBox()
函式中就用到列舉型別：顯示哪些按鈕（MsgBoxStyle列舉型別）及按下的按
鈕對應的列舉型別（MsgBoxResult列舉型別）。而這些列舉型別的內容，在
Visual Basic中仍有內建常數與之對應。表5-12將顯示MsgBoxStyle列舉型別
和MsgBoxResult列舉型別，與Visual Basic內建常數的對應。

表5-12　MsgBoxStyle列舉型別

| Visual Basic .NET列舉型別 | Visual Basic 6.0對應的常數 |
|---|---|
| MsgBoxStyle.OKOnly | vbOKOnly |
| MsgBoxStyle.OKCancel | vbOKCancel |
| MsgBoxStyle.AbortRetryIgnore | vbAbortRetryIgnore |
| MsgBoxStyle.YesNoCancel | vbYesNoCancel |
| MsgBoxStyle.YesNo | vbYesNo |
| MsgBoxStyle.RetryCancel | vbRetryCancel |
| MsgBoxStyle.Critical | vbCritical |
| MsgBoxStyle.Question | vbQuestion |
| MsgBoxStyle.Exclamation | vbExclamation |
| MsgBoxStyle.Information | vbInformation |

| Visual Basic .NET列舉型別 | Visual Basic 6.0對應的常數 |
|---|---|
| MsgBoxStyle.DefaultButton1 | vbDefaultButton1 |
| MsgBoxStyle.DefaultButton2 | vbDefaultButton2 |
| MsgBoxStyle.DefaultButton3 | vbDefaultButton3 |
| MsgBoxStyle.ApplicationModal | vbApplicationModal |
| MsgBoxStyle.SystemModal | vbSystemModal |
| MsgBoxStyle.MsgBoxHelp | vbMsgBoxHelpButton |
| MsgBoxStyle.MsgBoxRight | vbMsgBoxRight |
| MsgBoxStyle.MsgBoxRtlReading | vbMsgBoxRtlReading |
| MsgBoxStyle.MsgBoxSetForeground | vbMsgBoxSetForeground |

表5-13　MsgBoxResult列舉型別

| Visual Basic .NET列舉型別 | Visual Basic 6.0對應的常數 |
|---|---|
| MsgBoxResult.OK | vbOK |
| MsgBoxResult.Cancel | vbCancel |
| MsgBoxResult.Abort | vbAbort |
| MsgBoxResult.Retry | vbRetry |
| MsgBoxResult.Ignore | vbIgnore |
| MsgBoxResult.Yes | vbYes |
| MsgBoxResult.No | vbNo |

## 例 5-9　列舉型別練習

**✽ 功能說明**

　　按下按鈕，顯示訊息方塊，回應[是]或[否]會產生新的訊息方塊。

✱ 學習目標

列舉型別練習。

✱ 表單配置

圖5-17　表單配置

✱ 程式碼

```
01 Public Class E5_9_MsgBox
02
03    Private Sub E5_9_MsgBox_Load(ByVal sender As System.Object, ByVal e
         As System.EventArgs) Handles MyBase.Load
04        Button1.Text = "Question"
05    End Sub
06
07    Private Sub Button1_Click(ByVal sender As System.Object, ByVal e As
         System.EventArgs) Handles Button1.Click
08        Dim result As MsgBoxResult
09        result = MsgBox("你快樂嗎？", MsgBoxStyle.YesNo)
10        MsgBox(If(result = MsgBoxResult.Yes, "你是快樂的，真好!", "喔！你不快
         樂啊!"))
11    End Sub
12
13 End Class
```

## ✱ 執行結果

程式執行結果如圖5-18之說明。

(a)執行            (b)按下[Question]鈕

(c)按下[是]            (d)按下[否]

圖5-18 執行結果

本例若是使用VB內建常數,則程式碼如下:

```
01    Private Sub Button1_Click(ByVal sender As System.Object, ByVal e As
      System.EventArgs) Handles Button1.Click
02        Dim result As Integer
03        result = MsgBox("你快樂嗎?", vbYesNo)
04        MsgBox(If(result = vbYes, "你是快樂的,真好!", "喔!你不快樂啊!"))
05    End Sub
```

## 5-2-2 自訂常數與列舉型別

自訂常數的語法如下：

> [Public | Private] Const 常數名稱 [As 型態] ＝表示式

其中，「表示式」可爲文字、數值或常數運算式。自訂的常數與宣告的變數最主要的差別是：自訂常數後，不能再作爲指派的目標；而變數則可改變它的內容。

### 例 5-10　圓面積計算—常數設定練習

**\* 功能說明**

在下面程式中，將會自訂圓周率常數PI，在輸入半徑後，將面積計算結果以訊息方塊顯示出來。

**\* 學習目標**

自訂常數練習。

**\* 表單配置**

圖5-19　表單配置

## ✱ 程式碼

```
01 Public Class E5_10_Area
02
03     Const PI = 3.14159
04
05     Private Sub E5_10_Area_Load(ByVal sender As System.Object, ByVal e As
           System.EventArgs) Handles MyBase.Load
06         Button1.Text = "計算面積"
07         Label1.Text = "半徑="
08     End Sub
09
10     Private Sub Button1_Click(ByVal sender As System.Object, ByVal e As
           System.EventArgs) Handles Button1.Click
11         MsgBox("面積為" & (TextBox1.Text * PI), vbOKOnly, "面積計算")
12     End Sub
13
14 End Class
```

## ✱ 執行結果

程式執行結果如圖5-20之說明。

(a)在畫布上任意畫圖　　　　　(b)儲存圖片後在小畫家開啟檔案

圖5-20　執行結果

END

在.NET FrameWork下，透過Enum陳述式可以在模組、類別或結構層次中，宣告一組由具名常數和其數值所組成的列舉型別，也就是透過Enum陳述式來宣告列舉型別，並定義其成員值。Enum陳述式的語法如下：

```
Enum列舉型別名稱 [As資料型態]
    成員清單
End Enum
```

其中，成員清單為宣告的成員常數清單，如果有多個成員時，成員要放在個別的原始程式碼行。

## 例 5-11　　宣告列舉型別

### ✴ 功能說明

定義成績有關的列舉型別，當輸入成績後，按下Button1鈕後即評論成績等第。

### ✴ 學習目標

宣告列舉型別練習。

### ✴ 表單配置

圖5-21　表單配置

### ✴ 程式碼

```
01 Public Class E5_11_Enum
02
03    Enum Score
```

```
04      Excellent = 90
05      Poor = 60
06   End Enum
07
08   Private Sub E5_11_Enum_Load(ByVal sender As System.Object, ByVal e
        As System.EventArgs) Handles MyBase.Load
09      Label1.Text = "輸入成績 : "
10      Button1.Text = "成績評論"
11   End Sub
12
13   Private Sub Button1_Click(ByVal sender As System.Object, ByVal e As
        System.EventArgs) Handles Button1.Click
14      Dim str1 As String
15      If TextBox1.Text >= Score.Excellent Then
16         str1 = "優異"
17      ElseIf TextBox1.Text >= Score.Poor Then
18         str1 = "中等"
19      Else
20         str1 = "很差"
21      End If
22      MsgBox("你的分數=" & TextBox1.Text & vbCrLf & "成績算是" & str1)
23   End Sub
24
25 End Class
```

## ✱ 執行結果

程式執行結果如圖5-22之說明。

(a)執行後輸入成績

(b)按下[成績評論]後結果

(c)輸入成績        (d)按下[成績評論]後結果

圖5-22　執行結果

此外，由於列舉型別是以System.Enum類別為基底類別，因此，Enum類別的成員也常會在程式中被使用。表5-14列出Enum類別常用的方法。

表5-14　Enum類別常用的方法

| 名稱 | 說明 |
|---|---|
| Format | 根據指定的格式，將指定列舉型別的指定數值轉換為相等的字串表示 |
| GetName | 擷取有指定數值的指定列舉型別的常數名稱 |
| GetNames | 在指定的列舉型別中擷取常數名稱的陣列 |
| GetType | 取得目前執行個體的Type |
| GetValues | 在指定的列舉型別中擷取常數值的陣列 |
| ToObject(Type, Byte) | 將指定的8位元不帶正負號的整數轉換為列舉成員 |
| ToObject(Type, Int16) | 將指定的16位元帶正負號的整數轉換為列舉成員 |
| ToObject(Type, Int32) | 將指定的32位元帶正負號的整數轉換為列舉成員 |
| ToObject(Type, Int64) | 將指定的64位元帶正負號的整數轉換為列舉成員 |
| ToObject(Type, Object) | 將具有整數值的指定物件轉換為列舉成員 |
| ToObject(Type, SByte) | 將指定的8位元帶正負號的整數值轉換為列舉成員 |
| ToObject(Type, UInt16) | 將指定的16位元不帶正負號的整數值轉換為列舉成員 |
| ToObject(Type, UInt32) | 將指定的32位元不帶正負號的整數值轉換為列舉成員 |
| ToObject(Type, UInt64) | 將指定的64位元不帶正負號的整數值轉換為列舉成員 |
| ToString | 將這個執行個體的值轉換為它的對等字串表示 |

　　由於Enum類別名稱與定義列舉型別的關鍵字Enum相同，因此，爲避免編譯器的誤解，當要使用Enum類別的方法時，可以直接使用結合命名空間System的Enum類別名稱（記爲System.Enum.方法）；或者以中括弧括住Enum（記爲[Enum].方法）。

## 例 5-12　自行定義列舉及練習Enum類別的使用方法

### ＊ 功能說明

　　利用Enum類別的方法，以訊息視窗顯示所定義列舉型別的常數名稱。

### ＊ 學習目標

　　自行定義列舉，並練習使用Enum類別的方法。

### ＊ 表單配置

圖5-22　表單配置

### ＊ 程式碼

```
01 Public Class E5_12_Enum2
02
03    Enum Days
04        Sunday = 0
05        Monday = 1
06        Tuesday = 2
07        Wednesday = 3
08        Thursday = 4
09        Friday = 5
10        Saturday = 6
11    End Enum
```

```
12
13   Private Sub E5_12_Enum2_Load(ByVal sender As System.Object, ByVal e
     As System.EventArgs) Handles MyBase.Load
14      Button1.Text = "顯示列舉型別常數名稱"
15   End Sub
16
17   Private Sub Button1_Click(ByVal sender As System.Object, ByVal e As
     System.EventArgs) Handles Button1.Click
18      Dim str1 As String = vbCrLf
19      For Each x In [Enum].GetNames(GetType(Days))
20         str1 = str1 & vbTab & x & vbCrLf
21      Next
22      MsgBox("myDays列舉型別的常數名稱為:" & vbCrLf & str1)
23   End Sub
24
25 End Class
```

**✱ 執行結果**

程式執行結果如圖5-24之說明。

        **(a)執行畫面**         **(b)按下[顯示列舉型別常數名稱]鈕**

**圖5-24　執行結果**

📕 這裡用到了For Each…Next陳述式，它可針對陣列或物件集合中的所有元
素，進行重複的執行。For Each…Next的語法如下：

```
For Each變數名稱 In陣列名稱(或物件集合)
    [程式碼]
Next [變數名稱]
```

其中，變數名稱代表物件集合或陣列中所有元素的變數。另外，一種更常用的陳述式For…Next，它明確指定了迴圈敘述的執行次數，基本語法如下：

```
For 計數變數 = 起始值 To 終值
    [程式碼]
Next [計數變數]
```

這兩種陳述式於此先做簡單介紹，詳細說明請參閱第6章。

END

## 5-3 變數與資料型別

什麼是變數呢？簡單來說，就是在程式進行中，向記憶體要求一個空間，作為存放資料或指標的地方，因此，變數名稱本身就好像是一個門牌，而門牌內空間存放的內容則是可以隨時更換的。

Visual Basic中的資料型別會決定變數中可存放的值或資料類型，以及資料存放的方式。為什麼要有不同的資料型別？我們知道，變數是用來存放資料的，而就存放資料的不同，所需的空間也不相同，於是有布林變數、整數變數、小數變數、字串變數、物件變數或自訂格式變數等等。因此，當使用變數時，若能給予變數適當的宣告，除了可以防止程式執行中發生資料型別不符的錯誤，更重要的是能有效的利用記憶體空間。

學過VB 6.0的讀者可能會覺得，好像連上一節常數的定義都變得複雜了，那麼，變數的資料型別就更不用說了！不過，你也不需擔心，在Microsoft.VisualBasic命名空間下，支援VB 6.0的變數資料型別的定義方式，其用法與VB 6.0幾乎沒有兩樣，只是執行效率略受影響。

# VISUAL BASIC .NET
## Visual Basic .NET 實力應用教材

表5-15　仍可使用之VB 6.0的資料型別定義

| 變數型態 | 儲存空間 | 宣告 | 說明 |
|---|---|---|---|
| Byte | 1 Byte (=8 bits) | Dim A as Byte | 宣告變數A的範圍為0~255 |
| Boolean | 2 Bytes | Dim sFlag as Boolean | 變數sFlag＝True或False |
| Integer | 2 Bytes | Dim I as Integer | I為整數，範圍為-32,768~32,767 |
| Long | 4 Bytes | Dim bkColor as long | 宣告bkColor為長整數，範圍為-2,147,483,648 ~ 2,147,483,647 |
| Single | 4 Bytes | Dim r as Single | 宣告變數r為單精度浮點數 |
| Double | 8 Bytes | Dim s as Double | 宣告變數s為倍精度浮點數 |
| Date | 8 Bytes | Dim date0 as Date | 宣告變數date0為日期變數 |
| Object | 4 Bytes (32位元平台) 8 Bytes (64位元平台) | Dim PicObj as Object | 宣告變數PicObj為物件 |
| String | 可變長度字串 | Dim Str1 as String | 宣告變數Str1為可變長度的字串 |
| Currency | | － | （VB.NET不支援） |
| Variant | | － | （VB.NET不支援） |

在.NET Framework的資料型別定義說明如下：VB.NET的變數資料型別是由.NET Framework的結構和類別所支援，可分為「數值型別」（Value Type）與「參考型別」（Reference Type），其中，定義在結構的屬於「數值型別」（Value Type），而定義在類別的則屬於「參考型別」（Reference Type）。表5-16列出數值型別與參考型別的差異與比較。

表5-16　VB.NET的資料型別

| 區分 | 數值型別 | 參考型別 |
|---|---|---|
| 變數存放內容 | 在其本身的記憶體配置中存放資料 | 包含存放在其他記憶體配置中資料的指標 |

| 區分 | 數值型別 | 參考型別 |
|---|---|---|
| 適用對象 | ✦ 所有的數字資料型別<br>✦ Boolean、Char及Date<br>✦ 所有結構<br>✦ 列舉型別（因為其基礎型別一定是SByte、Short、Integer、Long、Byte、UShort、UInteger或ULong） | ✦ String<br>✦ 所有陣列<br>✦ 類別型別<br>✦ 委派 |
| 初始化 | 可以不用初始化 | 必須使用NEW關鍵字初始化 |

## 5-3-1 數值型別

　　VB.NET的資料型別是定義在System命名空間下的Data結構中，底下列出一些常用的變數數值型別。

表5-17 .NET Framework定義的實值資料型別

| 結構 | 儲存空間 | 說明 |
|---|---|---|
| Boolean | 視實作平台而定 | 表示布林值True或False |
| Byte | 1Byte | 表示8位元不帶正負號的整數（Unsigned Integer） |
| Char | 2Bytes | 表示Unicode字元 |
| DateTime | Bytes | 表示時間的瞬間，通常以一天的日期和時間表示 |
| Decimal | Bytes | 表示十進位數字 |
| Double | 8Bytes | 表示雙精度浮點數 |
| Int16 | 2Bytes | 表示16位元帶正負號的整數（Signed Integer）。對應於VB資料型別Short |
| Int32 | 4Bytes | 表示32位元帶正負號的整數（Signed Integer）。對應於VB資料型別Integer |
| Int64 | 8Bytes | 表示64位元帶正負號的整數（Signed Integer） |
| SByte | 1Byte | 表示8位元帶正負號的整數（Signed Integer） |
| Single | 4Bytes | 表示單精度浮點數 |

| 結構 | 儲存空間 | 說明 |
|---|---|---|
| UInt16 | 2Bytes | 表示16位元不帶正負號的整數（Unsigned Integer） |
| UInt32 | 4Bytes | 表示32位元不帶正負號的整數（Unsigned Integer）。對應於VB資料型別UInteger |
| UInt64 | 8Bytes | 表示64位元不帶正負號的整數（Unsigned Integer）。對應於VB資料型別ULong |

變數的宣告語法如下：

> [Dim|ReDim|Static| Private|Public] 變數名稱 [As 資料型態]

當省略「As資料型別」時，則變數預設為Object資料型態。Object資料型別的變數是可以參考任何型別的資料，儲存在Object變數中的值會保留在記憶體的其他地方，而該變數本身會保留該資料的指標，這是參考型別變數的特徵，後面小節會再說明。

## 例 5-13　　資料型別的操作與觀察

**✱ 功能說明**

觀察宣告變數與賦予不同型別的資料後，顯示其對應的型別。

**✱ 學習目標**

資料型別的操作與觀察。

**✱ 表單配置**

圖5-25　表單配置

## ✱ 程式碼

```
01 Public Class E5_13_GetType
02
03    Private Sub Button1_Click(ByVal sender As System.Object, ByVal e As
          System.EventArgs) Handles Button1.Click
04       Dim A
05       A = 1
06       Debug.Print("A的型別是" & A.GetType.ToString)
07       A = 1.234
08       Debug.Print("A的型別是" & A.GetType.ToString)
09       A = "ABC"
10       Debug.Print("A的型別是" & A.GetType.ToString)
11    End Sub
12
13    Private Sub E5_13_GetType_Load(ByVal sender As System.Object, ByVal e
          As System.EventArgs) Handles MyBase.Load
14       Button1.Text = "顯示型別"
15    End Sub
16
17 End Class
```

## ✱ 執行結果

[即時運算視窗]顯示結果如下。

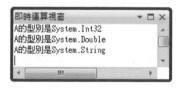

圖5-26　執行結果

END

　　至於如何知道變數是以參考型別或者是以數值型別運作，可將該變數傳遞至Microsoft.VisualBasic命名空間中Information類別上的IsReference方法。若變數屬於參考型別，則Microsoft.VisualBasic.Information.IsReference回傳值就會是True。

## 例 5-14　數值型別或參考型別的判別

**✳ 功能說明**

利用IsReference Enum方法判斷變數是數值型別或參考型別。

**✳ 學習目標**

數值型別或參考型別的判別。

**✳ 表單配置**

圖5-27　表單配置

**✳ 程式碼**

```
01 Public Class E5_14_IsReference
02
03    Private Sub E5_14_IsReference_Load(ByVal sender As System.Object,
      ByVal e As System.EventArgs) Handles MyBase.Load
04      Button1.Text = "型別判斷"
05    End Sub
06
07    Private Sub Button1_Click(ByVal sender As System.Object, ByVal e As
      System.EventArgs) Handles Button1.Click
08      Dim a As Integer = 123
09      Dim b As String = "123"
10      Debug.Print(IsReference(a))
11      Debug.Print(IsReference(b))
12    End Sub
13
14 End Class
```

**✱ 執行結果**

[即時運算視窗]顯示結果如下。

圖5-28　執行結果

## 5-3-2　參考型別

參考型別的變數（或稱為物件）儲存實際資料的參考，底下介紹幾種常用的參考型別。

## ↪ 字串變數

字串變數若是宣告於System命名空間中String類別，則屬於一種參考型別（Reference Type），而字串變數本身其實就是一個物件。字串物件變數的宣告語法如下：

> [Dim|ReDim|Static|Private|Public] 字串變數名稱 As String

因為字串變數參考自String類別，所以要產生物件實體必須透過New函式初始化。因此，字串物件變數的實體化寫為：

> 字串變數名稱 = New String（"字串內容"）

或可直接與變數宣告合併寫成：

> Dim字串變數名稱As String = New String（"字串內容"）

String型別代表一連串的零或多個Unicode字元，保存不帶正負號之16位元（2位元組）字碼指標的序列，其值的範圍從0到65535。每一個「字碼指標」或字元碼都代表單一Unicode字元。一個字串中能包含0到約二十億個（2 ^ 31）Unicode字元。String的預設值為Nothing（null參考），但Nothing並不等同於空字串（值""）。

---

### ● 延伸閱讀

#### 什麼是Unicode字元？

Unicode的前128個字碼指標（0-127）會對應至標準美式鍵盤上的字母和符號。這前128個字碼指標和ASCII字元集中所定義的字碼指標相同。後128個字碼指標（128-255）代表的是特殊字元，例如：拉丁文字母、腔調字、貨幣符號與分數。Unicode將其餘字碼指標（256-65535）使用在各種符號，包括各國文字字元、變音符號以及數學和技術符號。

---

相對於從String類別宣告的物件變數，以VB內建資料型別宣告的字串變數宣告語法同為：

[Dim|ReDim|Static|Private|Public] 字串變數名稱 As String

但變數內容的指定則不須透過New函式，指定方式和一般數值變數一樣，寫為：

字串變數名稱 = "字串內容"

但不管是以物件宣告的字串變數，或者是以VB內建資料型別宣告的字串變數，都可以使用VB的字串函數和String類別的方法。以下先以一個例子做練習，完整的函式與方法，第7章會詳細說明。

---

### 例 5-15　　建立字串型別

**✻ 功能說明**

不同方式建立的String，都可以使用VB的字串函數和String類別的方法。其中，Left(str1,m)表示從字串變數Str1左邊算起，取m個字元；而Str1.SubString(n,m)表示從字串變數Str1左邊第n個索引字元算起，取m個字元。

* **學習目標**

字串型別的建立方式練習。

* **表單配置**

圖5-29　表單配置

* **程式碼**

```
01 Public Class E5_15_StringType
02
03    Private Sub E5_15_StringType_Load(ByVal sender As System.Object, ByVal
         e As System.EventArgs) Handles MyBase.Load
04        Button1.Text = "字串複製"
05    End Sub
06
07    Private Sub Button1_Click(ByVal sender As System.Object, ByVal e As
         System.EventArgs) Handles Button1.Click
08        Dim str1 As String = "ABCDE"
09        Dim str2 As String = New String("ABCDE")
10        Debug.Print("--Case 1--")
11        Debug.Print(Microsoft.VisualBasic.Left(str1, 2))
12        Debug.Print(str2.Substring(0, 2))
13        Debug.Print("--Case 2--")
14        Debug.Print(Microsoft.VisualBasic.Left(str2, 2))
15        Debug.Print(str1.Substring(0, 2))
16    End Sub
17
18 End Class
```

* **執行結果**

[即時運算視窗]顯示結果如下。

圖5-30　執行結果

那麼，不同方式建立的字串到底有何差別呢？請觀察下面的例子。

## 例 5-16　不同方式建立String的差異比較

**✳ 功能說明**

以不同方式建立String，並利用Is運算子觀察其差異。

**✳ 學習目標**

不同方式建立String的差異比較。

**✳ 表單配置**

圖5-31　表單配置

**✳ 程式碼**

```
01 Public Class E5_16_StringType2
02
03    Private Sub Button1_Click(ByVal sender As System.Object, ByVal e As
        System.EventArgs) Handles Button1.Click
04       Dim str1 As String = "ABCDE"
05       Dim str2 As String = New String("ABCDE")
```

```
06        Dim str3 As String = "ABCDE"
07        Dim str4 As String = New String("ABCDE")
08        Debug.Print(str1 Is slr3)
09        Debug.Print(str2 Is str3)
10        Debug.Print(str2 Is str4)
11    End Sub
12
13    Private Sub E5_16_StringType2_Load(ByVal sender As System.Object,
          ByVal e As System.EventArgs) Handles MyBase.Load
14        Button1.Text = "字串比較"
15    End Sub
16
17 End Class
```

* **執行結果**

[即時運算視窗]顯示結果如下。

**圖5-32　執行結果**

結果說明，直接建立的字串，只要賦予的內容相同，字串變數就相同，此即為str1和str3比較的情況。而透過String類別的建構函數New()產生的字串，因屬於參考型別，記憶體存放的內容是位址，而不是變數本身，因此，str2和str4是不相同的，當然str2和Str3也不相同。

## ↳ 陣列變數

陣列是具有相同名稱的一群變數，並以索引值來區分這一群變數。例如：以一個班級50位同學為例，若以名字作為變數，則須有50個不同名稱的變數；但以陣列的方式來區別，則可以用班級作爲變數的名稱，以座號作爲索引值，這樣，任何人在處理班級事務時，是不是變得簡單許多？而這樣的陣列屬於1維陣列。同樣的，當以教室的座次來區分，每一位同學都有一個固定的位置，即第X排，第Y位，這樣以兩個索引值來區別變數的陣列，則稱爲2維陣列，此即屬於多維陣列。

陣列變數若是以物件的型態來宣告（不是陣列元素內容的資料型別），則屬於一種參考型別（Reference Type），即陣列變數本身也是一個物件。首先宣告陣列變數，語法如下：

> [Dim | ReDim | Static | Private | Public] 陣列變數名稱( ) As 型別名稱

然後，透過New函式產生實體化物件。因此，字串物件變數的實體化寫爲：

> 陣列變數名稱　= New 型別名稱( ){陣列初始化內容}

大括號中的內容是陣列初始化的內容，以逗號加以區隔；或可直接與變數宣告合併寫成：

> Dim陣列變數名稱( ) As型別名稱= New 型別名稱( ){陣列初始化內容}

## 例 5-17　觀察陣列的型別屬性

**✱ 功能說明**

建立不同資料型態的陣列，並檢查建立的陣列是否爲參考型別。

**✱ 學習目標**

觀察陣列的型別屬性。

✱ 表單配置

圖5-33　表單配置

✱ 程式碼

```
01 Public Class E5_17_ArrayVariable
02
03     Private Sub E5_17_ArrayVariable_Load(ByVal sender As System.Object,
       ByVal e As System.EventArgs) Handles MyBase.Load
04         Button1.Text = "陣列比較"
05     End Sub
06
07     Private Sub Button1_Click(ByVal sender As System.Object, ByVal e As
       System.EventArgs) Handles Button1.Click
08         Dim a() As String = New String() {"a", "b", "c", "d", "e"}
09         Dim b() As Int16 = New Int16() {1, 2, 3, 4, 5}
10         Dim c(3) As Int16
11         c = New Int16() {9, 8, 7, 6, 5}
12         Dim d(3) As Single
13         d(0) = 1.1
14         d(1) = 2.2
15         d(2) = 3.3
16         d(3) = 4.4
17         Debug.Print(IsReference(a))
18         Debug.Print(IsReference(b))
19         Debug.Print(IsReference(c))
20         Debug.Print(IsReference(d))
21     End Sub
22
23 End Class
```

**\* 執行結果**

[即時運算視窗]顯示結果如下。

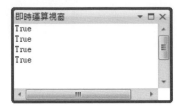

圖5-34　執行結果

至於多維陣列的宣告，則直接以逗號區分陣列的維數。例如：

> **Dim A(5,3) as Integer**

即表示向記憶體要求分配了(5+1)×(3+1)=24個整數型態的變數空間，並記為
A(i,j)，其中，i=0,1,2,3,4,5及j=0,1,2,3。針對陣列的使用，會在後面另闢一章
詳細說明。

## 物件變數

1. 設定變數為表單上既有物件的參考

變數也可以用來參考物件。以變數參考物件後，使用上就如同一般的變
數一樣。物件變數代表的是一個名稱，並不是代表物件本身。但是在實際的
應用上，若需要經常反覆的引用到物件，那麼使用物件變數將比直接使用物
件來得有效率；此外，也可以在程式執行階段將變數改參考至其他物件。宣
告物件變數的語法與一般變數宣告相同，寫法如下：

> **[Dim|Static|Private|Public] 物件變數 As類別名稱**
> **物件變數 ＝ 欲參考的考物件名稱**

其中，物件類別名稱可為特定的類別名稱，或者可指定為Object。將變
數宣告為Object與將它宣告為System.Object一樣。.NET Framework中的所有

類別均衍生自Object，系統的所有物件，都可以使用定義在Object類別中的每個方法。物件的指定，其語法如下：

物件變數 = 欲參考的考物件名稱

若要取消物件變數的指派，可使用Nothing關鍵字。

物件變數 = Nothing

## 例 5-18　物件變數設定練習

### ✱ 功能說明

在表單上配置控制項Label1及Button1，利用指派物件變數的方式，修改Label1和Button1的Text屬性。

### ✱ 學習目標

Object變數一般練習。

### ✱ 表單配置

圖5-34　表單配置

### ✱ 程式碼

```
01 Public Class E5_18_ObjectVariable
02
03    Private Sub E5_18_ObjectVariable_Load(ByVal sender As System.Object,
       ByVal e As System.EventArgs) Handles MyBase.Load
```

```
04        Button1.Text = "變數練習"
05     End Sub
06
07     Private Sub Button1_Click(ByVal sender As System.Object, ByVal e As
          System.EventArgs) Handles Button1.Click
08        Dim objX As Object
09        objX = Me.Label1
10        objX.Text = "我是標籤"
11        objX = Me.Button1
12        objX.Text = "我是按鈕"
13     End Sub
14
15 End Class
```

**✱ 執行結果**

　　程式執行結果如圖5-36之說明。

　　　　　(a)執行畫面　　　　　　　　(b)按鈕後畫面

圖5-36　執行結果

END

　　本例中用到Me關鍵字，它可以作為物件變數，用以參考目前執行個體。所謂物件的「目前執行個體」是指程式碼目前正在其中執行的執行個體。Me的使用對於將目前執行個體傳遞至另一個模組中的程序特別有用。

2. 建立參考某類別型態之物件變數

　　要宣告一個新的物件變數，且參考自某類別，其步驟如下：

---

**[Dim | Static | Private | Public] 物件變數 As類別名稱**

---

接著使用New關鍵字產生物件實體，寫法如下：

物件變數 ＝ New類別名稱( )

一般也可在物件宣告中包含初始化，直接產生物件實體，寫法如下：

[Dim│Static│Private│Public] 物件變數 As類別名稱＝ New類別名稱( )

將物件變數設定為Nothing，會中止變數與任何特定物件的關聯，寫法如下：

物件變數 ＝ Nothing

## 例 5-19　物件變數的操作

**✱ 功能說明**

在表單上配置控制項Label1及Button1，利用指派物件變數的方式，修改Label1和Button1的Text屬性。

**✱ 學習目標**

物件變數操作練習。

**✱ 表單配置**

圖5-37　表單配置

**✴ 程式碼**

```
01 Public Class E5_19_ObjectVariable2
02
03    Dim x As Form
04    Dim t1 As TextBox
05
06    Private Sub E5_19_ObjectVariable2_Load(ByVal sender As System.Object,
         ByVal e As System.EventArgs) Handles MyBase.Load
07       Button1.Text = "產生TextBox"
08       Button2.Text = "產生新的表單"
09    End Sub
10
11    Private Sub Button1_Click(ByVal sender As System.Object, ByVal e As
         System.EventArgs) Handles Button1.Click
12       t1 = New TextBox
13       Me.Controls.Add(t1)
14    End Sub
15
16    Private Sub Button2_Click(ByVal sender As System.Object, ByVal e As
         System.EventArgs) Handles Button2.Click
17       x = New E5_19_ObjectVariable2
18       x.Show()
19    End Sub
20
21 End Class
```

**✴ 執行結果**

程式執行結果如圖5-38之說明。

**(a)按下[產生TextBox]鈕**

**(b)產生New TextBox**

(c)按下[產生新的表單]鈕 　　　　　 (d)產生New Form

圖5-38 執行結果

END

## 控制項與物件陣列變數

為程式撰寫之方便，多個相同類別的控制項也可以透過陣列變數來指定。

### 例 5-20 以物件陣列變數設計資料輸入表

**\* 功能說明**

資料輸入檢查，若資料輸入不完整，會出現訊息。

**\* 學習目標**

物件陣列變數設定與操作練習。

**\* 表單配置**

圖5-39 表單配置

## ✱ 程式碼

```
01 Public Class E5_20_物件陣列
02
03     Private Sub Button1_Click(ByVal sender As System.Object, ByVal e As
        System.EventArgs) Handles Button1.Click
04         Dim txts() As TextBox = {TextBox1, TextBox2, TextBox3}
05         For Each txt As TextBox In txts
06             If Trim(txt.Text) = "" Then
07                 MsgBox("資料填寫不完整！",,"訊息")
08                 Exit Sub
09             End If
10         Next
11         MsgBox("完成資料填寫",,"訊息")
12     End Sub
13
14 End Class
```

## ✱ 執行結果

程式執行結果如圖5-40之說明。

**(a)資料填寫不完整之狀況**

**(b)資料填寫完整之狀況**

圖5-40 執行結果

## 例 5-21　以物件陣列變數設計教室清潔檢查表

### ✱ 功能說明

設計一教室清潔檢查表，勾選核取方塊，再按[檢查統計]鈕，即顯示統計結果訊息方塊視窗。

### ✱ 學習目標

物件陣列變數設定與操作練習。

### ✱ 表單配置

圖5-41　表單配置

### ✱ 程式碼

```
01 Public Class E5_21_物件陣列1
02
03    Dim score As Int16 = 0
04    Private Sub Form1_Load(ByVal sender As System.Object, ByVal e As
       System.EventArgs) Handles MyBase.Load
05       Dim str1() As String = {"地板清潔","講台清潔","講桌清潔","玻璃清潔","
         黑板擦拭","垃圾桶清潔","走廊清潔","桌椅整齊"}
06       Dim chks() As CheckBox = {CheckBox1, CheckBox2, CheckBox3,
         CheckBox4, CheckBox5, CheckBox6, CheckBox7, CheckBox8}
07       For i As Int16 = 0 To 7
08          chks(i).Text = str1(i)
09          AddHandler chks(i).CheckedChanged, AddressOf CheckBox1_
            CheckedChanged
```

```
10      Next
11   End Sub
12
13   Private Sub CheckBox1_CheckedChanged(ByVal sender As System.Object,
     ByVal e As System.EventArgs) ' Handles CheckBox1.CheckedChanged
14      score = IIf(sender.checkstate = 1, score + 1, score - 1)
15   End Sub
16
17   Private Sub Button1_Click(ByVal sender As System.Object, ByVal e As
     System.EventArgs) Handles Button1.Click
18      MsgBox("不合格數目 = " & (8 - score), , "結果統計")
19   End Sub
20
21 End Class
```

**❋ 執行結果**

　　程式中，灰色網底部分為指定Chk(i)物件中CheckedChanged事件對應的事件處理程序。程式執行結果如圖5-42之說明。

(a)執行且勾選後按[檢查統計]　　　　(b)統計結果

圖5-42　執行結果

例 5-22　物件陣列宣告與事件處理程序設計

**✱ 功能說明**

　　建立10個Label，並設定Label屬性。當滑鼠點擊Label，該Label即被隱藏。按下[全部顯示]鈕，所有Label再次出現。

**✱ 學習目標**

　　宣告物件陣列，並賦予其對應的事件處理程序。

**✱ 表單配置**

圖5-43　表單配置

**✱ 程式碼**

```
01 Public Class E5_22_物件陣列2
02
03    '宣告物件陣列
04    Dim Labs(10) As Label
05    Private Sub Form1_Load(ByVal sender As System.Object, ByVal e As
          System.EventArgs) Handles MyBase.Load
06       For i As Int16 = 0 To 9
07          '建立物件實體
08          Labs(i) = New Label
09          '設定物件的屬性
10          With Labs(i)
11             .Text = i + 1
12             .Left = 20
```

```
13          .Top = 10 + 25 * i
14          .BackColor = Color.GreenYellow
15          .BorderStyle = BorderStyle.FixedSingle
16          .TextAlign = ContentAlignment.MiddleCenter
17      End With
18      '將建立的物件放入表單
19      Me.Controls.Add(Labs(i))
20      '指定事件對應的事件處理程序
21      AddHandler Labs(i).Click, AddressOf labEvevt
22    Next
23  End Sub
24
25  Private Sub labEvevt(ByVal sender As Object, ByVal e As System.
        EventArgs)
26      sender.visible = False
27  End Sub
28
29  Private Sub Button1_Click(ByVal sender As System.Object, ByVal e As
        System.EventArgs) Handles Button1.Click
30    For i As Int16 = 0 To 9
31        Labs(i).Visible = True
32    Next
33  End Sub
34 End Class
```

## ✱ 執行結果

程式執行結果如圖5-44之說明。

(a)執行　　　　　　　　(b)點擊數字鈕後，按鈕消失

(c)再按[全部顯示]鈕

圖5-44　執行結果

END

## 例 5-23　以物件陣列設計輸入鍵盤

### ✱ 功能說明

以物件變數建立鍵盤輸入密碼，按下按鍵可利用SendKeys類別的Send方法，送出對應的數字到TextBox中。此外，亦設定TextBox的PasswordChar（密碼字元）屬性，以隱藏鍵盤的輸入內容。

### ✱ 學習目標

宣告物件陣列，並賦予其對應的事件處理程序。

### ✱ 表單配置

圖5-45　表單配置

**★ 程式碼**

```
01 Public Class E5_23_密碼輸入
02
03    Dim btn(12) As Button
04    Private Sub Form1_Load(ByVal sender As System.Object, ByVal e As
        System.EventArgs) Handles MyBase.Load
05      Dim a() As String = New String() {"<-", "clr"}
06      For i As Int16 = 0 To 11
07        btn(i) = New Button
08        With btn(i)
09          '說明：當i<10 時 Text 屬性設為i，i=10 時設為"<-"，i=10 時設為
    "clr"
10          .Text = If(i < 10, i.ToString, a(i - 10))
11          .Width = 25
12          .Left = 30 + (i \ 3) * 30
13          .Top = 40 + 25 * (i Mod 3)
14          .BackColor = Color.GreenYellow
15        End With
16        Me.Controls.Add(btn(i))
17        AddHandler btn(i).Click, AddressOf btnEvevt
18      Next
19      Button1.Text = "確定"
20      TextBox1.PasswordChar = "*"
21    End Sub
22
23    Private Sub btnEvevt(ByVal sender As Object, ByVal e As System.
        EventArgs)
24      Dim str1 As String
25      str1 = sender.text
26      If str1 = "<-" Then str1 = "{BKSP}" 'vbBack
27      If str1 = "clr" Then TextBox1.Text = "" : str1 = ""
28      TextBox1.Focus()
29      SendKeys.Send(str1)
30    End Sub
31
32    Private Sub Button1_Click(ByVal sender As System.Object, ByVal e As
        System.EventArgs) Handles Button1.Click
```

```
33        MsgBox("您輸入的密碼為:" & TextBox1.Text)
34     End Sub
35
36 End Class
```

**✱ 執行結果**

程式執行結果如圖5-46之說明。

    **(a)執行**　　　　**(b)點擊數字鈕後按[確定]**　　　**(c)顯示密碼內容**

圖5-46　執行結果

## ● 延伸閱讀

SendKeys類別提供傳送按鍵至應用程式的方法，利用Send方法可傳送按鍵給類別，並立即繼續程式的流程。

Send方法可傳送螢幕可顯示的字串（即由可視字元所組成的字串），對於不可視字元，則可以用VB的內建常數來指定，如vbBack（退格鍵）、vbCrLf（換行）等；或可利用按鍵碼來指定，如{TAB}（定位）、{BACKSPACE}（退格鍵）等。有關按鍵碼格式可參考MSDN。

### 5-3-3 自訂資料型別

對於不同型態的變數，我們也可以將它們組合起來，特別是需要以同樣的變數名稱來包含多個相關的資訊時，由使用者自訂變數的型態特別好用。VB.NET利用結構（Structure）將一或多個「元素」彼此產生關聯，再與結構本身產生關聯。自訂變數型態的語法如下：

```
[Private | Public] Structure 變數名稱
    元素名稱1  As 資料型態
    元素名稱2  As 資料型態
    …
End Structure
```

對於自訂變數型態的宣告，多在一般模組中作為全域變數來使用，或者在模組層次中宣告供其他程序使用。至於自訂變數中各元素內容的指定與取得，則與控制項屬性的設定及讀取方式相似。

### 例 5-24　自訂結構變數

**\* 功能說明**

使用者自訂變數型態。定義學生資料，內容包括學號（String）、姓名（String）與成績（Single）。

**\* 學習目標**

自訂結構變數練習。

**\* 表單配置**

圖5-47　表單配置

## ✱ 程式碼

```
01 Public Class E5_24_Structure
02
03    Private Structure 學生資料
04        Public 學號 As String
05        Public 姓名 As String
06        Public 成績 As Single
07    End Structure
08
09    Private Sub E5_24_Structure_Load(ByVal sender As System.Object, ByVal
       e As System.EventArgs) Handles MyBase.Load
10        Button1.Text = "顯示資料"
11    End Sub
12
13    Private Sub Button1_Click(ByVal sender As System.Object, ByVal e As
       System.EventArgs) Handles Button1.Click
14        Dim Person As 學生資料
15        Person.學號 = "9901001"
16        Person.姓名 = "周世凱"
17        Person.成績 = 98.5
18        Debug.Print(Person.學號)
19        Debug.Print(Person.姓名)
20        Debug.Print(Person.成績)
21    End Sub
22
23 End Class
```

## ✱ 執行結果

程式執行結果如圖5-48之說明。

圖5-48　執行結果

## 5-3-4　泛型型別

「泛型」主要是針對程序或類別的一種設計技術。.NET Framework 2.0（VB 2005）以後才支援此技術。以具備泛型型別的程序（方法）來說，對於不同的資料型別，它可以執行相同邏輯與功能。也就是說，在泛型技術下，不需要特別針對要執行某種邏輯與功能的不同資料型別，分別撰寫對應的程序或類別版本。

在.NET Framework 2.0以後的類別庫中有許多泛型樣板，且大多存在於System.Collections.Generic命名空間中，底下列出幾個加以說明。

### ↘ Queue(of T)類別

佇列（Queue）是用先進先出（First In, First Out；FIFO）的方式處理物件的集合，例如：排隊購票，或者現在很多機關抽取號碼牌等方式，先排的人或號碼較小的會先處理。佇列（Queue）常用的方法如表5-18。

表5-18　Queue(of T)類別常用方法

| 名稱 | 說明 |
|---|---|
| Count | 取得佇列中目前的項目數量 |
| Dequeue | 從佇列前端取出一個項目，同時將其移除 |
| Enqueue | 從佇列尾端加入一個項目 |
| Peek | 從佇列前端取出一個項目，但不移除 |

### 例 5-25　Queue類別基本練習

**✱ 功能說明**

將數字1~10一個一個送入佇列中，再以先進先出的方式，一個一個從佇列中取出。

**✱ 學習目標**

Queue基本練習。

**❋ 表單配置**

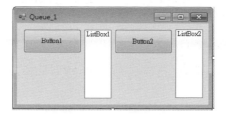

圖5-49 表單配置

**❋ 程式碼**

```
01 Public Class E5_25_Queue_1
02
03    Dim myQueue As New Queue
04
05    Private Sub Queue_1_Load(ByVal sender As System.Object, ByVal e As
       System.EventArgs) Handles MyBase.Load
06       Button1.Text = "將1~10依序送進佇列"
07       Button2.Text = "取一個佇列內容並寫入ListBox"
08    End Sub
09
10    Private Sub Button1_Click(ByVal sender As System.Object, ByVal e As
       System.EventArgs) Handles Button1.Click
11       '將元素放入佇列
12       For i = 1 To 10
13          myQueue.Enqueue(i)
14       Next
15       For Each s In myQueue
16          ListBox1.Items.Add(s)
17       Next
18    End Sub
19
20    Private Sub Button2_Click(ByVal sender As System.Object, ByVal e As
       System.EventArgs) Handles Button2.Click
21       ListBox1.Items.Clear()
22       '將從佇列中取出的元素加入到ListBox2
23       ListBox2.Items.Add(myQueue.Dequeue)
```

```
24        For Each s In myQueue
25            ListBox1.Items.Add(s)
26        Next
27    End Sub
28
29 End Class
```

## ✱ 執行結果

程式執行結果如圖5-50之說明。

**(a)將數字1~10依序送入佇列**

**(b)自佇列中取出一個數字**

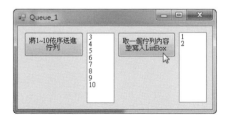

**(c)自佇列中取出第二個數字**

**圖5-50　執行結果**

## ↘ Stack(of T)類別

　　堆疊（Stack）是用後進先出（Last In, First Out；LIFO）的方式處理物件的集合，其實很多運算的運算子是以此方式進行堆疊，分析時由外往內堆疊；運算時則由內往外取用運算子。又例如河內塔遊戲，最後放入圓柱的圓環，可以最先被取用。堆疊（Stack）常用的方法如表5-19。

表5-19　Stack(of T)類別常用方法

| 名稱 | 說明 |
|------|------|
| Count | 取得堆疊中目前的項目數量 |
| Pop | 從堆疊最頂端取出一個項目，同時將其移除 |
| Push | 從堆疊最頂端加入一個項目 |
| Peek | 從堆疊最頂端取出一個項目，但不移除 |

## 例 5-26　Stack類別基本練習

**＊ 功能說明**

　　將1~10依序送進堆疊，再以先進後出的方式，一個一個自堆疊中取出。

**＊ 學習目標**

　　Stack基本練習。

**＊ 表單配置**

圖5-51　表單配置

★ 程式碼

```
01 Public Class E5_26_Stack_1
02
03    Dim myStack As New Stack
04    Private Sub Stack_1_Load(ByVal sender As System.Object, ByVal e As
         System.EventArgs) Handles MyBase.Load
05       Button1.Text = "將1~10依序送進堆疊"
06       Button2.Text = "取一個堆疊內容並寫入ListBox"
07    End Sub
08
09    Private Sub Button1_Click(ByVal sender As System.Object, ByVal e As
         System.EventArgs) Handles Button1.Click
10       '將元素推入堆疊
11       For i = 1 To 10
12          myStack.Push(i)
13       Next
14       For Each s In myStack
15          ListBox1.Items.Add(s)
16       Next
17    End Sub
18
19    Private Sub Button2_Click(ByVal sender As System.Object, ByVal e As
         System.EventArgs) Handles Button2.Click
20       ListBox1.Items.Clear()
21       '將從堆疊取出的元素加入ListBox2
22       ListBox2.Items.Add(myStack.Pop)
23       For Each s In myStack
24          ListBox1.Items.Add(s)
25       Next
26    End Sub
27
28 End Class
```

★ 執行結果

　　程式執行結果如圖5-52之說明。

**(a)將數字1~10依序送入堆疊**

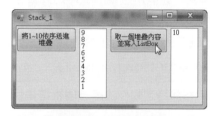

**(b)自堆疊中取出一個數字**

**(c)自堆疊中取出第二個數字**

**圖5-52　執行結果**

END

## ↘ List(of T)類別

為可以依照索引存取的強型別物件清單。提供搜尋、排序和管理清單的方法。使用方式如下：

---

**Dim instance As List(Of T)**

---

其中型別參數T表清單中元素的型別。List(of T)類別的方法成員很多，底下列出一些常見的方法。

表5-20　List(of T)類別常用方法

| 名稱 | 說明 |
|---|---|
| Add | 將物件加入至List(Of T)的結尾 |
| Clear | 將所有元素從List(Of T)移除 |
| Contains | 判斷某元素是否在List(Of T)中 |
| Find | 搜尋符合指定之述詞所定義的條件之元素，並傳回整個List(Of T)內第一個相符的元素 |
| FindAll | 擷取符合指定之述詞所定義的條件之所有元素 |
| Insert | 將項目插入List(Of T)中指定的索引處 |
| Remove | 從List(Of T)移除特定物件的第一個相符項目 |
| RemoveAll | 移除符合指定之述詞所定義的條件之所有項目 |
| RemoveAt | 移除List(Of T)中指定之索引處的項目 |
| Sort | 多載。排序List(Of T)或其中一部分中的元素 |
| ToArray | 將List(Of T)的元素複製到新的陣列 |

## 例 5-27　自訂資料型別與List(of T)類別的整合練習

**✴ 功能說明**

　　自訂個人資料為資料結構，並作為泛型類別List(of T)的資料型別，資料加入List(of T)後再利用Find方法，將ID對應的資料顯示出來。

**✴ 學習目標**

　　自訂資料型別與List(of T)類別的整合練習。

**✴ 表單配置**

圖5-53　表單配置

**✱ 程式碼**

```
01 Public Class E5_27_ListOf
02
03     Public Structure 個人資料
04         Public ID As String
05         Public 姓名 As String
06         Public 年齡 As Int16
07         Public 性別 As Boolean
08     End Structure
09
10     Dim DataList As New List(Of 個人資料)
11
12     Private Sub Form1_Load(ByVal sender As System.Object, ByVal e As
           System.EventArgs) Handles MyBase.Load
13         Dim 甲, 乙, 丙 As 個人資料
14         甲.ID = "A113"
15         甲.姓名 = "張三"
16         甲.年齡 = 20
17         甲.性別 = True
18         乙.ID = "A124"
19         乙.姓名 = "李四"
20         乙.年齡 = 21
21         乙.性別 = True
22         丙.ID = "B114"
23         丙.姓名 = "王五"
24         丙.年齡 = 21
25         丙.性別 = False
26         DataList.Add(甲)
27         DataList.Add(乙)
28         DataList.Add(丙)
29         Button1.Text = "資料載入清單"
30         Label1.Text = "姓名: "
31         Label2.Text = "年齡: "
32         Label3.Text = "性別: "
33     End Sub
34
```

```
35    Private Sub Button1_Click(ByVal sender As System.Object, ByVal e As
         System.EventArgs) Handles Button1.Click
36      Dim i As Int16 = 0
37      ListBox1.Items.Clear()
38      For Each x In DataList
39        ListBox1.Items.Add(DataList.Item(i).ID)
40        i += 1
41      Next
42    End Sub
43
44    Private Sub ListBox1_SelectedIndexChanged(ByVal sender As
         System.Object, ByVal e As System.EventArgs) Handles ListBox1.
         SelectedIndexChanged
45      Dim selData As 個人資料
46      selData = DataList.Find(AddressOf findList)
47      Label1.Text = "姓名: " & selData.姓名
48      Label2.Text = "年齡: " & selData.年齡
49      Label3.Text = "性別: " & IIf(selData.性別, "男", "女")
50    End Sub
51
52    Private Function findList(ByVal s As 個人資料) As Boolean
53      If ListBox1.SelectedItem = s.ID Then
54        Return True
55      Else
56        Return False
57      End If
58    End Function
59
60 End Class
```

**✱ 執行結果**

　　程式執行結果如圖5-54之說明。

(a)執行　　　　　　　　(b)資料載入清單

(c)點選清單項目，並顯示結果

圖5-54　執行結果

END

程式中，findList()函式是一種委派，裡面定義了所要搜尋元素之條件，基本上可以看成是一種判斷是否存在所要搜尋的元素的標準架構。

## Dictionary (Of TKey, TValue)類別

為表示索引鍵和值的集合。使用方式如下：

**Dim instance As Dictionary(Of TKey, TValue)**

其中型別參數—

　　TKey：字典中的索引鍵型別。

　　TValue：字典中的值型別。

Dictionary(Of TKey, TValue)泛型類別提供從一組索引鍵至一組值的對應，加入字典中的每一個項目都是由值及其關聯索引鍵所組成。由於Dictionary(Of TKey, TValue)類別實作為雜湊資料表，因此，使用其索引鍵(TKey)進行值(Value)的擷取速度非常快。Dictionary(Of TKey, TValue)中的每

個索引鍵都必須是唯一的，而其容量則會依需要自動增加。Dictionary類別的常用成員如表5-21。

表5-21　Dictionary類別常用方法

| 名稱 | 說明 |
|---|---|
| Add | 將指定的索引鍵和值加入字典 |
| Clear | 從Dictionary<(Of <(TKey, TValue>)>)移除所有索引鍵和值 |
| ContainsKey | 判斷Dictionary<(Of <(TKey, TValue>)>)是否包含指定的索引鍵 |
| ContainsValue | 判斷Dictionary<(Of <(TKey, TValue>)>)是否包含特定值 |
| Equals | 判斷指定的Object和目前的Object是否相等 |
| Remove | 移除Dictionary<(Of <(TKey, TValue>)>)中具有指定索引鍵的值 |
| TryGetValue | 取得與指定索引鍵關聯的值 |

表5-22　Dictionary類別常用屬性

| 名稱 | 說明 |
|---|---|
| Comparer | 取得IEqualityComparer<(Of <(T)>)>，用於判斷字典的索引鍵是否相等 |
| Count | 取得Dictionary<(Of <(TKey, TValue>)>)中所包含的索引鍵／值組數目 |
| Item | 取得或設定與指定索引鍵關聯的值 |
| Keys | 取得集合，包含Dictionary<(Of <(TKey, TValue>)>)中的索引鍵 |
| Values | 取得集合，包含Dictionary<(Of <(TKey, TValue>)>)中的值 |

以下範例練習Dictionary類別的基本用法，暫不考慮一些例外狀況。

## 例 5-28　Dictionary類別基本用法

**✱ 功能說明**

利用Dictionary類別，設計一個會員資料建立與檢視系統。

**✱ 學習目標**

Dictionary類別基本用法。

**✱ 表單配置**

圖5-55　表單配置

**✱ 程式碼**

```
01 Public Class E5_28_Dictionary
02
03    Dim Member As New Dictionary(Of String, String)
04    Private Sub Dictionary_Load(ByVal sender As System.Object, ByVal e As
         System.EventArgs) Handles MyBase.Load
05       Label1.Text = "身分ID:"
06       Label2.Text = "輸入姓名:"
07       Label3.Text = "所有會員資料:"
08       Button1.Text = "加入會員"
09       Button2.Text = "列出所有會員"
10    End Sub
11
12    Private Sub Button1_Click(ByVal sender As System.Object, ByVal e As
         System.EventArgs) Handles Button1.Click
13       Member.Add(TextBox1.Text, TextBox2.Text)
14       TextBox1.Text = ""
15       TextBox2.Text = ""
16    End Sub
17
```

```
18    Private Sub Button2_Click(ByVal sender As System.Object, ByVal e As
      System.EventArgs) Handles Button2.Click
19      ListBox1.Items.Clear()
20      For Each s In Member
21        ListBox1.Items.Add("ID=" & s.Key & "；" & "Name=" & s.Value)
22      Next
23    End Sub
24
25 End Class
```

**✳ 執行結果**

程式執行結果如圖5-56之說明。

(a)執行後，輸入資料加入會員　　(b)列出所有會員資料

圖5-56　執行結果

為增加資料運用的彈性與完整性，也可自訂資料型別，作為Dictionary的 TValue型別。

### 例 5-29　自訂資料型別與Dictionary的整合運用

**✱ 功能說明**

　　利用Dictionary類別，設計一個包括姓名、出生年月日、性別之會員資料建立與檢視系統。

**✱ 學習目標**

　　自訂資料型別與Dictionary的整合運用。

**✱ 表單配置**

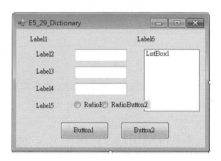

圖5-57　表單配置

**✱ 程式碼**

```
01 Public Class E5_29_Dictionary
02      '定義結構
03      Private Structure PersonalProfile
04          Dim name As String
05          Dim birthday As DateTime
06          Dim sex As Boolean
07      End Structure
08
09      Dim member As New Dictionary(Of String, PersonalProfile)
10
11      Private Sub E5_29_Dictionary_Load(ByVal sender As System.Object, ByVal
            e As System.EventArgs) Handles MyBase.Load
12          Label1.Text = "輸入個人資料"
13          Label2.Text = "ID:"
```

```
14      Label3.Text = "姓名:"
15      Label4.Text = "出生年月日:"
16      Label5.Text = "性別:"
17      Label6.Text = "ID清單:"
18      Button1.Text = "加入會員"
19      Button2.Text = "顯示所有會員"
20      RadioButton1.Text = "男"
21      RadioButton2.Text = "女"
22    End Sub
23
24    Private Sub Button1_Click(ByVal sender As System.Object, ByVal e As
          System.EventArgs) Handles Button1.Click
25      Dim ID As String = TextBox1.Text
26      Dim x As PersonalProfile
27      x.name = TextBox2.Text
28      x.birthday = Convert.ToDateTime(TextBox3.Text)
29      x.sex = If(RadioButton1.Checked, True, False)
30      If member.ContainsKey(ID) Then
31        MsgBox("加入者 ID=" & ID & " 已存在！",,"會員資料")
32        Exit Sub
33      Else
34        member.Add(ID, x)
35        MsgBox("加入成功",,"會員資料")
36      End If
37    End Sub
38
39    Private Sub Button2_Click(ByVal sender As System.Object, ByVal e As
          System.EventArgs) Handles Button2.Click
40      ListBox1.Items.Clear()
41      For Each s In member
42        ListBox1.Items.Add(s.Key)
43      Next
44    End Sub
45
46    Private Sub ListBox1_SelectedIndexChanged(ByVal sender As
          System.Object, ByVal e As System.EventArgs) Handles ListBox1.
          SelectedIndexChanged
```

```
47      Dim x As PersonalProfile = member.Item(ListBox1.Text)
48      TextBox1.Text = ListBox1.Text
49      TextBox2.Text = x.name
50      TextBox3.Text = x.birthday
51      RadioButton1.Checked = x.sex
52      RadioButton2.Checked = Not x.sex
53   End Sub
54
55 End Class
```

## ✱ 執行結果

程式執行過程如圖5-58之說明。

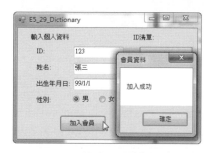

**(a)執行後,輸入資料加入會員**

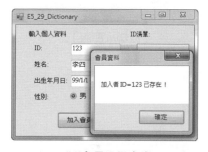

**(b)會員ID已存在**

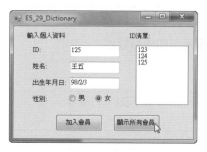

**(c)列出所有會員ID**

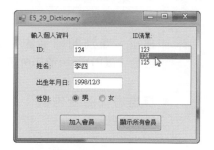

**(d)點選會員ID並檢視會員資料**

**圖5-58　執行結果**

## 5-4 變數的有效範圍與存活期

在程式設計時,可依設計的實際需求與便利性,進行變數的宣告。一般而言,變數的有效範圍愈小愈好(區塊範圍是最小的),如此有助於記憶體的節省,並降低程式碼使用到錯誤變數的機會。而變數的有效範圍是依變數在程式中宣告的位置,和以何者關鍵字(如Dim、Public、Private、Static、Shared等)宣告而定的。基本上,變數宣告的位置可區分為區塊範圍、程序範圍、模組範圍與命名空間範圍。底下以常見的變數有效範圍,可以歸納區分為區塊層次、程序層次(區域變數)、模組層次及全域變數四種。表5-23及圖5-59說明了變數宣告的位置與其有效範圍。

表5-23 變數宣告位置與其有效範圍

| 變數種類 | 變數宣告位置 | 變數有效範圍 |
|---|---|---|
| 區塊層次 | 在區塊陳述式內宣告變數(以**Dim**宣告) | 區塊變數只能區塊中使用,區塊陳述式如下:<br><br>Do…Loop　　　　　SyncLock…End<br>For [Each] …Next　　　　　SyncLock<br>If…End If　　　　　Try… End Try<br>Select… End Select　　While…End While<br>　　　　　　　　　With…End With |
| 程序層次<br>(區域變數) | 程序(**Function**或**Sub**)中(以**Dim**或**Static**宣告) | 只在宣告的程序中有效 |
| 模組層次 | 表單的宣告區 | 表單中的所有程序 |
| 模組層次 | 模組、類別和結構的宣告區(以**Private**或**Dim**宣告) | 模組中的所有程序 |
| 全域變數 | 模組層次的宣告區(以**Public**宣告) | 同一個專案下的所有程序 |

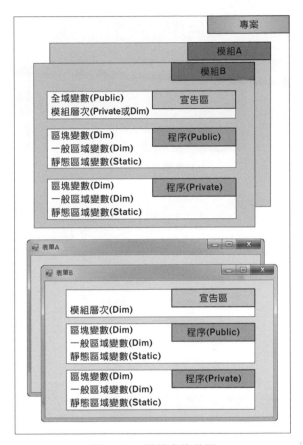

圖5-59　變數宣告位置

## ❧ 全域變數

　　有關全域變數的運用，基於程式模組化及封包的概念，一般建議在程式撰寫中盡可能少用，以避免變數的錯誤引用及增加程式的複雜度。全域變數通常是在撰寫多表單程式才會使用到，在模組中宣告的步驟為：

**Step 1**　在功能表列中下拉[專案]功能。

**Step 2**　選擇[加入Windows Form]、[加入類別]、[加入新項目]，都會產生「加入新項目」視窗。

(a)[專案/加入類別]

(b)設定新加入項目-模組「名稱」

圖5-60　加入模組

**Step 3**　按下[新增]鈕後，模組即會在方案總管中出現。

圖5-61　方案總管

**Step 4**　在程式編輯區域進行變數的Public宣告。當然公用程序也是在此模組中撰寫。

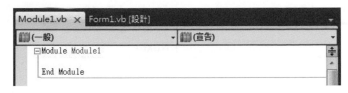

圖5-62　程式編輯區域

## ↘ 模組層次

在模組層次中，若在程式模組（.bas）中以Private宣告變數，其意義和以Dim宣告是相同的，撰寫的方法與Public宣告變數的方式相同。若是在表單中宣告，則可直接在表單的程式編輯區中，將游標移到宣告區（所有程序的前面）即可進行變數的宣告。

## ↘ 程序層次

在程序層次中，可用Dim或Static來宣告區域變數。

| | |
|---|---|
| | **Dim 變數名稱 As 資料型態** |
| 或 | **Static 變數名稱 As 資料型態** |

程序層次變數只有當它們在執行該程序時才存在，而當變數是以Dim宣告時，每次執行該程序時都會重設這些變數；但若變數是以Static進行宣告，則每次執行該程序時都將保留區域變數的值，以Static進行宣告的變數稱為靜態變數。

## ↘ 區塊層次

區塊層次內的變數，只在該區塊內有效，VB 2005以前（含）仍需宣告區塊變數的資料形態；但自VB 2008以後，就可以不用宣告了。

| VB 2005以前 | VB 2008以後 |
|---|---|
| Dim s As Int16 = 0<br>For i As Int16 = 1 To 10<br>  s = s + i<br>Next i | Dim s As Int16 = 0<br>For i = 1 To 10<br>  s = s + i<br>Next i |

因此，有關變數的存活期為：

全域變數>模組層次變數>靜態區域變數>一般區域變數>區塊變數

另外，為求本書的流暢性，儘管底下的範例已經使用了所謂「自訂程序」，在此，讀者只需了解要呼叫程序須使用Call關鍵字即可，其他有關程序的設計與使用將在第7章中詳細說明。

## 例 5-30　靜態變數的使用

### ✱ 功能說明

設計一程式，比較一般區域變數和靜態變數在程式執行中的變化。

### ✱ 學習目標

靜態變數使用練習。

### ✱ 表單配置

圖5-63　表單配置

### ✱ 設計觀察

在程式編輯區域依照圖5-64的架構鍵入下面的程式。事實上，下面的程式為三個程序所構成，此三個程序中的變數i均屬於程序層次。

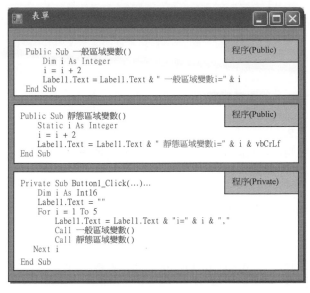

圖5-64　程式與變數宣告位置對照說明圖

上面程式的Button1_Click()程序中，首次使用了計次式迴圈敘述（For…Next），上面的迴圈敘述表示在For與Next間的程式執行了5次，且i值也由1依次遞增變化至5。

## ✱ 程式碼

```
01 Public Class E5_30_StaticVariable
02
03    Private Sub E5_30_StaticVariable_Load(ByVal sender As System.Object,
       ByVal e As System.EventArgs) Handles MyBase.Load
04       Button1.Text = "一般/靜態變數比較"
05       Label1.Text = ""
06    End Sub
07
08    Private Sub Button1_Click(ByVal sender As System.Object, ByVal e As
       System.EventArgs) Handles Button1.Click
09       Dim i As Int16
10       Label1.Text = ""
11       For i = 1 To 5
12          Label1.Text = Label1.Text & "i=" & i & ","
13          Call 一般區域變數()
```

```
14          Call 靜態區域變數()
15      Next i
16   End Sub
17
18   Public Sub 一般區域變數()
19      Dim i As Integer
20      i = i + 2
21      Label1.Text = Label1.Text & " 一般區域變數i=" & i
22   End Sub
23
24   Public Sub 靜態區域變數()
25      Static i As Integer
26      i = i + 2
27      Label1.Text = Label1.Text & " 靜態區域變數i=" & i & vbCrLf
28   End Sub
29
30 End Class
```

## ★ 執行結果

　　在程式執行後可知：儘管Button1_Click()程序中的i值隨著迴圈改變，但是卻無法將i的值傳入一般區域變數程序和靜態區域變數程序。當呼叫到靜態區域變數程序，因在該程序中的i宣告為靜態變數，因此，i值能保持住前一次被呼叫後的結果，於是印出的i值能不斷更新。至於一般區域變數程序，因在該程序中的i宣告為區域變數，因此，每次呼叫該程序時，其中的i值都會被重設，也因此，印出的i值都不變。

(a)執行畫面

(b)按[一般/靜態變數比較]鈕後

圖5-65　執行結果

## 例 5-31　變數有效範圍的觀察

### ✱ 功能說明

設計一程式，比較模組層次變數和程序層次變數在程式執行中的差異。

### ✱ 學習目標

模組層次變數使用練習，並觀察變數的有效範圍。

### ✱ 表單配置

請在表單上安排一個Button控制項Button1及Label控制項Label1。

圖5-66　表單配置

### ✱ 程式碼

模組（E5_31_Module.vb）及表單（E5_31_模組.vb）的程式碼撰寫如下。

1. E5_31_Module.vb

```
01 Module E5_31_Module1
02
03     Public A As Int16
04     Dim B As Int16
05
06     Public Sub Test1()
07         Dim C As Int16
08         Call Test0()
09         A = A + 10
10         B = B + 10
11         C = C + 10
```

```
12      E5_31_模組.Label1.Text = E5_31_模組.Label1.Text & "模組中的變數 A="
        & A & vbCrLf
13      E5_31_模組.Label1.Text = E5_31_模組.Label1.Text & "模組中的變數 B="
        & B & vbCrLf
14      E5_31_模組.Label1.Text = E5_31_模組.Label1.Text & "模組中的變數 C="
        & C & vbCrLf
15   End Sub
16
17   Private Sub Test0()
18      Dim C As Int16
19      A = A + 100
20      B = B + 100
21      C = C + 100
22   End Sub
23
24 End Module
```

## 2. E5_31_模組.vb

```
01 Public Class E5_31_模組
02
03      Dim B As Int16
04      Private Sub Button1_Click(ByVal sender As System.Object, ByVal e As
        System.EventArgs) Handles Button1.Click
05      Dim C As Int16
06      Label1.Text = ""
07      A = 1
08      B = 1
09      C = 1
10      Call Test1()
11      Call Test0()
12      Label1.Text = Label1.Text & "程序中的變數 A=" & A & vbCrLf
13      Label1.Text = Label1.Text & "程序中的變數 B=" & B & vbCrLf
14      Label1.Text = Label1.Text & "程序中的變數 C=" & C & vbCrLf
15   End Sub
16
```

```
17    Private Sub Test0()
18        Dim C As Int16
19        A = A + 1
20        B = B + 1
21        C = C + 1
22    End Sub
23
24    Private Sub E5_31_模組_Load(ByVal sender As System.Object, ByVal e As
          System.EventArgs) Handles MyBase.Load
25        Label1.Text = ""
26        Button1.Text = "變數有效範圍"
27    End Sub
28
29 End Class
```

**✱ 執行結果**

(a)執行畫面

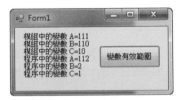
(b)按[變數有效範圍]鈕後

圖5-67　執行結果

END

　　顯然，A為全域變數，有效範圍為整個程式；Module1.vb中的變數B屬模組層次，有效範圍則為Module1.vb中的所有程序；Module1.vb中的變數C屬於程序中的區域變數，只在宣告該變數的程序中有效。而Form1.vb中的B亦屬模組層次，有效範圍則為Form1.vb中的所有程序，Form1.vb中的C則屬於程序中的區域變數，只在宣告該變數的程序中有效。

# 5-5 資料型別轉換

將一個變數從一種資料型別變更成爲另一種型別的過程，稱爲資料型別的轉換。由於變數宣告的資料型別在記憶體都有固定空間大小，因此「轉換」同時意味著可能會對原變數所佔用的記憶體空間加以「放大」或「縮小」，自然轉換後的變數不一定能完全保有原來變數的內容，特別是將記憶體空間「縮小」的轉換。

在VB進行資料型別的轉換方式主要可以分成兩種：一種是利用Visual Basic的函式；另一種則是利用.NET Framwork類別庫中Convert類別中的方法。兩種方式所得到的結果也不全然相同，底下將分別加以說明。

## 5-5-1 Visual Basic的型別轉換函式

Visual Basic的型別轉換函式是以內嵌方式編譯的，也就是說，轉換程式碼是運算式的部分程式碼，有時並不需要呼叫程序就能完成轉換，因此能改善執行效能。Visual Basic的型別轉換函式，如表5-24所示。

表5-24　Visual Basic的型別轉換函式

| 函式名稱 | 傳回資料型別 | 引數的範圍 |
|---|---|---|
| CBool | Boolean | 任何有效的Char或String或數值運算式 |
| CByte | Byte | 0至255（不帶正負號）；小數部分會四捨五入[1] |
| CChar | Char | 任何有效的Char或String運算式，只會轉換String的第一個字元，值可從0到65535（不帶正負號） |
| CDate | Date | 日期和時間的任何有效表示 |
| CDbl | Double | 負值為 -1.79769313486231570E+308 至 -4.94065645841246544E-324；正值為 4.94065645841246544E-324 至 1.79769313486231570E+308 |
| CDec | Decimal | 零個小數的數字為 +/-79,228,162,514,264,337,593,543,950,335，也就是沒有小數位數的數字。具有28個小數位數的數字範圍為 +/-7.9228162514264337593543950335。最小的可能非零值為 0.0000000000000000000000000001(+/-1E-28) |

| 函式名稱 | 傳回資料型別 | 引數的範圍 |
|---|---|---|
| CInt | Integer | -2,147,483,648 至 2,147,483,647；小數部分會捨入[1] |
| CLng | Long | -9,223,372,036,854,775,808 至 9,223,372,036,854,775,807；小數部分會捨入[1] |
| CObj | Object | 任何有效的運算式 |
| CSByte | SByte | -128 至 127；小數部分會捨入[1] |
| CShort | Short | -32,768 至 32,767；小數部分會捨入[1] |
| CSng | Single | 負值為 -3.402823E+38 至 -1.401298E-45；正值為 1.401298E-45 至 3.402823E+38 |
| CStr | String | CStr的傳回值取決於expression引數 |
| CUInt | UInteger | 0 至 4,294,967,295（不帶正負號）；小數部分會四捨五入1 |
| CULng | ULong | 0 至 18,446,744,073,709,551,615（不帶正負號）；小數部分會四捨五入[1] |
| CUShort | UShort | 0 至 65,535（不帶正負號）；小數部分會四捨五入[1] |

[1] 可以用特殊的捨去類型來處理小數部分，稱為「四捨六入五成雙」。

　　利用轉換函式進行型別轉換時，須特別注意引數的範圍及資料型態，避免溢位或轉換無效的情況發生，以下將幾個範例列在表5-25說明。

表5-25　型別轉換函式範例說明

| 範例 | 輸出視窗 (執行結果) | 說明 |
|---|---|---|
| Dim a As Integer<br>a = 345<br>Debug.Print(CByte(a)) | （空白） | 數學運算導致溢位（引數超出0~255範圍） |
| Dim s As String<br>s = "ABC"<br>Debug.Print(CSng(s)) | （空白） | 從字串"ABC"至型別'Single'的轉換是無效的 |
| Dim b As Single<br>b = 1.2<br>Debug.Print(CDbl(b)) | 1.20000004768372 | 記憶空間放大 |

| 範例 | 輸出視窗 (執行結果) | 說明 |
|---|---|---|
| Dim a As Double<br>a = 0.123456789<br>Debug.Print(CSng(a)) | 0.1234568 | 記憶空間縮小 |
| Dim b1, b2 As Single<br>b1 = 11.5<br>b2 = 12.5<br>Debug.Print(CInt(b1))<br>Debug.Print(CInt(b2)) | 12<br>12 | 四捨六入五成雙（有效位數數字為5且一位數字是奇數則進位；有效位數數字為5且一位數字是偶數則捨去） |
| Dim a As Single<br>Dim b As Single<br>Dim s1, s2 As String<br>a = 0<br>b = 11.5<br>s1 = "12.34"<br>s2 = "0"<br>Debug.Print(CBool(a))<br>Debug.Print(CBool(b))<br>Debug.Print(CBool(s1))<br>Debug.Print(CBool(s2)) | False<br>True<br>True<br>False | 數值、運算式或字串內容為0或"0"，則傳回False，其餘為True |
| Dim a As Single<br>Dim s As String<br>a = 11.5<br>s = "12.34"<br>Debug.Print(CStr(a))<br>Debug.Print(CDbl(s))<br>Debug.Print(CDbl(CSng(s))) | 11.5<br>12.34<br>12.3400001525879 | 數值轉字串及字串轉數值 |
| Dim d As Date = #2/12/1969#<br>Debug.Print(CStr(d)) | 1969/2/12 | 日期轉換為字串 |

在Visual Basic中亦可利用CType函式將運算式明確轉換為指定資料型別、物件、結構、類別或介面的結果傳回。CType函式的語法如下：

**CType(expression, typename)**

　　CType函式會利用第二個引數typename，將expression強制型轉為typename，其中的typename可為任何資料型別、結構、類別，或可有效轉換的介面。

## 例 5-32　　CType函式的使用

### ✱ 功能說明

　　觀察Click事件中，引數sender的意義。

### ✱ 學習目標

　　CType函式的使用練習。

### ✱ 表單配置

圖5-68　表單配置

### ✱ 程式碼

　　比較以下兩段撰寫中的程式：

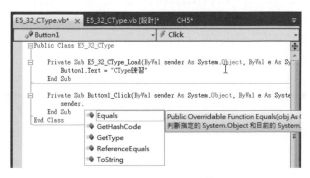

(a)直接使用sender引數

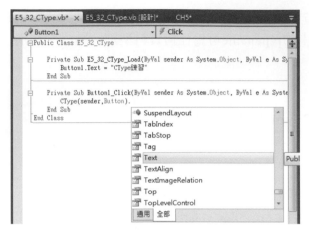

**(b)sender引數轉換為Button物件變數**

**圖5-69　程式撰寫畫面**

　　當變數是明確的物件型態時，在程式撰寫時便可以完整列出物件的成員，協助程式設計師撰寫程式，儘管直接撰寫sender.text也能順利執行，但設計以.NET Compact Framework為類別庫的裝置是無法執行的。養成對物件型態明確的定義是一種好的程式設計習慣。

```
01 Public Class E5_32_CType
02
03    Private Sub E5_32_CType_Load(ByVal sender As System.Object, ByVal e As
          System.EventArgs) Handles MyBase.Load
04       Button1.Text = "CType練習"
05    End Sub
06
07    Private Sub Button1_Click(ByVal sender As System.Object, ByVal e As
          System.EventArgs) Handles Button1.Click
08       Debug.Print(CType(sender, Button).Text)
09    End Sub
10 End Class
```

**✱ 執行結果**

圖5-70 執行結果

END

## 5-5-2 .NET Framework的型別轉換類別

.NET Framework類別庫中的System命名空間的Convert類別,提供將基底型別轉換成其他基底型別的轉換方法,表5-26列出一些常用的方法。

表5-26 Convert類別的常用方法

| 公用方法 | 說明 |
|---|---|
| IsDBNull | 傳回指定物件是否屬於型別DBNull的指示 |
| ToBoolean | 將指定的值轉換為相等的布林值 |
| ToByte | 將指定的值轉換為8位元不帶正負號的整數 |
| ToChar | 將指定的值轉換為Unicode字元 |
| ToDateTime | 將指定的值轉換為DateTime |
| ToDecimal | 將指定的值轉換為Decimal數字 |
| ToDouble | 將指定的值轉換為雙精度浮點數 |
| ToInt16 | 將指定的值轉換為16位元帶正負號的整數 |
| ToInt32 | 將指定的值轉換為32位元帶正負號的整數 |
| ToInt64 | 將指定的值轉換為64位元帶正負號的整數 |
| ToSByte | 將指定的值轉換為8位元帶正負號的整數 |
| ToSingle | 將指定的值轉換為單精度浮點數 |
| ToString | 將指定的值轉換為它的相等String表示 |

| 公用方法 | 說明 |
|---|---|
| ToUInt16 | 將指定的值轉換為16位元不帶正負號的整數 |
| ToUInt32 | 將指定的值轉換為32位元不帶正負號的整數 |
| ToUInt64 | 將指定的值轉換為64位元不帶正負號的整數 |

Convert類別的型別轉換方法，其引數的項目除部分方法會再以指定的文化特性專屬格式作為第二個引數外，一般的引數即為欲進行型別轉換的物件，使用語法如下：

Convert.轉換方法(欲轉換物件)

## 例 5-33　Convert類別練習

★ 功能說明

輸入出生日期，程式可計算出至目前時間為止輸入者的年齡。

★ 學習目標

Convert類別的ToDateTime練習，並結合整除運算（\）及餘數運算（Mod）的練習。

★ 表單配置

圖5-71　表單配置

## ✱ 程式碼

```
01 Public Class E5_33_ToDateTime
02
03    Private Sub Button1_Click(ByVal sender As System.Object, ByVal e As
       System.EventArgs) Handles Button1.Click
04       Try
05          Dim dMonth As Int32 = DateDiff(DateInterval.Month, Convert.
       ToDateTime(TextBox1.Text), DateTime.Today)
06          Label2.Text = "你的年齡是：" & dMonth \ 12 & " 年 " & dMonth Mod 12
       & " 個月"
07       Catch ex As Exception
08          Label2.Text = "你的年齡是："
09          MsgBox(ex.Message)
10       End Try
11    End Sub
12
13    Private Sub E5_33_ToDateTime_Load(ByVal sender As System.Object,
       ByVal e As System.EventArgs) Handles MyBase.Load
14       Label1.Text = "輸入出生日期：(yy/mm/dd)"
15       Label2.Text = "你的年齡是："
16       Button1.Text = "計算年齡"
17    End Sub
18
19 End Class
```

## ✱ 執行結果

程式結果說明如圖5-72。

(a)執行畫面

(b)輸入出生日期後計算年齡

圖5-72　執行結果

若為避免日期格式輸入錯誤，可以使用Try…Catch…End Try陳述式，增加程式內容以灰底顯示。Try…Catch…End Try陳述式的說明詳述於第15章。

```
01 Private Sub Button1_Click(ByVal sender As System.Object, ByVal e As
      System.EventArgs) Handles Button1.Click
02   Try
03     Dim dMonth As Int32 = DateDiff(DateInterval.Month, Convert.
        ToDateTime(TextBox1.Text), DateTime.Today)
04     Label2.Text = "你的年齡是：" & dMonth \ 12 & " 年 " & dMonth Mod 12 & "
        個月"
05   Catch ex As Exception
06     Label2.Text = "你的年齡是："
07     MsgBox(ex.Message)
08   End Try
09 End Sub
```

END

## 5-5-3　其他說明

### ➥ Val函式與Format函式的運用

Val函式是Microsoft.VisualBasic命名空間的Conversion模組中的函式，它可將字串型別轉換成數值；至於Format函式，則是Microsoft.VisualBasic命名空間的Strings模組中的函式，它可將數值以指定格式的方式輸出，這兩個函式都是Visual Basic相當常用的函式，分別說明於下：

1. Val函式

將包含在字串中作為適當型別數值的數字傳回。語法如下：

**Val(Expression)**

其中，參數Expression為必要項。任何有效的String運算式、Object變數或Char值均可。

Val函式能夠辨識基數（Radix）前置碼&O（八進位）和&H（十六進位）。此外，空白、定位鍵與換行字元也都會從引數中除去。

**例 5-34　Val函式練習**

表5-27直接說明使用Val函式的程式碼與對應的輸出。

表5-27　使用Val函式的程式碼與對應的輸出

| 程式碼 | 結果 |
|---|---|
| Debug.Print("Val(""12"") = " & Val("12")) | Val("12") = 12 |
| Debug.Print("Val(""&O12"") = " & Val("&O" & "12")) | Val("&O12") = 10 |
| Debug.Print("Val(""&H12"") = " & Val("&H" & "12")) | Val("&H12") = 18 |

END

## 2. Format函式

傳回依據包含於格式String運算式中的指令所格式化的字串。語法如下：

**Format(Expression, Style)**

其中，參數Expression為必要項，可以是任何有效的運算式；Style為選擇項，有效的具名或使用者定義的格式String運算式。表5-28列出常見之使用者指定輸出格式的識別字元，使用這些字元來建置Format函式中的Style引數：

表5-28　Format函式中Style引數的格式字元

| 字元 | 說明 |
|---|---|
| 無 | 顯示不限定格式的數字 |
| (0) | 數字預留位置。顯示數字或零。如果運算式在格式字串中出現零的位置中具有一個數字,則會顯示該數值;否則,會在該位置顯示零 |
| (#) | 數字預留位置。顯示數字或不顯示。如果運算式的數字在格式字串中出現#字元,則會顯示該數字;否則,該位置上不會顯示任何數字 |
| (.) | 小數點預留位置。小數點預留位置決定要在小數點分隔符號左右邊顯示多少位數字 |
| (%) | 百分比預留位置 |
| (,) | 千位分隔符號 |
| (:) | 時間分隔符號 |
| (/) | 日期分隔符號 |
| (E)(e) | 科學記號格式 |
| - + $ ( ) | 常值(Literal)字元。所顯示的這些字元完全和格式字串中輸入的字元相同。若要顯示除了所列出之字元以外的字元,請在字元之前加上反斜線(\)或用雙引號(" ")將之圍住 |
| (\) | 顯示格式字串中的下一個字元。若要顯示和常值字元一樣具有特殊意義的字元,請在字元之前加上反斜線(\)。不會顯示出反斜線本身。使用反斜線和以雙引號來圍住下一字元一樣。若要顯示反斜線,請使用兩個反斜線(\\)。<br>至於無法作為常值字元顯示的字元範例,包括日期格式和時間格式字元(a、c、d、h、m、n、p、q、s、t、w、y、/和:),數值格式字元(#、0、%、E、e、逗號和句號),以及字串格式字元(@、&、<、>和!)。 |
| ("ABC") | 顯示雙引號(" ")內的字串。若要在來自於程式碼範圍內的樣式引數中納入字串,必須使用Chr(34)來圍住文字(34是引號(")的字元碼) |

例 5-35　Format函式練習

表5-29直接說明使用Format函式的程式碼與對應的輸出。

表5-29　使用Format函式的程式碼與對應的輸出

| 程式碼 | 結果 |
|---|---|
| a = 12345.67 | |
| Debug.Print(Format(a, "##.###")) | 12345.67 |
| Debug.Print(Format(a, "##,.##")) | 12.35 |
| Debug.Print(Format(a, "#,#.##")) | 12,345.67 |
| Debug.Print(Format(a, "##.##%")) | 1234567% |
| Debug.Print(Format(a, "00.000")) | 12345.670 |
| Debug.Print(Format(a, "00,.000")) | 12.346 |
| Debug.Print(Format(a, "E")) | 1.234567E+004 |
| Debug.Print(Format(Now, "H:mm:ss")) | 8:57:31 |
| Debug.Print(Format(Now, "hh:mm tt")) | 08:57 上午 |
| Debug.Print(Format(Now, "d-MMMM-yy")) | 15-三月-11 |
| Debug.Print(Format(Now, "M/d/yy")) | 3/15/11 |
| Debug.Print(Format(Now, "M/d/yyyy H:mm")) | 3/15/2011 8:57 |

END

# ↘ Option相關陳述式

Option的相關陳述式設定可以開啟[工具/選項]設定視窗中[專案和方案/VB預設值]中進行設定；也可以在程式編輯視窗最上頭編寫程式設定。底下說明其中幾個與資料型別宣告與轉換的設定。

1. Option Explicit陳述式

強制檔案中的所有變數都需明確宣告。

2. Option Strict 陳述式

當Option Strict on時，資料型別轉換便限制為只能「擴展」為轉換，且程式編輯階段就會被檢查出來。因此只要在編輯視窗中編輯時，進行資料的「擴展」轉換，即會出現編譯錯誤訊息。

圖5-73　程式編譯錯誤清單

　　圖5-73中，第一個錯誤為區塊中的變數i未宣告，無法擴展為Int16。第二個錯誤為宣告為Int16的變數a不能指定成宣告為Int32的變數b的值。此外，VB 2010還提供了[錯誤修正選項]的功能，可以直接套用修正。

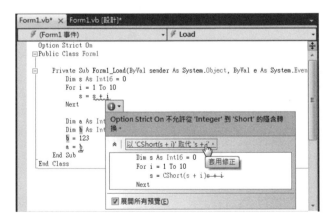

圖5-74　程式修正選項／套用修正

3. Option Infer陳述式

　　將Option Infer設定為On時，不需要明確陳述資料型別便可以宣告變數。

## ↘ Boolean轉成整數的差異

```
01    Dim a As Boolean
02    Dim str1 As String
03    a = (1 = 1)
04    str1 = "a is " & CStr(a) & vbCrLf & vbCrLf & _
05        "CInt(a)= " & CInt(a) & vbCrLf & vbCrLf & _
06        "Convert.ToInt16(a)= " & Convert.ToInt16(a)
07    MsgBox(str1)
```

圖5-74程式執行結果

## ↘ 設為Double時有效位數的差異

```
01    Dim b As Double
02    Dim str2 As String
03    b = 1.2345678901234567
04    str2 = "b=" & b & vbCrLf & vbCrLf & _
05        "CStr(b)= " & CStr(b) & vbCrLf & vbCrLf & _
06        "Convert.ToString(b)= " & Convert.ToSingle(b) & vbCrLf & vbCrLf & _
07        "b.ToString(""G17"")= " & b.ToString("G17")
08    '此b為System命名空間下下的Double結構，ToString為其方法
09    MsgBox(str2)
```

**圖5-75　程式執行結果**

# 習 題

1.　除法計算。輸入被除數及除數，按下計算鈕後，顯示商及餘數（提示：利用「\」及「MOD」運算）。

圖一

2.　三角形面積計算。輸入三角形三邊長，印出三角形之面積。

提示：三角形面積計算公式為 $A = \sqrt{s(s-a)(s-b)(s-c)}$ ，其中a, b, c分別為三角形三邊長，且 $s = (a+b+c)/2$。

圖二

3. 設計一阿拉伯數字轉成英文的系統。

圖三

4. 設計一井字遊戲介面，以滑鼠單擊井字內位置，會使該位置顏色交替，產生類似井字遊戲的效果，若該位置已被選過，則會出現訊息。

圖四

5. 設計一介面，可以設定Label控制項的字型樣式。

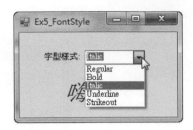

**(a)共有5種字型樣式**

**(b)選擇Bold**          **(c)選擇Italic**

圖五

6. 設計一介面，可以設定Label控制項的背景顏色。

圖六

7. 設計一程式，可以產生文字方塊，及建立新的表單。

 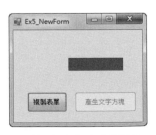

**(a)程式執行**          **(b)按[產生文字方塊]鈕**

**(c)表單標題會自動加1**

**圖七**

8. 每本書都有書名、作者、定價與出版日期，設計一介面可以輸入上述資料，並將新增資料顯示在書目清單中，當按下書目清單任一筆資料，可顯示該筆資料詳細內容。

**(a)新增資料**

**(b)書目清單顯示新增兩筆**

**(c)按下書目清單任一筆資料，可顯示該筆資料詳細內容**

**圖八**

9. 同上題,每本書都有書名、作者、定價與出版日期,設計一介面可以輸入上述資料,同一書名只能新增一次,按[列出書目]鈕會顯示所有書目清單。

**(a)新增資料**

**(b)加入成功和加入失敗(書名相同)**

**(c)列出書目**

圖九

```
PRIVATE SUB BUTTON1_CLICK(BYVAL SENDER AS SYS
     BYVAL E AS SYSTEM.EVENTARGS) HANDLES BUT
     TEXTBOX1.COPY()
END SUB

PRIVATE SUB BUTTON2_CLICK(BYVAL SENDER AS SYS
     BYVAL E AS SYSTEM.EVENTARGS) HANDLES BUT
     TEXTBOX1.CUT()
END SUB

PRIVATE SUB BUTTON3_CLICK(BYVAL SENDER AS SYS
     BYVAL E AS SYSTEM.EVENTARGS) HANDLES BUT
     TEXTBOX1.PASTE()
END SUB

PRIVATE SUB BUTTON4_CLICK(BYVAL SENDER AS SYS
     BYVAL E AS SYSTEM.EVENTARGS) HANDLES BUT
     TEXTBOX1.U
END SUB
```

# 6

## Visual Basic

# 程式流程控制

### Visual Basic

```
IVATE SUB BUTTON3_
   CLICK(BYVAL SENDER
AS SYSTEM.OBJECT,
BYVAL E AS SYSTEM.
EVENTARGS) HANDLES
BUTTON3.CLICK
LABEL1.LEFT += 10
D SUB

RIVATE SUB BUTTON4_
   CLICK(BYVAL SENDER
AS SYSTEM.OBJECT,
BYVAL E AS SYSTEM.
EVENTARGS) HANDLES
BUTTON4.CLICK
  BUTTON2.ENABLED =
FALSE
  BUTTON3.ENABLED =
```

　　有關程式的流程控制，包括條件結構與迴圈結構。本章將詳細介紹相關的語法。

# 6-1　條件敘述結構

## 6-1-1　If...Then...Else陳述式

　　陳述式的語法可以用單行的形式進行；也可以用區塊的形式進行。

### 語法一：（單行）

| If 條件式 Then 陳述式A [Else 陳述式B] |
| :---: |

　　上述語法之流程圖示於圖6-1，可以解釋為：

　　　假如條件式成立（是真的），則執行陳述式A的內容[，否則執行陳述式B的內容]。

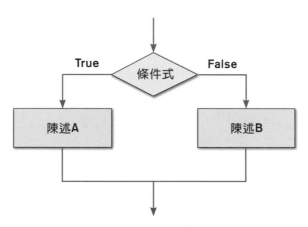

圖6-1　If...Then...Else陳述式流程圖

## 語法二：（區塊）

```
If 條件A Then
陳述式A
[ElseIf 條件B Then
陳述式B]
…
[Else
陳述式C]
End If
```

上述語法可以解釋為—

假如條件A成立（是真的），則執行陳述式A的內容；

［否則假如條件B成立（是真的），則執行陳述式B的內容；］

…

［否則執行陳述式C的內容］。

### 例 6-1 　　If…Then基本練習─剪刀、石頭、布

* **功能說明**

選擇剪刀、石頭、布出拳，顯示圖案，並列出所出拳的剋星為何。

* **學習目標**

If…Then基本練習。

* **表單配置**

圖6-2　表單配置

✱ 程式碼

```
01Public Class E6_1_剪刀石頭布
02
03    Private Sub Form1_Load(ByVal sender As System.Object, ByVal e As
          System.EventArgs) Handles MyBase.Load
04        RadioButton1.Text = "剪刀"
05        RadioButton2.Text = "石頭"
06        RadioButton3.Text = "布"
07        Label1.Text = ""
08    End Sub
09
10    Private Sub RadioButton1_CheckedChanged(ByVal sender As System.
          Object, ByVal e As System.EventArgs) Handles RadioButton1.
          CheckedChanged, _
11        RadioButton2.CheckedChanged, RadioButton3.CheckedChanged
12      Dim str1 As String
13      Dim str2 As String = ""
14      str1 = sender.text
15      If str1 = "剪刀" Then
16          str2 = "你的剋星是[石頭]"
17      ElseIf str1 = "石頭" Then
18          str2 = "你的剋星是[布]"
19      ElseIf str1 = "布" Then
20          str2 = "你的剋星是[剪刀]"
21      End If
22      Label1.Text = str2
23    End Sub
24
25End Class
```

✱ 執行結果

程式執行結果如圖6-3。

**(a)點選[剪刀]**

**(b)點選[石頭]**

**(c)點選[布]**

**圖6-3　執行結果**

END

## 例 6-2　If...Then…Else基本練習─判斷數字是偶數或是奇數

### ✱ 功能說明

輸入一正整數，判斷此數字是偶數或是奇數。

### ✱ 學習目標

If...Then…Else基本練習。

### ✱ 表單配置

**圖6-4　表單配置**

### ✱ 程式碼

```
01 Public Class E6_2_奇偶數判斷
02
03    Private Sub 奇偶數判斷_Load(ByVal sender As System.Object, ByVal e As
       System.EventArgs) Handles MyBase.Load
```

```
04      Label1.Text = "輸入一個正整數:"
05      Button1.Text = "判斷"
06  End Sub
07
08  Private Sub Button1_Click(ByVal sender As System.Object, ByVal e As
        System.EventArgs) Handles Button1.Click
09      Dim num1 As Single
10      Dim r As Int16
11
12      num1 = Convert.ToSingle(TextBox1.Text)
13
14      If Math.Abs(num1) <> Int(num1) Then
15          MsgBox("請輸入正整數!",, "判斷結果")
16          Exit Sub
17      End If
18      r = num1 Mod 2      '計算餘數
19      If r = 0 Then
20          MsgBox("數字" & num1 & "是偶數",, "判斷結果")
21      Else
22          MsgBox("數字" & num1 & "是奇數",, "判斷結果")
23      End If
24
25  End Sub
26
27 End Class
```

**＊ 執行結果**

程式執行結果如下。

**(a)輸入數字4，並按下[判斷]鈕**

**(b)輸入數值3.4,並按下[判斷]鈕**

圖6-5 執行結果

## 例 6-3   If…Then…ElseIf…then練習─三角形類別判斷

**✸ 功能說明**

三角形類別判斷,判斷三角形類別的條件為:

1. 直角三角形:存在任一邊的平方為其他兩邊的平方和。

2. 銳角三角形:任一邊的平方恆小於其他兩邊的平方和。

3. 鈍角三角形:存在任一邊的平方大於其他兩邊的平方和。

**✸ 學習目標**

If…Then…ElseIf… then練習。

**✸ 表單配置**

圖6-6 表單配置

**✱ 程式碼**

```
01 Public Class E6_3_三角形判斷
02
03    Private Sub 三角形判斷_Load(ByVal sender As System.Object, ByVal e As
      System.EventArgs) Handles MyBase.Load
04       Label1.Text = "請輸入三角形三邊長"
05       Label2.Text = "A="
06       Label3.Text = "B="
07       Label4.Text = "C="
08       Button1.Text = "判斷"
09    End Sub
10
11    Private Sub Button1_Click(ByVal sender As System.Object, ByVal e As
      System.EventArgs) Handles Button1.Click
12       Dim a, b, c As Single
13       Dim Rule0, Rule1, Rule2, Rule3 As Boolean
14       a = Convert.ToSingle(TextBox1.Text)
15       b = Convert.ToSingle(TextBox2.Text)
16       c = Convert.ToSingle(TextBox3.Text)
17       Rule0 = (a + b > c) And (b + c > a) And (c + a > b)   '三角形存在的條
         件
18       If Rule0 = False Then
19          MsgBox("三邊長無法構成三角形!", , "判斷結果")
20          Exit Sub
21       End If
22       Rule1 = (a ^ 2 + b ^ 2 = c ^ 2) Or (b ^ 2 + c ^ 2 = a ^ 2) Or (c ^
         2 + a ^ 2 = b ^ 2)   '直角三角形判斷
23       Rule2 = (a ^ 2 + b ^ 2 > c ^ 2) And (b ^ 2 + c ^ 2 > a ^ 2) And (c
         ^ 2 + a ^ 2 > b ^ 2) '銳角三角形判斷
24       Rule3 = (a ^ 2 + b ^ 2 < c ^ 2) Or (b ^ 2 + c ^ 2 < a ^ 2) Or (c ^
         2 + a ^ 2 < b ^ 2)   '鈍角三角形判斷
25       If Rule1 = True Then
26          MsgBox("此為直角三角形!", , "判斷結果")
27       ElseIf Rule2 = True Then
28          MsgBox("此為銳角三角形!", , "判斷結果")
29       ElseIf Rule3 = True Then
```

```
30        MsgBox("此為鈍角三角形!",,"判斷結果")
31      End If
32
33    End Sub
34End Class
```

## ✳ 執行結果

程式執行結果如下。

**(a)鈍角三角形**

**(b)直角三角形**

圖6-7　執行結果

## 6-1-2　Select Case陳述式

Select Case陳述式的語法如下：

```
Select Case 條件變數
   [Case 條件A
     陳述A]
   [Case 條件B
     陳述B]
   …
   [Case 條件C
     陳述C]
   [Case Else
     陳述D]
End Select
```

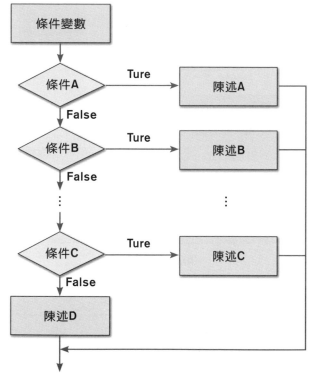

圖6-8　Select Case陳述式流程圖

其中，條件式可爲表6-1的各種情況。

表6-1　幾種條件範例

| 條件種類 | 說明範例 | |
|---|---|---|
| 單一條件 | Case 1 | Case "A" |
| 列舉條件 | Case 1,2,3 | Case "A", "B", "C" |
| 區間範圍 | Case 1 to 7 | Case "A" to "Z" |
| 比較運算 | Case Is >5 | Case Is > "D" |
| 上述之組合 | Case 1, Is>5 or A<8 | Case "A" to "D", Is > "X" |

### 例 6-4　Select Case陳述式練習——上、下、左、右等方向移動的球

**✳ 功能說明**

　　利用Select Case陳述式選擇控制項的移動方向，使OvalShape控制項可以進行上、下、左、右等方向之移動。

**✳ 學習目標**

　　Select Case陳述式練習。

**✳ 表單配置**

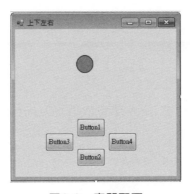

圖6-9　表單配置

## ✱ 程式碼

```
01 Public Class E6_4_上下左右
02
03    Private Sub 上下左右_Load(ByVal sender As System.Object, ByVal e As
         System.EventArgs) Handles MyBase.Load
04       Button1.Text = "上"
05       Button2.Text = "下"
06       Button3.Text = "左"
07       Button4.Text = "右"
08    End Sub
09
10    Private Sub Button1_Click(ByVal sender As System.Object, ByVal e As
         System.EventArgs) Handles Button1.Click, _
11    Button2.Click, Button3.Click, Button4.Click
12       Select Case sender.text
13          Case "上"
14             OvalShape1.Top = OvalShape1.Top - 5
15          Case "下"
16             OvalShape1.Top = OvalShape1.Top + 5
17          Case "左"
18             OvalShape1.Left = OvalShape1.Left - 5
19          Case "右"
20             OvalShape1.Left = OvalShape1.Left + 5
21       End Select
22    End Sub
23
24 End Class
```

## ✱ 執行結果

按[上]、[下]、[左]、[右]鈕，球會依指定方向移動。

圖6-10 執行結果

## 例 6-5 Select Case陳述式練習─所得稅計算

### ✴ 功能說明

所得稅計算。假設年度綜合所得稅速算公式如下：

| 級別 | 綜合所得淨額 | × | 稅率 | － | 累進差額 | = | 全年應納稅額 |
|------|------------|-----|------|-----|--------|-----|------------|
| 1 | 0~500000 | × | 5% | － | 0 | = | ″ |
| 2 | 500001~11300000 | × | 12% | － | 35000 | = | ″ |
| 3 | 1130001~2260000 | × | 20% | － | 125400 | = | ″ |
| 4 | 2260001~4230000 | × | 30% | － | 351400 | = | ″ |
| 5 | 4230001以上 | × | 40% | － | 774400 | = | ″ |

為簡單起見，將「所得淨額」記為：

> 所得淨額 ＝ 薪資所得 － 特別扣除額 － 免稅額

其中，「特別扣除額」為薪資所得與104000兩者取其小。「免稅額」為扶養人數（含本人）乘以82000。將所得淨額代入上表中即可算出「應繳稅額」。

**✴ 學習目標**

Select Case陳述式練習。

**✴ 表單配置**

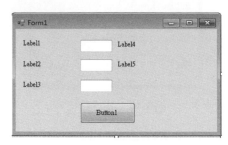

圖6-11　表單配置

**✴ 程式碼**

```
01 Public Class E6_5_所得稅計算
02
03    Dim 薪資所得, 特別扣除額, 免稅額, 扣繳稅額, 所得淨額, 應納稅額, 補退稅額
      As Single
04
05    Private Sub 所得稅計算_Load(ByVal sender As System.Object, ByVal e As
      System.EventArgs) Handles MyBase.Load
06      Me.Text = "所得稅計算"
07      Label1.Text = "薪資所得:"
08      Label2.Text = "扶養人數(含本人):"
09      Label3.Text = "扣繳稅額:"
10      Label4.Text = "薪資所得特別扣除額:"
11      Label5.Text = "免稅額:"
12      Button1.Text = "所得稅計算"
13    End Sub
14
15    Private Sub TextBox1_TextChanged(ByVal sender As System.Object, ByVal
      e As System.EventArgs) Handles TextBox1.TextChanged
16      薪資所得 = Val(TextBox1.Text)
17      If 薪資所得 > 104000 Then
18        特別扣除額 = 104000
```

```
19      ElseIf 薪資所得 < 104000 Then
20         特別扣除額 = 薪資所得
21      End If
22      Label4.Text = "薪資所得特別扣除額: " & 特別扣除額
23   End Sub
24
25   Private Sub TextBox2_TextChanged(ByVal sender As System.Object, ByVal
        e As System.EventArgs) Handles TextBox2.TextChanged
26      免稅額 = 82000 * Val(TextBox2.Text)
27      Label5.Text = "免稅額: " & 免稅額
28   End Sub
29
30   Private Sub TextBox3_TextChanged(ByVal sender As System.Object, ByVal
        e As System.EventArgs) Handles TextBox3.TextChanged
31      扣繳稅額 = Val(TextBox3.Text)
32   End Sub
33
34   Private Sub Button1_Click(ByVal sender As System.Object, ByVal e As
        System.EventArgs) Handles Button1.Click
35      Dim str1, str2 As String
36      所得淨額 = 薪資所得 - 特別扣除額 - 免稅額
37      If 所得淨額 < 0 Then 所得淨額 = 0
38      Select Case 所得淨額
39         Case Is <= 500000
40            應納稅額 = 所得淨額 * 0.05
41         Case Is > 50000, Is <= 1130000
42            應納稅額 = 所得淨額 * 0.12 - 35000
43         Case Is > 1130000, Is <= 2260000
44            應納稅額 = 所得淨額 * 0.2 - 125400
45         Case Is > 2260000, Is < 4230000
46            應納稅額 = 所得淨額 * 0.3 - 351400
47         Case Is > 4230000
48            應納稅額 = 所得淨額 * 0.4 - 774400
49      End Select
50      應納稅額 = Int(應納稅額)
51      補退稅額 = 應納稅額 - 扣繳稅額
```

```
52      str1 = "應納稅額: " & 應納稅額
53      If 補退稅額 > 0 Then
54          str2 = "須補繳稅額: " & 補退稅額
55      Else
56          str2 = "應退稅額: " & -補退稅額
57      End If
58      MsgBox(str1 & vbCrLf & vbCrLf & str2, , "計算結果")
59  End Sub
60
61
62End Class
```

## ✱ 執行結果

　　程式執行，輸入薪資所得的同時，薪資所得特別扣除額會自動顯示對應的數值；輸入扶養親屬數，會自動顯示免稅額，均輸入完成後，按下「所得稅計算」鈕即可算出結果。

(a)輸入資料

(b)計算所得稅

圖6-12　執行結果

END

## 6-1-3　IIf函數、Switch函數與Choose函數

　　關於程式的條件流程控制，除了前面兩小節介紹的陳述式之外，Microsoft.VisualBasic命名空間下的Interaction模組中的IIf函數、Switch函數與Choose函數，也提供了相似的功能，由於其結構簡潔，也經常使用在某些條件的判斷與流程操作上。

## ↘ IIf 函數

IIf函數是根據條件式的真或偽，傳回兩部分中的其中一個。其語法如下：

> 回傳值＝IIf(條件式, 條件式為真之回傳值, 條件式為偽之回傳值)

因此，對於某些If…Then陳述式，可以使用IIf函數加以替代。

### ● 延伸閱讀

#### IIf函式與If運算子的差異

If運算子使用最少運算評估，即三個引數中，若第一個引數為True，則只會評估第二個引數；若第一個引數為False，則會跳過第二的引數，直接進行第三個引數的評估；至於IIf函式一律會評估全部三個引數。以下面的資料型別轉換為例：

```
Dim a As Integer = 256
Debug.Print(If(a < 255, CByte(a), CInt(a)))
Debug.Print(IIf(a < 255, CByte(a), CInt(a)))
```

其中，a＝256超過Byte的範圍，以If運算子進行的運算會直接跳過CByte(a)，得到CInt(a)，因此，即時運算視窗可以顯示256。但是，當以IIf函式進行運算時，會因計算CByte(a)造成溢位運算的問題。

### 例 6-6　IIf函數練習—成績及格判斷

**✱ 功能說明**

成績及格判斷，判斷輸入的成績是否及格（60分以上）。

**✱ 學習目標**

IIf函數練習。

## ✳ 表單配置

圖6-13　表單配置

## ✳ 程式碼

```
01 Public Class E6_6_IIf練習
02
03   Private Sub E6_6_IIf練習_Load(ByVal sender As System.Object, ByVal e As
       System.EventArgs) Handles MyBase.Load
04      Label1.Text = "請輸入成績："
05      Button1.Text = "確定"
06   End Sub
07
08   Private Sub Button1_Click(ByVal sender As System.Object, ByVal e As
       System.EventArgs) Handles Button1.Click
09      Dim score As Single
10      Dim r As String
11      score = Val(TextBox1.Text)
12      r = IIf(score >= 60, "及格", "不及格")
13      MsgBox("你的成績:" & r, , "IIf函數練習")
14   End Sub
15
16 End Class
```

**✱ 執行結果**

(a)成績不及格判斷

(b)成績及格判斷

圖12-44　執行結果

## ⤷ Switch函數

Switch函數的語法如下：

> 回傳值＝ Switch(條件1, 回傳值1[,條件2, 回傳值2 … [,條件n, 回傳值n]])

如果[條件1]為True，則Switch傳回[回傳值1]；如果[條件1]為False，但
[條件2]為True，則Switch傳回[回傳值2]，以此類推。而當所有的條件式均為
False時，則Switch的回傳值為Null。因此，對於某些If…Then…ElseIf陳述
式，可以使用Switch函數來替代。

例 6-7　　Switch函數練習—成績輸入判斷

**❋ 功能說明**

　　成績輸入判斷。除了上例判斷成績是否及格的功能之外，本例再增加輸入成績合理性之判斷，即成績小於零或大於100均為不合理。

**❋ 學習目標**

　　Switch函數練習。

**❋ 表單配置**

圖6-15　表單配置

**❋ 程式碼**

　　本例表單配置與上例完全相同，程式碼修改如下：

```
01 Public Class E6_7_Switch練習1
02
03   Private Sub E6_7_Switch練習1_Load(ByVal sender As System.Object, ByVal
       e As System.EventArgs) Handles MyBase.Load
04     Label1.Text = "請輸入成績："
05     Button1.Text = "確定"
06   End Sub
07
08   Private Sub Button1_Click(ByVal sender As System.Object, ByVal e As
       System.EventArgs) Handles Button1.Click
09     Dim score As Single
10     Dim r As String
11     score = Val(TextBox1.Text)
12     r = Microsoft.VisualBasic.Switch(score < 0 Or score > 100, "輸入錯誤",
```

```
        score >= 60, "及格", score < 60, "不及格")
13      MsgBox("你的成績:" & r, , "Switch 函數練習")
14   End Sub
15
16End Class
```

## ✽ 執行結果

　　程式r = Microsoft.VisualBasic.Switch(…)表示當成績（Score）小於0或大於100，則回傳值為「輸入錯誤」；當成績（Score）大於等於60，回傳值為「及格」；當成績（Score）小於60，回傳值則為「不及格」，圖6-16顯示成績輸入錯誤之表單執行畫面。

圖6-16　執行結果

## ● 延伸閱讀

因為System.Diagnostics命名空間也包含稱為Switch的類別，所以此處的Switch函式的呼叫須符合Microsoft.VisualBasic命名空間的要求。

例 6-8　　**Switch函數練習─血型選項顯示**

## ✱ 功能說明

與第5章的血型範例功能相同，依所點選的血型選項，顯示血型結果，但使用Switch函數。

## ✱ 學習目標

Switch函數與RadioButton控制項整合練習。

## ✱ 表單配置

圖6-17　表單配置

## ✱ 程式碼

```
01Public Class E6_8_Switch練習2
02
03   Private Sub RBtn1_Click(ByVal sender As Object, ByVal e As System.
         EventArgs) Handles RBtn1.Click, RBtn2.Click, RBtn3.Click, RBtn4.Click
04     Dim BloodType As String = Microsoft.VisualBasic.Switch(RBtn1.
         Checked, "A型", RBtn2.Checked, "B型", RBtn3.Checked, "AB型", RBtn4.
         Checked, "O型")
05     MsgBox("你的血型是" & BloodType, , "血型")
06   End Sub
07
08End Class
```

* 執行結果

點選血型項目，會立即出現訊息方塊說明。

圖6-18　執行結果

END

## ↳ Choose函數

Choose函數的語法如下：

> 回傳值＝Choose(運算式, 選項1[,選項2, … [,選項n]])

其中，回傳值會以運算式的結果作為選項的選擇依據。例如：當運算式=1，則回傳值=選項1；當運算式=2，則回傳值=選項2，依此類推。而當運算式的值小於1，或大於選項的個數時，則Choose函數會傳回Null。至於當運算式不是整數時，Choose函數則會自動換算為最接近的整數來選擇回傳值。因此，對於某些Select Case陳述式，可以使用Choose函數來替代。

## 例 6-9　Choose函數練習—成績等第判斷

* 功能說明

成績等第判斷。將輸入的成績分為甲、乙、丙、丁四個等第，等第範圍為：90分以上為甲等，60~89為乙等，30~59為丙等，0~29為丁等。

* 學習目標

Choose函數練習。

**✱ 表單配置**

圖6-19　表單配置

**✱ 程式碼**

本例表單配置與前例相同，程式碼修改如下：

```
01Public Class E6_9_Choose練習
02
03   Private Sub Button1_Click(ByVal sender As System.Object, ByVal e As
       System.EventArgs) Handles Button1.Click
04      Dim score As Single = Val(TextBox1.Text)
05      Dim grade As Single = 4 - score \ 30
06      Dim r As String = Choose(grade, "甲等(90以上)", "乙等(60~89)", "丙等
        (30~59)", "丁等(0~29)")
07      MsgBox("你的成績:" & r, , "Choose 函數練習")
08   End Sub
09
10End Class
```

**✱ 執行結果**

上面程式中，第5行將輸入的成績分成甲、乙、丙、丁四個等第，對應的
grade值分別為1、2、3、4。第6行則根據grade的值，回傳四個選項中的一個
選項。

(a)甲等成績判斷

**(b)乙等成績判斷**

**圖6-20 執行結果**

END

 **迴圈敘述結構**

### 6-2-1 For⋯Next陳述式

For⋯Next陳述式是迴圈敘述中最常使用的結構，語法如下：

```
For 計數變數 = 起始值 To 終值 [Step 增量]
    [程式碼]
    [Exit For]
    [程式碼]
Next [計數變數]
```

其中，增量可為正或負整數，其預設值為1。[Exit For]陳述式為強制離開For⋯Next程式碼區塊。For⋯Next計次式迴圈流程圖如圖6-21。

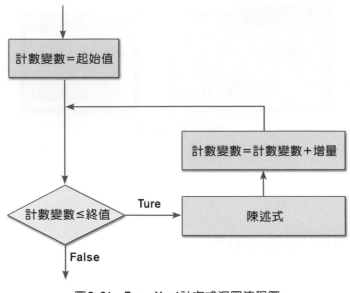

圖6-21 For…Next計次式迴圈流程圖

## 例 6-10　For…Next單迴圈基本練習

* **功能說明**

　　輸入迴圈的起始值、終值與增量,計算累計值。

* **學習目標**

　　For…Next單迴圈基本練習。

* **表單配置**

圖6-22　表單配置

## ✱ 程式碼

```
01 Public Class E6_10_ForNext基本
02
03    Private Sub Button1_Click(ByVal sender As System.Object, ByVal e As
         System.EventArgs) Handles Button1.Click
04       Dim startValue As Int16 = Val(TextBox1.Text)    '起始值
05       Dim endValue As Int16 = Val(TextBox2.Text)      '終 值
06       Dim increment As Int16 = Val(TextBox3.Text)     '增 量
07       Dim msgStr As String = ""                       '訊息字串
08       Dim sum As Int16 = 0
09       Dim j As Int16
10       For i = startValue To endValue Step increment
11          sum = sum + i
12           j = i
13       Next
14       msgStr = "起始值：" & startValue & vbCrLf
15       msgStr &= "終 值：" & endValue & vbCrLf
16       msgStr &= "增 量：" & endValue & vbCrLf
17       msgStr &= "----------------------------" & vbCrLf
18       msgStr &= startValue & "加到" & j & "且增量為" & increment & vbCrLf
19       msgStr &= "總 和 = " & sum
20
21       MsgBox(msgStr, , "資訊顯示")
22
23    End Sub
24
25    Private Sub ForNext基本_Load(ByVal sender As System.Object, ByVal e As
         System.EventArgs) Handles MyBase.Load
26       Label1.Text = "起始值："
27       Label2.Text = "終 值："
28       Label3.Text = "增 量："
29       Button1.Text = "計算"
30       '預設值
31       TextBox1.Text = 1
32       TextBox2.Text = 10
33       TextBox3.Text = 1
```

```
34        '向右對齊
35      TextBox1.TextAlign = HorizontalAlignment.Right
36      TextBox2.TextAlign = HorizontalAlignment.Right
37      TextBox3.TextAlign = HorizontalAlignment.Right
38   End Sub
39
40End Class
```

**✴ 執行結果**

(a)計算1+2+⋯+10的值

(b)計算1+3+⋯+9的值

圖6-23 執行結果

**例 6-11**　　**For…Next單迴圈基本練習─成績加總**

## ✱ 功能說明

　　成績加總─由TextBox輸入成績，輸入時須判斷成績輸入的合理性，並記錄在ListBox中。輸入完成後，按下計算鈕，再從ListBox中逐筆取出計算總分。

## ✱ 學習目標

　　For…Next單迴圈基本練習。

## ✱ 表單配置

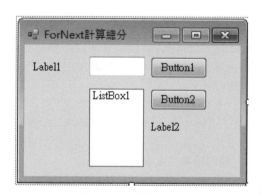

**圖6-24　表單配置**

## ✱ 程式碼

```
01 Public Class E6_11_ForNext計算總分
02
03   Private Sub ForNext計算總分_Load(ByVal sender As System.Object, ByVal e
     As System.EventArgs) Handles MyBase.Load
04     Label1.Text = "輸入數值:"
05     Label2.Text = ""
06     Button1.Text = "確定"
07     Button2.Text = "成績加總"
08   End Sub
09
```

```
10   Private Sub Button1_Click(ByVal sender As System.Object, ByVal e As
       System.EventArgs) Handles Button1.Click
11     If Not IsNumeric(TextBox1.Text) Then
12         MsgBox("請輸入數值！",,"重新輸入")
13     ElseIf Convert.ToSingle(TextBox1.Text) < 0 Or Convert.ToSingle(TextBox1.
       Text) > 100 Then
14         MsgBox("成績應介於0~100之間！",,"重新輸入")
15     Else
16         ListBox1.Items.Add(TextBox1.Text)
17         TextBox1.Text = ""     '清除TextBox內容
18         TextBox1.Focus()       '將焦點設回TextBox以方便輸入
19     End If
20   End Sub
21
22   Private Sub Button2_Click(ByVal sender As System.Object, ByVal e As
       System.EventArgs) Handles Button2.Click
23     Dim sum As Single
24     For i As Int16 = 0 To ListBox1.Items.Count - 1
25         sum = sum + Convert.ToSingle(ListBox1.Items(i))
26     Next
27     Label2.Text = "總成績為: " & sum
28   End Sub
29
30 End Class
```

## ✱ 執行結果

輸入不合法的輸入（>100），會有訊息產生。

(a)輸入不合法數值

(b)成績加總計算

圖6-25　執行結果

END

## 例 6-12　For…Next單迴圈練習—積分近似面積計算

### ✴ 功能說明

計算積分近似面積—利用迴圈做積分 $\displaystyle\int_0^1 x^2\,dx$ 之近似計算。首先，真實值計算如下：

$$A = \int_0^1 x^2\,dx = \frac{1}{3}x^3\Big|_{x=0}^{x=1} = \frac{1}{3}(1^3 - 0^3) = \frac{1}{3}$$

近似值計算方式如下：

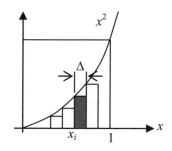

$$A = \int_0^1 x^2\,dx \approx \sum_{i=0}^{n-1} x_i^2\,\Delta, \ \ 其中 \ \Delta = \frac{1}{n}$$

根據近似值的計算方式，將其設計成程式。

### ✴ 學習目標

For…Next單迴圈練習。

## ★ 表單配置

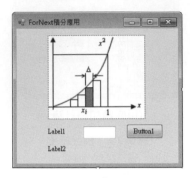

**圖6-26　表單配置**

## ★ 程式碼

```
01 Public Class E6_12_ForNext積分應用
02
03    Private Sub E6_12_ForNext積分應用_Load(ByVal sender As System.Object,
          ByVal e As System.EventArgs) Handles MyBase.Load
04       Label1.Text = "分割數目n="
05       Label2.Text = ""
06       Button1.Text = "計算"
07    End Sub
08
09    Private Sub Button1_Click(ByVal sender As System.Object, ByVal e As
          System.EventArgs) Handles Button1.Click
10       Dim n As Int16
11       Dim sum, x, dx As Single
12       n = Val(TextBox1.Text)
13       For i As Int16 = 0 To n - 1
14          dx = 1 / n
15          x = i / n
16          sum = sum + x ^ 2 * dx
17       Next i
18       Label2.Text = "近似值=" & Math.Round(sum, 3)
19    End Sub
20
21 End Class
```

**✱ 執行結果**

輸入不同的分割數，會得到不同精度的積分值。

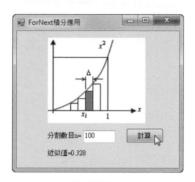 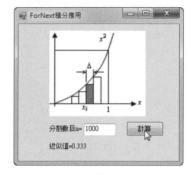

(a)分割數目100　　　　　　(b)分割數目1000

圖6-27 執行結果

END

---

**例 6-13　For⋯Next雙迴圈基本練習—印出九九乘法表**

**✱ 功能說明**

利用For⋯Next陳述式，在TextBox控制項印出九九乘法表。

**✱ 學習目標**

For⋯Next雙迴圈基本練習。

**✱ 表單配置**

圖6-28 表單配置

✱ 程式碼

```
01Public Class E6_13_ForNext雙迴圈
02
03    Private Sub E6_13_ForNext雙迴圈_Load(ByVal sender As System.Object,
         ByVal e As System.EventArgs) Handles MyBase.Load
04       Dim str1 As String = ""
05       For i = 1 To 9
06         For j = 2 To 9
07           str1 &= j & "x" & i & "=" & j * i & vbTab
08         Next
09         str1 &= vbCrLf
10       Next
11       TextBox1.Text = str1
12    End Sub
13
14End Class
```

✱ 執行結果

程式執行即出現九九乘法表。

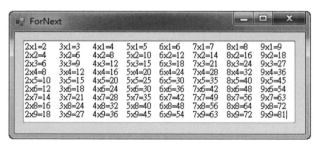

圖6-29　執行結果

END

例 6-14　　For…Next雙迴圈基本練習─倒三角形數字排列

**✱ 功能說明**

利用For…Next陳述式印出下面表單，顯示出結果。

圖6-30　執行結果

**✱ 學習目標**

For…Next雙迴圈基本練習。

**✱ 表單配置**

圖6-31　表單配置

**✱ 程式碼**

```
01  Public Class E6_14_倒三角形
02
03    Private Sub E6_14_倒三角形_Load(ByVal sender As System.Object, ByVal e
      As System.EventArgs) Handles MyBase.Load
04      Dim str1 As String = ""
05      For i = 1 To 5
06        str1 &= Space(4 * i)
07        For j = 10 - i To i Step -1
```

```
08          str1 = str1 & j & Space(2)
09        Next
10        str1 &= vbCrLf
11      Next
12      Label1.Text = str1
13    End Sub
14
15 End Class
```

## ✱ 執行結果

程式執行結果如範例功能說明。

END

## 例 6-15　　For…Next雙迴圈應用練習—質數計算

## ✱ 功能說明

　　質數計算。輸入一正整數N，判斷小於N的質數共有多少個，且找到最接近N的正整數。

　　X為質數的意義是除了1和本身之外，找不到其他的因數。最簡單的質數判斷方法為：檢查是否存在介於2至 $\sqrt{X}$ 的整數，可以整除X，若不存在，則表示X為質數。

## ✱ 學習目標

　　For…Next雙迴圈應用練習。

★ 表單配置

圖6-32　表單配置

★ 程式碼

```
01 Public Class E6_15_ForNext質數判斷
02
03     Private Sub E6_15_ForNext質數判斷_Load(ByVal sender As System.Object,
       ByVal e As System.EventArgs) Handles MyBase.Load
04       Label1.Text = "請輸入正整數:"
05       Button1.Text = "質數判定"
06     End Sub
07
08     Private Sub Button1_Click(ByVal sender As System.Object, ByVal e As
       System.EventArgs) Handles Button1.Click
09       Dim n, no, max As Int16
10       Dim chk As Boolean
11       Dim s1, s2 As String
12       n = Val(TextBox1.Text)
13       'n=2和3當特例對待
14       If n = 2 Then no = 1 : max = 2
15       If n = 3 Then no = 2 : Max = 3
16       If n >= 4 Then
17         no = 2
18         For i = 4 To n
19           chk = False
20           For j = 2 To Math.Sqrt(i)
21               '一判斷到i可被j整除,及跳離迴圈
22             If i Mod j = 0 Then chk = True : Exit For
23           Next j
```

```
24          '能維持chk=False，表示i為質數
25          If chk = False Then no = no + 1 : max = i
26      Next i
27    End If
28    s1 = "小於" & n & "的質數共有" & no & "個，"
29    s2 = "其中最接近" & n & "的質數是" & Max
30    MsgBox(s1 + vbCrLf + s2, , "判定結果")
31  End Sub
32
33 End Class
```

**✱ 執行結果**

(a)輸入數字

(b)判斷結果

圖6-33　執行結果

## 6-2-2　For Each …Next陳述式

　　相對於前一小節介紹的For …Next陳述式，一種特別針對陣列或物件集合中所有元素，進行重複執行的陳述式For Each…Next，也經常運用於程式設計中。For Each…Next的語法如下：

> **For Each變數名稱 In陣列名稱(或物件集合)**
> 　　[程式碼]
> 　　[Exit For]
> 　　[程式碼]
> **Next [變數名稱]**

其中，變數名稱用來代表物件集合或陣列中所有元素的變數。以陣列的使用為例，當我們不知道陣列的大小時，可以直接使用For Each…Next陳述式來使陣列中的每一個元素均能在迴圈中進行。

## 例 6-16　For Each…Next練習—顯示陣列及物件集合內容

### ✱ 功能說明

針對未知大小陣列及物件集合應用For Each…Next陳述式，將其中元素列在ListBox控制項清單中。

### ✱ 學習目標

For Each…Next練習。

### ✱ 表單配置

圖6-34　表單配置

### ✱ 程式碼

```
01 Public Class E6_16_ForEach應用_集合物件
02
03    Private Sub E6_16_ForEach應用_集合物件_Load(ByVal sender As System.
         Object, ByVal e As System.EventArgs) Handles MyBase.Load
04       Button1.Text = "分析句子"
05       Button2.Text = "分析表單物件"
06    End Sub
07
```

```
08    Private Sub Button1_Click(ByVal sender As System.Object, ByVal e As
         System.EventArgs) Handles Button1.Click
09      Dim x() As String
10      x = Split(TextBox1.Text)
11      ListBox1.Items.Clear()
12      For Each str1 As String In x
13        ListBox1.Items.Add(str1)
14      Next
15    End Sub
16
17    Private Sub Button2_Click(ByVal sender As System.Object, ByVal e As
         System.EventArgs) Handles Button2.Click
18      ListBox2.Items.Clear()
19      For Each obj As Object In Me.Controls
20        ListBox2.Items.Add(obj.name)
21      Next
22    End Sub
23
24 End Class
```

**✱ 執行結果**

　　程式中用到Split()函式，它可以將字串已指定的分隔字元分解成字串陣列，而預設的分隔字元是空白字元。因此，程式執行後，在Text1文字方塊中輸入「This is a book」，然後分別按下[分析句子]鈕及[分析表單物件]鈕，可以觀察程式的執行結果。

圖6-35　執行結果

例 6-17　For Each…Next練習—
列出Fontfamilies物件集合中所有字型

**✱ 功能說明**

列出Fontfamilies物件集合中的所有字型。

**✱ 學習目標**

For Each…Next練習。

**✱ 表單配置**

圖6-36　表單配置

**✱ 程式碼**

```
01 Public Class E6_17_ForEach應用_字型
02
03   Private Sub ForEach應用_字型_Load(ByVal sender As System.Object,
     ByVal e As System.EventArgs) Handles MyBase.Load
04     Dim ff As FontFamily
05     Dim n As Int16 = 0
06     For Each ff In System.Drawing.FontFamily.Families
07       ComboBox1.Items.Add(ff.Name)
08       n += 1
09     Next
10     Label1.Text = "顯示器可用的字型數目共 " & n & " 種"
11   End Sub
12
13   Private Sub ComboBox1_SelectedIndexChanged(ByVal sender As
```

```
       System.Object, ByVal e As System.EventArgs) Handles ComboBox1.
       SelectedIndexChanged
14        Label1.Font = New System.Drawing.Font(ComboBox1.Text, Label1.Font.
       Size)
15     End Sub
16
17 End Class
```

**＊ 執行結果**

程式執行後，下拉清單方塊顯示可用的字型名稱。

圖6-37　執行結果

END

## 6-2-3　While…End While陳述式

While…End While為條件式迴圈，其語法為：

```
While 條件式
    [程式碼]
End While
```

當條件式為真（=True），則一直重複執行程式碼區塊。為避免進入無窮迴圈的情況，自然在程式碼中須加入使條件式成立的機會。此種條件式迴圈因會先進行條件式的判斷，再依據條件式的真偽決定程式碼區塊是否執行，所以屬於前測試迴圈的一種，其流程圖如圖6-38所示。

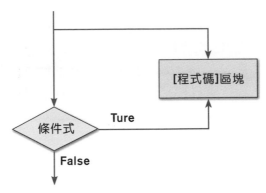

圖6-38　While…End While條件式迴圈流程圖

　　若要計算s=1+2+3+…+99+100的值，可用For…Next陳述式；也可以右邊的程式完成。

```
While i < 100
    i = i + 1
    s = s + i
End While
```

## 例 6-18　　While…End While練習─求最大公因數

**✻ 功能說明**

　　欲求得兩個數 $a$ 及 $b$ 的最大公因數 $(a,b)$ 及最小公倍數 $[a,b]$。最大公因數的求法可利用輾轉相除法，即

$$a = bq + r$$

　　其中 $q$ 為 $a$ 除以 $b$ 的商數，可記為 $q=a\backslash b$；$r$ 為 $a$ 除以 $b$ 的餘數，可記為 $r=a$ Mod $b$。因為 $(a,b)=(b,r)$，所以當 $r \neq 0$ 時，則以 $b$ 取代成為新的 $a$，以 $r$ 取代成為新的 $b$，再次使用輾轉相除法，直到 $r=0$ 為止，此時的 $b$ 即為最大公因數。

**✻ 學習目標**

　　While…End While練習。

* **表單配置**

圖6-39　表單配置

* **程式碼**

```
01 Public Class E6_18_WhileWend應用_最大公因數
02
03    Private Sub WhileWend應用_最大公因數_Load(ByVal sender As System.
      Object, ByVal e As System.EventArgs) Handles MyBase.Load
04       Label1.Text = "A="
05       Label2.Text = "B="
06       Label3.Text = ""
07       Label4.Text = ""
08       Button1.Text = "計算"
09    End Sub
10
11    Private Sub Button1_Click(ByVal sender As System.Object, ByVal e As
      System.EventArgs) Handles Button1.Click
12       Dim a0, b0, a, b, r, gcd, lcm As Int16
13       a0 = Val(TextBox1.Text)
14       b0 = Val(TextBox2.Text)
15       a = a0
16       b = b0
17       While b <> 0
18          r = a Mod b
19          a = b
20          b = r
21       End While
22       gcd = a
23       lcm = a0 * b0 / gcd
24       Label3.Text = "(a,b)=" & gcd
25       Label4.Text = "[a,b]=" & lcm
```

```
26    End Sub
27
28 End Class
```

## ✱ 執行結果

在文字方塊輸入任意兩正數，按下 計算 鈕即可算出最大公因數及最小公倍數。

圖6-40　執行結果

## 6-2-4　Do…Loop陳述式

Do…Loop陳述式有兩種使用語法，一種是將條件式置於程式碼前，稱為前測試迴圈，語法如下所描述：

```
Do [{While | Until} 條件式]
   [程式碼]
   [Exit Do]
   [程式碼]
Loop
```

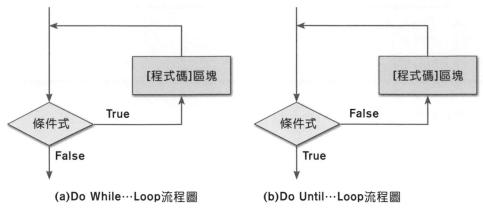

(a)Do While⋯Loop流程圖　　　　(b)Do Until⋯Loop流程圖

圖6-41　前測試迴圈

另一種則將條件式置於程式碼之後，稱為後測試迴圈，語法為：

```
Do
    [程式碼]
    [Exit Do]
    [程式碼]
Loop [{While | Until} 條件式]
```

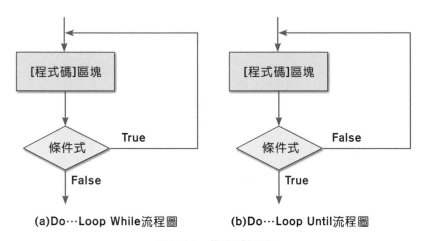

(a)Do⋯Loop While流程圖　　　　(b)Do⋯Loop Until流程圖

圖6-42　後測試迴圈

同樣以計算s=1+2+3+⋯+99+100值為例，用不同語法寫成的程式如下：

```
Do
   I = I + 1
   S = S + I
Loop While I < 100
```

```
Do
   I = I + 1
   S = S + I
Loop Until I = 100
```

```
Do While I < 100
   I = I + 1
   S = S + I
Loop
```

```
Do Until I = 100
   I = I + 1
   S = S + I
Loop
```

END

## 例 6-19　Do…Loop While練習—數字反序排列

### ✱ 功能說明

輸入一組阿拉伯數字，按鈕後將數字反序排列。

### ✱ 學習目標

Do…Loop While練習。

### ✱ 表單配置

圖6-43　表單配置

## ✱ 程式碼

```
01 Public Class E6_19_DoLoop數字反排
02
03    Private Sub DoLoop數字反排_Load(ByVal sender As System.Object, ByVal
         e As System.EventArgs) Handles MyBase.Load
04        Label1.Text = "輸入數字："
05        Label2.Text = "反排結果："
06        Button1.Text = "數字反排"
07    End Sub
08
09    Private Sub Button1_Click(ByVal sender As System.Object, ByVal e As
         System.EventArgs) Handles Button1.Click
10        Dim x, y As Int32
11        Dim r As Int32
12        x = Val(TextBox1.Text)
13        Do
14          r = x Mod 10
15          x = x \ 10
16          y = y * 10 + r
17        Loop While (x <> 0)
18        Label2.Text = "反排結果：" & y
19    End Sub
20
21 End Class
```

## ✱ 執行結果

圖6-44　執行結果

　　我們常用Timer控制項作爲動畫設計的工具，事實上，不用Timer控制項，我們也可以利用程式達到製作的能力。下面範例爲設計一個撞到牆會反彈的球。

---

例 6-20　　**Do Until…Loop/Do…Loop While—反彈的球**

---

**✱ 功能說明**

　　簡易動畫，設計一個撞到牆會反彈的球。

**✱ 學習目標**

　　Do Until…Loop/Do…Loop While練習。

**✱ 表單配置**

圖6-45　表單配置

**✱ 程式碼**

```
01 Public Class E6_20_DoLoop應用_球
02
03     Dim shapeContainer As New PowerPacks.ShapeContainer
04     Private Sub DoLoop應用_球_Load(ByVal sender As System.Object, ByVal e
       As System.EventArgs) Handles MyBase.Load
05        PictureBox1.BorderStyle = BorderStyle.Fixed3D
06        Button1.Text = "開始"
```

```
07      Button2.Text = "結束"
08      shapeContainer.Parent = PictureBox1
09      OvalShape1.Parent = shapeContainer
10      OvalShape1.Left = PictureBox1.Width / 2
11      OvalShape1.Top = PictureBox1.Height / 2
12    End Sub
13
14    Private Sub Button1_Click(ByVal sender As System.Object, ByVal e As
         System.EventArgs) Handles Button1.Click
15      Dim t1 As Single
16      Static sign1 As Int16 = 1
17      Static sign2 As Int16 = 1
18      Button1.Text = IIf(Button1.Text = "開始", "暫停", "開始")
19      Do Until (Button1.Text = "開始")
20        If OvalShape1.Left < 0 Then sign1 = 1
21        If OvalShape1.Top < 0 Then sign2 = 1
22        If OvalShape1.Left + OvalShape1.Width > PictureBox1.Width Then
       sign1 = -1
23        If OvalShape1.Top + OvalShape1.Height > PictureBox1.Height Then
       sign2 = -1
24        OvalShape1.Left = OvalShape1.Left + 10 * sign1
25        OvalShape1.Top = OvalShape1.Top + 10 * sign2
26        t1 = DateAndTime.Timer
27        Do
28          My.Application.DoEvents()
29        Loop While (DateAndTime.Timer - t1 < 0.05)
30      Loop
31    End Sub
32
33    Private Sub Button2_Click(ByVal sender As System.Object, ByVal e As
         System.EventArgs) Handles Button2.Click
34      End
35    End Sub
36
37 End Class
```

**✳ 執行結果**

程式執行後按下 [開始] 鈕，球即開始運動，按鈕標題變成 [暫停]。

圖6-46　執行結果

END

## 習 題

1. 設計一程式，輸入出生日期，可以顯示對應的星座（提示：可以利用 Cdate函數，將字串強制轉換成日期）。

| 星座月份對照表 | | | |
|---|---|---|---|
| 摩羯座 | 12/22～1/20 | 巨蟹座 | 6/22～7/22 |
| 水平座 | 1/21～2/18 | 獅子座 | 7/23～ 8/23 |
| 雙魚座 | 2/19～3/20 | 處女座 | 8/24～ 9/22 |
| 牡羊座 | 3/21～4/20 | 天秤座 | 9/23～10/23 |
| 金牛座 | 4/21～5/21 | 天蠍座 | 10/24～11/22 |
| 雙子座 | 5/22～6/21 | 射手座 | 11/23～12/21 |

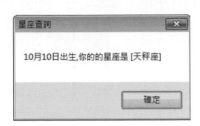

圖一

2. 利用迴圈顯示與圖二表單相同的全形的字元（提示：字元左邊的數字為字元對應的字元碼，例如Chr(41395)="○"，在DBCS系統，字元碼的實際範圍為-32768到65535）。

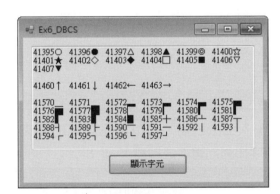

圖二

3. 利用Chr(41398)得到下面的圖案。

圖三

4. 設計一程式，在輸入冪次後，可顯示對應的巴斯卡三角形。

圖四

5. 假設一般非營業用電電費計算方式如下表，

| 分類 | 夏月(元／度) | 非夏月(元／度) | 季節之劃分 |
|---|---|---|---|
| 110度以下部分 | 2.20 | 2.00 | 夏　月：<br>六月一日～九月卅日<br>非夏月：<br>夏月以外之時間 |
| 111～330度部分 | 2.70 | 2.30 | |
| 331度以上部分 | 3.30 | 2.60 | |

設計一程式在輸入用電度數後，可以自動計算所需電費。

圖五

6. 利用下面的標準體重與身體質量指數公式,設計一程式檢驗身高與體重是否合乎標準。

(1) 標準體重測量法:

| 性別 | 標準體重 | 說明 |
|------|----------|------|
| 男性 | 【身高(公分)-80】*0.7 | 實際體重超過公式計算的標準體重 10% - 20% 就是過重,20% 以上則為肥胖。 |
| 女性 | 【身高(公分)-70】*0.6 | |

(2) 身體質量指數(Body Mass Index):男女適用,簡稱BMI

$$體重(公斤) / 身高^2(公尺^2) = 身體質量指數$$

數值:19-24是正常、25-30是輕度肥胖、30-35是中度肥胖、35以上是病態肥胖。

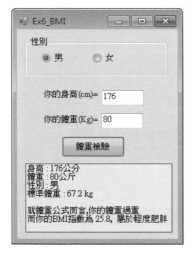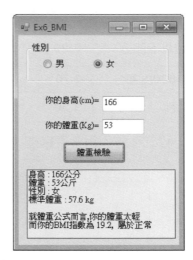

圖六

7. 由3個位元(×××)₂來描述的數字範圍為0～7，若建立3張數字表，分別為：

| 表次 | 表中出現的數字 | | | |
|---|---|---|---|---|
| 第1張表：$1$×× | $(100)_2=4$ | $(101)_2=5$ | $(110)_2=6$ | $(111)_2=7$ |
| 第2張表：×$1$× | $(010)_2=2$ | $(011)_2=3$ | $(110)_2=6$ | $(111)_2=7$ |
| 第3張表：××$1$ | $(001)_2=1$ | $(011)_2=3$ | $(101)_2=5$ | $(111)_2=7$ |

當心裡想著一個數字（假設為5），因為心裡想的數字出現在第1張表及第3張表中（如上表之灰色部分），因此，該數字可以推論為(101)₂=5。現在依據上面的觀念，在選擇表中的數字7次後，電腦便自動可以猜出0～100間的數字。

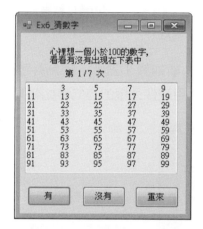

圖七

8. 設計井字遊戲畫面,其中圈叉會交替出現,即這次按了圈,下一次就自動會變成叉。

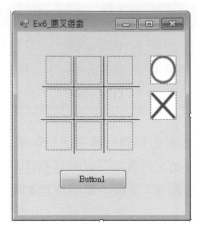

(a)表單配置

(b)執行結果

圖八

9. 續上題,設計的井字遊戲,可判斷輸贏(提示:因為井字遊戲的輸贏判斷狀況不多,在這種情形下,使用條件列舉的方式會比較簡單)。

圖九

10. 設計一程式可以進行分數的運算（提示：通分計算後，消去分子與分母的最大公因數即可）。

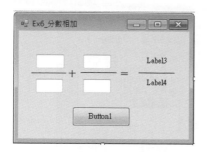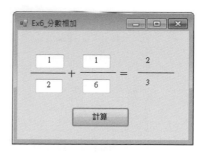

圖十

11. 設計一介面，可算出任一正整數的質因數。

(a)表單配置　　　　　　　　(b)執行結果

圖十一

12. 續上題，設計一因數分解程式。

圖十二

13. 以CheckedListBox控制項設計一菜單選項清單,核取的項目會移到
　　ListBox清單控制項中,並計算所選取項目的合計金額。

(a)表單配置　　　　　　(b)執行結果

圖十三

```
PRIVATE SUB BUTTON1_CLICK(BYVAL sender AS SYS
    BYVAL e AS SYSTEM.EVENTARGS) HANDLES BUT
    TEXTBOX1.COPY()
END SUB


PRIVATE SUB BUTTON2_CLICK(BYVAL sender AS SYS
    BYVAL e AS SYSTEM.EVENTARGS) HANDLES BUT
    TEXTBOX1.CUT()
END SUB


PRIVATE SUB BUTTON3_CLICK(BYVAL sender AS SYS
    BYVAL e AS SYSTEM.EVENTARGS) HANDLES BUT
    TEXTBOX1.PASTE()
END SUB


PRIVATE SUB BUTTON4_CLICK(BYVAL sender AS SYS
    BYVAL e AS SYSTEM.EVENTARGS) HANDLES BUT
    TEXTBOX1.U
END SUB
```

# 7

# 一般程序

# Visual Basic

```
VATE SUB BUTTON3
_CLICK(BYVAL sender
AS SYSTEM.OBJECT,
BYVAL e AS SYSTEM.
EVENTARGS) HANDLES
BUTTON3.CLICK
    LABEL1.LEFT += 10
O SUB

VATE SUB BUTTON4_
CLICK(BYVAL sender
AS SYSTEM.OBJECT,
BYVAL e AS SYSTEM.
EVENTARGS) HANDLES
BUTTON4.CLICK
    BUTTON2.ENABLED =
FALSE
    BUTTON3.ENABLED =
```

由於結構化、模組化的程式設計觀念，再加上Visual Basic事件驅動的特色，程序可說成為程式建構的基礎元素。程式愈是龐大、愈是複雜，愈是突顯出程序的重要性。此外，在物件導向程式設計下，物件類別提供的方法，其實也是程序，只是它必須搭配該物件實體使用；或者簡單的說，方法就是類別中定義的公用程序。

回到一般程序的說明，它是被宣告陳述式和End陳述式所封閉的Visual Basic陳述式區塊。程序可從程式碼中的其他位置被叫用，當程序完成執行時，會將控制權傳回叫用它的程式碼，也就是呼叫程式碼。

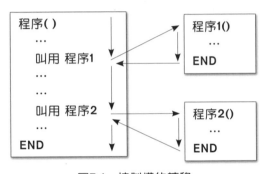

**圖7-1　控制權的轉移**

與Visual Basic有關的程序大致包括下面四種。

1. Function程序：將值傳回給呼叫程式碼。

2. Sub程序：程序執行動作，但不會將值傳回給呼叫程式碼。

3. Property程序：傳回並指派物件或模組的屬性值。

4. Event程序：即事件處理程序，與Sub程序相同，其差異是必須額外搭配Handles關鍵字與事件相關連；也就是依據使用者動作或程式項目所觸發（Trigger）的事件而執行。

上述Property程序及Event程序則是針對控制項的屬性及事件而言，這些都不屬於本章的討論範圍；本章所謂的一般程序，指的就是Function程序及Sub程序，因此，一些常用類別的方法（及類別中的Function程序），也會在本節中介紹說明。

# 7-1 Function程序

Function程序其實指的就是一般所稱的「函式」，它是一組以Function和End Function陳述式封閉的Visual Basic陳述式。當程序被呼叫時，便開始執行Function陳述式之後的第一個可執行的陳述式，當它遇到的第一個End Function、Exit Function或Return陳述式，便會回到原呼叫點。

Function程序可以取得由呼叫程式碼所傳遞給它的引數，例如：常數、變數或運算式，同時會將值傳回至呼叫程式中。Function程序的語法如下：

```
[Public | Private] [Static] Function 程序名稱 [(引數列)] [As資料型態]
        [陳述式]
        [程序名稱 = 傳回資料]
        [Exit Function]
        [陳述式]
        [程序名稱 = 傳回資料]
End Function
```

其中，[Public | Private] [Static]表明宣告的函數為公有、私有或靜態函數；在[(引數列)]中，若引數數目超過1個，則引數需以逗號區隔；至於[As資料型態]則指明傳回值的資料型態。

Visual Basic的函數可分為內建函數與自訂函數兩種，下面分別加以介紹與討論。

## 7-1-1 內建函數

VB或VB.NET內建了許多好用的函數供程式設計者使用，假如能熟悉這些函數，或至少知道存在這些函數可供利用，那麼，在程式設計時自然能得心應手，也就不致於有花了許多時間自行撰寫了一個函數後，才驚覺Visual Basic已提供了同樣功能的函數，這時只能自嘆做了虛功。早期Visaul Basic程式語言中內建的函數，大都被收錄在.Net Framework函式庫的Microsoft. VisualBasic命名空間的類別中，還有更多的函數分布在其他的命名空間的類別中，以方法的型態支援叫用。

## ❧ Microsoft.VisualBasic命名空間中的函數

表7-1　字串處理函數（Microsoft.VisualBasic.Strings模組）

| 函數 | 說明 |
|---|---|
| Asc | 傳回字串中第一個字母的字元碼（Integer） |
| Chr | 傳回指定的字元碼的字元 |
| Format | 傳回一個以格式運算式來作為格式的字串 |
| InStr | 傳回在某字串中一字串的最先出現位置（Long） |
| Join | 將陣列中的內容依序連結成為一字串 |
| LCase | 將一字串轉成小寫 |
| Left | 取出字串左算起特定數量字元所構成的字串 |
| Len | 傳回字串內字元的數目（Long） |
| LTrim | 去除字串左邊空白的部分 |
| Mid | 自一字串取出特定數量字元所構成的字串 |
| Replace | 傳回一個字串，內容為將字串引數中的子字串置換為一新的子字串 |
| Right | 取出字串右算起特定數量字元所構成的字串 |
| Rtrim | 去除字串右邊空白的部分 |
| Space | 傳回特定數目空格的字串 |
| Split | 傳回一個一維陣列，內容為字串引數的子字串 |
| StrComp | 傳回字串比對的結果（Integer） |
| StrReverse | 傳回一個字串，內容為一個指定子字串的字元順序是反向的 |
| Trim | 去除字串左右邊空白的部分 |
| UCase | 將一字串轉成大寫 |

表7-2　數學函數（Microsoft.VisualBasic.VbMath模組）

| 名稱 | 說明 |
|---|---|
| Randomize | 初始化亂數產生器 |
| Rnd | 傳回Single型別的亂數 |

表7-3　轉換函數（Microsoft.VisualBasic.Conversion模組）

| 名稱 | 說明 |
|---|---|
| Fix | 多載。傳回數字的整數部分 |
| Hex | 多載。傳回代表數字十六進位值的字串 |
| Int | 多載。傳回數字的整數部分 |
| Oct | 多載。傳回代表數值的八進位值的字串 |
| Str | 傳回數字的String表示 |
| Val | 多載。傳回字串所包含的數字，作為適當型別的數值 |

表7-4　日期時間函數（Microsoft.VisualBasic.DateAndTime模組）

| 名稱 | 說明 |
|---|---|
| DateAdd | 傳回自某個基準日期加上或減去數個時間間隔單位後的日期（Date） |
| DateDiff | 傳回兩個日期間相差的時間間隔單位數目（Long） |
| DatePart | 傳回指定的Date值的指定元件（Integer） |
| DateSerial | 傳回Date值，表示指定之年、月和日，且時間資訊設定為午夜(00:00:00) |
| DateValue | 傳回Date值，包含由字串表示的日期資訊，且其時間資訊設定為午夜(00:00:00)。 |
| Day | 傳回一個月中的某日（Integer） |
| Hour | 傳回一天之中的某時（Integer） |
| Minute | 傳回一小時中的某分（Integer） |
| Month | 傳回一年中的某月（Integer） |
| MonthName | 傳回String值，包含指定之月份 |
| Second | 傳回一分鐘之中的某秒（Integer） |
| TimeSerial | 傳回Date值，表示指定之時、分和秒，且日期資訊設定為相對於西元1年的一月1日 |
| TimeValue | 傳回Date值，包含由字串表示的時間資訊，且其日期資訊設定為西元1年的一月1日 |

| Weekday | 傳回某個日期是星期幾（Integer） |
|---------|----------------------------------|
| WeekdayName | 傳回String值，包含指定之週間日的名稱 |
| Year | 傳回某個年份（Integer） |

表7-5　訊息函數（Microsoft.VisualBasic.Information模組）

| 名稱 | 說明 |
|------|------|
| **IsArray** | 傳回Boolean值，指出變數是否指向陣列 |
| **IsDate** | 傳回Boolean值，指出運算式是否表示有效的Date值 |
| **IsError** | 傳回Boolean值，指出運算式是否為例外狀況型別 |
| **IsNothing** | 傳回Boolean值，指出是否沒有將任何物件指派給運算式 |
| **IsNumeric** | 傳回Boolean值，指出運算式是否可以評估為數字 |
| **IsReference** | 傳回Boolean值，指出變數是否為參考型別 |
| **LBound** | 傳回所指示的陣列維度之可用的最低註標（Subscript） |
| **QBColor** | 傳回Integer值，表示對應到指定之色彩編號的RGB色彩代碼 |
| **RGB** | 傳回Integer值，表示一組紅色、綠色和藍色元件中的RGB色彩值 |
| **TypeName** | 傳回String值，其中包含與變數有關的資料型別資訊 |
| **UBound** | 傳回所指示的陣列維度之可用的最高註標 |

表7-6　互動函數（Microsoft.VisualBasic.Interaction模組）

| 名稱 | 說明 |
|------|------|
| **Choose** | 從引數清單中選取及傳回值 |
| **IIf** | 根據運算式的評估結果，傳回兩個物件當中的其中一個 |
| **InputBox** | 在對話方塊中顯示提示、等候使用者輸入文字或按一下按鈕，然後傳回包含文字方塊內容的字串 |
| **MsgBox** | 在對話方塊中顯示訊息、等候使用者按一下按鈕，然後傳回表示使用者按下的按鈕之整數 |
| **Shell** | 執行可執行程式，並在它仍在執行中時傳回一個整數（整數中包含此程式的處理序ID） |
| **Switch** | 評估運算式的清單，並傳回對應到此清單中第一個True的運算式之Object值 |

　　以上都是VB語言內建的函式，且都被收錄於Microsoft.VisualBasic命名空間的類別底下，使用時可以直接呼叫。底下以幾個範例來練習部分函數的用法。

## 例 7-1　　字串處理函數Len()、Left()、Right()、Mid()操作練習

**✱ 功能說明**

　　說明一些常用字串處理函數的用法，並以程式加以驗證。

表7-7　字串函數使用說明表

| 字串函數 | 原始字串：Str1 | | | | | | | | | 說明 |
|---|---|---|---|---|---|---|---|---|---|---|
| | A | B | C | D | E | F | G | H | I | |
| Len(Str1) | 1 | 2 | 3 | 4 | 5 | 6 | 7 | 8 | 9 | 共有9個字；即<br>Len(str1)＝9 |
| Left(Str1,3) | A | B | C | D | E | F | G | H | I | 取字串左邊3個字；即<br>Left(Str1,3)＝"ABC" |
| | 1 | 2 | 3 | | | | | | | |
| Right(Str1,3) | A | B | C | D | E | F | G | H | I | 取字串右邊3個字；即<br>Right (Str1,3)＝"GHI" |
| | | | | | | | 3 | 2 | 1 | |
| Mid(Str1,3,4) | A | B | C | D | E | F | G | H | I | 字串左邊第3個字起，取4個字；即<br>Mid(Str1,3,4)＝"CDEF" |
| | | | 1 | 2 | 3 | 4 | | | | |

**✱ 學習目標**

　　認識字串函數—Len()、Left()、Right()、Mid()。

**✱ 表單配置**

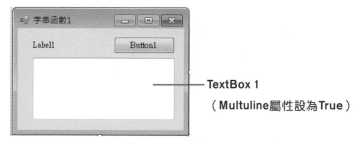

圖7-2　表單配置

## ✱ 程式碼

```
01 Public Class E7_1_字串函數1
02
03    Dim str1 As String
04    Private Sub 字串函數1_Load(ByVal sender As System.Object, ByVal e As
         System.EventArgs) Handles MyBase.Load
05      str1 = "ABCDEFGHI"
06      Label1.Text = "str1=""" & str1 & """"
07      Button1.Text = "字串處理"
08    End Sub
09
10    Private Sub Button1_Click(ByVal sender As System.Object, ByVal e As
         System.EventArgs) Handles Button1.Click
11      Dim n As Int16
12      Dim str_left, str_right, str_mid
13      n = Len(str1)        '字串長度
14      str_left = Microsoft.VisualBasic.Left(str1, 3)
15      str_right = Microsoft.VisualBasic.Right(str1, 3)
16      str_mid = Mid(str1, 3, 4)
17      TextBox1.Text = "字串長度為 : " & n & vbCrLf
18      TextBox1.Text = TextBox1.Text & "Left(str1, 3) = """ & str_left & """" &
        vbCrLf
19      TextBox1.Text = TextBox1.Text & "Right(str1, 3) = """ & str_right & """" &
        vbCrLf
20      TextBox1.Text = TextBox1.Text & "Mid(str1, 3, 4) = """ & str_mid & """"
21    End Sub
22
23 End Class
```

## ✱ 執行結果

程式執行後按下 [字串處理] 鈕即出現如圖7-3之結果。

(a)程式執行畫面　　　(b)按下 字串處理 鈕之畫面

圖7-3　執行結果

## 例 7-2　字串函數Len()、Mid()、Asc()、Chr()練習—加密與解密

**✱ 功能說明**

　　本例利用字串處理的一些函數做一個簡單的加密與解碼的應用。對字串加密的程序為將字串中的每一個字元轉換成ASCII碼，將其值加1後，再反轉換成對應的字元；至於解碼，則是將字串中的每一個字元轉換成ASCII碼，將其值減1後，再反轉換成對應的字元。

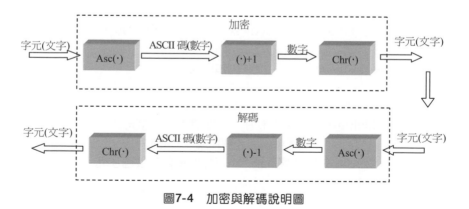

圖7-4　加密與解碼說明圖

**✱ 學習目標**

　　字串函數練習—Len()、Mid()、Asc()、Chr()。

★ 表單配置

圖7-5 表單配置

★ 程式碼

```
01 Public Class E7_2_字串函數_加解密
02
03    Dim n, p1 As Int16
04    Dim p, s As Char
05    Dim s1 As String
06
07    Private Sub 字串函數_加解密_Load(ByVal sender As System.Object, ByVal
        e As System.EventArgs) Handles MyBase.Load
08       Label1.Text = "輸入字串:"
09       Button1.Text = "加密"
10       Button2.Text = "解密"
11    End Sub
12    '加密
13    Private Sub Button1_Click(ByVal sender As System.Object, ByVal e As
        System.EventArgs) Handles Button1.Click
14       n = Len(TextBox1.Text)      '取得字串長度
15       s1 = ""
16       For i As Int16 = 1 To n
17          p = Mid(TextBox1.Text, i, 1)    '依序選擇一個字元
18          p1 = Asc(p)      '將選擇的字元轉換成ASCII碼
19          s = Chr(p1 + 1) '將字元的ASCII碼加1後再轉換回字元
20          s1 = s1 & s
21       Next i
22       MsgBox(TextBox1.Text & "被加密後變成" & s1, , "加密結果")
23    End Sub
24
```

```
25    '解密
26    Private Sub Button2_Click(ByVal sender As System.Object, ByVal e As
      System.EventArgs) Handles Button2.Click
27        n = Len(TextBox1.Text)      '取得字串長度
28        s1 = ""
29        For i As Int16 = 1 To n
30            p = Mid(TextBox1.Text, i, 1)    '依序選擇一個字元
31            p1 = Asc(p)         '將選擇的字元轉換成ASCII碼
32            s = Chr(p1 - 1)     '將字元的ASCII碼減1後再轉換回字元
33            s1 = s1 & s
34        Next i
35        MsgBox(TextBox1.Text & "被解密後變成" & s1, , "解密結果")
36    End Sub
37
38 End Class
```

**✳ 執行結果**

　　程式執行後輸入字串，按[加密]鈕結果如圖7-6(a)；同樣的，輸入字串後按[解密]鈕，結果如圖7-6(b)。

**(a)加密**

**(b)解密**

**圖7-6　加密與解密程式執行結果**

**例 7-3** 字串函數Split( )、Replace( )練習—英文句子分析

## ✱ 功能說明

本例針對一英文句子,利用Split()函數分析其由多少個字組成,且分別為哪些字。

## ✱ 學習目標

字串函數練習——Split( )、Replace( )。Split()函數的語法為:

> **Split (字串[,分隔符號[,回傳子字串數[,比較子字串使用的模式]]])**

## ✱ 表單配置

圖7-7　表單配置

## ✱ 程式碼

```
01 Public Class E7_3_函數Split
02
03    Private Sub 函數Split_Load(ByVal sender As System.Object, ByVal e As
       System.EventArgs) Handles MyBase.Load
04      Button1.Text = "語句分析"
05      Label1.Text = "輸入句子:"
06    End Sub
07
08    Private Sub Button1_Click(ByVal sender As System.Object, ByVal e As
       System.EventArgs) Handles Button1.Click
09      Dim str0, s As String
10      Dim str1 As String()
11      Dim n As Int16
12      str0 = Replace(TextBox1.Text, ",", "") '代換","為空字元
```

```
13      str0 = Replace(str0, ".", "")        '替換"."為空字元
14      str1 = Split(str0)
15      n = UBound(str1)    '取得陣列大小上界
16      s = ""
17      For i = 0 To n
18        s = s & str1(i) & vbCrLf
19      Next i
20      MsgBox(TextBox1.Text & "共有" & (n + 1) & "個字" & vbCrLf & "分別為:" &
        vbCrLf & s, , "句字分析")
21    End Sub
22
23 End Class
```

## ＊ 執行結果

　　程式執行後，直接在文字方塊中輸入一個句子，按下 語句分析 鈕，即可分析出組成句子的字數。

**(a)在文字方塊中輸入句子**

**(b)按下 語句分析 鈕得到的訊息方塊**

圖7-8　執行結果

## 延伸閱讀

不過，此例執行時有些限制，即字與字間的分隔僅允許一個空白字元，若超過一個空白字元，Split()便會分解出多餘的字。範例7-11中的自訂函數Split2()克服此了這個限制，讀者可先行參閱。

### 例 7-4 　 字串函數Format( )與Timer控制項應用—碼錶計時器

* **功能說明**

設計一簡易的碼錶計時器。

* **學習目標**

字串函數Format( )練習與Timer控制項整合應用。

* **表單配置**

圖7-9　表單配置

* **程式碼**

```
01 Public Class E7_4_函數_碼錶
02
03    Dim s0 As Single
04    Private Sub 函數_碼錶_Load(ByVal sender As System.Object, ByVal e As
       System.EventArgs) Handles MyBase.Load
05      Label1.Font = New Font("Arial", 20)
06      Label1.Text = "00:00:00"
07      Timer1.Interval = 1000
08      Button1.Text = "開始計時"
```

```
09        Button2.Text = "歸零停止"
10    End Sub
11
12    Private Sub Timer1_Tick(ByVal sender As System.Object, ByVal e As
          System.EventArgs) Handles Timer1.Tick
13        Dim ds, dm, dh As Single
14        Dim ss, mm, hh As String
15        If s0 = 0 Then s0 = DateAndTime.Timer '啟始時間
16        If s0 > 0 Then
17            ds = DateAndTime.Timer - s0        '目前時間與啟始時間的差值
18            ss = Format(ds Mod 60, "00")    '秒數
19            dm = ds \ 60
20            mm = Format(dm Mod 60, "00")    '分數
21            dh = ds \ 3600
22            hh = Format(dh Mod 24, "00")    '時數
23            Label1.Text = hh & ":" & mm & ":" & ss
24        End If
25    End Sub
26
27    Private Sub Button1_Click(ByVal sender As System.Object, ByVal e As
          System.EventArgs) Handles Button1.Click
28        Timer1.Enabled = True
29    End Sub
30
31    Private Sub Button2_Click(ByVal sender As System.Object, ByVal e As
          System.EventArgs) Handles Button2.Click
32        Timer1.Enabled = False
33        s0 = 0
34        Label1.Text = "00:00:00"
35    End Sub
36
37 End Class
```

✱ 執行結果

按下 歸零停止 鈕，計時器停止，碼錶啟始時間歸零。

圖7-10　執行結果

END

## 例 7-5　　Rnd()、Int()、IsNumeric()函數練習—終極密碼遊戲

**✱ 功能說明**

　　設計一個終極密碼程式，程式中以隨機的方式產生0~100之間的數字，操作在TextBox中輸入猜測值，Label1及Label2會根據猜測值改變範圍。另外，輸入值必須為數值，且必須介在Label1及Label2間，否則有錯誤訊息。

**✱ 學習目標**

　　Rnd函數、Int函數、IsNumeric函數練習。

**✱ 表單配置**

圖7-11　表單配置

**✱ 程式碼**

```
01 Public Class E7_5_函數Rnd_終極密碼
02
03    Dim Scode, LValue, RValue As Int16
04    Private Sub 函數Rnd_終極密碼_Load(ByVal sender As System.Object,
```

```vbnet
       ByVal e As System.EventArgs) Handles MyBase.Load
05     Button1.Text = "重新開始"
06     Button2.Text = "猜!!確定"
07     Label1.Text = "0<"
08     Label2.Text = "<100"
09     LValue = 0
10     RValue = 100
11     Button2.Enabled = False
12     Label3.Text = "密碼範圍為："
13   End Sub
14
15   Private Sub Button1_Click(ByVal sender As System.Object, ByVal e As
       System.EventArgs) Handles Button1.Click
16     Randomize(DateAndTime.Timer)
17     Scode = Int(99 * Rnd()) + 1
18     Label1.Text = "0<"
19     Label2.Text = "<100"
20     LValue = 0
21     RValue = 100
22     TextBox1.Text = ""
23     Button2.Enabled = True
24   End Sub
25
26   Private Sub Button2_Click(ByVal sender As System.Object, ByVal e As
       System.EventArgs) Handles Button2.Click
27     Dim Guess As Int16
28     If Not IsNumeric(TextBox1.Text) Then
29       MsgBox("請輸入數值!",,"終極密碼")
30       Exit Sub
31     End If
32     Guess = Val(TextBox1.Text)
33     If Guess > RValue Or Guess < LValue Then
34       MsgBox("請輸入介在" & LValue & "與" & RValue & "之間的數值!",,"終極
       密碼")
35       Exit Sub
36     End If
```

```
37      If Guess = Scode Then
38        MsgBox("你猜中了!", , "終極密碼")
39        Button2.Enabled = False
40      End If
41      If Guess < Scode Then LValue = Guess : Label1.Text = LValue & "<"
42      If Guess > Scode Then RValue = Guess : Label2.Text = "<" & RValue
43      TextBox1.Text = ""
44    End Sub
45
46 End Class
```

## ✱ 執行結果

程式執行過程與結果如圖7-12之說明。

**(a)執行**

**(b)輸入56，按下[猜!!確定]**

**(c)輸入66，按下[猜!!確定]**

**(d)執行訊息**

**(e)輸入45，按下[猜!!確定]**

**(f)猜中訊息**

圖7-12　執行結果

## ↘ System命名空間中的常用函數

在System命名空間中，有許多一般撰寫程式常用到的函數，且被分類在如表7-8中的類別。

表7-8　System命名空間常用函數所在類別

| 函式分類 | 所在類別 |
|---|---|
| 數學函式 | Math類別 |
| 字串函式 | String類別 |
| 型別轉換函式 | Convert類別 |
| 位元轉換函式 | BitConvert類別 |
| 亂數函式 | Random類別 |
| 陣列 | Array類別 |
| 主控台函式 | Console類別 |

許多函式屬於多載化的程序，也就是具備多種引數版本，提供更彈性且多樣化的功能。以下列出各類別常用的函式名稱與說明，並配合範例練習其用法。

## 1. Math類別—數學函式

表7-9　常用Math類別之函數

| 名稱 | 說明 |
|---|---|
| Abs | 傳回指定數字的絕對值 |
| Acos | 傳回餘弦函數（Cosine）是指定數字的角（弳度） |
| Asin | 傳回正弦函數（Sine）是指定數字的角（弳度） |
| Atan | 傳回正切函數（Tangent）是指定數字的角（弳度） |
| Atan2 | 傳回正切函數是兩個指定數字之商數的角（弳度） |
| BigMul | 產生兩個32位元數字相乘的結果 |
| Ceiling | 傳回大於或等於指定十進位數字的最小整數 |

| 名稱 | 說明 |
|------|------|
| Cos | 傳回指定角（弳度）的餘弦函數 |
| Cosh | 傳回指定角（弳度）的雙曲線餘弦函數 |
| DivRem | 計算兩個數字的商數，也傳回餘數作為輸出參數 |
| Exp | 傳回具有指定乘冪數的e |
| Floor | 傳回小於或等於指定十進位數字的最大整數 |
| IEEERemainder | 傳回指定數字除以另一個指定數字所得的餘數 |
| Log | 傳回指定數字的對數 |
| Log10 | 傳回指定數字的底數10對數 |
| Max | 傳回兩個指定數字中較大的一個 |
| Min | 傳回兩個數字中較小的一個 |
| Pow | 傳回具有指定乘冪數的指定數字 |
| Round | 將值捨入至最接近的整數或是指定的小數位數數字 |
| Sign | 傳回數值，指示數字的正負號 |
| Sin | 傳回指定角（弳度）的正弦函數 |
| Sinh | 傳回指定角（弳度）的雙曲線正弦函數 |
| Sqrt | 傳回指定數字的平方根 |
| Tan | 傳回指定角（弳度）的正切函數 |
| Tanh | 傳回指定角（弳度）的雙曲線正切函數 |
| Truncate | 計算數字的整數部分 |

因為以上函式為Math類別的共用方法成員，所以使用時須將Math類別名稱寫出，語法為：

---

**Math.方法(引數)**

---

例如：欲計算變數a的絕對值，寫法為Math.abs(a)。另有兩個定義於[欄位]的常數。

表7-10　Math類別之常數

| 名稱 | 說明 |
|------|------|
| E | 表示自然對數基底，由常數e指定 |
| PI | 表示圓周率，由常數π指定 |

## 例 7-6　數學函數Log( )、Round()練習

### ✱ 功能說明

　　log10計算。Log()是以自然對數e為基底，本例將透過Log()函數，自行建立一個以10為基底的對數函數Log10()。

### ✱ 學習目標

　　數學函數Log( )、Round()練習。

### ✱ 表單配置

圖7-13　表單配置

### ✱ 程式碼

```
01 Public Class E7_6_函數Log
02
03    Private Sub 函數Log_Load(ByVal sender As System.Object, ByVal e As
       System.EventArgs) Handles MyBase.Load
04       Button1.Text = "計算"
05    End Sub
06
```

```
07    Private Sub Button1_Click(ByVal sender As System.Object, ByVal e As
          System.EventArgs) Handles Button1.Click
08      Dim Number, log_Number, ans As Single
09      Number = Val(TextBox1.Text)
10      log_Number = Math.Log(Number) / Math.Log(10)
11      ans = Math.Round(log_Number, 4)
12      MsgBox("log10(" & TextBox1.Text & ") = " & ans, , "計算Log10")
13    End Sub
14
15 End Class
```

**＊ 執行結果**

程式執行後，輸入合理數值，按下[計算]鈕即出現計算結果。

圖7-14　執行結果

END

## 2. String類別—字串函式

前面已說明Microsoft.VisualBasic命名空間中包含了算完整的字串函數，已足夠供一般程式設計使用。而在String類別中，同樣提供許多內建的方法，可以加速字串的比較和操作。String類別在操作字串上有兩種類型的方法：共用方法和執行個體方法。

(1) 共用方法

共用方法是源自於String類別本身的方法，使用時不需要有此類別的執行個體。這些方法可以直接用類別（String）名稱加以限定，而不是用

String類別的執行個體加以限定。例如：

```
Dim aString As String
bString = String.Copy("A literal string")
```

在上述範例中，String.Copy方法是個靜態方法，它作用於指定的運算式，並將結果值指派至bString。

(2) 執行個體方法

執行個體方法則源自於String的特定執行個體，必須用執行個體名稱加以限定。例如：

```
Dim aString As String = "A String"
Dim bString As String
bString = aString.SubString(2,6)     ' bString = "String"
```

在這個範例中，SubString方法是String執行個體（也就是aString）的方法。它會對aString執行作業，並將其值指派至bString。執行個體方法的寫法為：

```
字串執行個體名稱.字串方法(引數)
```

表7-11列出常用的方法供參考，表中「執行個體」指的是使用執行個體方法的String執行個體。

表7-11　String類別常用方法

| 名稱 | 說明 |
|---|---|
| Compare | 比較兩個指定的String物件strA與strB，當strA位於strB之前（回傳值-1）、之後（回傳值1）或相同位置（回傳值0） |
| CompareTo | 比較這個執行個體與指定字串，當這個執行個體在排序次序中，位於所指定字串之前（回傳值-1）、之後（回傳值1）或相同位置（回傳值0） |
| Concat | 建立指定物件的String執行個體 |
| Contains | 傳回值，指出指定的String是否會出現執行個體內 |
| Copy | 使用與指定的String相同的值，建立String的新執行個體 |

| 名稱 | 說明 |
|---|---|
| CopyTo | 將字元的指定數目從這個執行個體的指定位置，複製到Unicode字元陣列的指定位置 |
| EndsWith | 判斷String執行個體的結尾是否符合指定的字串 |
| Equals | 判斷兩個String物件是否具有相同的值 |
| IndexOf | 傳回這個字串中String或一個或多個字元之第一個符合項目的索引 |
| IndexOfAny | 傳回指定Unicode字元陣列中的任何字元於這個執行個體中第一個符合項目的索引 |
| Insert | 在這個執行個體的指定索引位置，插入指定的字串 |
| IsNullOrEmpty | 指出指定的String物件是否為Null參照或Empty字串 |
| Join | 將指定String陣列每個元素以指定分隔符號String串連（可以是空字串），產生單一的串連字串 |
| LastIndexOf | 傳回這個執行個體中指定Unicode字元或String最後項目的索引位置 |
| LastIndexOfAny | 傳回Unicode陣列中的一個或多個指定字元在這個執行個體中最後項目的索引位置 |
| PadLeft | 將這個執行個體中的字元靠右對齊，並以空格或指定的Unicode字元在左側填補至指定的總長度 |
| PadRight | 將這個字串中的字元靠左對齊，並以空格或指定的Unicode字元在右側填補至指定的總長度 |
| Remove | 從這個執行個體中刪除指定數目的字元 |
| Replace | 以另一個指定的Unicode字元或String，取代這個執行個體中指定的Unicode字元或String的所有項目 |
| Split | 傳回字串陣列，這個陣列包含這個執行個體中，由指定字串所分隔的子字串 |
| StartsWith | 判斷String執行個體的開頭是否符合指定之字串 |
| Substring | 從這個執行個體擷取子字串 |
| ToCharArray | 將這個執行個體中的字元複製到Unicode字元陣列中 |
| ToLower | 傳回轉換成小寫的這個String複本 |
| ToUpper | 傳回轉換成大寫的這個String複本 |

| 名稱 | 說明 |
|---|---|
| Trim | 執行個體中的所有前端和後端連續的字元中，將符合一組指定字元者一一移除 |
| TrimEnd | 執行個體中的所有後端連續的字元中，將符合一組指定字元者一一移除 |
| TrimStart | 執行個體中的所有前端連續的字元中，將符合一組指定字元者一一移除 |

此外，控制項的Text屬性也都是String類別，因此都可以執行String類別中的方法。下面範例使用IndexOf方法進行字串的搜尋與取代設計。

### 例 7-7　String類別的IndexOf方法─文字方塊內容的搜尋與取代

**✳ 功能說明**

文字方塊內容的搜尋與取代功能設計。

**✳ 學習目標**

String類別的IndexOf方法應用。

**✳ 表單配置**

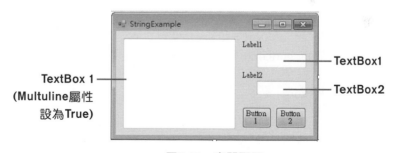

圖7-15　表單配置

### ✱ 程式碼

```
01 Public Class E7_7_StringExample
02    Dim SelectedPostion As Integer = 0
03
04    Private Sub StringExample_Load(ByVal sender As System.Object, ByVal e
          As System.EventArgs) Handles MyBase.Load
05       Label1.Text = "搜尋"
06       Label2.Text = "取代"
07       Button1.Text = "搜尋"
08       Button2.Text = "取代"
09       TextBox1.Text = "Visual的意思就是「視覺的」，要完成視覺化的應用程
          式介面，最簡單的方式就是使用Visual Basic整合設計環境中的控制箱，直
          接將所要呈現的介面拖曳到表單上。"
10       TextBox2.TabIndex = 0
11    End Sub
12
13    Private Sub Button1_Click(ByVal sender As System.Object, ByVal e As
          System.EventArgs) Handles Button1.Click
14       SelectedPostion = TextBox1.Text.IndexOf(TextBox2.Text,
          SelectedPostion)
15       If SelectedPostion = -1 Then
16          MsgBox("搜尋到最後，從頭開始")
17          SelectedPostion = 0
18       Else
19          TextBox1.SelectionStart = SelectedPostion
20          TextBox1.SelectionLength = Len(TextBox2.Text)
21          TextBox1.Select()
22          SelectedPostion += 1
23       End If
24    End Sub
25
26    Private Sub Button2_Click(ByVal sender As System.Object, ByVal e As
          System.EventArgs) Handles Button2.Click
27       SelectedPostion = TextBox1.Text.IndexOf(TextBox2.Text,
          SelectedPostion)
28       If SelectedPostion = -1 Then
29          MsgBox("搜尋到最後，從頭開始")
```

```
30          SelectedPostion = 0
31      Else
32          SelectedPostion = TextBox1.Text.IndexOf(TextBox2.Text,
        SelectedPostion)
33          TextBox1.SelectionStart = SelectedPostion
34          TextBox1.SelectionLength = Len(TextBox2.Text)
35          '取代
36          TextBox1.SelectedText = TextBox3.Text
37          TextBox1.Select()
38          '移到下一個位置
39          SelectedPostion += Len(TextBox3.Text)
40      End If
41    End Sub
42 End Class
```

## ＊ 執行結果

程式執行過程與結果如圖7-16之說明。

(a)搜尋「的」

(b)反白移到第一個「的」

(c)取代「的」為「@的@」

(d)取代後的結果

圖7-16　執行結果

## 3. Convert類別─型別轉換函數

　　Convert類別將基底資料型別轉換為其他基底資料型別,第5章資料型別轉換已介紹過,這裡再列出常用方法,並進行範例之操作。

表7-12　Convert類別常用方法

| 名稱 | 說明 |
|---|---|
| ChangeType | 傳回指定型別且其值等於指定物件的Object |
| GetTypeCode | 傳回指定物件的TypeCode |
| IsDBNull | 傳回指定物件是否屬於型別DBNull的指示 |
| ToBase64CharArray | 將8位元不帶正負號的整數陣列子集,轉換成以Base 64位數編碼的Unicode字元陣列相等子集 |
| ToBase64String | 將8位元不帶正負號的整數陣列的值,轉換為以Base 64位數編碼的相等String表示 |
| ToBoolean | 將指定的值轉換為相等的布林值 |
| ToByte | 將指定的值轉換為8位元不帶正負號的整數 |
| ToChar | 將指定的值轉換為Unicode字元 |
| ToDateTime | 將指定之日期和時間的字串表示,轉換為相等的日期和時間值 |
| ToDecimal | 將指定的值轉換為Decimal數字 |
| ToDouble | 將指定的值轉換為雙精度浮點數 |
| ToInt16 | 將指定的值轉換為16位元帶正負號的整數 |
| ToInt32 | 將指定的值轉換為32位元帶正負號的整數 |
| ToInt64 | 將指定的值轉換為64位元帶正負號的整數 |
| ToSByte | 將指定的值轉換為8位元帶正負號的整數 |
| ToSingle | 將指定的值轉換為單精度浮點數 |
| ToString | 將指定的值轉換為它的相等String表示 |
| ToUInt16 | 將指定的值轉換為16位元不帶正負號的整數 |
| ToUInt32 | 將指定的值轉換為32位元不帶正負號的整數 |
| ToUInt64 | 將指定的值轉換為64位元不帶正負號的整數 |

## 例 7-8　　Convert類別─基底轉換

### ✳ 功能說明

不同基底之數值轉換。

### ✳ 學習目標

基底轉換練習。

### ✳ 表單配置

**圖7-17　表單配置**

### ✳ 程式碼

```
01 Public Class E7_8_Convert1
02
03    Private Sub E7_8_Convert1_Load(ByVal sender As System.Object, ByVal e
          As System.EventArgs) Handles MyBase.Load
04        Debug.Print(Convert.ToInt16("11"))
05        Debug.Print(Convert.ToInt16("11", 2))
06        Debug.Print(Convert.ToInt16("11", 8))
07        Debug.Print(Convert.ToInt16("11", 16))
08        Debug.Print(Convert.ToString(255))
09        Debug.Print(Convert.ToString(255, 2))
10        Debug.Print(Convert.ToString(255, 8))
11        Debug.Print(Convert.ToString(255, 16))
12    End Sub
13
14 End Class
```

## ✴ 執行結果

表7-13　基底轉換執行結果與說明

| 程式 | 結果 | 說明 |
|---|---|---|
| Debug.Print(Convert.ToInt16("11"))<br>Debug.Print(Convert.ToInt16("11", 2))<br>Debug.Print(Convert.ToInt16("11", 8))<br>Debug.Print(Convert.ToInt16("11", 16)) | 11<br>3<br>9<br>17 | 把不同基底（2、8和16進位）的字串轉成十進位。寫法如下：<br>Convert.ToInt16(字串,來源基底) |
| Debug.Print(Convert.ToString(255))<br>Debug.Print(Convert.ToString(255, 2))<br>Debug.Print(Convert.ToString(255, 8))<br>Debug.Print(Convert.ToString(255, 16)) | 255<br>11111111<br>377<br>ff | 把數值轉換成不同基底（2、8和16進位）的字串。寫法如下：<br>Convert.String(數值,目標基底) |

END

---

## 例 7-9　Convert.ToChar()方法練習

### ✴ 功能說明

顯示編碼1~127的Unicode。

### ✴ 學習目標

Convert.ToChar()方法練習。

### ✴ 表單配置

圖7-18　表單配置

**✴ 程式碼**

```
01 Public Class E7_9_Convert2
02
03    Private Sub Button1_Click(ByVal sender As System.Object, ByVal e As
         System.EventArgs) Handles Button1.Click
04       Dim str1 As String = ""
05       For i = 1 To 127
06          If (i Mod 5 = 0) Then str1 &= vbCrLf
07          str1 = str1 & "chr(" & i & ")= " & Convert.ToChar(i) & vbTab
08       Next
09       MsgBox(str1, , "Unicode")
10    End Sub
11
12    Private Sub E_7_9_Convert2_Load(ByVal sender As System.Object, ByVal e
         As System.EventArgs) Handles MyBase.Load
13       Button1.Text = "顯示Unicode(1~127)"
14    End Sub
15
16 End Class
```

**✴ 執行結果**

　　編碼0為字串結束字元，程式中並未顯示該字元，否則後面的字元都無法出現。另外，由結果亦可看出，編碼10和13分別為換行字元（vbCr及vbLf常數），因此，後面連接的字串均會自動換行。

**(a)執行畫面**

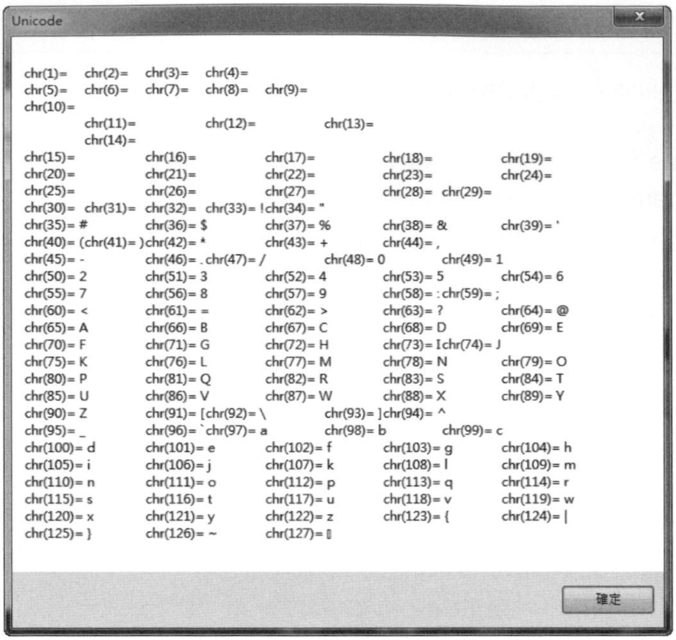

(b)以MsgBox顯示Unicode

圖7-19　執行結果

END

## 4. BitConvert類別─位元組轉換函數

BitConvert類別將基底資料型別與位元組陣列相互轉換，常用方法如下：

表7-14　BitConvert類別常用方法

| 名稱 | 說明 |
|---|---|
| DoubleToInt64Bits | 將指定的雙精度浮點數轉換為64位元帶正負號的整數 |
| GetBytes | 將指定的資料轉換成位元組陣列 |
| Int64BitsToDouble | 將指定的64位元帶正負號整數轉換為雙精度浮點數 |
| ToBoolean | 傳回從位元組陣列中指定位置的1個位元組所轉換的布林值 |
| ToChar | 傳回從位元組陣列中指定位置的2個位元組所轉換的Unicode字元 |

| 名稱 | 說明 |
|---|---|
| ToDouble | 傳回從位元組陣列中指定位置的8個位元組所轉換的雙精度浮點數 |
| ToInt16 | 傳回從位元組陣列中指定位置的2個位元組所轉換的16位元帶正負號的整數（Signed Integer） |
| ToInt32 | 傳回從位元組陣列中指定位置的4個位元組所轉換的32位元帶正負號的整數 |
| ToInt64 | 傳回從位元組陣列中指定位置的8個位元組所轉換的64位元帶正負號的整數 |
| ToSingle | 傳回從位元組陣列中指定位置的4個位元組所轉換的單精度浮點數 |
| ToString | 將指定之位元組陣列的每一個元素之數值轉換成其對等的16進位字串表示 |
| ToUInt16 | 傳回從位元組陣列中指定位置的2個位元組所轉換的16位元不帶正負號的整數（Unsigned Integer） |
| ToUInt32 | 傳回從位元組陣列中指定位置的4個位元組所轉換的32位元不帶正負號的整數 |
| ToUInt64 | 傳回從位元組陣列中指定位置的8個位元組所轉換的64位元不帶正負號的整數 |

底下以兩個範例練習BitConverter類別中函式的用法。

## 例 7-10　BitConverter.ToInt16方法練習

**✱ 功能說明**

將陣列a的元素值視爲基底爲16的數值，並轉換成10進位值。

**✱ 學習目標**

BitConverter.ToInt16方法練習。其用法爲：

**BitConverter.ToInt16(陣列名稱,起始索引值)**

## ✱ 表單配置

**圖7-20 表單配置**

## ✱ 程式碼

```
01 Public Class E7_10_BitConvert1
02
03    Private Sub Button1_Click(ByVal sender As System.Object, ByVal e As
         System.EventArgs) Handles Button1.Click
04       Dim a(3) As Byte
05       Dim b(3) As Int16
06       Dim c As Int32
07       a(0) = 1
08       a(1) = 2
09       a(2) = 3
10       b(0) = BitConverter.ToInt16(a, 0)
11       b(1) = BitConverter.ToInt16(a, 1)
12       b(2) = BitConverter.ToInt16(a, 2)
13       c = BitConverter.ToInt32(a, 0)
14       Debug.Print(b(0))        ' 513＝(a(2)*65535＋a(1)*256＋a(0)*1) mod 65536
15       Debug.Print(b(1))        ' 770＝a(2)*256＋a(1)*1
16       Debug.Print(b(2))        ' 3＝a(2)*1
17       Debug.Print(c)           ' 197121＝a(2)*65535＋a(1)*256＋a(0)*1
18    End Sub
19
20    Private Sub E7_10_BitConvert1_Load(ByVal sender As System.Object,
         ByVal e As System.EventArgs) Handles MyBase.Load
21       Button1.Text = "BitConvert"
22    End Sub
23
24 End Class
```

## ✻ 執行結果

表7-15 基底轉換執行結果與說明

| | a(2)=3 | a(1)=2 | a(0)=1 | 結果 |
|---|---|---|---|---|
| 1 | $\times 16^2$ | $\times 16^1$ | $\times 16^0$ | $b(0)=(321)_{16}\ \text{mod}\ 65536=513$ |
| 2 | $\times 16^1$ | $\times 16^0$ | — | $b(1)=(32)_{16}=770$ |
| 3 | $\times 16^0$ | — | — | $b(2)=(3)_{16}=3$ |
| 4 | $\times 32^2$ | $\times 32^1$ | $\times 32^0$ | $c=(321)_{32}=197121$ |

END

| 例 7-11 | **Convert類別與BitConvert類別的方法應用** |
|---|---|

## ✻ 功能說明

模擬兩個裝置A與B的資料傳送，A將單精度資料傳送到B。

## ✻ 學習目標

Convert類別與BitConvert類別的方法應用。

## ✻ 表單配置

圖7-21 表單配置

## ✻ 程式碼

```
01 Public Class E7_11_BitConvert2
02    Dim str1 As String
```

```
03    Dim str2 As String
04    Private Sub E7_11_BitConvert2_Load(ByVal sender As System.Object,
          ByVal e As System.EventArgs) Handles MyBase.Load
05        GroupBox1.Text = "A裝置"
06        GroupBox2.Text = "B裝置"
07        Button1.Text = "轉換成Byte組"
08        Button2.Text = "A>>B"
09        Button3.Text = "接收處理"
10        Label1.Text = "裝置數值:"
11        Label2.Text = "轉換結果:"
12        Label3.Text = "傳送長度:"
13        Label4.Text = "接收結果:"
14    End Sub
15
16    Private Sub Button1_Click(ByVal sender As System.Object, ByVal e As
          System.EventArgs) Handles Button1.Click
17        Dim d1() As Byte
18        Dim a1 As Single = TextBox1.Text
19        Dim s As String
20        str1 = ""
21        '將單精度數值，轉換成Byte數值(共4 bytes)
22        d1 = BitConverter.GetBytes(a1)
23        '每個Byte數值內容轉換成16進位數值表示之字串
24        For Each x In d1
25            s = Convert.ToString(x, 16)
26            '轉換後長度僅為1的字串在前面補"0"
27            str1 &= If(s.Length = 1, "0" & s, s)
28        Next
29        Label2.Text = "轉換結果:" & str1
30    End Sub
31
32    Private Sub Button2_Click(ByVal sender As System.Object, ByVal e As
          System.EventArgs) Handles Button2.Click
33        str2 = str1
34        Label3.Text = "傳送長度:" & str2.Length
35    End Sub
```

```
36
37    Private Sub Button3_Click(ByVal sender As System.Object, ByVal e As
      System.EventArgs) Handles Button3.Click
38        Dim s2 As String
39        Dim d2(str2.Length / 2) As Byte
40        For i = 0 To str2.Length / 2 - 1
41            '分解收到的字串，每2個字元設為1個子字串
42            s2 = str2.Substring(2 * i, 2)
43            '將子字串轉換成的Byte陣列組
44            d2(i) = Convert.ToByte(s2, 16)
45        Next
46        '將Byte陣列組轉換成單精度數值
47        Label4.Text = "接收結果:" & BitConverter.ToSingle(d2, 0)
48    End Sub
49
50 End Class
```

## ✱ 執行結果

程式執行過程與結果如圖7-22之說明。

**(a)執行畫面**

**(b)A裝置輸入正的數值，傳送到B裝置**

**(c)A裝置輸入負的數值,傳送到B裝置**

**圖7-22 執行結果**

END

## 5. Random類別─亂數函式

　　Random類別表示虛擬亂數產生器,作為產生隨機數字序列的裝置。Random類別的方法如表7-16。

**表7-16　Random類別的方法**

| 名稱 | 說明 |
| --- | --- |
| Next | 傳回非負值的亂數 |
| Next(Int32) | 傳回小於指定最大值的非負值亂數 |
| Next(Int32, Int32) | 傳回指定範圍內的亂數(不含最大值) |
| NextBytes | 以亂數填入指定位元組陣列的元素 |
| NextDouble | 傳回0.0和1.0之間的亂數 |

　　相較於Microsoft.VisualBasic.VBMath模組中與VB 6.0相容的亂數程序,在此使用亂數函式前須先建構亂數物件的執行實體。以下為Random類別使用的簡單說明:

**表7-17　Random類別使用說明**

| 目的 | 程式碼 | 說明 |
| --- | --- | --- |
| 宣告產生一個以系統時間為亂數種子的亂數物件rnd1 | Dim rnd1 As New Random(DateAndTime.Timer) | 以系統時間為亂數種子,可避免亂數重複 |

| 目的 | 程式碼 | 說明 |
|---|---|---|
| 產生小於20亂數 | rnd1.Next(20) | 產生的亂數值為0與20間的整數，但不包含20 |
| 產生10和20之間亂數 | rnd1.Next(10, 20) | 產生的亂數值為10與20間的整數，但不包含20 |

## 例 7-12　Random函式基本練習

**✱ 功能說明**

按下按鈕會隨機改變按鈕和表單的背景色。

**✱ 學習目標**

Random函式基本練習。

**✱ 表單配置**

圖7-23　表單配置

**✱ 程式碼**

```
01 Public Class E7_12_Random類別基本練習
02
03    Private Sub Button1_Click(ByVal sender As System.Object, ByVal e As
      System.EventArgs) Handles Button1.Click
04       Timer1.Enabled = Not Timer1.Enabled
05       Button1.Text = IIf(Timer1.Enabled, "停止變化", "開始變化")
06    End Sub
07
08    '設定顏色陣列變數
```

```
09    Dim Colors() As Color = {Color.Yellow, Color.Red, Color.Green, Color.Blue,
      Color.Pink}
10    Dim rnd As New Random
11    Private Sub Timer1_Tick(ByVal sender As System.Object, ByVal e As
      System.EventArgs) Handles Timer1.Tick
12      Button1.BackColor = Colors(rnd.Next(5))
13      Me.BackColor = Colors(rnd.Next(5))
14    End Sub
15
16    Private Sub Random類別基本練習_Load(ByVal sender As System.Object,
      ByVal e As System.EventArgs) Handles MyBase.Load
17      Button1.Text = "開始變化"
18    End Sub
19
20 End Class
```

**✱ 執行結果**

(a)執行畫面                    (b)按下[開始變化]鈕

圖7-24    執行結果

END

## 例 7-13    Random函式─擲骰子算點數

**✱ 功能說明**

擲四顆骰子，可以計算點數的條件為：

1. 兩顆骰子同點數,另兩顆骰子點數和即為所得點數。

2. 四顆骰子兩兩成對,取點數和大的一對即為所得點數。

3. 四顆骰子都相同,取兩顆骰子點數和即為所得點數。

4. 非以上情況,顯示重新擲骰訊息。

✱ **學習目標**

    Random函式與If…Then、For …Next練習。

✱ **表單配置**

**圖7-25 表單配置**

✱ **程式碼**

```
01 Public Class E7_13_Random類別
02
03    Private Sub Button1_Click(ByVal sender As System.Object, ByVal e As
       System.EventArgs) Handles Button1.Click
04       Dim rnd As New Random
05       Dim a(3), b(6), c(3), temp, s As Integer
06       Dim str1, msg1 As String
07       str1 = "你擲的骰子:"
08       msg1 = "請重新擲骰子!"
09       Label1.Text = ""
10       For i = 0 To 3
11          a(i) = rnd.Next(1, 7)
12          str1 += a(i) & ","
13          b(a(i)) += 1
14       Next
```

```
15        temp = 0
16        s = 0
17        For i = 1 To 6
18            If b(i) <> 0 Then temp += 1
19        Next
20        '可以算點數的條件
21        '(1)兩顆骰子同點數(temp=3)，另兩顆骰子點數和
22        '(2)四顆骰子兩兩成對(temp=2)，取點數和大的一對。
23        '(3)四顆骰子都相同(temp=1)，取兩顆骰子點數和
24        '(4)非以上情況(包括temp=4,及temp=2但3顆相同)，重新擲骰！
25        If temp = 3 Then
26          For i = 1 To 6
27             '取出現一次點數的骰子，計算點數和
28             If b(i) = 1 Then s = s + i
29          Next
30          str1 += vbCrLf & "所得點數：" & s
31        ElseIf temp = 2 Then
32          s = 0
33          For i = 6 To 1 Step -1
34             '由高點數向低點數搜尋，取出現兩次點數的骰子，計算點數和
35             If b(i) = 2 Then s = 2 * i : Exit For
36          Next
37          str1 += vbCrLf & IIf(s = 0, msg1, "所得點數：" & s) 's=0表有三顆骰子
        點數相同
38        ElseIf temp = 1 Then
39             '取出現四次點數的骰子，計算兩顆骰子點數和
40          For i = 1 To 6
41             If b(i) = 4 Then s = 2 * i
42          Next
43          str1 += vbCrLf & "所得點數：" & s
44        Else
45          str1 += vbCrLf & msg1
46        End If
47        Label1.Text = str1
48    End Sub
49
```

```
50    Private Sub Random類別_Load(ByVal sender As System.Object, ByVal e As
      System.EventArgs) Handles MyBase.Load
51       Button1.Text = "請擲骰子"
52       Label1.Text = "你擲的骰子："
53    End Sub
54
55 End Class
```

## ✱ 執行結果

程式執行後，按下[請擲骰子]鈕，即出現不同的點數狀況，如圖7-26。

(a)無法計算點數之狀況

(b)可計算點數之狀況

圖7-26　執行結果

## 7-1-2 自訂函數

　　當我們在開發應用程式時，VB中內建的函數不見得都能提供所需的功能，為了保持程式的結構性與易讀性，我們自然會針對特別的需求，撰寫專用的函數。一旦這些自訂的函數儲存於模組，日後還需要這些函數時，便可直接在專案中引入這個模組，降低應用程式的開發時間。例如：儘管Visual Basic提供了將10進位數值轉換成8進位及16進位的函數，唯獨少了2進位的轉換。因此，下面將練習幾個實用的自訂函數。

### 例 7-14　自訂函數—2進位轉換

**✱ 功能說明**

　　設計一個把10進位數值轉換成2進位字串的函數DecToBin( )。

**✱ 學習目標**

　　自訂函數—2進位轉換。

**✱ 表單配置**

圖7-27　表單配置

**✱ 程式碼**

```
01 Public Class E7_14_自訂函數_10進位轉2進位
02
03    Private Sub E7_14_自訂函數_10進位轉2進位_Load(ByVal sender As
       System.Object, ByVal e As System.EventArgs) Handles MyBase.Load
```

```
04        Label1.Text = "輸入十進位值："
05        Label2.Text = "轉換結果："
06        Button1.Text = "轉成二進位"
07     End Sub
08
09     Private Sub Button1_Click(ByVal sender As System.Object, ByVal e As
          System.EventArgs) Handles Button1.Click
10        Label2.Text = "轉換結果：Dec(" & TextBox1.Text & ")=" & "Bin(" &
          DecToBin(Val(TextBox1.Text)) & ")"
11     End Sub
12
13     Private Function DecToBin(ByVal decVal As Int16) As String
14        Dim binVal As String = ""
15        While decVal <> 0
16           binVal = Convert.ToString(decVal Mod 2) & binVal
17           decVal = decVal \ 2
18        End While
19        DecToBin = binVal
20     End Function
21
22 End Class
```

**★ 執行結果**

程式執行後輸入欲轉換的數值，按下按鈕即可得到轉換結果。

圖7-28　執行結果

例 7-15　自訂函數—顯示中華民國日期

## ✱ 功能說明

　　Visual Basic提供的日期，其年份是西元，本例將建立一個函數，可以取得以中華民國的年份顯示的日期。

## ✱ 學習目標

　　自訂函數—中華民國日期。

## ✱ 表單配置

圖7-29　表單配置

## ✱ 程式碼

```
01 Public Class E7_15_自訂函數_中華民國日期
02
03    Private Sub 自訂函數_中華民國日期_Load(ByVal sender As System.Object,
      ByVal e As System.EventArgs) Handles MyBase.Load
04      Button1.Text = "顯示中華民國日期"
05    End Sub
06
07    Private Sub Button1_Click(ByVal sender As System.Object, ByVal e As
      System.EventArgs) Handles Button1.Click
08      MsgBox("今天日期是: " & ROC_Date(), , "顯示中華民國日期")
09    End Sub
10
11    Public Function ROC_Date() As String        '取得中華民國日期
12      Dim yy, mm, dd As String
13      yy = Format(DateAndTime.Year(Today) - 1911, "##")
14      mm = Format(DateAndTime.Month(Today), "00")
15      dd = Format(DateAndTime.Day(Today), "00")
```

```
16      ROC_Date = yy + "/" + mm + "/" + dd
17    End Function
18
19 End Class
```

**✱ 執行結果**

圖7-30 執行結果

END

## 例 7-16　自訂函數—多項式相乘

**✱ 功能說明**

建立一多項式相乘之副程式，其中多項式表示方式則模仿Matlab中多項式的表示方法，將多項式係數由高次項往低次項排列成向量的型式。例如：

將 $f_1(x) = x^3 + 2x^2 + 3x + 4$ 記為 [1　2　3　4]，

將 $f_2(x) = x^2 + 2x + 3$ 記為 [1　2　3]。

因此，$f(x) = f_1(x)f_2(x)$ 的結果為[1　4　10　16　17　12]，即表示

$$f(x) = x^5 + 4x^4 + 10x^3 + 16x^2 + 17x + 12$$

**✱ 學習目標**

自訂函數—多項式相乘。

**✱ 表單配置**

圖7-31　表單配置

**✱ 程式碼**

```
01 Public Class E7_16_自訂函數_多項式相乘
02
03    Private Sub 自訂函數_多項式相乘_Load(ByVal sender As System.Object,
      ByVal e As System.EventArgs) Handles MyBase.Load
04       Label1.Text = "輸入多項式係數由高次到低次 (範例：x ^ 2＋3x＋2 ＝＝> [1
      3 2])"
05       Label2.Text = "多項式1:"
06       Label3.Text = "多項式2:"
07       Label4.Text = ""
08       Button1.Text = "計算"
09    End Sub
10
11    Private Sub Button1_Click(ByVal sender As System.Object, ByVal e As
       System.EventArgs) Handles Button1.Click
12       Label4.Text = "多項式相乘結果為:" & Poly_mult(TextBox1.Text, TextBox2.
      Text)
13    End Sub
14
15    Public Function Poly_mult(ByVal str1 As String, ByVal str2 As String) As
       String
16       Dim poly1, poly2 As String()
17       Dim n1, n2 As Int16
18       Dim poly_mul As Object()
19       poly1 = Split(Str_trim(str1))    '將[係數字串]分離成[係數陣列]
20       poly2 = Split(Str_trim(str2))
```

```
21      n1 = UBound(poly1)              '取得陣列大小
22      n2 = UBound(poly2)
23      ReDim poly_mul(n1 + n2)         '重新定義計算過程用到的陣列大小
24      For i = 0 To n1
25        For j = 0 To n2
26          poly_mul(i + j) = poly_mul(i + j) + Val(poly1(i)) * Val(poly2(j))
27        Next j
28      Next i
29      Poly_mult = "[" & Join(poly_mul) & "]"  '將計算完的[係數陣列]再組合成字
        串
30    End Function
31
32    Public Function Str_trim(ByVal Poly_String) As String
33      Dim n As Int16
34      Poly_String = Trim(Poly_String) '去字串首尾空白
35      n = Len(Poly_String) - 2        '去"["及"]"後之字串長度
36      Str_trim = Trim(Mid(Poly_String, 2, n))
37    End Function
38
39    Private Sub CmdExit_Click()
40      End
41    End Sub
42
43 End Class
```

## ★ 執行結果

圖7-32為 $(x^2+2x+3)(x^3+2x^2+3x+4)$ 乘開後得到的係數結果。

(a)輸入多項式係數

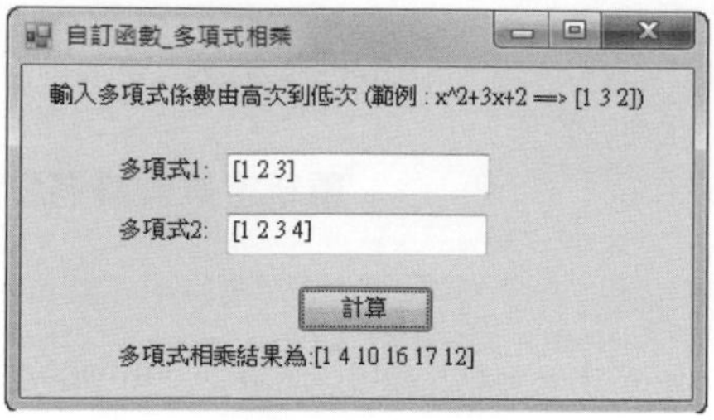

**(b)計算顯示結果**

**圖7-32 執行結果**

END

# 7-2 Sub程序

Sub程序就是我們常講的「副程式」，它是一系列以Sub和End Sub陳述式封閉起來的Visual Basic陳述式。當Sub程序被呼叫時，便會以Sub陳述式之後的第一個可執行陳述式開始執行，當它遇到的第一個End Sub、Exit Sub或Return陳述式結束時，便會回到原呼叫點。Sub程序的語法如下：

```
[Private | Public] [Static] Sub 程序名稱 [(引數列)]
        [陳述式]
        [Exit Sub]
        [陳述式]
End Sub
```

存取範圍可以是Public、Protected、Friend、Protected Friend或Private。可以觀察Sub程序（副程式）與Function程序（函數）最大的區別是：Sub程序本身無傳回值，自然不需要宣告Sub程序的資料型態。若要將程序中的資料回傳給呼叫程式，必須透過[(引數列)]中的引數回傳。

所建立的Sub程序的有效範圍取決於Sub程序所在位置，以及是以何關鍵字（Public或Private）宣告，至於在程式中呼叫Sub程序方式有兩種：

1. Call 程序名稱(引數1, 引數2,…,引數n)

2. 程序名稱 引數1, 引數2,…,引數n

## 例 7-17　自訂函式練習─兩數相加

**❋ 功能說明**

自訂一函式，可以以訊息方塊視窗顯示兩數相加的結果。

**❋ 學習目標**

自訂函式練習。

**❋ 表單配置**

圖7-33　表單配置

**❋ 程式碼**

```
01 Public Class E7_17_SubSum
02
03    Private Sub Button1_Click(ByVal sender As System.Object, ByVal e As
         System.EventArgs) Handles Button1.Click
04       Label2.Text = "= " & sum(TextBox1.Text, TextBox2.Text)
05    End Sub
06    Private Function sum(ByVal a As Int16, ByVal b As Int16) As Int16
07       sum = a + b
08    End Function
09
10    Private Sub sum_msgbox(ByVal a As Int16, ByVal b As Int16)
11       MessageBox.Show(a & "+" & b & "=" & a + b, "計算結果")
12    End Sub
13
14    Private Sub Button2_Click(ByVal sender As System.Object, ByVal e As
         System.EventArgs) Handles Button2.Click
15       Call sum_msgbox(TextBox1.Text, TextBox2.Text)
```

```
16    End Sub
17
18    Private Sub E7_16_SubSum_Load(ByVal sender As System.Object, ByVal e
      As System.EventArgs) Handles MyBase.Load
19       Button1.Text = "Sum"
20       Button2.Text = "Sum_MsgBox"
21       Label1.Text = "+"
22       Label2.Text = "="
23    End Sub
24
25 End Class
```

**✻ 執行結果**

(a)按[Sum]鈕　　　　　　(b)按[Sum_MsgBox]鈕顯示的訊息

圖7-34　執行結果

END

## 7-2-1　傳值呼叫與傳址呼叫

　　副程式與函數的傳遞引數中,均有傳值呼叫與傳址呼叫的問題。將一或多個引數傳遞至程序時,每個引數都對應至呼叫程式碼中的相對程式設計項目。傳遞這個對應項目的值或它的參考,這就是所謂的「傳遞機制」。以傳值或傳址方式傳遞引數的差別為:

1. 以傳值方式傳遞

　　在程序定義中指定對應參數的ByVal關鍵字,即可以「傳值」方式傳遞引數。使用這個傳遞機制時,Visual Basic會將對應程式設計項目的值複製到程

第七章　一般程序

序中的區域變數，程序程式碼不會有對應項目的任何存取權。

2. 以傳址方式傳遞

　　在程序定義中指定對應參數的**ByRef**關鍵字，即可用「傳址」方式傳遞引數。使用這個傳遞機制時，Visual Basic會在呼叫程式碼中將對應程式設計項目的直接參考提供給程序。

**例 7-18**　　**傳值呼叫與傳址呼叫練習—傳遞數值**

**✱ 功能說明**

　　給定變數x值，觀察經傳值呼叫與傳址呼叫後，x值的變化情形。

**✱ 學習目標**

　　傳值呼叫與傳址呼叫練習。

**✱ 表單配置**

**圖7-35　表單配置**

**✱ 程式碼**

```
01 Public Class E7_18_傳值傳址範例1
02
03    Private Sub 傳值傳址範例1_Load(ByVal sender As System.Object, ByVal e
      As System.EventArgs) Handles MyBase.Load
04       Button1.Text = "傳值呼叫與傳址呼叫比較"
05    End Sub
06
07    Private Sub Button1_Click(ByVal sender As System.Object, ByVal e As
      System.EventArgs) Handles Button1.Click
08       Dim x As Int16
```

```
09      Dim str1, str2 As String
10      x = 1
11      str1 = "呼叫程序前：x=" & x & vbCrLf
12      Call TByVal(x)
13      str1 = str1 & "傳值呼叫後：x=" & x & vbCrLf
14
15      x = 1
16      str2 = "呼叫程序前：x=" & x & vbCrLf
17      Call TByRef(x)
18      str2 = str2 & "傳址呼叫後：x=" & x & vbCrLf
19      MsgBox(str1 & vbCrLf & str2, , "傳值與傳址")
20    End Sub
21
22    Private Sub TByVal(ByVal x As Int16)
23      x = x + 1
24    End Sub
25
26    Private Sub TByRef(ByRef x As Int16)
27      x = x + 1
28    End Sub
29
30 End Class
```

## ✱ 執行結果

程式執行後，按下[傳值呼叫與傳址呼叫比較]鈕，可得到下面的結果。

圖7-36    程式執行後按下 傳值呼叫與傳址呼叫比較 鈕後之結果

圖12-44    執行結果

觀察上例的結果，顯然傳值呼叫與傳址呼叫是不相同的。我們可以這麼說，傳值呼叫傳遞的只是變數的一個副本，變數所代表的記憶體的內容在程序執行中，並未受到影響，因此，即使程序改變了傳入的數值，並不會影響變數本身。至於傳址呼叫傳遞的則是變數所代表的記憶體位址（程序預設為傳址呼叫），因此，在程序執行中，記憶體中的內容隨程序的執行而變化，而變數的內容也跟著保留這個變化。

再次觀察上例，程序TbyVal()中以數值傳遞引數x=1，因此，程序執行中，儘管x值變為x=2，回到Button1_Click()程序後，變數x的值x=1不變；而程序TbyAddr()中則是直接以變數所代表的記憶體進行存取，因此回到Button1_Click()程序後，變數x的值與在TbyVal()中相同。

## 例 7-19　傳值呼叫與傳址呼叫練習—傳遞物件

**✶ 功能說明**

了解傳值呼叫與傳址呼叫。按下Button1鈕（傳值），執行傳值程序；按下Button2鈕（傳址），執行傳址程序。

**✶ 學習目標**

傳值呼叫與傳址呼叫練習。

**✶ 表單配置**

圖7-37　表單配置

✱ 程式碼

```vb
01 Public Class E7_19_ByValByRef
02
03    Private Sub E7_18_ByValByRef_Load(ByVal sender As System.Object,
         ByVal e As System.EventArgs) Handles MyBase.Load
04       TextBox1.Text = "text1"
05       TextBox2.Text = "text2"
06       Button1.Text = "傳值"
07       Button2.Text = "傳址"
08    End Sub
09
10    Private Sub Button1_Click(ByVal sender As System.Object, ByVal e As
         System.EventArgs) Handles Button1.Click
11       Call byVal_swap(TextBox1.Text, TextBox2.Text)
12    End Sub
13
14    Private Sub Button2_Click(ByVal sender As System.Object, ByVal e As
         System.EventArgs) Handles Button2.Click
15       Call byRef_swap(TextBox1.Text, TextBox2.Text)
16    End Sub
17
18    Private Sub byVal_swap(ByVal a As String, ByVal b As String) 'a, b為區域變
         數，傳給a,b的是數值
19       Dim temp As String
20       temp = a
21       a = b
22       b = temp
23    End Sub
24
25    Private Sub byRef_swap(ByRef a As String, ByRef b As String) 'a, b為參考
         位址，傳給a,b是位址
26       Dim temp As String
27       temp = a     '將a位址的內容複製到temp
28       a = b        '將b位址的內容複製為a位址的內容
29       b = temp     '將temp的內容複製為b位址的內容
30    End Sub
31
32 End Class
```

**\* 執行結果**

　　按下[傳值]鈕，文字方塊中的內容並未交換；按下[傳址]鈕，文字方塊中的內容會進行交換。

　　　　(a)按下[傳值]鈕　　　　　　　　　(b)按下[傳址]鈕

圖7-38　執行結果

END

## 7-2-2　傳遞物件至程序

　　這裡指的物件引數泛指一般參考型別的變數，如控制項、陣列與字串等。

### 例 7-20　以物件作為函式的引數

**\* 功能說明**

　　設計引數為物件的函式，可以將一控制項放到另一個控制項中。

**\* 學習目標**

　　以物件作為函式的引數。

**\* 表單配置**

**圖7-39　表單配置**

## ✱ 程式碼

```
01 Public Class E7_20_物件引數
02
03    Private Sub Button1_Click(ByVal sender As System.Object, ByVal e As
         System.EventArgs) Handles Button1.Click
04       Dim pic As New PictureBox
05       pic.Width = 100
06       pic.Height = 100
07       pic.BackColor = Color.DarkGreen
08       pic.Visible = True
09       Call A_inside_B(pic, PictureBox1)
10       Call A_inside_B(TextBox1, pic)
11    End Sub
12
13    Private Sub A_inside_B(ByVal A As Object, ByVal B As Object)
14       B.Controls.Add(A)
15       A.Left = (B.Width - A.Width) / 2
16       A.Top = (B.Height - A.Height) / 2
17    End Sub
18
19    Private Sub 物件引數_Load(ByVal sender As System.Object, ByVal e As
         System.EventArgs) Handles MyBase.Load
20       Button1.Text = "放入物件"
21    End Sub
22
23 End Class
```

\* 執行結果

(a)執行畫面 　　　　(b)按下[放入物件]鈕後

圖7-40 執行結果

## 7-2-3 不確定個數及選擇性引數的傳遞

為增加程序的彈性，程序中的引數個數可以是不定的或選擇性的。要使程序具備這樣的功能，可在程序的引數中使用ParamArray及Optional關鍵字。底下分別以實例加以說明。

### ↘ 不確定個數引數的傳遞—ParamArray

ParamArray在引數傳遞上的用法為：

> Sub 程序名稱(⋯, ParamArray 陣列名稱( ) [As 資料形態], ⋯)

### 例 7-21　ParamArray關鍵字練習—自訂函數Mean( )計算平均值

\* 功能說明

計算平均值——自訂一函數Mean( )可算出傳入引數的平均值。

\* 學習目標

ParamArray關鍵字練習。

**✱ 表單配置**

圖7-41　表單配置

**✱ 程式碼**

```
01 Public Class E7_21_meanParamArray
02
03    Private Sub Form1_Load(ByVal sender As System.Object, ByVal e As
         System.EventArgs) Handles MyBase.Load
04       Button1.Text = "計算平均值"
05       Label1.Text = "以逗號分隔輸入數值："
06    End Sub
07    Private Sub Button1_Click(ByVal sender As System.Object, ByVal e As
         System.EventArgs) Handles Button1.Click
08       Dim p() As String = Split(TextBox1.Text, ",")
09       MsgBox("平均值為 " & Mean(p))
10    End Sub
11
12    Private Function Mean(ByVal ParamArray m()) As Single
13       Dim n As Integer = m.Length
14       Dim sum As Single = 0
15       For i = 0 To n - 1
16          sum += Convert.ToSingle(m(i)) / n
17       Next
18       Mean = sum
19    End Function
20
21 End Class
```

**✱ 執行結果**

程式執行過程與結果如圖7-42之說明。

圖7-42 執行結果

## 例 7-22 ParamArray關鍵字練習— 設計可將一物件放入另一物件的函式

**✴ 功能說明**

設計一個可以設定將一物件放入另一物件的函式，且可以設定物件是否置中（引數為m(0)）及是否加邊框（引數為m(1)）。函式宣告如下：

> Private Sub A_inside_B1(ByVal A As Object, ByVal B As Object,
> ByVal ParamArray m() As Boolean)

**✴ 學習目標**

以物件為引數設計副程式，並結合ParamArray關鍵字。

**✴ 表單配置**

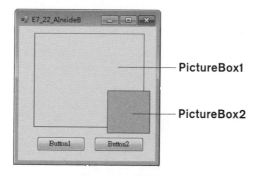

PictureBox1

PictureBox2

圖7-43 表單配置

## ❋ 程式碼

```
01 Public Class E7_22_AInsideB
02
03     Private Sub Button1_Click(ByVal sender As System.Object, ByVal e As
         System.EventArgs) Handles Button1.Click
04       PictureBox2.Width *= 1.1
05       PictureBox2.Height *= 1.1
06       Call A_inside_B1(PictureBox2, PictureBox1, True)        '置中，但框不變
07     End Sub
08
09     Private Sub Button2_Click(ByVal sender As System.Object, ByVal e As
         System.EventArgs) Handles Button2.Click
10       PictureBox2.Width *= 0.9
11       PictureBox2.Height *= 0.9
12       Call A_inside_B1(PictureBox2, PictureBox1, True, False) '置中，不加框
13     End Sub
14
15     Private Sub E7_21_AInsideB_Load(ByVal sender As System.Object, ByVal
         e As System.EventArgs) Handles MyBase.Load
16       Button1.Text = "放大"
17       Button2.Text = "縮小"
18       PictureBox1.Controls.Add(PictureBox2)
19       Call A_inside_B1(PictureBox2, PictureBox1, True, True)
20     End Sub
21
22     Private Sub A_inside_B1(ByVal A As Object, ByVal B As Object, ByVal
         ParamArray m() As Boolean)
23       Dim n As Int16
24       B.Controls.Add(A)
25       n = m.GetUpperBound(0)
26       If n >= 0 Then
27         If m(0) = True Then
28           A.Left = (B.Width - A.Width) / 2
29           A.Top = (B.Height - A.Height) / 2
30         End If
31       End If
32       If n >= 1 Then
```

```
33          If m(1) Then A.BorderStyle = 1 Else A.BorderStyle = 0
34      End If
35   End Sub
36
37 End Class
```

## ✱ 執行結果

程式執行過程與結果如圖7-44之說明。

(a)按[放大]鈕　　　　　　　　(b)按[縮小]鈕

圖7-44　執行結果

END

## ↘ 選擇性引數—Optional

Optional關鍵字在引數傳遞上的用法為：

> **Sub 程序名稱(…, Optional 變數[＝預設值], …)**

當其中的變數引數未傳入程序時，則以預設值作為變數引數的設定值；當省略引數清單中的一個或多個選擇性引數時，則必須以連續逗號來標示它們的位置。下列呼叫範例提供第一個和第四個引數，而不提供第二個或第三個引數：

> **Call subname(arg1, , , arg4)**

## 例 7-23　Optional關鍵字練習─以物件為引數設計副程式

### ✱ 功能說明

設計一個可以將一物件放入另一物件的函式，且可以設定物件是否置中（引數為Center）及是否加邊框（引數為Border）。函式宣告如下：

A_inside_B(ByVal A As Object, ByVal B As Object, Optional ByVal center
As Boolean = True, Optional ByVal border As Boolean = True)

### ✱ 學習目標

以物件為引數設計副程式，並結合Optional關鍵字。

### ✱ 表單配置

圖7-45　表單配置

### ✱ 程式碼

```
01 Public Class E7_23_AInsideB2
02
03    Private Sub Button1_Click(ByVal sender As System.Object, ByVal e As
       System.EventArgs) Handles Button1.Click
04       PictureBox2.Width *= 1.1
05       PictureBox2.Height *= 1.1
06       Call A_inside_B(PictureBox2, PictureBox1)
07    End Sub
08
```

```
09    Private Sub Button2_Click(ByVal sender As System.Object, ByVal e As
         System.EventArgs) Handles Button2.Click
10      PictureBox2.Width *= 0.9
11      PictureBox2.Height *= 0.9
12      Call A_inside_B(PictureBox2, PictureBox1, , False)      '縮小不加框
13    End Sub
14
15    Private Sub AInsideB2_Load(ByVal sender As System.Object, ByVal e As
         System.EventArgs) Handles MyBase.Load
16      Button1.Text = "放大"
17      Button2.Text = "縮小"
18      PictureBox1.Controls.Add(PictureBox2)
19      Call A_inside_B(PictureBox2, PictureBox1)            '放大加框
20    End Sub
21
22    Private Sub A_inside_B(ByVal A As Object, ByVal B As Object, Optional
         ByVal center As Boolean = True, Optional ByVal border As Boolean =
         True)
23      B.Controls.Add(A)
24      If center Then
25        A.Left = (B.Width - A.Width) / 2
26        A.Top = (B.Height - A.Height) / 2
27      End If
28      If border Then A.BorderStyle = 1 Else A.BorderStyle = 0
29    End Sub
30
31 End Class
```

**✱ 執行結果**

執行結果與上例相同，差異在於副程式引數中的關鍵字。

(a)按[放大]鈕　　　　　　(b)按[縮小]鈕

圖7-46　執行結果

END

## 例 7-24　進位轉換設計─10進位轉2進位,不足指定位數時需補0

**✴ 功能說明**

　　同前面的範例10進位轉2進位,但可指定轉換後2進位的位數,即不足時需補"0"至位數達設定值。

**✴ 學習目標**

　　進位轉換設計。

**✴ 表單配置**

圖7-47　表單配置

**✱ 程式碼**

```
01 Public Class E7_24_自訂函數_10進位轉2進位
02
03    Private Sub 自訂函數_10進位轉2進位_Load(ByVal sender As System.
      Object, ByVal e As System.EventArgs) Handles MyBase.Load
04       Label1.Text = "輸入十進位值"
05       Label2.Text = "轉換結果："
06       Button1.Text = "轉成二進位"
07    End Sub
08
09    Private Sub Button1_Click(ByVal sender As System.Object, ByVal e As
      System.EventArgs) Handles Button1.Click
10       Label2.Text = "轉換結果：Dec(" & TextBox1.Text & ")=" & "Bin(" &
      DecToBin2(Val(TextBox1.Text), 8) & ")"
11    End Sub
12
13    Private Function DecToBin2(ByVal decVal As Int16, Optional ByVal slen As
      Int16 = 0) As String
14       Dim binVal As String = ""
15       While decVal <> 0
16          binVal = Convert.ToString(decVal Mod 2) & binVal
17          decVal = decVal \ 2
18       End While
19       If slen > binVal.Length Then
20          binVal = StrDup(slen - binVal.Length, "0") & binVal
21       End If
22       DecToBin2 = binVal
23    End Function
24 End Class
```

**✱ 執行結果**

結果與前面範例不同處為不足8位元時會以0補足。

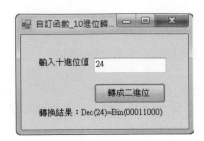

圖7-48　執行結果

# 7-3　遞迴程序

　　所謂「遞迴程序」，就是能夠呼叫程序本身的一種程序。程序自己呼叫自己，就怕陷入無窮迴圈跳離不出來，導致堆疊溢位的問題。因此，設計遞迴程序時就必須特別注意這些問題。

## 例 7-25　遞迴觀念練習─階乘計算函式

**✲ 功能說明**

　　設計一階乘計算函式。函式使用前須先確保輸入引數為正整數。

**✲ 學習目標**

　　遞迴觀念練習。

**✲ 表單配置**

圖7-49　表單配置

## ★ 程式碼

```
01 Public Class E7_25_階乘
02
03    Private Sub Form1_Load(ByVal sender As System.Object, ByVal e As
        System.EventArgs) Handles MyBase.Load
04       Button1.Text = "計算階乘"
05       Label1.Text = ""
06    End Sub
07
08    Private Sub Button1_Click(ByVal sender As System.Object, ByVal e As
        System.EventArgs) Handles Button1.Click
09       If Not IsNumeric(TextBox1.Text) Then
10          Label1.Text = "計算結果:(輸入錯誤)"
11          MsgBox("請輸入數值!")
12          Exit Sub
13       ElseIf Val(TextBox1.Text) = -Math.Abs(Val(TextBox1.Text)) Or
        Val(TextBox1.Text) <> Int(Val(TextBox1.Text)) Then
14          Label1.Text = "計算結果:(輸入錯誤)"
15          MsgBox("請輸入正整值!")
16          Exit Sub
17       End If
18       Label1.Text = "計算結果:" & vbCrLf & Space(5) & TextBox1.Text & "! = " &
        factorial(Convert.ToInt16(TextBox1.Text))
19    End Sub
20
21    Function factorial(ByVal n As Integer) As Integer
22       If n <= 1 Then
23          Return 1
24       Else
25          Return factorial(n - 1) * n
26       End If
27    End Function
28
29 End Class
```

**❋ 執行結果**

程式執行過程與結果如圖7-50之說明。

(a)執行畫面

(b)計算5!

(c)輸入不合法

圖7-50　執行結果

END

## 例 7-26　　遞迴應用—求解兩正數的最大公因數

**❋ 功能說明**

設計遞迴程式求解兩正數的最大公因數（gcd）。

**❋ 學習目標**

遞迴應用。

**❋ 表單配置**

圖7-51　表單配置

## ★ 程式碼

```
01 Public Class E7_26_Form_gcd
02
03    Private Sub Form1_Load(ByVal sender As System.Object, ByVal e As
      System.EventArgs) Handles MyBase.Load
04       Label1.Text = "a="
05       Label2.Text = "b="
06       TextBox1.Text = ""
07       TextBox2.Text = ""
08       Button1.Text = "計算gcd"
09    End Sub
10    Private Function gcd(ByVal a, ByVal b)
11       If b = 0 Then
12          Return a
13       Else
14          Return gcd(b, a Mod b)
15       End If
16    End Function
17
18    Private Sub Button1_Click(ByVal sender As System.Object, ByVal e As
      System.EventArgs) Handles Button1.Click
19       MsgBox("(" & TextBox1.Text & "," & TextBox2.Text & ")=" &
      gcd(Val(TextBox1.Text), Val(TextBox2.Text)))
20    End Sub
21
22 End Class
```

## ✱ 執行結果

程式執行過程與結果如圖7-52之說明。

圖7-52　執行結果

END

---

### 例 7-27　遞迴應用—最多可以買到多少糖果

## ✱ 功能說明

假設糖果一顆一元，且憑糖果包裝紙，每4張可再兌換一顆糖果。設計一程式，50元最多可以吃到（包含買及兌換）多少糖果？

## ✱ 學習目標

遞迴應用。

## ✱ 表單配置

圖7-53　表單配置

## ✱ 程式碼

```
01 Public Class E7_27_Candy
02
03    Private Sub 買糖果_Load(ByVal sender As System.Object, ByVal e As
          System.EventArgs) Handles MyBase.Load
04        Label1.Text = "購買總金額(元)："
05        TextBox1.Text = ""
06        Button1.Text = "計算可得最多糖果數目"
07    End Sub
08
09    Private Sub Button1_Click(ByVal sender As System.Object, ByVal e As
          System.EventArgs) Handles Button1.Click
10        Dim dollar As Int16 = Val(TextBox1.Text)
11
12        MsgBox(dollar & " 元共可得到 " & 兌換數目(dollar, 4) + dollar & " 顆糖果",
          , "遞迴練習")
13    End Sub
14
15    Private Function 兌換數目(ByVal m, ByVal n)
16      If m < n Then
17          Return 0
18      Else
19          Return 兌換數目(m \ n + m Mod n, n) + m \ n
20      End If
21    End Function
22
23 End Class
```

## ★ 執行結果

程式執行過程與結果如圖7-54之說明。

圖7-54　執行結果

## 7-4 程序多載化

對於自訂程序中，若有選擇性引數，或者不同型別的引數的需求，則可以定義程序的數個多載化版本。程序多載的設計只需要在程式設計中撰寫不同引數，但相同名稱的程序即可。此外，同一個類別中定義多個多載程序時，是可以不需要使用Overloads修飾詞的；但是，只要在其中任一個宣告中使用Overloads關鍵字，則其他宣告也必須使用。當叫用多載程序時，VB會將自動選擇符合引數清單的版本，應用上具有相當的彈性。

### 例 7-28　多載化程序的實現練習

**✷ 功能說明**

設計多載化程序，可以進行數值加總，也可以使字串串接。當輸入陣列時，亦可依陣列的型別進行數值加總，或字串的串接。

**✷ 學習目標**

多載化程序的實現。

**✷ 表單配置**

圖7-55　表單配置

**✷ 程式碼**

```
01 Public Class E7_28_FormOverload
02    Private Sub FormOverload_Load(ByVal sender As System.Object, ByVal e
       As System.EventArgs) Handles MyBase.Load
```

```
03        Button1.Text = "1+2"
04        Button2.Text = """1"""+"""2"""
05        Button3.Text = "1+2+3+4+5"
06        Button4.Text = """1"""+"""2"""+"""3"""+"""4"""+"""5"""
07        Label1.Text = ""
08      End Sub
09
10      Private Sub Button1_Click(ByVal sender As System.Object, ByVal e As
           System.EventArgs) Handles Button1.Click
11        Label1.Text = add(1, 2)
12      End Sub
13      Private Sub Button2_Click(ByVal sender As System.Object, ByVal e As
           System.EventArgs) Handles Button2.Click
14        Label1.Text = add("1", "2")
15      End Sub
16
17      Private Sub Button3_Click(ByVal sender As System.Object, ByVal e As
           System.EventArgs) Handles Button3.Click
18        Dim p() As Single = {1, 2, 3, 4, 5}
19        Label1.Text = add(p)
20      End Sub
21
22      Private Sub Button4_Click(ByVal sender As System.Object, ByVal e As
           System.EventArgs) Handles Button4.Click
23        Dim p() As String = {"1", "2", "3", "4", "5"}
24        Label1.Text = add(p)
25      End Sub
26
27      Private Function add(ByVal a As Single, ByVal b As Single) As Single
28        Return a + b
29      End Function
30
31      Private Function add(ByVal a As String, ByVal b As String) As String
32        Return a & b
33      End Function
34
35      Private Function add(ByVal a() As Single) As Single
```

```
36      Dim s As Single
37      For Each x In a
38          s += x
39      Next
40      Return s
41  End Function
42
43  Private Function add(ByVal a() As String) As String
44      Dim s As String = ""
45      For Each x In a
46          s += x
47      Next
48      Return s
49  End Function
50
51 End Class
```

## ✱ 執行結果

程式執行過程與結果如圖7-56之說明。

**(a)按[1+2]鈕**

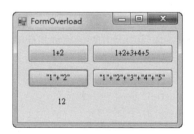

**(b)按["1"+"2"]鈕**

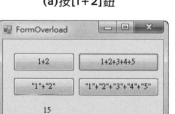

**(c)按[1+2+3+4+5]鈕**

**(d)按["1"+"2"+"3"+"4"+"5"]鈕**

圖7-56    執行結果

# 習 題

1. 設計一個仿效Round函數功能的函數Round1( )？

2. 設計一程序可以產生a到b間不重複的n(n<(b-a))個數值。

   提示：(1) 可利用兩個陣列d( )與e( )，其中陣列d( )依序存放a~b的數字，陣列e( )則存放亂數。

   (2) 以陣列e( )存放的亂數來排序，陣列e( )排序的同時，陣列d( )也跟著交換陣列中的數字。

   (3) 當陣列e( )完成排序後，陣列d( )存放的數字已成不規則。

   (4) 此時任取陣列d( )中的n個變數，即滿足不規則，且不重複的要求。)

3. 設計一程序可以傳回一元二次方程式的根。

4. StrReverse( )函數可以將一字串反序傳回，試寫一程序達到同樣的功能。

5. 給定一組多項式的係數，可以傳回某一值對應的函數。

6. 給定一組多項式的係數，可以傳回某一值對應的斜率。

7. 設計一程序，輸入引數為兩個時間，傳回值為兩時間的差。

8. 設計一程序，輸入三角形三邊長，傳回三角形之面積；若三角形不存在，則傳回-1。

   提示：三角形面積計算公式為 $A = \sqrt{s(s-a)(s-b)(s-c)}$，其中a, b, c分別為三角形三邊長，且 $s = (a+b+c)/2$。

9. 設計一程式，針對下面的資料分別依英文名字及年齡來排序。

| 名字 | 年齡 | 生日 |
|------|------|------|
| John | 17 | 10/07 |
| Andy | 18 | 02/13 |
| Tom | 15 | 07/11 |
| Helen | 16 | 09/20 |
| Mary | 20 | 11/02 |

(a)以名字排序　　　　　　　(b)以年齡排序

圖一　執行參考結果

```
PRIVATE SUB BUTTON1_CLICK(BYVAL sender As SYS
      BYVAL e As SYSTEM.EVENTARGS) HANDLES BUT
      TEXTBOX1.COPY()
END SUB

PRIVATE SUB BUTTON2_CLICK(BYVAL sender As SYS
      BYVAL e As SYSTEM.EVENTARGS) HANDLES BUT
      TEXTBOX1.CUT()
END SUB

PRIVATE SUB BUTTON3_CLICK(BYVAL sender As SYS
      BYVAL e As SYSTEM.EVENTARGS) HANDLES BUT
      TEXTBOX1.PASTE()
END SUB

PRIVATE SUB BUTTON4_CLICK(BYVAL sender As SYS
      BYVAL e As SYSTEM.EVENTARGS) HANDLES BUT
      TEXTBOX1.U
END SUB
```

# 8

**Visual Basic**

## 事件處理程序

**Visual Basic**

```
IVATE SUB BUTTON3_
   CLICK(BYVAL sender
As SYSTEM.OBJECT,
BYVAL e As SYSTEM.
EVENTARGS) HANDLES
BUTTON3.CLICK
   LABEL1.LEFT += 10
D SUB

RIVATE SUB BUTTON4_
   CLICK(BYVAL sender
As SYSTEM.OBJECT,
BYVAL e As SYSTEM.
EVENTARGS) HANDLES
BUTTON4.CLICK
   BUTTON2.ENABLED =
FALSE
   BUTTON3.ENABLED =
```

在Windows系統中的程式設計架構是屬於事件驅動架構,即某個事件發生了,才會執行屬於該事件之程式(即事件程序)。無事件發生時便處於待命狀態,以期達到多工的程式設計。由於VB是架構於Windows系統下,因此有相同的架構。有關事件程序的使用,在前面的章節範例中已有過簡單的應用,本章的目的是要讓讀者確實了解事件程序驅動的狀況。

# 8-1 事件處理程序的一般說明

事件一般可以透過操作者的動作、程式計算的結果,或者由系統來觸發。而所謂的「事件處理程序」,或稱「事件處理常式」,則是指為回應特定事件而撰寫的程式碼。

在操作Windows系統時,使用者最常用的動作是什麼呢?大部分的人應該都會說是操作滑鼠(包括移動、按滑鼠按鍵等動作)或鍵盤(敲入文字鍵、方向鍵、功能鍵等動作),而這些動作對作用中的應用軟體而言,便是一個事件。程式設計者希望開發的軟體在發生這些動作時產生的反應,便是寫在其對應的事件程序中。例如:你希望開發一套軟體,在當使用者按下滑鼠按鍵時,顯示一提示字串「你按了滑鼠按鍵」,那麼需要如何設計呢?

❋ **何處發生**—找出觸發「按下滑鼠按鍵」事件的物件。

❋ **發生什麼事**—找出此事件對應的事件程序。

❋ **回應什麼**—將顯示一提示字串「你按了滑鼠按鍵」之程式寫於此事件程序中。

由上述的設計步驟可知,要讓每一個動作依照要求執行,就必須在每個事件對應的事件程序中寫下要求的程式。事件處理程序的架構如下:

```
Private Sub 事件處理程序名稱(ByVal sender As Object, ByVal e As 事件引
                            數類別) Handles 物件名稱.事件
        (回應事件撰寫的程式碼)
End Sub
```

其中,引數sender為引發事件的物件來源,它記錄了引發事件的物件資訊;引數e則記錄事件的相關資訊,所儲存的內容依事件的形式不同,所以不

同形式的事件引數屬於不同的事件引數類別。雖然事件處理常式就像是Sub程序，但在後面還使用了關鍵字Handeles以連結事件，因此必須在物件辨識到有事件發生時，才會叫用對應的事件處理常式，一般是無法以叫用其他Sub程序的方法來呼叫它。

　　在.Net Framework的類別庫中，System.Windows.Form命名空間中的類別是用來建立Windows架構應用程式，並利用Microsoft Windows作業系統中的使用者介面功能。因此，控制項觸發的事件引數類別是以System.EventArgs類別為基底類別，而所有事件引數衍生類別則都存在於System.Windows.Form命名空間中。EventArgs類別常出現在一般事件處理程序的引數中，如Click事件、DoublClick事件、GotFocus、LostFocus、Resize、CheckedChanged、CheckStateChanged、Disposed、Validated、TextChanged、MouseEnter、MouseLeave等。表8-1列出其他常見事件引數類別及其所引發的事件。

表8-1　事件引數類別及其所引發的事件

| 事件類別／引發的事件 | 屬性 | | 控制項舉例 |
| --- | --- | --- | --- |
| | 名稱 | 說明 | |
| KeyEventArgs / KeyDown KeyUp | Alt | 取得值，指出是否按下ALT鍵 | 一般控制項（Label控制項無此類事件） |
| | Control | 取得值，指出是否按下CTRL鍵 | |
| | Handled | 取得或設定值，指出是否處理事件 | |
| | KeyCode | 取得引發事件的鍵盤程式碼 | |
| | KeyData | 取得引發事件的按鍵資料 | |
| | KeyValue | 取得引發事件的鍵盤值 | |
| | Modifiers | 取得引發事件的輔助鍵旗標。這些旗標是表示按下CTRL、SHIFT和ALT哪些按鍵組合 | |
| | Shift | 取得值，指出是否按下SHIFT鍵 | |
| | SuppressKeyPress | 取得或設定值，指出按鍵事件是否應該傳遞至基礎控制項 | |

| 事件類別／引發的事件 | 屬性 | | 控制項舉例 |
| --- | --- | --- | --- |
| | 名稱 | 說明 | |
| KeyPressEventArgs /<br>KeyPress | Handled | 取得或設定數值，表示是否處理**KeyPress**事件 | 一般控制項 |
| | KeyChar | 取得或設定對應於所按下按鍵的字元 | |
| TabControlEventArgs /<br>Selected<br>Deselected | Action | 取得指出發生事件的值 | TabControl |
| | TabPage | 取得發生事件的**TabPage** | |
| | TabPageIndex | 取得**TabControl.TabPages**集合中**TabPage**之以零起始的索引 | |
| MouseEventArgs /<br>MouseUp<br>MouseDown<br>MouseMove | Button | 取得按下哪個滑鼠鍵的資訊 | 一般控制項 |
| | Clicks | 取得按下並釋放滑鼠鍵的次數 | |
| | Delta | 取得滑鼠滾輪滾動時帶有正負號的刻度數。一個刻度是一個滑鼠滾輪的刻痕 | |
| | Location | 取得滑鼠在產生滑鼠事件期間的位置 | |
| | X | 取得滑鼠在產生滑鼠事件期間的**X**座標 | |
| | Y | 取得滑鼠在產生滑鼠事件期間的**Y**座標 | |
| DragEventArgs /<br>DragDrop<br>DragEnter | AllowedEffect | 取得原始（或來源）拖曳事件所允許的拖放作業 | 一般控制項 |
| | Data | 取得包含與這個事件相關聯的**IDataObject**資料 | |
| | Effect | 取得或設定拖放作業中的目標置放效果 | |
| | KeyState | 取得**SHIFT**、**CTRL**和**ALT**鍵的目前狀態，以及滑鼠按鍵的狀態 | |
| | X | 取得滑鼠指標的**X**座標（在螢幕座標中） | |
| | Y | 取得滑鼠指標的**Y**座標（在螢幕座標中） | |
| ItemChangedEventArgs /<br>ItemChanged | Index | 指示清單中變更項目的位置 | ListView |

| 事件類別／引發的事件 | 屬性 | | 控制項舉例 |
| --- | --- | --- | --- |
| | 名稱 | 說明 | |
| ItemCheckedEventArgs / ItemChecked | Item | 取得其核取狀態正在變更的ListViewItem | ListView |
| ItemCheckEventArgs / ItemCheck | CurrentValue | 取得值，指出項目的核取方塊目前的狀態 | ListView CheckedListBox |
| | Index | 取得要變更項目之以零起始的索引 | |
| | NewValue | 取得或設定值，指出項目的核取方塊要設定為已核取、未核取或是不定 | |
| ItemDragEventArgs / ItemDrag | Button | 取得值，表示在拖曳作業時按下哪個滑鼠按鈕 | ListView TreeView |
| | Item | 取得被拖曳的項目 | |
| PaintEventArgs / Paint | ClipRectangle | 取得要繪製的矩形 | 一般控制項 |
| | Graphics | 取得用來繪製的圖形 | |

　　表8-1的事件引數類別雖然很多，但讀者並不用擔心，因為對使用者來說，VB智慧的整合編輯環境提供了事件程序的下拉式選單，而這些提供資料的事件引數類別也會自動建立，因此，除非是自己要撰寫其他事件處理程序，否則一切就交給程式編輯視窗就好了。至於屬性部分則要多留意，善用屬性可使程式的操作介面設計更為友善。

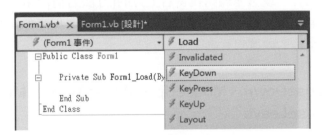

圖8-1　事件處理程序清單

## 8-2　滑鼠事件

### 8-2-1　Click與DoubleClick事件

當你希望以滑鼠點擊物件後執行某些動作，可使用Click及DblClick事件處理程序。

1. Click事件（單擊物件）處理程序：

```
Private Sub 物件名稱_Click(ByVal sender As Object, ByVal e As System.
                          EventArgs) Handles物件名稱.Click
    (回應事件撰寫的程式碼)
End Sub
```

2. DoubleClick事件（雙擊物件）處理程序：

```
物件名稱_DoubleClick(ByVal sender As Object, ByVal e As  System.
                      EventArgs) Handles 物件名稱.DoubleClick
    (回應事件撰寫的程式碼)
End Sub
```

Click及DblClick可以說是視窗程式設計中使用頻率最高的事件，只要在表單上雙擊該物件，或透過編輯視窗右上方的[方法名稱]下拉清單選擇事件對應的方法（即為事件處理程序），即可產生事件處理程序的架構，剩下的就是撰寫事件發生後的處置程式碼了。

### 8-2-2　MouseDown、MouseUp、MouseMove、MouseEnter、MouseLeave

前面章節已有許多Click事件處理程序的範例。這裡須特別再加以注意的是：針對滑鼠所引發的事件很多，那麼事件發生的順序為何？以單擊的過程來說，當滑鼠指標指在控制項上方時按下滑鼠按鈕，通常會從控制項依序引發下面一系列的事件：

1. MouseDown事件

2. Click事件

3. MouseClick事件

4. MouseUp事件

**例 8-1** | **MouseClick、MouseDown和MouseUp事件基本練習**

**✱ 功能說明**

　　觀察滑鼠發生單擊事件時，會觸發哪些處理程序，了解事件執行先後的順序。

**✱ 學習目標**

　　MouseClick、MouseDown和MouseUp事件基本練習。

**✱ 表單配置**

圖8-2　表單配置

**✱ 程式碼**

```
01 Public Class E8_1_MouseEvents1
02
03    Private Sub Label1_Click(ByVal sender As System.Object, ByVal e As
         System.EventArgs) Handles Label1.Click
04       Debug.Print("Label1_Click")
05    End Sub
06
07    Private Sub Label1_MouseClick(ByVal sender As Object, ByVal e As
```

```
        System.Windows.Forms.MouseEventArgs) Handles Label1.MouseClick
08      Debug.Print("Label1_MouseClick")
09   End Sub
10
11   Private Sub Label1_MouseDown(ByVal sender As Object, ByVal e As
        System.Windows.Forms.MouseEventArgs) Handles Label1.MouseDown
12      Debug.Print("Label1_MouseDown")
13   End Sub
14
15   Private Sub Label1_MouseUp(ByVal sender As Object, ByVal e As System.
        Windows.Forms.MouseEventArgs) Handles Label1.MouseUp
16      Debug.Print("Label1_MouseUp")
17   End Sub
18
19 End Class
```

**✱ 執行結果**

　　程式執行後，在Label1控制項上方按下滑鼠後鬆開，所經歷的事件顯示在[即時運算視窗]。

圖8-3　執行結果

END

　　至於雙擊的過程，當滑鼠指標指在控制項上方時連續按下滑鼠按鈕二次，則通常會從控制項依序引發下面一系列的事件，下面的範例結果顯示各事件發生的順序。

## 例 8-2　觀察滑鼠發生雙擊事件觸發的順序與對應的處理程序

### ✱ 功能說明

滑鼠雙擊，在偵錯視窗顯示觸發了哪些處理程序。

### ✱ 學習目標

觀察滑鼠發生雙擊事件時，會觸發哪些處理程序，並了解事件執行先後的順序。

### ✱ 表單配置

圖8-4　表單配置

### ✱ 程式碼

```
01 Public Class E8_2_MouseEvents2
02
03    Private Sub Label1_Click(ByVal sender As System.Object, ByVal e As
         System.EventArgs) Handles Label1.Click
04       Debug.Print("Label1_Click")
05    End Sub
06
07    Private Sub Label1_DoubleClick(ByVal sender As Object, ByVal e As
         System.EventArgs) Handles Label1.DoubleClick
08       Debug.Print("Label1_DoubleClick")
09    End Sub
10
11    Private Sub Label1_MouseClick(ByVal sender As Object, ByVal e As
         System.Windows.Forms.MouseEventArgs) Handles Label1.MouseClick
12       Debug.Print("Label1_MouseClick")
```

```
13    End Sub
14
15    Private Sub Label1_MouseDoubleClick(ByVal sender As Object, ByVal
         e As System.Windows.Forms.MouseEventArgs) Handles Label1.
         MouseDoubleClick
16      Debug.Print("Label1_MouseDoubleClick")
17    End Sub
18
19    Private Sub Label1_MouseDown(ByVal sender As Object, ByVal e As
         System.Windows.Forms.MouseEventArgs) Handles Label1.MouseDown
20      Debug.Print("Label1_MouseDown")
21    End Sub
22
23    Private Sub Label1_MouseUp(ByVal sender As Object, ByVal e As System.
         Windows.Forms.MouseEventArgs) Handles Label1.MouseUp
24      Debug.Print("Label1_MouseUp")
25    End Sub
26
27 End Class
```

**★ 執行結果**

滑鼠雙擊Label1，觀察[即時運算視窗]中顯示發生的事件。

圖8-5　執行結果

END

若是滑鼠在控制項進出移動，則滑鼠事件會依下列順序引發：

**Step 1** MouseEnter（滑鼠進入）

**Step 2** MouseMove（滑鼠移動）

**Step 3** MouseLeave（滑鼠離開）

### 例 8-3    MouseEnter、MouseLeave應用練習—闖關遊戲

❋ **功能說明**

　　設計一闖關遊戲，練習MouseLeave、MouseEnter事件。當滑鼠離開Button7，Button7顯示「Start」，滑鼠在按鈕組成的縫隙中往Button8移動，若過程中碰到Button，則該Button變為紅色，並顯示「闖關失敗」；若順利移進Button8，則顯示過關，按Button7可以重玩。

❋ **學習目標**

　　滑鼠移入、移出控制項觸發的事件MouseEnter、MouseLeave應用練習。

❋ **表單配置**

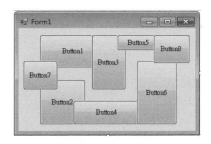

圖8-6　表單配置

❋ **程式碼**

```
01 Public Class E8_3_闖關
02    Dim play As Boolean = False
03    Dim obj1 As Button
04    Private Sub Button1_MouseEnter(ByVal sender As Object, ByVal e As
         System.EventArgs) Handles Button1.MouseEnter, _
```

```
05      Button2.MouseEnter, Button3.MouseEnter, Button4.MouseEnter,
        Button5.MouseEnter, Button6.MouseEnter
06        If play Then
07          sender.BackColor = Color.Red
08          sender.Text = "闖關失敗!"
09          obj1 = sender
10          play = False
11        End If
12      End Sub
13
14      Private Sub Button7_MouseLeave(ByVal sender As Object, ByVal e As
        System.EventArgs) Handles Button7.MouseLeave
15        Button7.BackColor = Color.Green
16        Button7.Text = "Start"
17        play = True
18      End Sub
19
20      Private Sub Form1_Load(ByVal sender As System.Object, ByVal e As
        System.EventArgs) Handles MyBase.Load
21        Button1.Text = ""
22        Button2.Text = ""
23        Button3.Text = ""
24        Button4.Text = ""
25        Button5.Text = ""
26        Button6.Text = ""
27        Button7.Text = "起點"
28        Button8.Text = "終點"
29      End Sub
30
31      Private Sub Button8_MouseEnter(ByVal sender As Object, ByVal e As
        System.EventArgs) Handles Button8.MouseEnter
32        If play Then
33          Button8.Text = "過關"
34          Button8.BackColor = Color.Yellow
35          obj1 = Button8
36          play = False
37        End If
```

```
38      End Sub
39
40      Private Sub Button7_Click(ByVal sender As System.Object, ByVal e As
        System.EventArgs) Handles Button7.Click
41         If obj1 Is Nothing Then Exit Sub
42         obj1.BackColor = Color.GhostWhite
43         obj1.Text = ""
44         Button7.BackColor = Color.GhostWhite
45         Button7.Text = "起點"
46         Button8.Text = "終點"
47      End Sub
48
49 End Class
```

## ✱ 執行結果

滑鼠自[起點]按鈕離開後,遊戲即開始。自此滑鼠不能碰觸到任何按鈕,直到到達終點。過程中若碰到按鈕即出現闖關失敗之訊息。

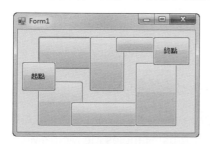

(a)執行畫面

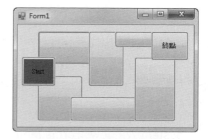

(b)滑鼠移到[起點]鈕

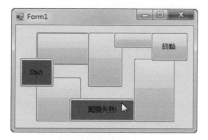

(c)按著滑鼠移動碰到邊界

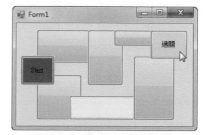

(d)過關情況

圖12-44　執行結果

## 例 8-4　　MouseDown與MouseMove練習─不規則形狀視窗的拖曳

**✱ 功能說明**

不規則形狀視窗的滑鼠拖曳。

**✱ 學習目標**

MouseDown與MouseMove練習。

**✱ 表單配置**

與第4章範例相同，增加星星拖曳功能。

**✱ 程式碼**

```
01 Public Class E8_4_StarMove
02
03    Private mouseOffset As Point
04
05    Private Sub Form1_MouseDown(ByVal sender As Object, ByVal e As
          System.Windows.Forms.MouseEventArgs) Handles Me.MouseDown
06      If e.Button = MouseButtons.Left Then
07        mouseOffset = New Point(e.X, e.Y)
08      End If
09    End Sub
10
11    Private Sub Form1_MouseMove(ByVal sender As Object, ByVal e As
          System.Windows.Forms.MouseEventArgs) Handles Me.MouseMove
12      If e.Button = MouseButtons.Left Then
13        Me.Left += e.X - mouseOffset.X
14        Me.Top += e.Y - mouseOffset.Y
15      End If
16    End Sub
17
18    Private Sub Form1_DoubleClick(ByVal sender As Object, ByVal e As
          System.EventArgs) Handles Me.DoubleClick
19      '雙擊滑鼠後應用程式結束
20      End
```

```
21    End Sub
22
23 End Class
```

**＊ 執行結果**

　　執行後可拖曳星形表單，在滑鼠雙擊表單後程式結束。

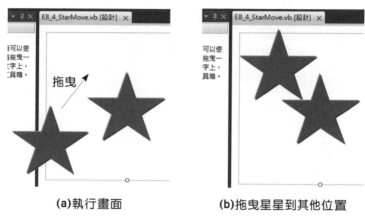

(a)執行畫面　　　　　　(b)拖曳星星到其他位置

圖8-8　執行結果

## 8-2-3　DragDrop、DragOver、DragEnter

　　表單上控制項的拖曳除了在視覺上有很好的效果，有時對於使用者的操作也有便利性。參與控制項拖放的物件，包括來源控制項與目標控制項，因此，事件也區分為來源控制項引發的事件—GiveFeedback與QueryContinueDrag，以及目標控制項引發的事件—DragDrop、DragOver、DragEnter。物件實施拖放的作業步驟如下：

1. 選定來源控制項與目標控制項。

2. 設定目標控制項的AllowDrop屬性為True。

3. 針對來源控制項執行DoDragDrop方法，語法如下：

> 來源控制項.**DoDragDrop(Data, allowedEffects)**

其中，引數Data為要拖曳的資料，可以是文字，也可以是圖片；allowedEffects為拖放作業時執行最後的結果，可使用DragDropEffects列舉型別成員。

表8-2　DragDropEffects列舉型別成員

| 成員 | 說明 |
|------|------|
| All | 資料從拖曳來源中複製、移除，並在置放目標（**Drop Target**）中捲動 |
| Copy | 複製資料到置放目標中 |
| Link | 來自拖曳來源的資料連結到置放目標 |
| Move | 來自拖曳來源的資料移至置放目標 |
| None | 置放目標不接受資料 |
| Scroll | 捲動將要開始或者目前發生於置放目標 |

4. 撰寫來源控制項的事件處理程序GiveFeedback與QueryContinueDrag（若有需要的話）。

表8-3　拖放之來源控制項事件

| 事件名稱 | 說明 |
|----------|------|
| GiveFeedback | 拖曳事件的來源可以修改滑鼠指標的外觀，以便在拖放作業期間為使用者提供視覺化回應 |
| QueryContinueDrag | 當鍵盤或滑鼠按鍵狀態在拖放作業期間變更時，將引發QueryContinueDrag事件。QueryContinueDrag事件可讓拖曳來源決定是否應取消拖放作業 |

QueryContinueDrag事件的引數物件為QueryContinueDragEventArgs。

表8-4　QueryContinueDragEventArgs類別之屬性成員

| 屬性 | 說明 |
|------|------|
| Action | 取得或設定拖放作業的狀態。屬性值有三種：DragAction.Cancel（取消拖曳）、DragAction.Drop（啟動拖曳）、DragAction.Continue |
| EscapePressed | 取得使用者是否按下ESC鍵 |
| KeyState | 取得SHIFT、CTRL和ALT鍵的目前狀態，狀態值分別為：5（SHIFT）、9（CTRL）、33（ALT） |

依預設，QueryContinueDrag事件會在按下ESC鍵時，將Action設為DragAction.Cancel，以及在按下滑鼠左、中或右鍵時，將Action設為DragAction.Drop。

## 例 8-5　DoDragDrop方法與GiveFeedback事件和 QueryContinueDrag事件

**✱ 功能說明**

針對來源控制項的拖曳練習。

**✱ 學習目標**

DoDragDrop方法與來源控制項引發的事件——GiveFeedback事件和QueryContinueDrag事件練習。

**✱ 表單配置**

圖8-9　表單配置

## ✱ 程式碼

```
01 Public Class E8_5_DragDrop1
02
03    Private Sub Form1_Load(ByVal sender As System.Object, ByVal e As
          System.EventArgs) Handles MyBase.Load
04       Button1.Text = "來源"
05       Button2.Text = "目標"
06       Label1.Text = "狀態:"
07       Button2.AllowDrop = True
08    End Sub
09
10    Private Sub Button1_GiveFeedback(ByVal sender As Object, ByVal e As
          System.Windows.Forms.GiveFeedbackEventArgs) Handles Button1.
          GiveFeedback
11       e.UseDefaultCursors = False
12       Cursor.Current = Cursors.Hand
13    End Sub
14
15    Private Sub Button1_QueryContinueDrag(ByVal sender As Object, ByVal
          e As System.Windows.Forms.QueryContinueDragEventArgs) Handles
          Button1.QueryContinueDrag
16       If e.KeyState <> 0 Then
17          Select Case e.KeyState
18             Case 1
19                Label1.Text = "狀態:拖曳中"
20             Case 9
21                Label1.Text = "狀態:拖曳中->按下 " & "Ctrl 鍵"
22             Case 33
23                Label1.Text = "狀態:拖曳中->按下 " & "Alt 鍵"
24             Case 5
25                Label1.Text = "狀態:拖曳中->按下 " & "Shift 鍵"
26          End Select
27       ElseIf e.EscapePressed Or e.KeyState = 0 Then
28          Label1.Text = "狀態:取消拖曳"
29       End If
30    End Sub
```

```
31
32   Private Sub Button1_MouseDown(ByVal sender As Object, ByVal e As
        System.Windows.Forms.MouseEventArgs) Handles Button1.MouseDown
33       Button1.DoDragDrop(Button1.Text, DragDropEffects.None)
34   End Sub
35
36 End Class
```

## ✻ 執行結果

程式執行過程與結果如圖8-10之說明。

**(a)執行畫面**

**(b)按下[來源]鈕並且進行拖曳**

**(c)鬆開滑鼠取消拖曳**

**(d)在拖曳中同時按下Ctrl鍵**

**(e)拖曳至目標**

圖8-9　執行結果

5. 撰寫目標控制項的事件處理程序—DragEnter、DragOver、DragDrop、
   DragLeave。

表8-5  拖放之目標控制項事件

| 事件名稱 | 說明 |
|---|---|
| DragOver | 發生於物件拖曳至控制項，並在控制項中移動時 |
| DragEnter | 發生於物件拖曳至控制項邊框中時 |
| DragDrop | 發生於完成拖放作業時 |
| DragLeave | 發生於物件拖曳出控制項邊框時 |

表8-6  DragEventArgs類別之屬性成員

| 屬性 | 說明 |
|---|---|
| AllowedEffect | 取得原始（或來源）拖曳事件所允許的拖放作業 |
| Data | 取得包含與這個事件相關聯的IDataObject資料 |
| Effect | 取得或設定拖放作業中的目標置放效果，因此必須在目標發生DragDrop事件前（如DragEnter事件）設定 |
| KeyState | 取得SHIFT、CTRL和ALT鍵的目前狀態，以及滑鼠按鍵的狀態 |
| X | 取得滑鼠指標的X座標（在螢幕座標中） |
| Y | 取得滑鼠指標的Y座標 (在螢幕座標中) |

## 例 8-6  DragDrop、DragOver、DragEnter練習—目標控制項的拖曳

**✻ 功能說明**

針對目標控制項的拖曳練習。

**✻ 學習目標**

目標控制項引發的事件—DragDrop、DragOver、DragEnter練習。

* 表單配置

圖8-11　表單配置

* 程式碼

```
01 Public Class E8_6_DragDrop2
02    Private Sub Form1_Load(ByVal sender As System.Object, ByVal e As
         System.EventArgs) Handles MyBase.Load
03      Label1.Text = "來源:"
04      Label2.Text = "目標:"
05      TextBox2.AllowDrop = True
06    End Sub
07
08    Private Sub TextBox1_GiveFeedback(ByVal sender As Object, ByVal e As
         System.Windows.Forms.GiveFeedbackEventArgs) Handles TextBox1.
         GiveFeedback
09      e.UseDefaultCursors = False
10      Cursor.Current = Cursors.Hand
11    End Sub
12
13    Private Sub TextBox1_QueryContinueDrag(ByVal sender As Object, ByVal
         e As System.Windows.Forms.QueryContinueDragEventArgs) Handles
         TextBox1.QueryContinueDrag
14      If e.KeyState <> 0 Then
15        Select Case e.KeyState
16          Case 1
17            Label1.Text = "狀態:拖曳中"
18          Case 9
19            Label1.Text = "狀態:拖曳中->按下 " & "Ctrl 鍵"
20          Case 33
21            Label1.Text = "狀態:拖曳中->按下 " & "Alt 鍵"
22          Case 5
```

```
23              Label1.Text = "狀態:拖曳中->按下 " & "Shift 鍵"
24          End Select
25      ElseIf e.EscapePressed Or e.KeyState = 0 Then
26          Label1.Text = "狀態:取消拖曳"
27      End If
28  End Sub
29
30  Private Sub TextBox1_MouseDown(ByVal sender As Object, ByVal e As
        System.Windows.Forms.MouseEventArgs) Handles TextBox1.MouseDown
31      TextBox1.DoDragDrop(TextBox1.Text, DragDropEffects.None)
32  End Sub
33
34  Private Sub TextBox2_DragDrop(ByVal sender As Object, ByVal e As
        System.Windows.Forms.DragEventArgs) Handles TextBox2.DragDrop
35      Label2.Text = "目標:DragDragDrop"
36  End Sub
37
38  Private Sub TextBox2_DragEnter(ByVal sender As Object, ByVal e As
        System.Windows.Forms.DragEventArgs) Handles TextBox2.DragEnter
39      TextBox2.Text = e.Data.GetData(DataFormats.Text)
40      Label2.Text = "目標:DragEnter"
41      e.Effect = DragDropEffects.All
42  End Sub
43
44  Private Sub TextBox2_DragLeave(ByVal sender As Object, ByVal e As
        System.EventArgs) Handles TextBox2.DragLeave
45      TextBox2.Text = ""
46      Label2.Text = "目標:DragLeave"
47  End Sub
48
49  Private Sub TextBox2_DragOver(ByVal sender As Object, ByVal e As
        System.Windows.Forms.DragEventArgs) Handles TextBox2.DragOver
50      Label2.Text = "目標:DragOver"
51  End Sub
52
53 End Class
```

**✱ 執行結果**

程式執行過程與結果如圖8-12之說明。

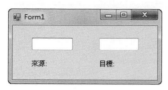

**(a)開始執行**

**(b)鍵入文字**

**(c)自來源文字方塊拖曳**

**(d)拖曳至目標文字方塊**

**(e)移出目標文字方塊**

**(f)放入目標文字方塊**

圖8-12　執行結果

END

---

**例 8-7**　**DragDrop、DragLeave、DragEnter事件練習——項目的拖放**

**✱ 功能說明**

ListBox清單項目的拖放練習。將來源ListBox中的項目拖放到目標ListBox中。

**✱ 學習目標**

DragDrop、DragLeave、DragEnter事件練習。

* 表單配置

圖8-13　表單配置

* 程式碼

```
01 Public Class E8_7_DragDrop3
02
03    Private Sub Form3_Load(ByVal sender As System.Object, ByVal e As
         System.EventArgs) Handles MyBase.Load
04       Label1.Text = "來源"
05       Label2.Text = "目標"
06       ListBox2.AllowDrop = True
07       ListBox1.Items.Add("香蕉")
08       ListBox1.Items.Add("蘋果")
09       ListBox1.Items.Add("柳橙")
10       ListBox1.Items.Add("芭樂")
11    End Sub
12
13    Private Sub ListBox1_GiveFeedback(ByVal sender As Object, ByVal e As
         System.Windows.Forms.GiveFeedbackEventArgs) Handles ListBox1.
         GiveFeedback
14       e.UseDefaultCursors = False
15       Cursor.Current = Cursors.UpArrow
16    End Sub
17
18    Private Sub ListBox1_MouseDown(ByVal sender As Object, ByVal e As
         System.Windows.Forms.MouseEventArgs) Handles ListBox1.MouseDown
19       Dim str1 As String = ListBox1.SelectedIndex & "," & ListBox1.
         SelectedItem
20       ListBox1.DoDragDrop(str1, DragDropEffects.All)
21    End Sub
```

```
22
23    Private Sub ListBox2_DragDrop(ByVal sender As Object, ByVal e As
        System.Windows.Forms.DragEventArgs) Handles ListBox2.DragDrop
24      Dim str2() As String = Split(e.Data.GetData(DataFormats.lext), ",")
25      ListBox1.Items.RemoveAt(Val(str2(0)))
26      ListBox2.Items.Add(str2(1))
27      Label2.Text = "目標："
28    End Sub
29
30    Private Sub ListBox2_DragEnter(ByVal sender As Object, ByVal e As
        System.Windows.Forms.DragEventArgs) Handles ListBox2.DragEnter
31      Dim str2() As String = Split(e.Data.GetData(DataFormats.Text), ",")
32      e.Effect = DragDropEffects.All
33      Label2.Text = "目標：移入" & str2(1)
34    End Sub
35
36    Private Sub ListBox2_DragLeave(ByVal sender As Object, ByVal e As
        System.EventArgs) Handles ListBox2.DragLeave
37      Label2.Text = "目標："
38    End Sub
39
40 End Class
```

**✱ 執行結果**

　　程式執行過程與結果如圖8-14之說明。

(a)開始執行

(b)拖曳蘋果項目

(c)移入目標清單控制項       (d)鬆開滑鼠

圖8-14 執行結果

END

---

## 例 8-8　影像的拖放與複製

**✱ 功能說明**

　　拖放圖片。拖放過程中，若同時按Ctrl鍵，則圖片被複製；否則是被搬移。

**✱ 學習目標**

　　結合影像操作的拖放與複製。

**✱ 表單配置**

圖8-15 表單配置

**✱ 程式碼**

```
01 Public Class E8_8_DragDrop4
02
03    Dim CopyPaste As Boolean
```

```
04    Private Sub Form4_Load(ByVal sender As System.Object, ByVal e As
          System.EventArgs) Handles MyBase.Load
05        PictureBox2.SizeMode = PictureBoxSizeMode.StretchImage
06        PictureBox2.AllowDrop = True
07        Label1.Text = ""
08    End Sub
09
10    Private Sub PictureBox1_MouseDown(ByVal sender As Object, ByVal e
          As System.Windows.Forms.MouseEventArgs) Handles PictureBox1.
          MouseDown
11        PictureBox1.DoDragDrop(PictureBox1.Image, DragDropEffects.All)
12    End Sub
13
14    Private Sub PictureBox2_DragDrop(ByVal sender As Object, ByVal e As
          System.Windows.Forms.DragEventArgs) Handles PictureBox2.DragDrop
15        Dim bitmap As Bitmap = e.Data.GetData(DataFormats.Bitmap)
16        If Not CopyPaste Then
17            PictureBox1.Image = Nothing
18        End If
19        PictureBox2.Image = bitmap
20        Label1.Text = If(CopyPaste = True, "複製", "搬移") & "完成"
21        CopyPaste = False
22    End Sub
23
24    Private Sub PictureBox2_DragEnter(ByVal sender As Object, ByVal e As
          System.Windows.Forms.DragEventArgs) Handles PictureBox2.DragEnter
25        e.Effect = DragDropEffects.All
26    End Sub
27
28    Private Sub PictureBox1_QueryContinueDrag(ByVal sender As Object,
          ByVal e As System.Windows.Forms.QueryContinueDragEventArgs)
          Handles PictureBox1.QueryContinueDrag
29        If e.KeyState = 9 Then
30            Label1.Text = "複製"
31            CopyPaste = True
32        ElseIf e.KeyState = 0 Then
```

```
33        Label1.Text = "動作取消"
34      Else
35        Label1.Text = "搬移"
36      End If
37    End Sub
38
39 End Class
```

## ✱ 執行結果

程式執行過程與結果如圖8-16之說明。

**(a)拖曳圖片**

**(b)複製完成**

**(c)拖曳圖片**

**(d)搬移完成**

圖8-16　執行結果

## 8-3　鍵盤事件

鍵盤對使用者來說，是一種最基本的輸入工具。VB提供了一些鍵盤相關事件KeyPress、KeyDown和KeyUp供程式設計者利用。表8-7為事件處理程序中引數的類別KeyPressEventArgs（KeyPress）和KeyEventArgs（KeyDown和KeyUp）及其屬性。

表8-7　鍵盤事件別

| 事件類別 | 屬性名稱 | 說明 |
|---|---|---|
| KeyPressEventArgs | Handled | 取得或設定數值，表示是否處理KeyPress事件 |
| | KeyChar | 取得或設定對應於所按下按鍵的字元 |
| KeyEventArgs | Alt | 取得值，指出是否按下ALT鍵 |
| | Control | 取得值，指出是否按下CTRL鍵 |
| | Handled | 取得或設定值，指出是否處理事件 |
| | KeyCode | 取得引發事件的鍵盤程式碼 |
| | KeyData | 取得引發事件的按鍵資料 |
| | KeyValue | 取得引發事件的鍵盤值 |
| | Modifiers | 取得引發事件的輔助鍵旗標。這些旗標是表示按下CTRL、SHIFT和ALT哪些按鍵組合 |
| | Shift | 取得值，指出是否按下SHIFT鍵 |
| | SuppressKeyPress | 取得或設定值，指出按鍵事件是否應該傳遞至基礎控制項 |

## 8-3-1　KeyPress事件

KeyPress事件是按鍵為ASCII碼時所觸發的事件。一般而言，若鍵盤輸入只是英文字母、數字等，採用此事件來判斷非常合適。KeyPress事件程序語法：

```
Private Sub 物件名稱_KeyPress(ByVal sender As Object, ByVal e As _
System.Windows.Forms.KeyPressEventArgs) Handles 物件名稱.KeyPress
End Sub
```

## 延伸閱讀

### 何謂ASCII碼？

是一8位元字元集，用來代表256（0~255）個字元。前面128字元
（0~127）為標準美制鍵盤的字母及符號；後面128字元（128~255）則為
特殊字元，像國際通用羅馬字母、重音符號、貨幣符號、分數等。

### 例 8-9　　鍵盤KeyPress事件

#### ✱ 功能說明

1. 使用者在表單中的文字方塊控制項中按下鍵盤上的a-i，而出現在文字方塊
   內的卻是1-9。

2. 若輸入的字母是比i大的ASCII碼，則不顯示任何字。

#### ✱ 學習目標

　　KeyPress事件基本練習。

#### ✱ 表單配置

圖8-17　表單配置

## ✱ 程式碼

```
01 Public Class E8_9_KeyPress1
02
03    Private Sub Form1_Load(ByVal sender As System.Object, ByVal e As
         System.EventArgs) Handles MyBase.Load
04       Label1.Text = "請按下鍵盤a~i鍵:"
05    End Sub
06
07    Private Sub TextBox1_KeyPress(ByVal sender As Object, ByVal e As
         System.Windows.Forms.KeyPressEventArgs) Handles TextBox1.KeyPress
08       If e.KeyChar <= "i" And e.KeyChar >= "a" Then
09          e.KeyChar = Chr(Asc(e.KeyChar) + Asc("1") - Asc("a"))
10       Else
11          e.Handled = True
12       End If
13    End Sub
14
15 End Class
```

## ✱ 執行結果

按下「a」和「i」則會在文字方塊中出現19。

圖8-18 執行結果

## 例 8-10　　KeyPress事件練習─帳號與密碼設定

### ✱ 功能說明

設計一帳號與密碼設定視窗，限制條件如下：

1. 帳號（ID）：英文字母（大小寫不區分）和數字都可以，但第一個字母需為英文，且字元數不超過8。

2. 密碼（PSD）：英文字母（大小寫不同）和數字都可以，但不得全部是數字，且字元數須大於5。

### ✱ 學習目標

KeyPress事件應用練習。

### ✱ 表單配置

圖8-19　表單配置

### ✱ 程式碼

```
01 Public Class E8_10_KeyPress2
02
03    Private Sub Form5_Load(ByVal sender As System.Object, ByVal e As
       System.EventArgs) Handles MyBase.Load
04       Label1.Text = "帳號設定"
05       Label2.Text = "密碼設定"
06       Button1.Text = "確定"
07       TextBox1.TabIndex = 0
08       TextBox2.TabIndex = 1
09    End Sub
```

```
10
11    Private Sub TextBox1_KeyPress(ByVal sender As Object, ByVal e As
          System.Windows.Forms.KeyPressEventArgs) Handles TextBox1.KeyPress
12      '英文字母(大小寫不區分)和數字都可以，但第一個字母需為英文，且字元
        數不超過8
13      Dim r1, r2, r3, r4, r5 As Boolean
14      r1 = IsNumeric(e.KeyChar)    '數字鍵
15      r2 = UCase(e.KeyChar) >= "A" And UCase(e.KeyChar) <= "Z"    '英文字
        母鍵
16      r3 = Asc(e.KeyChar) = 8    '{倒退鍵}
17      r4 = Len(TextBox1.Text) = 0 And (Not r2)  '長度為0個字，且下一個按鍵
        不是數字鍵
18      r5 = Len(TextBox1.Text) = 8 And (Not r3)  '長度為8個字，且下一個按鍵
        不是{倒退鍵}
19      If Not (r1 Or r2 Or r3) Or r4 Or r5 Then
20          e.Handled = True
21      End If
22    End Sub
23
24    Private Sub TextBox1_LostFocus(ByVal sender As Object, ByVal e As
          System.EventArgs) Handles TextBox1.LostFocus
25      If TextBox1.Text = "" Then
26          MsgBox("請先設定帳號！")
27          TextBox1.Focus()
28      End If
29    End Sub
30
31    Private Sub TextBox2_KeyPress(ByVal sender As Object, ByVal e As
          System.Windows.Forms.KeyPressEventArgs) Handles TextBox2.KeyPress
32      '英文字母(大小寫不同)和數字都可以，但不得全部是數字，且字元數須大
        於5
33      Dim r1, r2, r3 As Boolean
34      r1 = IsNumeric(e.KeyChar)    '數字鍵
35      r2 = (e.KeyChar >= "A" And e.KeyChar <= "Z") Or (e.KeyChar >= "a"
        And e.KeyChar <= "z")  '英文字母鍵
36      r3 = Asc(e.KeyChar) = 8    '{倒退鍵}
```

```
37      If Not (r1 Or r2 Or r3) Then
38         e.Handled = True
39      End If
40   End Sub
41
42   Private Sub Button1_Click(ByVal sender As System.Object, ByVal e As
        System.EventArgs) Handles Button1.Click
43      Dim str1 As String
44      If Len(TextBox2.Text) < 5 Then
45         MsgBox("密碼長度最少5個字元")
46         TextBox2.Focus()
47      Else
48         str1 = "ID=" & (TextBox1.Text) & vbCrLf & "PSD=" & TextBox2.Text
49         MsgBox(str1)
50      End If
51   End Sub
52
53 End Class
```

**✱ 執行結果**

程式執行過程與結果如圖8-20之說明。

(a)密碼不符合規定

(b)密碼與帳號符合規定

圖8-20　執行結果

END

## 8-3-2　KeyDown及KeyUp事件

當按鍵不屬於ASCII碼時，按鍵無法觸發KeyPress事件，但是能驅動KeyDown事件及KeyUp事件。因此，若要判斷的按鍵無法由KeyPress事件辨別，例如：功能鍵、方向鍵或組合鍵、辨別數字鍵或數字盤等，則須利用KeyDown及KeyUp事件來進行判斷及設計相關的動作反應。

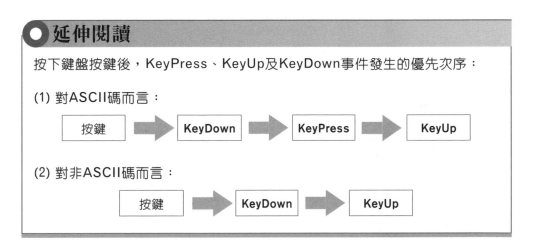

### 延伸閱讀

按下鍵盤按鍵後，KeyPress、KeyUp及KeyDown事件發生的優先次序：

(1) 對ASCII碼而言：

按鍵 ➡ KeyDown ➡ KeyPress ➡ KeyUp

(2) 對非ASCII碼而言：

按鍵 ➡ KeyDown ➡ KeyUp

KeyDown事件程序語法：

```
Private Sub 物件名稱_KeyDown(ByVal sender As Object, ByVal e As _
System.Windows.Forms.KeyEventArgs) Handles 物件名稱.KeyDown
End Sub
```

KeyUp事件程序語法：

```
Private Sub 物件名稱_KeyUp(ByVal sender As Object, ByVal e As _
System.Windows.Forms.KeyEventArgs) Handles 物件名稱.KeyUp
End Sub
```

● 延伸閱讀

再探ASCII碼及KeyCode碼的差異？

(1) KeyCode是 "鍵碼"：

　　只要按鍵盤上的相同按鍵，不管是字母大小寫均只有一個碼。

(2) ASCII是 "字碼"：

　　雖然是相同的的按鍵，但大小寫不同便會有不同的碼，例如：

　　1. "B" 及 "b" 有相同KeyCode碼但有不同ASCII碼。

　　2. 鍵盤上的 0 及鍵盤右方數字盤上的 0 有相同的ASCII碼，但有不同的KeyCode。

例 8-11　KeyDown事件基本練習

**✱ 功能說明**

1. 按 「→」 鍵則Label控制項向右移一影像寬度，按 「←」 、 「↑」 及 「↓」 鍵亦有相同的效果。

2. 按下「Ctrl + F2」 鍵時結束程式。

**✱ 學習目標**

　　KeyDown事件基本練習。

**❋ 表單配置**

圖8-21　表單配置

**❋ 程式碼**

```
01 Public Class E8_11_KeyDown1
02
03   Private Sub Form3_KeyDown(ByVal sender As Object, ByVal e As System.
       Windows.Forms.KeyEventArgs) Handles Me.KeyDown
04     Select Case e.KeyCode
05       Case Keys.Right '按了向右鍵
06         Label1.Left = Label1.Left + Label1.Width / 10
07       Case Keys.Left  '按了向左鍵
08         Label1.Left = Label1.Left - Label1.Width / 10
09       Case Keys.Down  '按了向下鍵
10         Label1.Top = Label1.Top + Label1.Height / 5
11       Case Keys.Up    '按了向上鍵
12         Label1.Top = Label1.Top - Label1.Height / 5
13       Case Is = Keys.F2 And e.Control = True
14         End
15     End Select
16   End Sub
17
18   Private Sub Form3_Load(ByVal sender As System.Object, ByVal e As
       System.EventArgs) Handles MyBase.Load
19     Label1.Text = ""
20     Label1.BackColor = Color.Yellow
21   End Sub
22
23 End Class
```

**✱ 執行結果**

按了鍵盤上的「→」、「←」、「↑」及「↓」鍵，Label控制項會依指示移動。

圖8-22　執行結果

END

## 延伸閱讀

若移動控制項為Button，且為焦點時，敲入「→」、「←」、「↑」及「↓」鍵是無法引發KeyDown事件的。此時可以使用KeyDown事件的前置處理方法ProcessDialogKey，當回傳值為true時，便會完成前置處理，並且不會產生按鍵事件。如果回傳值為false，則會發生KeyDown事件。也就是程式可以寫為：

```
01 Public Class Form2
02
03    Protected Overrides Function ProcessDialogKey(ByVal keyData As
       Keys) As Boolean
04       Return False
05    End Function
06
07    Private Sub Button1_KeyDown(ByVal sender As Object, ByVal e As
       System.Windows.Forms.KeyEventArgs) Handles Button1.KeyDown
08       Select Case e.KeyCode
09         Case Keys.Right '按了向右鍵
10            Button1.Left = Button1.Left + Button1.Width / 10
11         Case Keys.Left  '按了向左鍵
12            Button1.Left = Button1.Left - Button1.Width / 10
```

```
13          Case Keys.Down  '按了向下鍵
14              Button1.Top = Button1.Top + Button1.Height / 5
15          Case Keys.Up    '按了向上鍵
16              Button1.Top = Button1.Top - Button1.Height / 5
17      End Select
18  End Sub
19
20  Private Sub Form2_Load(ByVal sender As System.Object, ByVal e As
        System.EventArgs) Handles MyBase.Load
21      Button1.Text = ""
22      Button1.BackColor = Color.Yellow
23  End Sub
24
25 End Class
```

圖8-23　Label控制項改為Button控制項

## 例 8-12　KeyDown事件應用練習─接反彈球

### ✽ 功能說明

　　本例設計一個簡單的接球，球會在Panel中移動，使用者利用鍵盤的上、下、左、右鍵，控制滑塊接球，使球反彈；若未接到球則出現失敗訊息。

### ✽ 學習目標

　　KeyDown事件應用練習。

**❋ 表單配置**

圖12-43 表單配置

**❋ 程式碼**

```
01 Public Class E8_12_壁球
02
03    Protected Overrides Function ProcessDialogKey(ByVal keyData As Keys)
       As Boolean
04       Return False
05    End Function
06
07    Private Sub Timer1_Tick(ByVal sender As System.Object, ByVal e As
       System.EventArgs) Handles Timer1.Tick
08       Static sign1 As Int16 = 1
09       Static sign2 As Int16 = 1
10       Dim r1, r2, r3 As Boolean
11       r1 = OvalShape1.Top + OvalShape1.Height > Button1.Top    '球的高度座
   標限制
12       r2 = OvalShape1.Left < (Button1.Left + Button1.Width)   '球的右邊限制
13       r3 = (OvalShape1.Left > Button1.Left)                   '球的左邊限制
14       If OvalShape1.Left < 0 Then sign1 = 1
15       If OvalShape1.Top < 0 Then sign2 = 1
16       If OvalShape1.Left + OvalShape1.Width > Panel1.Width Then sign1 =
      -1
17       If r1 And r2 And r3 Then sign2 = -1
18       OvalShape1.Left = OvalShape1.Left + 10 * sign1
19       OvalShape1.Top = OvalShape1.Top + 10 * sign2
```

```
20      If OvalShape1.Top > Panel1.Height Then
21        Timer1.Enabled = False
22        MsgBox("失敗")
23        Button1.Left = (Panel1.Width - Button1.Width) / 2    '置中
24        Button1.Text = "重新開始"
25        OvalShape1.Left = (Panel1.Width - OvalShape1.Width) / 2    '置中
26        OvalShape1.Top = Panel1.Height / 4
27        sign1 = 1
28        sign2 = 1
29      End If
30    End Sub
31
32    Private Sub E8_12_壁球_Load(ByVal sender As System.Object, ByVal e As
      System.EventArgs) Handles MyBase.Load
33      Button1.Text = "按Space開始"
34      Button1.BackColor = Color.Yellow
35      OvalShape1.FillStyle = PowerPacks.FillStyle.Solid
36      OvalShape1.FillColor = Color.Red
37      OvalShape1.Left = (Panel1.Width - OvalShape1.Width) / 2    '置中
38      OvalShape1.Top = Panel1.Height / 4
39    End Sub
40
41    Private Sub Button1_KeyDown(ByVal sender As Object, ByVal e As System.
      Windows.Forms.KeyEventArgs) Handles Button1.KeyDown
42      Select Case e.KeyCode
43        Case Keys.Right '按了向右鍵
44          Button1.Left = Button1.Left + Button1.Width / 10
45        Case Keys.Left  '按了向左鍵
46          Button1.Left = Button1.Left - Button1.Width / 10
47        Case Keys.Down  '按了向下鍵
48          Button1.Top = Button1.Top + Button1.Height / 5
49        Case Keys.Up    '按了向上鍵
50          Button1.Top = Button1.Top - Button1.Height / 5
51        Case Keys.Space
52          Timer1.Enabled = Not Timer1.Enabled
53          Button1.Text = IIf(Timer1.Enabled = True, "按Space暫停", "按Space
```

```
        繼續")
54      End Select
55   End Sub
56
57 End Class
```

## ✱ 執行結果

程式執行過程與結果如圖8-25之說明。

(a)開始執行

(b)按下[開始]鈕

(c)未接到球則出現失敗訊息

(d)重新開始畫面

圖12-44　執行結果

### 例 8-13　　KeyDown事件的應用—英打練習程式

#### ✱ 功能說明

　　本例設計一個簡單的英打練習程式，程式中以隨機的方式產生任意的英文字母，當鍵入的字母與顯示字串的第一個字母相同時，則答對成績累加，並清除字串的第一個字；否則答錯成績累加。當未清除的字母超過30個，則程式結束。

#### ✱ 學習目標

　　KeyDown事件的應用練習。

#### ✱ 表單配置

圖8-26　表單配置

#### ✱ 程式碼

```
01 Public Class E8_13_英打
02
03    Dim w, r
04    Private Sub Form1_KeyDown(ByVal sender As Object, ByVal e As System.
        Windows.Forms.KeyEventArgs) Handles Me.KeyDown
05       If e.KeyCode = Asc(Label1.Text.Substring(0, 1)) Then    '答對
06          Label1.Text = Mid(Label1.Text, 2)
07          r = r + 1
08          Label2.Text = "答對：" & r & "字"
09       Else                        '答錯
10          w = w + 1
11          Label3.Text = "答錯：" & w & "字"
```

```vbnet
12      End If
13    End Sub
14
15    Private Sub Form1_Load(ByVal sender As System.Object, ByVal e As
          System.EventArgs) Handles MyBase.Load
16      Label1.Text = ""
17      Label2.Text = "答對 :"
18      Label3.Text = "答錯 :"
19      Label4.Text = "餘字 :"
20      Button1.Text = "開始"
21    End Sub
22
23    Private Sub Button1_Click(ByVal sender As System.Object, ByVal e As
          System.EventArgs) Handles Button1.Click
24      Timer1.Enabled = True
25      w = 0
26      r = 0
27      Label1.Text = ""
28      Button1.Enabled = False
29    End Sub
30
31    Private Sub Timer1_Tick(ByVal sender As System.Object, ByVal e As
          System.EventArgs) Handles Timer1.Tick
32      Randomize(100)      '以系統時間作為亂數種子來啟始亂數產生器
33      Label1.Text = Label1.Text + Chr(65 + Int(26 * Rnd()))
34      Label4.Text = "餘字 : " & Len(Label1.Text) & " 字"
35      If Len(Label1.Text) >= 30 Then
36        Timer1.Enabled = False
37        MsgBox("餘字超過30個,Game Over!", , "結束訊息")
38        Button1.Enabled = True
39      End If
40    End Sub
41
42 End Class
```

★ 執行結果

程式執行過程與結果如圖8-27之說明。

(a)開始執行

(b)按下[開始]後開始計時

(c)餘字超過30個時出現程式結束訊息

圖8-27 執行結果

END

# 8-4 事件處理程序的指定與設計

前面章節介紹的事件處理程序都是系統幫我們建立的，它的架構是以Sub程序、關鍵字Handles，以及對應的物件觸發事件組合而成。完整的程序為：

1. 利用WithEvents宣告具事件之物件變數

> **Dim WithEvents物件變數名稱 As 物件類別**

2. 將事件與事件處理程序連結起來，語法如下：

> Sub程序名稱(事件來源物件, 事件資訊) Handles 物件變數名稱.事件
> 　　(事件處置內容)
> End Sub

3. 撰寫事件處理程序的事件處置內容,而這樣建立的事件處理程序只能由事件觸發,無法以一般呼叫程序的方式叫用。

　　不過有些情況下,會以下面的步驟建立事件與事件處理程序間的關係:

1. 宣告物件變數

> Dim 物件變數名稱 As New 物件類別

2. 將事件與事件處理程序連結起來,語法如下:

> AddHandle 物件變數名稱.事件, AddressOf 程序名稱

3. 這時候事件處理程序的架構如下:

> Sub程序名稱(事件來源物件, 事件資訊)
> 　　(事件處置內容)
> End Sub

4. 撰寫事件處理程序的事件處置內容,而這樣建立的事件處理程序也能以一般呼叫程序的方式叫用。

　　以下以不同的方式撰寫事件處理程序。

## 例 8-14　物件陣列對應的事件

**✱ 功能說明**

　　由空白表單開始,利用程式建立物件實體:Button與Label,並設計Click事件處理程序。按Label物件可以設定Label移動的方向;按Button可以使Label移動。

★ **學習目標**

　建立具事件的物件與其應用。

★ **表單配置**

圖8-28　表單配置

★ **程式碼**

1. 以**WithEvents**宣告物件，結合**Handles**關鍵字。

```
01 Public Class E8_14_WithEvents
02
03    Dim WithEvents btn As New Button
04    Dim WithEvents lbl As New Label
05
06    Private Sub Form1_Load(ByVal sender As System.Object, ByVal e As
         System.EventArgs) Handles MyBase.Load
07      With lbl
08        .Left = 100
09        .Top = 30
10        .Width = 100
11        .Height = 20
12        .BorderStyle = BorderStyle.FixedSingle
13        .BackColor = Color.Green
14        .AutoSize = False
15      End With
16      With btn
17        .Left = 100
18        .Top = 80
19        .Width = 100
20        .Height = 40
```

```
21          .Text = ">>" & vbCrLf & "按方塊改變方向"
22      End With
23      Me.Controls.Add(btn)
24      Me.Controls.Add(lbl)
25   End Sub
26
27   Private Sub x_click(ByVal sender As Object, ByVal e As EventArgs)
         Handles btn.Click, lbl.Click
28      Static Dim dir As Integer = 1
29      Select Case TypeName(sender)
30        Case "Button"
31            lbl.Left = lbl.Left + 10 * dir
32        Case "Label"
33            dir = -dir
34            btn.Text = If(dir = -1, "<<", ">>") & vbCrLf & "按方塊改變方向"
35      End Select
36   End Sub
37
38 End Class
```

## 2. 使用AddHandle及AddressOf運算子執行結果

```
01 Public Class E8_14_AddHandle
02
03   Dim btn As New Button
04   Dim lbl As New Label
05   Private Sub Form2_Load(ByVal sender As System.Object, ByVal e As
        System.EventArgs) Handles MyBase.Load
06      With lbl
07        .Left = 100
08        .Top = 30
09        .Width = 100
10        .Height = 20
11        .BorderStyle = BorderStyle.FixedSingle
12        .BackColor = Color.Green
13        .AutoSize = False
```

```
14      End With
15      With btn
16        .Left = 100
17        .Top = 80
18        .Width = 100
19        .Height = 40
20        .Text = ">>" & vbCrLf & "按方塊改變方向"
21      End With
22      Me.Controls.Add(btn)
23      Me.Controls.Add(lbl)
24      AddHandler btn.Click, AddressOf x_click
25      AddHandler lbl.Click, AddressOf x_click
26    End Sub
27
28    Private Sub x_click(ByVal sender As Object, ByVal e As EventArgs)
29      Static Dim dir As Integer = 1
30      Select Case TypeName(sender)
31        Case "Button"
32          lbl.Left = lbl.Left + 10 * dir
33        Case "Label"
34          dir = -dir
35          btn.Text = If(dir = -1, "<<", ">>") & vbCrLf & "按方塊改變方向"
36      End Select
37    End Sub
38
39 End Class
```

## ✱ 執行結果

程式執行過程與結果如圖8-29之說明。

(a)開始執行

(b)按按鈕向右移動

(c)滑鼠點擊Label改變方向　　　(d)按按鈕向左移動

圖8-29　執行結果

END

　　當然，兩種方式在應用上是有相當大的差異的，特別是在建立物件陣列的事件處理程序時。相關範例會在陣列章節中再進行介紹與說明。

## 習 題

1. 設計一計算BMI介面，輸入身高，按Enter鍵，游標自動移到體重輸入方塊，輸入體重後按Enter鍵，程式目前焦點自動移到[計算BMI]鈕。按Enter鍵後即顯示BMI值。

(a)表單配置　　　　　　　　(b)程式執行

(c)計算BMI值

圖一

2. 設計一子彈發射器介面，程式執行後，按左右鍵可以移動發射砲台，按空
白鍵會產生子彈，且子彈會自動往上方移動。

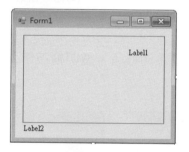

(a)表單配置

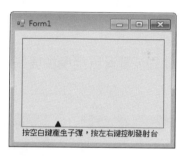

(b)程式執行

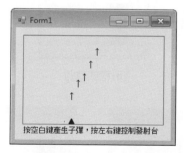

(c)按左右鍵移動發射砲台，以及按空白鍵產生子彈

圖二

3. 設計馬賽克圖案繪製介面，程式執行後，產生10×10馬賽克，按滑鼠左鍵會在指定位置填入顏色；按滑鼠右鍵則會恢復原來背景色；按[重畫]鈕，所有圖案全部恢復為背景色。

(a)表單配置

(b)程式執行

(c)繪製圖案

圖三

4. 如圖四介面，當滑鼠拖曳色塊放到右邊透明框時，透明框被填入拖曳色塊的顏色。

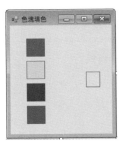
(a)表單配置

(b)程式執行

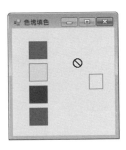
(c)拖曳過程

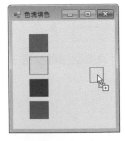
(d)拖曳至目標

(e)鬆開滑鼠

圖四

5. 如圖五介面,當滑鼠拖曳色塊時,色塊跟著移動,當色塊被放到右邊透明框且鬆開滑鼠時,色塊立即消失。

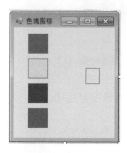
**(a)表單配置**

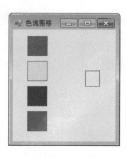
**(b)程式執行**

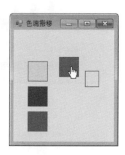
**(c)拖曳過程**

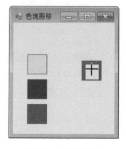
**(d)拖曳至目標**

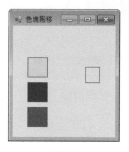
**(e)鬆開滑鼠**

圖五

6. 設計一個電阻值判斷介面,當拖曳下方色塊到電阻的色帶後,電阻色帶會填入指定顏色,並在上方顯示目前的電阻值。

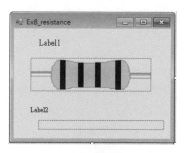
**(a)表單配置**

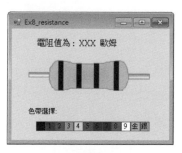
**(b)程式執行**

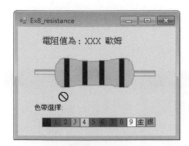

(c)拖曳色塊

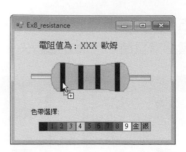

(d)色塊拖曳至色帶

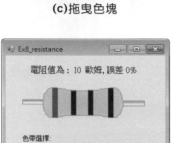

(e)鬆開滑鼠

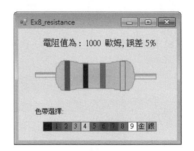

(f)顯示電阻值

圖六

```
PRIVATE SUB BUTTON1_CLICK(BYVAL SENDER AS SYS
    BYVAL E AS SYSTEM.EVENTARGS) HANDLES BUT
    TEXTBOX1.COPY()
END SUB

PRIVATE SUB BUTTON2_CLICK(BYVAL SENDER AS SYS
    BYVAL E AS SYSTEM.EVENTARGS) HANDLES BUT
    TEXTBOX1.CUT()
END SUB

PRIVATE SUB BUTTON3_CLICK(BYVAL SENDER AS SYS
    BYVAL E AS SYSTEM.EVENTARGS) HANDLES BUT
    TEXTBOX1.PASTE()
END SUB

PRIVATE SUB BUTTON4_CLICK(BYVAL SENDER AS SYS
    BYVAL E AS SYSTEM.EVENTARGS) HANDLES BUT
    TEXTBOX1.U
END SUB
```

# 9

# 陣列

Visual Basic

```
IVATE SUB BUTTON3_
    CLICK(BYVAL SENDER
    AS SYSTEM.OBJECT,
    BYVAL E AS SYSTEM.
    EVENTARGS) HANDLES
    BUTTON3.CLICK
    LABEL1.LEFT += 10
D SUB

IVATE SUB BUTTON4_
    CLICK(BYVAL SENDER
    AS SYSTEM.OBJECT,
    BYVAL E AS SYSTEM.
    EVENTARGS) HANDLES
    BUTTON4.CLICK
    BUTTON2.ENABLED =
FALSE
    BUTTON3.ENABLED =
```

在第5章有關變數資料型態的宣告中,已簡單說明陣列是利用相同名稱參考一系列的變數,並使用索引加以區分。此外,陣列在Visual Basic .NET中即是物件,繼承自System.Array類別,每個陣列型別都是個別的參考型別,因此陣列變數持有指標,指向構成元素、陣序規範與長度資訊等資料。如果將一個陣列變數指派給另一個陣列變數時,只會複製指標部分。另外,前面已經介紹過迴圈了,透過迴圈可以利用陣列變數的索引值,進行陣列元素的設定或處理,使程式碼的編寫更為精簡。

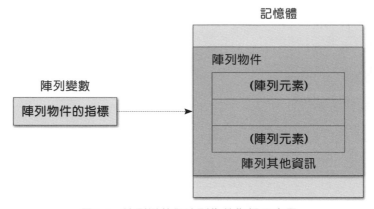

圖9-1　陣列變數與陣列物件指標示意圖

# 9-1 陣列的宣告

陣列的宣告要注意兩件事情:一是陣列的大小;另一是陣列的資料型態。其中,陣列的大小包括維度以及各維度的長度,在陣列的資料型態宣告後,所有元素都屬於該資料型別。但若宣告的資料型別是Object時,則個別元素便可包含不同類別的資料(如:物件、字串及數字等)。

## 9-1-1 陣列變數的宣告

陣列變數和其他變數一樣,都是使用Dim陳述式來宣告,同時在變數名稱後面加上一組或多組括號,用以表示它是陣列而非單一值的變數。

## 一維陣列變數宣告

變數名稱之後加入一組括號：

> Dim 陣列變數名稱( ) As 資料型態

## 多維陣列變數宣告

變數名稱之後加入一組括號，並且在括號中置入逗號以分隔維度（下面為三維陣列的情況）：

> Dim陣列變數名稱( ,,) As資料型態

## 不規則陣列（jagged array）變數宣告

變數名稱之後加入與巢狀陣列層次相同數目的括號：

> Dim 陣列變數名稱()()() As 資料型態

　　一般而言，陣列的維度越小，效能越好，特別對於一維與二維陣列的差別最為明顯。也因此，同樣的需求下，使用不規則陣列（陣列的陣列）要比矩形（多維）陣列來得更有效率。

## 9-1-2　建立陣列與陣列初始化

　　因為陣列是一種物件，所以可以使用New關鍵字來建立陣列，並將其指派給陣列變數。建立陣列的實施方式有兩種：

1. 在宣告陣列變數時一併進行。

2. 在宣告陣列變數後，再透過指派陳述式進行。

　　同樣的，陣列的初始化，也可配合上面兩種方式達成。底下針對不同維度陣列的宣告與初始化，列出不同的實施方式。

表9-1　陣列的宣告與初始化

| 陣列 | 宣告與初始化 |
|---|---|
| 一維<br>陣列 | Dim 姓名() As String = New String() {"Tom", "Mary", "John", "Harry"} |
| | Dim 姓名() As String = New String(4) {"Tom", "Mary", "John", "Harry"} |
| | Dim 姓名() As String<br>姓名 = New String() {"Tom", "Mary", "John", "Harry"} |
| | Dim 姓名() As String<br>姓名 = New String(3) {"Tom", "Mary", "John", "Harry"} |
| 多維<br>陣列 | Dim 興趣(,) As String = New String(,) {{"Tom", "閱讀", "上網", "購物"}, _<br>　　　　　　　　　　　{"Mary", "電影", "運動", "漫畫"}, _<br>　　　　　　　　　　　{"John", "運動", "漫畫", "上網"}, _<br>　　　　　　　　　　　{"Harry", "音樂", "電影", "爬山"}} |
| | Dim 興趣(,) As String<br>興趣 = New String(,) {{"Tom", "閱讀", "上網", "購物"}, _<br>　　　　　　　　　{"Mary", "電影", "運動", "漫畫"}, _<br>　　　　　　　　　{"John", "運動", "漫畫", "上網"}, _<br>　　　　　　　　　{"Harry", "音樂", "電影", "爬山"}} |
| 不規則<br>陣列 | Dim 興趣()() As String = {New String() {"Tom", "閱讀", }, _<br>　　　　　　　　　New String() {"Mary", "電影", "運動", "漫畫"}, _<br>　　　　　　　　　New String() {"John", "運動", "漫畫"}, _<br>　　　　　　　　　New String() {"Harry", "音樂", "電影", "爬山"}} |
| | Dim 興趣()() As String<br>興趣(0) = New String() {"Tom", "閱讀"}<br>興趣(1) = New String() {"Mary", "電影", "運動", "漫畫"}<br>興趣(2) = New String() {"John", "運動", "漫畫"}<br>興趣(3) = New String() {"Harry", "音樂", "電影", "爬山"} |

## 例 9-1　一維陣列基本練習—計算成績平均值和顯示不及格科目數

**✷ 功能說明**

　　輸入各科目成績，計算平均值，並顯示不及格科目數目。

**✷ 學習目標**

　　一維陣列基本練習。

## ✱ 表單配置

圖9-2　表單配置

## ✱ 程式碼

```
01 Public Class E9_1_一維陣列_計算平均成績
02
03    Private Sub 一維陣列_計算平均成績_Load(ByVal sender As System.Object,
      ByVal e As System.EventArgs) Handles MyBase.Load
04       Label1.Text = "成績統計"
05       Label2.Text = "國文:"
06       Label3.Text = "英文:"
07       Label4.Text = "數學:"
08       Label5.Text = "自然:"
09       Button1.Text = "成績分析"
10    End Sub
11
12    Private Sub Button1_Click(ByVal sender As System.Object, ByVal e As
      System.EventArgs) Handles Button1.Click
13       Dim score(4) As Int16
14       Dim average As Single
15       Dim failNo As Int16 = 0
16       score(0) = Convert.ToInt16(TextBox1.Text)
17       score(1) = Convert.ToInt16(TextBox2.Text)
18       score(2) = Convert.ToInt16(TextBox3.Text)
19       score(3) = Convert.ToInt16(TextBox4.Text)
20       For i = 0 To 3
21          If score(i) < 60 Then failNo += 1
22          average += score(i) / 4
```

```
23      Next
24      MsgBox("平均成績: " & Math.Round(average, 1) & vbCrLf & "不及格科目
        數: " & failNo, , "統計結果")
25   End Sub
26
27 End Class
```

## ✱ 執行結果

程式執行過程與結果如圖9-3之說明。

**(a)輸入成績**

**(b)成績分析結果**

圖9-3　執行結果

END

---

例 9-2　　一維陣列基本練習─將阿拉伯數字翻譯成英文

## ✱ 功能說明

將阿拉伯數字翻譯成英文。本例將英文數字以固定大小陣列存放，而其索引值恰與數字相對照，因此程式相當簡單。

## ✱ 學習目標

一維陣列基本練習。

## ✱ 表單配置

圖9-4 表單配置

## ✻ 程式碼

```
01 Public Class E9_2_陣列練習_數字與英文
02
03     Dim English(9) As String
04     Private Sub 陣列練習_數字與英文_Load(ByVal sender As System.Object,
       ByVal e As System.EventArgs) Handles MyBase.Load
05       Label1.Text = "請輸入阿拉伯數字:"
06       Button1.Text = "翻譯成英文"
07       English = New String() {"zero", "one", "two", "three", "four", "five", "six",
       "seven", "eight", "nine"}
08     End Sub
09
10     Private Sub Button1_Click(ByVal sender As System.Object, ByVal e As
       System.EventArgs) Handles Button1.Click
11       MsgBox("數字 " & TextBox1.Text & " 的英文是 " & English(Val(TextBox1.
       Text)), , "阿拉伯數字翻成英文")
12     End Sub
13
14 End Class
```

## ✻ 執行結果

　　程式執行後，在文字方塊Text1中輸入阿拉伯數字，按下 翻譯成英文 鈕後，
結果如圖9-5(b)。

(a)輸入數字　　　　　　　　(b)顯示英文

圖9-5　執行結果

END

---

## 例 9-3　二維陣列基本練習—矩陣的加法運算

* **功能說明**

輸入二維矩陣,進行矩陣的加法運算。

* **學習目標**

二維陣列基本練習。

* **表單配置**

圖9-6　表單配置

## ✻ 程式碼

```
01 Public Class E9_3_二維陣列_矩陣相加
02
03    Private Sub Button1_Click(ByVal sender As System.Object, ByVal e As
         System.EventArgs) Handles Button1.Click
04      Dim a(1, 1), b(1, 1), s(1, 1) As Int16
05      Dim temp(1) As String
06      '將TextBox1.Text分解成兩個字串
07      temp = Split(TextBox1.Text, ";")
08      Dim j As Int16
09      For i = 0 To 1
10        j = 0
11        '從字串中分解元素至 a(i,j)
12        For Each x In Split(temp(i), " ")
13          a(i, j) = Val(x)
14          j += 1
15        Next
16      Next
17      '將TextBox2.Text分解成兩個字串
18      temp = Split(TextBox2.Text, ";")
19      For i = 0 To 1
20        j = 0
21        '從字串中分解元素至 b(i,j)
22        For Each x In Split(temp(i), " ")
23          b(i, j) = Val(x)
24          j += 1
25        Next
26      Next
27      Label3.Text = "[" & TextBox1.Text & "] + [" & TextBox2.Text & "] = ["
28      '對應元素相加 s=a+b
29      For i = 0 To 1
30        For j = 0 To 1
31          s(i, j) = a(i, j) + b(i, j)
32          Label3.Text &= s(i, j) & " "
33        Next
34        If i = 0 Then
```

```
35          Label3.Text &= ";"
36       Else
37          Label3.Text &= "]"
38       End If
39    Next
40
41  End Sub
42
43  Private Sub 二維陣列_矩陣相加_Load(ByVal sender As System.Object,
      ByVal e As System.EventArgs) Handles MyBase.Load
44    Label1.Text = "A="
45    Label2.Text = "B="
46    Label3.Text = ""
47    Button1.Text = "A+B"
48    TextBox1.Text = "1 2;3 4"
49    TextBox2.Text = "5 6;7 8"
50  End Sub
51 End Class
```

* **執行結果**

程式執行過程與結果如圖9-7之說明。

(a)輸入A和B

(b)A+B計算結果

圖9-7　執行結果

END

## 9-1-3　陣列大小的限制與調整

陣列元素會沿著每個維度，從索引值0開始，一直連續到該維度的最高註標。由於Visual Basic會將空間配置給與每個索引編號對應的陣列元素，因此須避免宣告超出需求的陣列維度。

陣列各維度的長度以Long資料型別的最大值為限，也就是$(2 \wedge 64) - 1$。陣列總大小的限制則是依作業系統和可用的記憶體而異。使用的陣列若超過系統可用的RAM，執行速度就會較慢，因為資料必須經由磁碟機讀取和寫入。

此外，由於陣列是物件，因此，陣列物件一旦在建立後就不會變更其大小或陣序規範，至於陣列變數，則可在其存留期接受不同大小和陣序規範的陣列物件指派。因此，要改變陣列變數所指派陣列的大小（變更維度的長度）或指派新的陣列物件，可以使用陳述式ReDim。使用語法為：

---

**ReDim 陣列變數名稱(陣列長度)**

---

### 例 9-4　　ReDim陳述式基本練習─泡泡排序法

❋ **功能說明**

輸入數值數列，可由大排到小，或由小排到大。

❋ **學習目標**

ReDim陳述式基本練習與泡泡排序法。

❋ **表單配置**

**圖9-8　表單配置**

## ✱ 程式碼

```
01 Public Class E9_4_陣列ReDim範例
02    Dim a() As Int16
03
04    Private Sub 陣列ReDim範例_Load(ByVal sender As System.Object, ByVal e
       As System.EventArgs) Handles MyBase.Load
05       Label1.Text = "輸入以空白為間隔之資料:"
06       Button1.Text = "排序(由大排到小)"
07       Button2.Text = "排序(由小排到大)"
08       Label2.Text = ""
09       TextBox1.Text = "32 76 56 85 23 90"
10    End Sub
11
12    Private Sub Button1_Click(ByVal sender As System.Object, ByVal e As
       System.EventArgs) Handles Button1.Click
13       '分解TextBox1控制項的字串
14       Dim str1() As String = Split(TextBox1.Text, " ")
15       '取得索引值上限
16       Dim n As Int16 = str1.GetUpperBound(0)
17       '重新定義陣列大小
18       ReDim a(n)
19       '指定陣列的值
20       For i = 0 To n
21          a(i) = Val(str1(i))
22       Next
23       '泡泡排序法
24       Dim temp As Int16
25       For i = 0 To n - 1
26          For j = i + 1 To n
27             If a(i) < a(j) Then
28                temp = a(i)
29                a(i) = a(j)
30                a(j) = temp
31             End If
32          Next
33       Next
34       '合併排序後的結果
```

```
35      Dim str2 As String = ""
36      For i = 0 To n
37        str2 &= a(i) & " "
38      Next
39      '將說明與結果顯示在 Label2 中
40      Label2.Text = Button1.Text & "：" & vbCrLf & Space(10)
41      Label2.Text &= str2
42    End Sub
43
44    Private Sub Button2_Click(ByVal sender As System.Object, ByVal e As
         System.EventArgs) Handles Button2.Click
45      '分解TextBox1控制項的字串
46      Dim str1() As String = Split(TextBox1.Text, " ")
47      '取得索引值上限
48      Dim n As Int16 = str1.GetUpperBound(0)
49      '重新定義陣列大小
50      ReDim a(n)
51      '指定陣列的值
52      For i = 0 To n
53        a(i) = Val(str1(i))
54      Next
55      '泡泡排序法
56      Dim temp As Int16
57      For i = 0 To n - 1
58        For j = i + 1 To n
59          If a(i) > a(j) Then
60            temp = a(i)
61            a(i) = a(j)
62            a(j) = temp
63          End If
64        Next
65      Next
66      '合併排序後的結果
67      Dim str2 As String = ""
68      For i = 0 To n
69        str2 &= a(i) & " "
70      Next
```

```
71        '將說明與結果顯示在 Label2 中
72        Label2.Text = Button2.Text & "：" & vbCrLf & Space(10)
73        Label2.Text &= str2
74    End Sub
75
76 End Class
```

## ✱ 執行結果

先輸入欲排序之資料，並以空白作為間隔，程式執行過程與結果如圖9-9 之說明。

圖9-9　執行結果

底下再以一個簡單的例子說明經ReDim後的陣列變數，儘管不改變陣列 大小，甚至保留原陣列的初始值（隨後會介紹使用Preserve關鍵字），它是會 指向不同的物件的。

表9-2　使用ReDim對陣列變數的影響

| 程式碼 | 結果 |
|---|---|
| Dim a() As Integer = {1, 2, 3}<br>Dim b() As Integer<br>b = a<br>Debug.Print("ReDim前: a is b =" & (a Is b))<br>ReDim Preserve a(2)<br>Debug.Print("ReDim後: a is b =" & (a Is b)) | ReDim前: a is b =True<br>ReDim後: a is b =False |

此外，當使用ReDim處理陣列時，它的現有值通常都會遺失，透過Preserve關鍵字可以將現有值保留。例如，撰寫下面的程式：

```
ReDim Preserve Array( 20)
```

表示陳述式會配置新的陣列元素，且原陣列初始值會被保留，而多出的元素才會被初始化。一個簡單的範例如下：

表9-3　Preserve使用說明

| 程式碼 | 結果 |
|---|---|
| Dim a() As Integer = {1, 2, 3}<br>ReDim a(4)<br>For i = 0 To 4<br>　　Debug.Print("a(" & i & ")=" & a(i))<br>Next | a(0)＝0<br>a(1)＝0<br>a(2)＝0<br>a(3)＝0<br>a(4)＝0 |
| Dim a() As Integer = {1, 2, 3}<br>ReDim Preserve a(4)<br>For i = 0 To 4<br>　　Debug.Print("a(" & i & ")=" & a(i))<br>Next | a(0)＝1<br>a(1)＝2<br>a(2)＝3<br>a(3)＝0<br>a(4)＝0 |

最後仍需注意的是：在多維陣列中使用Preserve時，只能變更最後一個維度。若不知道維度的目前大小，可使用GetUpperBound方法傳回指定維度的最高註標值。

## 例 9-5　ReDim與Preserve陳述式練習—顯示輸入數據的組數與平均值

**✳ 功能說明**

設計一程式在輸入數據後，會顯示輸入數據的組數與平均值，並可顯示所有輸入的資料。

**✳ 學習目標**

ReDim與Preserve陳述式練習。

**\* 表單配置**

圖9-10　表單配置

**\* 程式碼**

```
01 Public Class E9_5_陣列ReDimPreserve範例
02
03    Private Sub 陣列ReDim範例_Load(ByVal sender As System.Object, ByVal e
       As System.EventArgs) Handles MyBase.Load
04       Label1.Text = "輸入資料："
05       Button1.Text = "輸入"
06       Label2.Text = ""
07       Button2.Text = "顯示所有資料"
08       Button2.Visible = False
09    End Sub
10
11    Dim n As Int16 = 0      '資料筆數
12    Dim a() As Int16
13
14    Private Sub Button1_Click(ByVal sender As System.Object, ByVal e As
       System.EventArgs) Handles Button1.Click
15       n += 1
16       ReDim Preserve a(n - 1)
17       a(n - 1) = Val(TextBox1.Text)
18       Dim sum As Int16 = 0
19       For i = 0 To n - 1
20          sum += a(i)
21       Next
22       Label2.Text = "目前共有 " & n & " 筆資料，平均值為 " & Math.Round(sum
       / n, 2)
23       Button2.Visible = True
```

```
24    End Sub
25
26    Private Sub Button2_Click(ByVal sender As System.Object, ByVal e As
      System.EventArgs) Handles Button2.Click
27      Dim str1 As String = ""
28      For i = 0 To n - 1
29        str1 &= "(" & (i + 1) & ") " & a(i) & vbCrLf
30      Next
31      MsgBox(str1)
32    End Sub
33
34 End Class
```

## ✱ 執行結果

程式執行過程與結果如圖9-11之說明。

(a)程式執行

(b)輸入第一筆資料

(c)輸入第四筆資料

(d)顯示所有資料

圖9-11 執行結果

## 9-2 陣列在程序中的傳遞

第5章有關資料型別的說明中已提到，VB.NET的資料型別可區分為數值型別與參考型別，而陣列即屬於參考型別。至於第7章的Sub程序也說明了傳址呼叫與傳值呼叫的差異。但是由於陣列引數在程序中可以用傳值和傳址兩種方式傳遞，因此，底下再針對傳值或傳址方式傳遞引數的差異加以說明。

將引數傳遞至程序時，每個引數可以傳遞該引數在呼叫程式中對應項目（可能是變數、物件或委派等）的值或它的參考，這就是所謂的「傳遞機制」。由於參考型別的值是記憶體中存放資料位置的指標，因此當以傳值方式傳遞參考型別時，程序程式碼會有對應項目資料的指標，即使它無法存取對應項目本身。表9-4彙整項目型別和傳遞機制之間的互動。

表9-4 項目型別和傳遞機制之間的互動

| 項目型別 | 透過ByVal傳遞 | 透過ByRef傳遞 |
|---|---|---|
| 實值型別（只包含一個值） | 程序無法變更變數或其任何成員 | 程序可以變更變數或成員 |
| 參考型別（包含指向類別或結構執行個體的指標） | 程序無法變更變數，但可以變更它所指向的執行個體之成員 | 程序可以變更變數和它所指向的執行個體之成員 |

因此，在程序中以數值為參數時，可設定該參數為傳值或傳址，這時，程序執行結束返回原呼叫程式時，傳值和傳址得到的結果是不一樣的。傳值引數如同先產生一個資料副本，傳遞給程序，程序是在該副本上執行，最後的結果並不會改變原正本的內容。至於傳址呼叫時，只將該引數的指標傳給程序，程序可直接變更指標所指記憶體的內容值，也就是說，不管是原程式或被呼叫的程序，都是針對同一個指標指的記憶體進行資料的存取。因此返回原程式時，引數是會被更新的。

至於若以整個陣列為程序的參數，因陣列屬參考型別，因此，不管是否設定為傳值或是傳址呼叫，陣列元素成員都可以改變內容值，但只有傳址呼叫可以改變陣列物件。

註 在VB 6.0中，程序以陣列為參數，僅能指定為傳址呼叫。

例 9-6　　比較傳值呼叫與傳址呼叫的差異

**✱ 功能說明**

認識以陣列爲引數傳值與傳址呼叫。

**✱ 學習目標**

比較傳值呼叫與傳址呼叫的差異。

**✱ 表單配置**

圖9-12　表單配置

**✱ 程式碼**

```
01 Public Class E9_6_陣列引數_傳值與傳址
02
03    Dim Array0() As Int16
04    Dim ArrayVal() As Int16
05    Dim ArrayRef() As Int16
06
07    Private Sub 陣列引數_傳值與傳址_Load(ByVal sender As System.Object,
         ByVal e As System.EventArgs) Handles MyBase.Load
08       Button1.Text = "ByVal測試"
09       Button2.Text = "ByRef測試"
10    End Sub
11
12    Private Sub Button1_Click(ByVal sender As System.Object, ByVal e As
         System.EventArgs) Handles Button1.Click
13       '------ByVal測試-----------
```

```vb
14      Array0 = New Int16() {1, 2, 3}
15      ArrayVal = Array0              '設定Array0的副本
16
17      ListBox1.Items.Add("---進入函式前陣列元素的內容---")
18      Call AddToList(Array0, ListBox1)    '列出進入函式前陣列元素的內容
19      ListBox1.Items.Add("---以ByVal傳遞陣列進入函式---")
20      ListBox1.Items.Add("(1)陣列元素進行平方運算")
21      ListBox1.Items.Add("(2)在函式中建立新參考")
22      Call CallByVal(Array0)            '進入函式
23      If Array0 Is ArrayVal Then         '與副本比較，檢查參考是否改變
24          ListBox1.Items.Add("   -->原參考不變")
25      Else
26          ListBox1.Items.Add("   -->原參考改變")
27      End If
28      Call AddToList(Array0, ListBox1)    '列出離開函式後陣列元素的內容
29  End Sub
30
31  Private Sub Button2_Click(ByVal sender As System.Object, ByVal e As
        System.EventArgs) Handles Button2.Click
32      '-------ByRef測試-----------
33      Array0 = New Int16() {1, 2, 3}
34      ArrayRef = Array0              '設定Array0的副本
35      ListBox2.Items.Add("---進入函式前陣列元素的內容---")
36      Call AddToList(Array0, ListBox2)    '列出進入函式前陣列元素的內容
37
38      ListBox2.Items.Add("---以ByRef傳遞陣列進入函式---")
39      ListBox2.Items.Add("(1)陣列元素進行平方運算")
40      ListBox2.Items.Add("(2)在函式中建立新參考")
41      Call CallByRef(Array0)            '進入函式
42      If Array0 Is ArrayRef Then         '與副本比較，檢查參考是否改變
43          ListBox2.Items.Add("   -->原參考不變")
44      Else
45          ListBox2.Items.Add("   -->原參考改變")
46      End If
47      Call AddToList(Array0, ListBox2)    '列出離開函式後陣列元素的內容
48  End Sub
```

```
49
50    Private Sub CallByVal(ByVal num As Int16())
51       '儘管[陣列]經ByVal傳遞,但因[陣列]引數為參考型別,故仍可改變陣列元
      素
52       For i As Int16 = 0 To num.GetUpperBound(0)
53          num(i) = num(i) ^ 2
54       Next i
55       '建立新的[參考],與原引數的[參考]不同
56       num = New Int16() {11, 12, 13}
57    End Sub
58
59    Private Sub CallByRef(ByRef num As Int16())
60       '[陣列]引數經ByRef傳遞可直接改變陣列元素
61       For i As Int16 = 0 To num.GetUpperBound(0)
62          num(i) = num(i) ^ 2
63       Next i
64       '建立新的[參考],原引數的[參考]會被更新
65       num = New Int16() {11, 12, 13}
66    End Sub
67
68    Private Sub AddToList(ByRef ArrayList As Int16(), ByRef listObj As ListBox)
69       For i As Int16 = 0 To ArrayList.GetUpperBound(0)
70          listObj.Items.Add(ArrayList(i))
71       Next
72    End Sub
73
74 End Class
```

**✴ 執行結果**

圖9-13 執行結果

END

---

## 例 9-7 以陣列為引數之泡泡排序法練習

**✴ 功能說明**

產生亂數後,可以依由大到小或由小到大排序。

**✴ 學習目標**

以陣列為引數之泡泡排序法練習。

**✴ 表單配置**

圖9-14 表單配置

## ✱ 程式碼

```
01 Public Class E9_7_陣列引數_排序
02
03     Dim s(5) As Int16
04     Dim SortUpDown As Boolean
05     Private Sub 陣列引數_排序_Load(ByVal sender As System.Object, ByVal e
       As System.EventArgs) Handles MyBase.Load
06        Button1.Text = "產生亂數"
07        Button2.Text = "排序"
08        RadioButton1.Text = "由大排到小"
09        RadioButton2.Text = "由小排到大"
10        RadioButton1.Checked = True
11        Button2.Enabled = False
12     End Sub
13
14     Private Sub RadioButton1_CheckedChanged(ByVal sender As System.
       Object, ByVal e As System.EventArgs) Handles RadioButton1.
       CheckedChanged, RadioButton2.CheckedChanged
15        If sender.text = "由大排到小" Then
16           SortUpDown = True
17        Else
18           SortUpDown = False
19        End If
20     End Sub
21
22     Private Sub Button1_Click(ByVal sender As System.Object, ByVal e As
       System.EventArgs) Handles Button1.Click
23        Dim rnd1 As New System.Random
24        Dim i As Int16
25        ListBox1.Items.Clear()
26        For i = 0 To 5
27           s(i) = rnd1.Next(100)
28           ListBox1.Items.Add(s(i))
29        Next
30        Button2.Enabled = True
31     End Sub
32
```

```
33    Private Sub Button2_Click(ByVal sender As System.Object, ByVal e As
         System.EventArgs) Handles Button2.Click
34       ListBox2.Items.Clear()
35       Call Sort(s, SortUpDown)
36       For i = 0 To 5
37          ListBox2.Items.Add(s(i))
38       Next
39    End Sub
40
41    Private Sub Sort(ByVal a() As Int16, Optional ByVal ch As Boolean = True)
42       Dim i, j, n As Int16
43       Dim tmp As Single
44       Dim bol As Boolean
45       n = a.Length
46       For i = 0 To n - 2
47         For j = i + 1 To n - 1
48           bol = IIf(ch, a(i) < a(j), a(i) > a(j))
49           If bol Then
50              tmp = a(i)
51              a(i) = a(j)
52              a(j) = tmp
53           End If
54         Next
55       Next
56    End Sub
57
58 End Class
```

**❋ 執行結果**

程式執行過程與結果如圖9-15之說明。

**(a)執行開始**

**(b)產生亂數**

**(c)由大排到小**

**(d)由小排到大**

圖9-15 執行結果

END

---

例 9-8 　從函式傳回陣列─計算自然數的質因數

**✱ 功能說明**

　輸入一自然數，回傳該自然數的質因數。

**✱ 學習目標**

　從函式傳回陣列。

**✱ 表單配置**

圖9-16 表單配置

**★ 程式碼**

```
01 Public Class E9_8_質因數
02
03    Private Sub Form1_Load(ByVal sender As System.Object, ByVal e As
         System.EventArgs) Handles MyBase.Load
04      Label1.Text = "N ="
05      Button1.Text = "計算 N 的質因數"
06    End Sub
07
08    Private Sub Button1_Click(ByVal sender As System.Object, ByVal e As
         System.EventArgs) Handles Button1.Click
09      Dim r1, r2, r3, r4 As Boolean
10      r1 = IsNumeric(TextBox1.Text)    '數值
11      r2 = (Math.Abs(Val(TextBox1.Text)) = Val(TextBox1.Text)) ' 正數
12      r3 = (Int(Val(TextBox1.Text)) = Val(TextBox1.Text)) '整數
13      r4 = (Val(TextBox1.Text) > 1) '大於1的數值
14      If Not (r1 And r2 And r3 And r4) Then
15        MsgBox("請輸入大於1的自然數!")
16        Exit Sub
17      End If
18      Dim x() As Integer = PrimeFactor(Val(TextBox1.Text))
19      Dim str1 As String = TextBox1.Text & "的質因數為 : "
20      For Each y In x
21        str1 &= y & ", "
22      Next
23      MsgBox(str1.Substring(0, str1.Length - 2)) '移去最後一個","
24    End Sub
25
26    Private Function Prime(ByVal n) As Boolean   '質數判斷(True為質數)
27      For i = 2 To Math.Sqrt(n)
28        If (n Mod i = 0) Then Return False
29      Next
30      Return True
31    End Function
32
33    Private Function PrimeFactor(ByVal mValue As Integer) As Integer() '回傳
         質因數陣列
```

```
34      Dim a() As Integer = {}
35      Dim n As Integer = 0
36      For i = 2 To mValue
37        If (mValue Mod i) = 0 Then
38          If Prime(i) Then
39            ReDim Preserve a(n)
40            a(n) = i
41            n = n + 1
42          End If
43        End If
44      Next
45      Return a
46    End Function
47
48 End Class
```

* **執行結果**

程式執行過程與結果如圖9-17之說明。

**(a)輸入不合適的值及其回應**

**(b)輸入合適的值及其回應**

圖12-44　執行結果

# 9-3 物件變數陣列

與一般的數值陣列一樣，對於具有相關性的物件，若以陣列變數的方式來指向這一群物件，對於程式的設計將可有效的簡化。以常見的表單控制項（物件）為例，VB.NET無法像VB 6.0建立控制項陣列，但透過物件變數陣列的宣告與指定，一樣可以達到相同的效果。物件變數陣列的宣告如下：

## 例 9-9　物件變數陣列練習—以Label控制項為跑馬燈

**✸ 功能說明**

在設計階段於表單上配置Label物件，執行階段將Label物件設為物件變數陣列，並以跑馬燈的方式亮滅。

**✸ 學習目標**

將既有控制項指定給物件變數陣列及邏輯、物件陣列練習。

**✸ 表單配置**

圖9-18　表單配置

**✸ 程式碼**

```
01 Public Class E9_9_陣列_指定物件為陣列
02
03    Dim Led_ON() As Int16 = {0, 1, 2, 3, 4} '燈號亮的順序
04    Dim Led_OFF() As Int16 = {4, 0, 1, 2, 3} '燈號滅的順序
05    Dim lblObj() As Label              '宣告物件變數
06
07    Private Sub 陣列_指定物件為陣列_Load(ByVal sender As System.Object,
         ByVal e As System.EventArgs) Handles MyBase.Load
```

```
08        lblObj = New Label() {Label1, Label2, Label3, Label4, Label5}    '指定物
       件變數的參考
09        For i As Int16 = 0 To 4
10          lblObj(i).AutoSize = False
11          lblObj(i).Text = ""
12          lblObj(i).BackColor = Color.Black
13        Next
14        Button1.Text = "亮下一個燈"
15      End Sub
16
17      Private Sub Button1_Click(ByVal sender As System.Object, ByVal e As
         System.EventArgs) Handles Button1.Click
18        Static i As Int16 = 0
19        lblObj(Led_ON(i)).BackColor = Color.Red      '依燈號順序亮燈
20        lblObj(Led_OFF(i)).BackColor = Color.Black    '依燈號順序滅燈
21        i = (i + 1) Mod 5
22      End Sub
23
24 End Class
```

❋ 執行結果

程式執行過程與結果如圖9-19之說明。

(a)執行開始       (b)按[亮下一個燈]後亮燈位置向右移

圖9-19　執行結果

END

例 9-10　物件陣列基本練習—以Label物件為跑馬燈

**✱ 功能說明**

執行階段產生Label物件陣列，並以Label物件為跑馬燈。

**✱ 學習目標**

邏輯、物件陣列基本練習。

**✱ 表單配置**

圖9-20　表單配置

**✱ 程式碼**

```
01 Public Class E9_10_陣列_物件陣列1
02
03    Dim lamp(99) As Label
04    Private Sub 陣列_物件陣列1_Load(ByVal sender As System.Object, ByVal e
       As System.EventArgs) Handles MyBase.Load
05      Dim x, y As Int16
06      For i As Int16 = 0 To 99
07        lamp(i) = New Label
08        x = i Mod 10
09        y = i \ 10
10        With lamp(i)
11          .Width = 10
12          .Height = 10
13          .BorderStyle = BorderStyle.FixedSingle
```

```
14              .Top = 11 * y + 20
15              .Left = 11 * x + 40
16              .BackColor = Color.Black
17          End With
18          Me.Controls.Add(lamp(i))
19      Next
20      Button1.Text = "亮下一個燈"
21  End Sub
22
23  Private Sub Button1_Click(ByVal sender As System.Object, ByVal e As
        System.EventArgs) Handles Button1.Click
24      Static i, j As Int16
25      lamp(j).BackColor = Color.Black
26      lamp(i).BackColor = Color.Red
27      i = i + 1
28      j = i - 1
29      If i = 100 Then i = 0
30  End Sub
31
32 End Class
```

## ✱ 執行結果

程式執行過程與結果如圖9-21之說明。

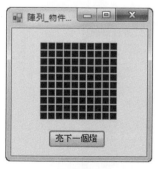
(a)開始執行

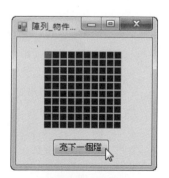
(b)按[亮下一個燈]鈕

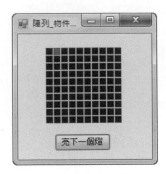

(c)再按[亮下一個燈]鈕

圖9-21 執行結果

END

例 9-11　物件陣列與ReDim練習─可自訂物件陣列大小之跑馬燈

* 功能說明

　　執行階段產生Label物件陣列，可自訂物件陣列大小，並以Label物件為跑馬燈。

* 學習目標

　　邏輯、物件陣列與ReDim練習。

* 表單配置

圖9-22 表單配置

## ✱ 程式碼

```
01 Public Class E9_11_陣列_物件陣列2
02
03    Dim lblObj() As Label   '宣告Label物件之變數陣列
04    Dim ObjNum As Int16    '宣告物件總數變數
05
06    Private Sub 陣列_物件陣列2_Load(ByVal sender As System.Object, ByVal e
        As System.EventArgs) Handles MyBase.Load
07       Label1.Text = "物件總數:"
08       Label2.Text = "橫排數目:"
09       Button1.Text = "確定"
10       Button2.Text = "亮下一個燈"
11       Button2.Enabled = False
12    End Sub
13
14    Private Sub Button1_Click(ByVal sender As System.Object, ByVal e As
        System.EventArgs) Handles Button1.Click
15       Dim ix, iy As Int16
16       Dim m As Int16 = Val(TextBox2.Text) '每排 m 個物件(橫排)
17       Static pObjNum As Int16          '前次物件數目
18       '釋放參考資源
19       If pObjNum <> 0 Then
20          For i As Int16 = 0 To pObjNum - 1
21             lblObj(i).Dispose()
22          Next
23       End If
24       '建立新的參考
25       ObjNum = Val(TextBox1.Text)
26       If ObjNum <= 0 Then
27          Button2.Enabled = False
28          Exit Sub
29       End If
30       ReDim lblObj(ObjNum - 1)    '重新設定Label物件變數陣列的大小
31       For i As Int16 = 0 To ObjNum - 1
32          lblObj(i) = New Label    '產生 ObjNum 個Label物件實體
33          ix = i Mod m          '橫排次序
```

```vbnet
34        iy = i \ m              '縱排次序
35        With lblObj(i)
36            .Width = 15
37            .Height = 10
38            .Left = 20 * ix + 20
39            .Top = 15 * iy + 80
40            .BorderStyle = BorderStyle.FixedSingle
41            .BackColor = Color.SkyBlue
42        End With
43        Me.Controls.Add(lblObj(i)) '設定Label物件的收納器
44      Next i
45      pObjNum = ObjNum
46      Button2.Enabled = True
47    End Sub
48
49    Private Sub Button2_Click(ByVal sender As System.Object, ByVal e As
          System.EventArgs) Handles Button2.Click
50      Static i As Int16
51      lblObj(i).BackColor = Color.Red
52      If i = 0 Then   '亮第1個時，就要使最後一個復原
53          lblObj(ObjNum - 1).BackColor = Color.SkyBlue
54      Else
55          lblObj(i - 1).BackColor = Color.SkyBlue
56      End If
57      i = (i + 1) Mod ObjNum
58    End Sub
59
60 End Class
```

## ✱ 執行結果

程式執行過程與結果如圖9-23之說明。

(a)開始執行

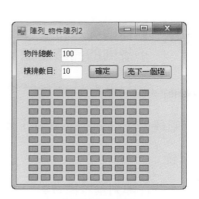

(b)按[確定]鈕

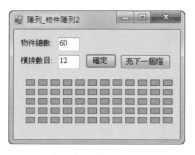

(c)改變數件數目與排列

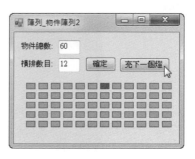

(d)按[亮下一個燈]鈕

圖9-23　執行結果

　　結合Timer元件，將範例9-10延伸為不規則燈號的動態顯示。設計時，在燈號顯示前，必須使所有的燈號都恢復為黑色。因為不知道前次燈號的狀況，因此作法可以將所有燈號都重設為黑色，即：

```
For i = 0 To 99
    lamp(i).BackColor = Color.Black
Next
```

　　但總燈號多亮燈少時，會變得沒效率。下面的範例結合佇列Queue物件，只要恢復佇列中存放的燈號索引值，即可達到相同的功能。

例 9-12　物件陣列、佇列Queue物件與亂數整合練習—
不規則的亮滅燈號

## ✳ 功能說明

執行階段產生Label物件陣列,並以亂數產生不規則的亮滅。

## ✳ 學習目標

邏輯、物件陣列基本練習與佇列Queue物件的結合應用。

## ✳ 表單配置

圖9-24　表單配置

## ✳ 程式碼

```
01 Public Class E9_12_陣列_不規則燈號
02
03    Dim lamp(99) As Label
04    Private Sub 陣列_不規則燈號_Load(ByVal sender As System.Object, ByVal
       e As System.EventArgs) Handles MyBase.Load
05      Dim x, y As Int16
06      For i As Int16 = 0 To 99
07        lamp(i) = New Label
08        x = i Mod 10
09        y = i \ 10
10        With lamp(i)
11          .Width = 10
```

```
12              .Height = 10
13              .BorderStyle = BorderStyle.FixedSingle
14              .Top = 11 * y + 20
15              .Left = 11 * x + 40
16              .BackColor = Color.Black
17          End With
18          Me.Controls.Add(lamp(i))
19      Next
20      Button1.Text = "啟動"
21   End Sub
22
23   Private Sub Button1_Click(ByVal sender As System.Object, ByVal e As
        System.EventArgs) Handles Button1.Click
24      Timer1.Enabled = Not Timer1.Enabled
25      Button1.Text = IIf(Timer1.Enabled, "停止", "啟動")
26   End Sub
27
28   Dim q As New Queue  '建立佇列物件
29   Private Sub Timer1_Tick(ByVal sender As System.Object, ByVal e As
        System.EventArgs) Handles Timer1.Tick
30      Dim rnd As New Random
31      Dim str1 As String = ""
32      '亂數產生長度100，字元為0或1的字串
33      For i = 0 To 99
34          str1 &= IIf(rnd.Next(100) > 90, "1", "0")
35      Next
36
37      'For i = 0 To 99
38      '   lamp(i).BackColor = Color.Black
39      'Next
40
41      For i = 1 To q.Count
42          '利用前次佇列中的紅燈索引值，使紅色復原為黑色
43          lamp(q.Dequeue).BackColor = Color.Black
44      Next
45
```

```
46        For i = 1 To str1.Length
47          If Mid(str1, i, 1) = "1" Then
48            lamp(i - 1).BackColor = Color.Red
49            q.Enqueue(i - 1)    '佇列中放入紅燈索引值
50          End If
51        Next
52
53    End Sub
54 End Class
```

## ✱ 執行結果

程式執行後按[啓動]鈕，燈號呈不規則亮滅。

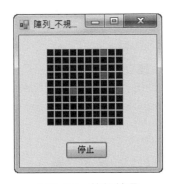

圖9-25　執行結果

END

---

## 例 9-13　物件陣列與一般陣列變數的整合應用—簡易打磚塊遊戲

## ✱ 功能說明

打磚塊遊戲。建立Label控制項陣列作為磚塊，並設計可自動打磚塊的球，球打中磚塊，則該磚塊便消失。

## ✱ 學習目標

物件陣列與一般陣列變數的整合應用。

❋ 表單配置

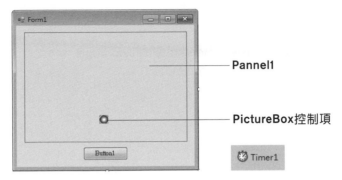

**Pannel1**

**PictureBox**控制項

圖9-26　表單配置

❋ 程式碼

```
01 Public Class E9_13_打磚塊
02    '每層磚塊數(nx), 總層數(nLayer), 磚塊寬度(dx), 磚塊高度(dy)
03    Dim nx As Int16 = 10
04    Dim nLayer As Int16 = 5
05    Dim dx, dy As Int16
06    '磚塊數量
07    Dim nMax As Int16 = nx * nLayer
08    Dim lab(nMax) As Label
09    Dim a(nMax) As Boolean  '紀錄該位置是否已消失
10    Dim xDir, yDir As Int16 '球的方向：xDir +1(向右) yDir +1 (向下)
11
12    Private Sub Form1_Load(ByVal sender As System.Object, ByVal e As
          System.EventArgs) Handles MyBase.Load
13      Dim n, m As Int16   '位置(第n層,第m個)
14      dx = Panel1.Width / nx
15      dy = Panel1.Height / (3 * nLayer)
16      For i = 0 To nMax - 1
17        n = i \ nx       '第n層
18        m = i Mod nx     '第m個
19        lab(i) = New Label
20        a(i) = True
21        Panel1.Controls.Add(lab(i))
```

```
22        With lab(i)
23          .Width = dx
24          .Height = dy
25          .BorderStyle = BorderStyle.FixedSingle
26          .BackColor = Color.Red
27          .Left = m * dx
28          .Top = n * dy
29        End With
30      Next
31      xDir = 1 : yDir = -1
32      Button1.Text = "開始"
33    End Sub
34
35    Private Sub Button1_Click(ByVal sender As System.Object, ByVal e As
        System.EventArgs) Handles Button1.Click
36      Timer1.Enabled = Not Timer1.Enabled
37      Button1.Text = IIf(Timer1.Enabled = True, "停止", "開始")
38    End Sub
39
40    Private Sub Timer1_Tick(ByVal sender As System.Object, ByVal e As
        System.EventArgs) Handles Timer1.Tick
41      Dim m, n, k As Int16
42      ball.Left = ball.Left + 5 * (xDir)
43      ball.Top = ball.Top + 5 * (yDir)
44      If yDir = -1 Then
45        '球向上打到磚塊
46        m = (ball.Top - lab(0).Top) \ lab(0).Height
47        n = (ball.Left - lab(0).Left + ball.Width / 2) \ lab(0).Width
48        If m < nLayer And m >= 0 Then
49          k = m * nx + n
50          If a(k) = True Then yDir = 1 : a(k) = False : lab(k).Visible = False
51        End If
52      ElseIf yDir = 1 Then
53        '球向下打到磚塊
54        m = (ball.Top + ball.Height - lab(0).Top) \ lab(0).Height
55        n = (ball.Left - lab(0).Left + ball.Width / 2) \ lab(0).Width
```

```
56          If m < nLayer And m >= 0 Then
57            k = m * nx + n
58            If a(k) = True Then yDir = -1 : a(k) = False : lab(k).Visible = False
59          End If
60        End If
61        If ball.Left > (Panel1.Width - ball.Width) Then xDir = -1
62        If ball.Left < 0 Then xDir = 1
63        If ball.Top > (Panel1.Height - ball.Height) Then yDir = -1
64        If ball.Top < 0 Then yDir = 1
65      End Sub
66
67 End Class
```

✱ 執行結果

　　程式執行過程與結果如圖9-27之說明。

 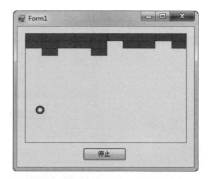

(a)開始執行　　　　　　　　　(b)按[開始]鈕後球開始碰撞

圖9-27　執行結果

例 9-14　　物件陣列與事件程序練習

**✱ 功能說明**

　　建立Button物件陣列，指定Button物件發生事件對應的程序，並利用它成為一簡易測驗系統。

**✱ 學習目標**

　　物件陣列與事件程序練習。

**✱ 表單配置**

圖9-28　表單配置

**✱ 程式碼**

```
01 Public Class E9_14_陣列_指定事件程序
02
03    Private Sub Form1_Load(ByVal sender As System.Object, ByVal e As
      System.EventArgs) Handles MyBase.Load
04       '宣告物件變數
05       Dim Obj(5) As Button
06       '實體化物件變數，並設定該物件
07       For i As Integer = 0 To 5
08          Obj(i) = New Button
09          Obj(i).Left = 80
10          Obj(i).Top = 40 * i + 10
```

```vb
11          Obj(i).Width = 100
12          Obj(i).Height = 30
13          Obj(i).Text = "題目" & (i + 1)
14          Obj(i).Tag = i
15       '將物件加入表單
16          Me.Controls.Add(Obj(i))
17       '指定物件發生事件對應的程序
18          AddHandler Obj(i).Click, AddressOf OBjEventHandler
19       Next i
20    End Sub
21    '物件程序
22    Private Sub OBjEventHandler(ByVal sender As System.Object, ByVal e As
      System.EventArgs)
23       Dim str1 As String = ""
24       'Dim r As MsgBoxResult
25       Select Case sender.tag
26          Case 0 : str1 = "VB6.0是.Net FrameWork語言的一種。"
27             MsgBox(If(MsgBox(str1, MsgBoxStyle.YesNo, sender.text) =
      MsgBoxResult.No, "答對了", "答錯了"), )
28          Case 1 : str1 = "欄位、屬性、事件、方法都屬於類別的元素。"
29             MsgBox(If(MsgBox(str1, MsgBoxStyle.YesNoCancel, sender.text) =
      MsgBoxResult.Yes, "答對了", "答錯了"))
30          Case 2 : str1 = "繼承與多型式物件導性程式設計的特性。"
31             MsgBox(If(MsgBox(str1, MsgBoxStyle.YesNo, sender.text) =
      MsgBoxResult.Yes, "答對了", "答錯了"))
32          Case 3 : str1 = "字串屬於數值型別。"
33             MsgBox(If(MsgBox(str1, MsgBoxStyle.YesNo, sender.text) =
      MsgBoxResult.No, "答對了", "答錯了"))
34          Case 4 : str1 = "Boolean型別佔用 2 個 Bytes 記憶體。"
35             MsgBox(If(MsgBox(str1, MsgBoxStyle.YesNo, sender.text) =
      MsgBoxResult.Yes, "答對了", "答錯了"))
36          Case 5 : str1 = "鍵盤事件發生的順序為KeyPress->KeyDown->KeyUp"
37             MsgBox(If(MsgBox(str1, MsgBoxStyle.YesNo, sender.text) =
      MsgBoxResult.No, "答對了", "答錯了"))
38       End Select
39    End Sub
40
41 End Class
```

**✱ 執行結果**

程式執行過程與結果如圖9-29之說明。

**(a)執行畫面**

**(b)出題與答題畫面**

**圖9-29　執行結果**

END

 **9-4　Array類別**

　　前面說過,陣列屬於一種物件,也就是屬於參考型別,所有陣列都繼承自System命名空間中的Array類別,因此,任何陣列均可存取System.Array的方法和屬性。例如:Rank屬性會傳回陣列的陣序規範;而Sort方法會排序其元素。底下列出Array類別常用的公用屬性和方法(部分已列在String類別中)。

表9-5　Array類別常用公用屬性

| 屬性 | 說明 |
|---|---|
| IsFixedSize | 取得數值，指示Array是否有固定的大小 |
| IsReadOnly | 取得數值，指示Array是否為唯讀 |
| Length | 取得代表Array所有維度的元素總數之32位元整數 |
| LongLength | 取得代表Array所有維度的元素總數之64位元整數 |
| Rank | 取得Array的陣序規範（維度數目） |

表9-6　Array類別常用公用方法

| 方法 | 說明 |
|---|---|
| BinarySearch | 使用二進位搜尋演算法，在一維已排序的Array中搜尋數值 |
| GetLength | 取得代表Array指定維度之元素數目的32位元整數 |
| GetLongLength | 取得代表Array指定維度之元素數目的64位元整數 |
| GetLowerBound | 取得Array中指定維度的下限 |
| GetUpperBound | 取得Array中指定維度的上限 |
| Reverse | 反轉一維Array或Array某部分中的元素順序。 |
| Sort | 排序一維Array物件中的元素 |

## 例 9-15　利用Array類別中的Sort方法與Reverse方法進行排序

**✱ 功能說明**

產生亂數後，可以依由大到小或由小到大排序。

**✱ 學習目標**

利用Array類別中的Sort方法與Reverse方法進行排序。

## ✱ 表單配置

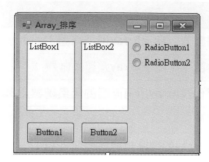

圖9-30　表單配置

## ✱ 程式碼

```
01 Public Class E9_15_Array_排序
02
03    Dim s(5) As Int16
04    Dim SortUpDown As Boolean = True
05    Private Sub Array_排序_Load(ByVal sender As System.Object, ByVal e As
         System.EventArgs) Handles MyBase.Load
06      Button1.Text = "產生亂數"
07      Button2.Text = "排序"
08      RadioButton1.Text = "由大排到小"
09      RadioButton2.Text = "由小排到大"
10      RadioButton1.Checked = True
11      Button2.Enabled = False
12    End Sub
13
14    Private Sub Button1_Click(ByVal sender As System.Object, ByVal e As
         System.EventArgs) Handles Button1.Click
15      Dim rnd1 As New System.Random
16      Dim i As Int16
17      ListBox1.Items.Clear()
18      For i = 0 To 5
19        s(i) = rnd1.Next(100)
20        ListBox1.Items.Add(s(i))
21      Next
22      Button2.Enabled = True
```

```
23    End Sub
24
25    Private Sub Button2_Click(ByVal sender As System.Object, ByVal e As
      System.EventArgs) Handles Button2.Click
26        Array.Sort(s)                '排序
27        If SortUpDown Then Array.Reverse(s) '排序反轉
28        ListBox2.Items.Clear()
29        For i = 0 To 5
30            ListBox2.Items.Add(s(i))
31        Next
32    End Sub
33
34    Private Sub RadioButton1_CheckedChanged(ByVal sender As System.
      Object, ByVal e As System.EventArgs) Handles RadioButton1.
      CheckedChanged, RadioButton2.CheckedChanged
35        If sender.text = "由大排到小" Then
36            SortUpDown = True
37        Else
38            SortUpDown = False
39        End If
40    End Sub
41 End Class
```

## ✱ 執行結果

程式執行過程與結果如圖9-31之說明。

(a)程式執行後按[產生亂數]鈕

(b)由大排到小            (c)由小排到大

圖9-31 執行結果

END

## 例 9-16 產生不重複的亂數

**\* 功能說明**

　　利用Array類別中的Sort方法產生4組數字（每組5個數字），數字介於1~52，且都不重複。

**\* 學習目標**

　　產生不重複的亂數的方法。

**\* 表單配置**

圖12-43 表單配置

## ★ 程式碼

```
01 Public Class E9_16_Array_產生不重複數字
02
03    Private Sub Array_產生不重複數字_Load(ByVal sender As System.Object,
         ByVal e As System.EventArgs) Handles MyBase.Load
04       Button1.Text = "產生4組(5個/組)不重複的數字"
05    End Sub
06
07    Private Sub Button1_Click(ByVal sender As System.Object, ByVal e As
         System.EventArgs) Handles Button1.Click
08       Dim s(51) As Single
09       Dim sIndex(51) As Integer
10       Dim rnd1 As New System.Random
11       'Dim i As Int16
12       '產生亂數與索引值(1~52)
13       For i As Int16 = 0 To 51
14          s(i) = rnd1.Next(100)
15          sIndex(i) = i + 1
16       Next
17       '以亂數為基準排序
18       Array.Sort(s, sIndex)
19
20       '取前20個索引值
21       Dim sList(3, 4) As Int16
22       For i As Int16 = 0 To 3
23          For j As Int16 = 0 To 4
24             sList(i, j) = sIndex(i * 5 + j)
25          Next
26       Next
27
28       '列出結果
29       Dim str1 As String
30       ListBox1.Items.Clear()
31       For i As Int16 = 0 To 3
32          str1 = ""
33          For j As Int16 = 0 To 4
```

```
34              str1 = str1 & sList(i, j) & ","
35          Next
36          ListBox1.Items.Add(str1)
37      Next
38  End Sub
39
40 End Class
```

**✳ 執行結果**

程式執行過程與結果如圖9-33之說明。

**(a)開始執行**　　　　　**(b)產生4組不重複數字**

**圖9-33　執行結果**

END

---

## 例 9-17　產生不重複的亂數應用—— 發4組撲克牌（每組5張），且都不重複

**✳ 功能說明**

利用Array類別中的Sort方法發出4組撲克牌（每組5張），且都不重複。

**✳ 學習目標**

產生不重複的亂數的方法之應用。

**✳ 表單配置**

**圖9-34　表單配置**

## ★ 程式碼

```
01 Public Class E9_17_Array_發撲克牌
02
03     Private Sub Array_發撲克牌_Load(ByVal sender As System.Object, ByVal e
       As System.EventArgs) Handles MyBase.Load
04         Button1.Text = "產生4組(5張/組)撲克牌"
05     End Sub
06
07     Private Sub Button1_Click(ByVal sender As System.Object, ByVal e As
       System.EventArgs) Handles Button1.Click
08         Dim s(51) As Single
09         Dim sIndex(51) As Integer
10         Dim rnd1 As New System.Random
11         'Dim i As Int16
12         '產生亂數與索引值(1~52)
13         For i As Int16 = 0 To 51
14             s(i) = rnd1.Next(100)
15             sIndex(i) = i + 1
16         Next
17         '以亂數為基準排序
18         Array.Sort(s, sIndex)
19
20         '取前20個索引值
21         Dim sList(3, 4) As String
22         Dim 花色() As String = {"黑桃", "紅心", "方塊", "梅花"}
23         Dim 數字() As String = {"A", "2", "3", "4", "5", "6", "7", "8", "9", "10", "J", "Q",
       "K"}
```

```
24      Dim k As Int16
25      For i As Int16 = 0 To 3
26        For j As Int16 = 0 To 4
27          k = i * 5 + j
28          sList(i, j) = 花色((sIndex(k) - 1) \ 13) & 數字(sIndex(k) Mod 13)
29        Next
30      Next
31
32      '列出結果
33      Dim str1 As String
34      ListBox1.Items.Clear()
35      For i As Int16 = 0 To 3
36        str1 = ""
37        For j As Int16 = 0 To 4
38          str1 = str1 & sList(i, j) & ", "
39        Next
40        ListBox1.Items.Add(str1)
41        ListBox1.Items.Add("")
42      Next
43    End Sub
44
45 End Class
```

## ✱ 執行結果

程式執行過程與結果如圖9-35之說明。

| (a)開始執行 | (b)產生4組不重複撲克牌 |

圖9-35　執行結果

# 習 題

1. 設計一程式可以彈性設定建立Button物件的數目，並顯示出來。

(a)表單配置　　　　　　　(b)程式執行且建立4個Button

(c)程式執行且建立8個Button

圖一

2. 設計一程式，仿網路ATM之活動式鍵盤輸入方式，每按[新鍵盤]鈕就會產生新的鍵盤順序。

(a)表單配置　　　　　　　(b)開始執行

(c)變換數字鍵盤排列　　(d)輸入密碼　　(e)顯示輸入密碼

圖二

3. 模擬樂透之電腦選號，按下[選號開始]鈕，會以亂數的方式產生6個號碼。

(a)表單配置　　　　(b)開始執行　　　　(c)產生6個號碼

圖三

4. 同上面的範例，但按下[選號開始]鈕，數字會先隨機跳動50次，再以亂數的方式產生6個號碼。

(a)表單配置

(b)開始執行　　　(c)按下[選號開始]鈕　　　(d)產生6個號碼

圖四

5. 用Label設計七段顯示器，每按下一次按鈕後，七段顯示器的顯示值會增加1。

(a)表單配置　　　　　(b)開始執行　　　　　(c)顯示數字

圖五

6. 設計一個生活費分析統計程式，輸入各分項支出，按下[統計分析]鈕，會以*畫出長條圖，並顯示各分項支出的百分比。

(a)表單配置　　　　　　　　(b)開始執行並輸入資料

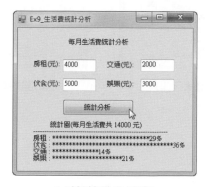

(c)按[統計分析]鈕

圖六

7. 以Label物件設計16個輸出燈號物件陣列,接著以隨機的方式產生0或1的狀態字串,並透過Label物件的背景色來呈現。

(a)表單配置　　　　　　　　(b)開始執行

圖七

8. 以TextBox控制項作為燈號,設計一個紅綠燈交通號誌系統。

 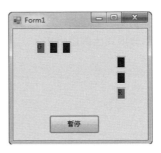

(a)表單配置　　　　　　　　(b)開始執行(I)

(c)開始執行(II)　　　　　　　(d)開始執行(III)

圖八

```
PRIVATE SUB BUTTON1_CLICK(BYVAL SENDER AS SYS
    BYVAL E AS SYSTEM.EVENTARGS) HANDLES BUT
    TEXTBOX1.COPY()
END SUB

PRIVATE SUB BUTTON2_CLICK(BYVAL SENDER AS SYS
    BYVAL E AS SYSTEM.EVENTARGS) HANDLES BUT
    TEXTBOX1.CUT()
END SUB

PRIVATE SUB BUTTON3_CLICK(BYVAL SENDER AS SYS
    BYVAL E AS SYSTEM.EVENTARGS) HANDLES BUT
    TEXTBOX1.PASTE()
END SUB

PRIVATE SUB BUTTON4_CLICK(BYVAL SENDER AS SYS
    BYVAL E AS SYSTEM.EVENTARGS) HANDLES BUT
    TEXTBOX1.U
END SUB
```

_Visual Basic_

**12**

# VB.NET的繪圖世界

Visual Basic

12-1  GDI+與.Net Framework

12-2  開始畫圖

12-3  影像類別—Image類別、Bitmap類別與Metafile類別

12-4  進階筆刷運用

```
VATE SUB BUTTON3_
  CLICK(BYVAL SENDER
  AS SYSTEM.OBJECT,
  BYVAL E AS SYSTEM.
  EVENTARGS) HANDLES
  BUTTON3.CLICK
  LABEL1.LEFT += 10
D SUB

IVATE SUB BUTTON4_
  CLICK(BYVAL SENDER
  AS SYSTEM.OBJECT,
  BYVAL E AS SYSTEM.
  EVENTARGS) HANDLES
  BUTTON4.CLICK
  BUTTON2.ENABLED =
FALSE
  BUTTON3.ENABLED =
```

熟悉Visual Basic 6.0的人都知道，在Visual Basic 6.0 中，是使用許多繪圖方法和屬性，在表單上或PictureBox控制項上繪圖，且支援繪圖的控制項僅有表單與PictureBox控制項。基本上，Visual Basic 6.0中的圖形是以Windows繪圖裝置介面（Graphics Device Interface，GDI）API為基礎，至於在Visual Basic .NET中，圖形則是由封裝新GDI+ API的System.Drawing命名空間所提供。GDI+是根據Visual Basic 6.0的繪圖功能擴充的，但方法並不相容。

# 12-1　GDI+與.Net Framework

GDI+是Microsoft® Windows® XP作業系統的子系統，負責在螢幕和印表機上顯示資訊。從名稱便可得知，GDI+是GDI的後續產品，GDI是舊版Windows隨附的繪圖裝置介面（Graphics Device Interface，GDI）。GDI+是應用程式發展介面（Application Programming Interface，API），它是由一組部署為Managed程式碼的類別所公開，這組類別稱為GDI+的Managed類別介面。

GDI+可讓應用程式設計人員在不需注意特定顯示裝置的詳細資料的情況下，在螢幕或印表機顯示資訊。應用程式設計人員透過呼叫GDI+類別所提供的方法，輾轉呼叫特定的裝置驅動程式。因此，可以這麼說，GDI+可將應用程式和繪圖硬體分隔，使開發人員得以建立與裝置無關的應用程式。

圖12-1　應用程式透過GDI+使用不同的裝置

在.Net Framework中，定義受管理（Managed）GDI+的六個命名空間繪製於圖12-2，其中System.Drawing命名空間提供對GDI+基本繪圖功能的存取。至於在System.Drawing.Drawing2D、System.Drawing.Imaging和System.Drawing.Text命名空間中，則提供更進階的功能。

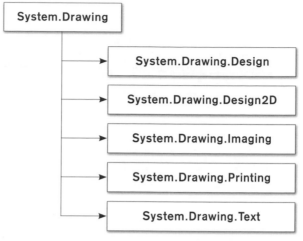

圖12-2　與繪圖有關的命名空間

在System.Drawing命名空間中的Graphics類別是GDI+功能的核心，它是實際繪製線條、曲線、圖形、影像和文字的類別。Graphics類別提供繪製的方法給顯示裝置。類別會封裝GDI+基本功能。Pen類別是用來繪製直線和曲線，而衍生自抽象類別Brush的類別SolidBrush則是用來填滿形狀的內部。 表12-1列出System.Drawing命名空間下幾個常用類別與結構。

表12-1　System.Drawing命名空間中的常用類別

| 類別 | 說明 |
|---|---|
| Bitmap | 封裝GDI+點陣圖，此點陣圖是由圖形影像的像素資料及其屬性所組成。Bitmap是用來處理像素資料所定義影像的物件 |
| Brush | 定義用於填滿圖形形狀內部的物件，例如：矩形、橢圓形、派形、多邊形和路徑 |
| Brushes | 所有標準色彩的筆刷 |
| Font | 定義文字的特定格式，包括字體、大小和樣式屬性 |
| Graphics | 封裝GDI+繪圖介面 |
| Image | 提供功能給Bitmap和Metafile子代類別的抽象基底類別 |
| Pen | 定義用來繪製直線與曲線的物件 |
| Pens | 所有標準色彩的畫筆 |

| Region | 描述由矩形和路徑構成的圖形形狀內部 |
|---|---|
| SolidBrush | 定義單一色彩的筆刷。筆刷是用來填滿圖形形狀，例如：矩形、橢圓形、派形、多邊形和路徑 |
| StringFormat | 封裝文字配置資訊（例如：對齊、方向和定位停駐點）、顯示管理（例如：省略符號插入和國家數字取代）和OpenType功能 |

表12-2　System.Drawing命名空間中的常用結構

| 結構 | 說明 |
|---|---|
| CharacterRange | 指定字串中的字元位置範圍 |
| Color | 表示ARGB色彩 |
| Point | 表示整數X和Y座標的排序配對，此配對會定義二維平面中的點 |
| PointF | 表示浮點X和Y座標的排序配對，此配對會定義二維平面中的點 |
| Rectangle | 儲存四個為一組的整數，表示矩形位置和大小 |
| RectangleF | 儲存四個為一組的浮點數值，表示矩形的位置和大小 |
| Size | 儲存已排序的整數配對，通常是矩形的寬度和高度 |
| SizeF | 儲存已排序的浮點數值配對，通常是矩形的寬度和高度 |

## 12-2　開始畫圖

白話一點來說，畫圖第一件事是要取得畫布（Graphics類別），接著在畫布上會使用到畫筆（Pen類別）、筆刷（SoldBrush類別），也會設定字型（Font類別）。此外，爲了畫圖上的便利，也設定一些畫布上點的資料結構（Point、PointF、Rectangle、RectangleF、Size、SizeF）及顏色的資料結構（Color）。這些搭配起來，就可以順利的使用Graphics物件的繪圖方法來畫圖了。因此，畫圖的步驟簡單列舉如下：

**step1**　建立畫布：任何控制項或Image物件。

**step2**　建立畫圖工具：畫筆（畫框線用）、筆刷（填滿用）、字型（寫文字用）。

**step3**　使用畫圖方法：畫直線、矩形、橢圓等。

底下針對畫圖步驟的詳細操作加以說明：

### 12-2-1　建立畫布

要使用GDI+描繪線條和形狀、呈現文字或顯示和管理影像，首先必須建立Graphics物件，也就是產生實體的畫布。Graphics物件代表的是GDI+描繪介面，而且是用來建立圖形影像的物件。建立Graphics物件的幾種方式如下：

1. 利用Paint事件處理常式中的PaintEventArgs

當程式設計師爲控制項的Paint事件處理常式設計程式時，圖形物件會被當作型別PaintEventArgs的引數pe。從Paint事件中的PaintEventArgs取得Graphics物件的參考，其作法如下：

```
Private Sub Form1_Paint(sender As Object, pe As PaintEventArgs)
Handles MyBase.Paint
  …
  Dim g As Graphics = pe.Graphics
  …
End Sub
```

2. 使用控制項的CreateGraphics方法

直接使用表單或控制項的CreateGraphics方法，可以取得表示該表單或控制項的Graphics物件參考，其作法如下：

```
Dim g1, g2 as Graphics
g1 = Me.CreateGraphics
g2=控制項名稱.CreateGraphics
```

3. 從Image物件建立

除此之外，亦可從衍生自Image類別的任何物件（包括Bitmap物件與Metafile物件）建立圖形物件，詳細的使用語法會在後面加以說明。

## 12-2-2　建立繪圖工具

在建立Graphics物件之後，可使用它來描繪線條和形狀、呈現文字或顯示和管理影像。與Graphics物件一起使用的主要物件如下：

✱ Pen類別　用來描繪線條、勾畫形狀，或是呈現其他的幾何圖形。

✱ SolidBrush類別　用來填滿圖形的區域、例如：實心形狀、影像或文字。

✱ Font類別　提供呈現文字時使用哪種形狀的描述。

✱ Color結構　表示要顯示的不同色彩。

因此，繪圖所需的畫筆、筆刷，顯示的字型等對應的物件與語法說明如下：

1. Pens類別與Pen類別的使用

若只是要設定畫筆的顏色，可以在後面的繪圖方法中直接利用Pens類別指定，寫法如下：

**Pens.顏色**

但Pens類別的功能僅及於此；若需要設定畫筆的寬度、樣式等屬性，就必須由Pen類別建立物件實體。Pen類別定義用來繪製直線與曲線的物件，而透過Pen建構函式使用指定的色彩，可初始化Pen類別的新執行個體。語法如下：

> **Dim p1 As New Pen(Color.Green)**
> 或　**Dim p2 As New Pen(Brushes.Red)**

而包含筆寬的Pen執行實體設定方式爲：

> **Pen(畫筆顏色, 筆寬)**

不過，當執行實體產生後，也可以透過Pen的屬性來設定，如：

> **Dim p1 As New Pen(Color.Green)**
> **p1.Width＝2**

Pen類別的常用屬性如表12-3。

表12-3　Pen類別的常用屬性

| 屬性名稱 | 說明 |
|---|---|
| Color | 取得或設定這個Pen的色彩 |
| DashOffset | 取得或設定從直線開端至虛線圖樣開端的距離 |
| DashPattern | 取得或設定自訂虛線和間距的陣列 |
| DashStyle | 取得或設定樣式，用於以這個Pen所繪製的短折線 |
| EndCap | 取得或設定帽緣樣式，用於以這個Pen所繪製的直線末端 |
| PenType | 取得以這個Pen所繪製的直線樣式 |
| StartCap | 取得或設定帽緣樣式，用於以這個Pen所繪製的直線開端 |
| Transform | 取得或設定這個Pen的幾何轉換 |
| Width | 取得或設定這個Pen的寬度 |

2. Brushes類別與BrushSoild類別的使用

與Pens類別和Pen類別類似的用法，透過Brushes類別無法建立物件實體，但可直接指定筆刷的顏色，作法如下：

---
**Brushes.顏色**
---

至於BrushSoild類別為Brush類別的衍生類別，透過BrushSoild建構函式，可初始化指定色彩的新SolidBrush物件。

BrushSoild類別可定義單一色彩的筆刷，用來填滿圖形形狀，例如：矩形、橢圓形、派形、多邊形和路徑。寫法如下：

---
**Dim br1 As New SolidBrush(Color.Yellow)**
---

若要設定這個SolidBrush物件的色彩，可以透過Color屬性達成。語法如下：

---
**br1.Color = 指定顏色**
---

3. Font類別的使用

Font類別用以定義文字的特定格式，包括字體、大小和樣式屬性。透過Font建構函式，可初始化使用指定之現有Font和FontStyle的新Font。寫法如下：

---
**Dim f1 As New Font(字型名稱,字體大小,字體樣式)**
---

Font類別的常用屬性如表12-4。

表12-4　Font類別的常用屬性

| 屬性名稱 | 說明 |
|---|---|
| Bold | 取得值，指示這個Font是否為粗體 |
| FontFamily | 取得與這個Font關聯的FontFamily |
| Height | 取得這個字型的行距 |

| IsSystemFont | 取得值，指示字型是否為SystemFonts的成員 |
|---|---|
| Italic | 取得值，指示這個Font是否為斜體 |
| Name | 取得這個Font的字樣名稱 |
| Size | 取得這個Font的Em大小，此大小是以Unit屬性指定的單位來測量的 |
| SizeInPoints | 取得這個Font的Em大小（單位為點） |
| Strikeout | 取得值，指示這個Font是否有刪除線 |
| Style | 取得這個Font的樣式資訊 |
| Underline | 取得值，指示這個Font是否加上底線 |
| Unit | 取得這個Font的測量單位 |

4. Color結構的使用

　　表示系統定義的色彩（ARGB色彩）。若用於取得系統顏色（公用屬性），其語法為：

> Color.顏色名稱

表12-5　Color結構的常用方法

| 方法名稱 | 說明 |
|---|---|
| FromArgb | 從四個8位元ARGB元件（Alpha、紅、綠和藍）值建立Color結構 |
| FromKnownColor | 從指定的預先定義色彩建立Color結構 |
| FromName | 從指定的預先定義色彩名稱建立Color結構 |
| GetBrightness | 取得這個Color結構的色相-彩度-亮度（HSB）的亮度值 |
| GetHue | 取得這個Color結構的色相-彩度-亮度的色相值，單位為度 |
| GetSaturation | 取得這個Color結構的色相-彩度-亮度（HSB）的彩度值 |
| ToArgb | 取得這個Color結構的32位元ARGB值 |
| ToKnownColor | 取得這個Color結構的KnownColor值 |

## 例 12-1　取得系統提供的顏色

**✱ 功能說明**

　　取得系統可用的顏色名稱，並列在清單中，選擇該顏色名稱後，文字訊息會跟著改變顏色。

**✱ 學習目標**

　　學習[Enum]的使用，取得系統提供的顏色。

**✱ 表單配置**

圖12-3　表單配置

**✱ 程式碼**

```
01 Public Class E12_1_取得系統顏色名稱
02
03    Dim str1 As String
04    Dim colorsArray As System.Array = [Enum].
         GetNames(GetType(KnownColor))
05
06    Private Sub 取得系統顏色名稱_Load(ByVal sender As System.Object, ByVal
         e As System.EventArgs) Handles MyBase.Load
07       Dim m As Int16 = 0
08       m = colorsArray.GetUpperBound(0)
09       For i = 0 To m
10          ListBox1.Items.Add(colorsArray(i))
11       Next i
```

```
12      Label1.Font = New Font("標楷體", 12)
13      str1 = "系統共有" & (m + 1) & "種顏色名稱"
14      Label1.Text = str1 & vbCrLf & "現在的顏色是-" & colorsArray(Label1.
        ForeColor.ToKnownColor - 1)
15  End Sub
16
17  Private Sub ListBox1_SelectedIndexChanged(ByVal sender As Object,
        ByVal e As System.EventArgs) Handles ListBox1.SelectedIndexChanged
18      Label1.ForeColor = Color.FromName(ListBox1.Text)
19      Label1.Text = str1 & vbCrLf & "現在的顏色是-" & colorsArray(Label1.
        ForeColor.ToKnownColor - 1)
20  End Sub
21
22 End Class
```

## ✻ 執行結果

程式執行過程與結果如圖12-4之說明。

(a)執行畫面

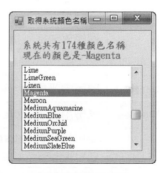

(b)點選其他顏色

圖12-4　執行結果

## 12-2-3　Graphics的常用繪圖方法

　　有了畫布、繪圖工具（畫筆、筆刷、字型），就可以使用Graphics的繪圖方法在畫布上畫圖了。

## ❧ 畫圖與填色

表12-6　Graphics物件的常用方法

| 名稱 | 說明 |
|------|------|
| Clear | 清除整個繪圖介面，並使用指定的背景色彩填滿它 |
| Dispose | 釋放這個Graphics所使用的所有資源 |
| DrawEllipse | 繪製由一對座標、高度和寬度所指定的週框，或矩形結構定義的橢圓形 |
| DrawImage | 以原始大小，在指定之位置繪製指定的Image |
| DrawLine | 繪製連接由座標對所指定的兩個點之直線 |
| DrawLines | 繪製連接Point結構陣列的一系列直線線段 |
| DrawPie | 繪製由橢圓形所定義的派形，該形是由座標對、寬度、高度和兩條放射線所指定。 |
| DrawPolygon | 繪製由Point結構或PointF結構陣列定義的多邊形 |
| DrawRectangle | 繪製由座標對、寬度和高度，或矩形結構所指定的矩形 |
| DrawRectangles | 繪製由Rectangle結構或RectangleF結構所指定的一系列矩形 |
| DrawString | 使用指定的Brush和Font物件，將指定的文字字串依指定的格式StringFormat繪製於指定的位置或矩形 |
| FillEllipse | 填滿由座標對、寬度和高度指定的週框或矩形結構所定義的橢圓形內部 |
| FillPie | 填滿由座標對、寬度、高度和兩條放射線指定的橢圓形所定義的派形區域內部 |
| FillPolygon | 填滿由Point結構指定的點陣列所定義的多邊形內部 |
| FillRectangle | 填滿由座標對、寬度和高度，或橢圓結構指定的矩形內部 |
| FillRectangles | 填滿由Rectangle結構表示的一系列矩形的內部 |
| FromImage | 從指定的Image建立新Graphics |

假設已完成前面的步驟，包括畫布的建立及畫筆、筆刷、字型等的設定，底下列舉幾種常用的繪圖方法：

1. 畫直線：從座標(X1,Y1)畫到座標(X2,Y2)。

---
　　　　　　　　**g.DrawLine(畫筆顏色, X1, Y1, X2, Y2)**
　或　　　**g.DrawLine(畫筆顏色, pt1, pt2)**

---

其中，pt1、pt2為Point結構或PointF結構。

2. 畫派形與填滿派形

---
　　　　　　　**g.FillPie(筆刷顏色, X1,Y1, W, H, sA, dA)**
　　　　　　　**g.DrawPie(畫筆顏色, 1 W, H, sA, dA)**

---

其中，左上角座標(X1,Y1)、W為繪圖區域的寬度、H為繪圖區域的高度、sA為起始角度、dA為派形角度範圍。或

---
　　　　　　　**g.FillPie(筆刷顏色, rect, sA, dA)**
　　　　　　　**g.DrawPie(畫筆顏色, rect, sA, dA)**

---

其中，rect為Rectangle結構或RectangleF結構。

3. 畫橢圓與填滿橢圓

---
　　　　　　　**g.DrawEllipse(畫筆顏色, X1,Y1, W, H)**
　　　　　　　**g.FillEllipse(筆刷顏色, X1,Y1, W, H)**

---

其中，左上角座標(X1,Y1)、W為繪圖區域的寬度、H為繪圖區域的高度。或

---
　　　　　　　**g.DrawEllipse(畫筆顏色, rect)**
　　　　　　　**g.FillEllipse(筆刷顏色, rect)**

---

其中，rect為Rectangle結構或RectangleF結構。

4. 畫矩形與填滿矩形

```
g.DrawRectangle(畫筆顏色, X1,Y1, W, H)
g.FillRectangle(筆刷顏色, 1 X1,Y1, W, H)
```

其中，左上角座標(X1,Y1)、W為繪圖區域的寬度、H為繪圖區域的高度。
或

```
g. DrawRectangle (畫筆顏色, rect)
g. FillRectangle (筆刷顏色, rect)
```

其中，rect為Rectangle結構。

5. 畫多邊形與填滿多邊形

```
g.DrawPolygon(畫筆顏色, pts())
g.FillPolygon (筆刷顏色, pts())
```

其中，pts()為Point結構或PointF結構陣列。

6. 書寫文字

```
g.DrawString(顯示字串, 字型物件, 筆刷顏色, X1, Y1 [,字串格式類別])
```

其中，(X1,Y1)為字串顯示位置左上角座標。或

```
g.DrawString(顯示字串, 字型物件, 筆刷顏色, rect [,字串格式類別])
```

其中，rect為Rectangle結構或RectangleF結構，表示允許顯示字串的矩形
區域。字串格式StringFormat類別幾個常用屬性列舉如下：

| 屬性 | |
|---|---|
| Alignment | 取得或設定文字對齊資訊 |
| FormatFlags | 取得或設定含有格式資訊的**StringFormatFlags**列舉型別，成員為：<br>**DirectionRightToLeft**：指定文字為由右至左<br>**DirectionVertical**：指定文字為直書 |
| LineAlignment | 取得或設定行對齊 |

因此，若假設文字為直書，則設定方式為：

$$\boxed{\textbf{strFormat.FormatFlags = StringFormatFlags.DirectionVertical}}$$

7. 在畫布繪製Image

使用DrawImage方法，可以從圖形來源的指定區域，畫到畫布上的指定區域。DrawImage為多載方法，以下介紹幾種常用語法：

(1) 將來源圖形繪至畫布，並從指定的點位置(X1,Y1)開始畫。

$$\boxed{\textbf{g.DrawImage(來源圖形, X1,Y1)}}$$

(2) 將來源圖形繪至畫布上指定的點位置(X1,Y1)，及寬度W1和高度H的範圍內。

$$\boxed{\begin{array}{l}\textbf{g.DrawImage(來源圖形,X1, Y1, W1, H1)}\\ \textbf{或}\quad\textbf{g.DrawImage(來源圖形, rect1)}\end{array}}$$

其中，rect1為Rectangle結構或RectangleF結構，表示畫布上由位置(X1,Y1)、寬度W1和高度H1所構成的矩形結構Rectangle(X1,Y1,W1,H1)或RectangleF(X1,Y1,W1,H1)。

(3) 將來源圖形指定的矩形範圍rect2繪至畫布上指定的矩形範圍rect1。

$$\boxed{\textbf{g.DrawImage(來源圖形, rect1, rect2, unit)}}$$

其中，rect1為Rectangle結構或RectangleF結構，表示畫布上由位置(X1,Y1)、寬度W1和高度H1所構成的矩形結構Rectangle(X1,Y1,W1,H1)或RectangleF(X1,Y1,W1,H1)；rect2的定義同rect1；unit為測量單位，在此可選擇為GraphicsUnit.Pixel。圖12-5說明將來源圖形指定的矩形範圍rect2繪至畫布上指定的矩形範圍rect1。

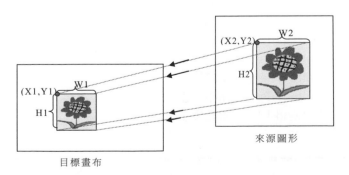

圖12-5　DrawImage用法說明

## 例 12-2　　常用繪圖方法練習

### ✶ 功能說明

按下對應的按鈕後，表單即出現以繪圖方法繪製的圖形。

### ✶ 學習目標

常用繪圖方法練習。

### ✶ 表單配置

圖12-6　　表單配置

### ✶ 程式碼

```
01 Public Class E12_2_繪圖方法
02
03    Dim g As Graphics
04    Private Sub 繪圖方法_Load(ByVal sender As System.Object, ByVal e As
      System.EventArgs) Handles MyBase.Load
05      g = Me.CreateGraphics
06      Button1.Text = "直線"
07      Button2.Text = "圓餅圖"
08      Button3.Text = "橢圓"
09      Button4.Text = "填滿橢圓"
10      Button5.Text = "矩形"
11      Button6.Text = "填滿矩形"
12      Button7.Text = "水平文字"
13      Button8.Text = "垂直文字"
14    End Sub
```

```
15
16    Private Sub Button1_Click(ByVal sender As System.Object, ByVal e As
      System.EventArgs) Handles Button1.Click
17      g.Clear(Me.BackColor)
18      g.DrawString(sender.text, New Font("Arial", 8), Brushes.Blue, 40, 100)
19      g.DrawLine(Pens.Red, 120, 120, 150, 150)
20    End Sub
21
22    Private Sub Button2_Click(ByVal sender As System.Object, ByVal e As
      System.EventArgs) Handles Button2.Click
23      g.Clear(Me.BackColor)
24      g.DrawString(sender.text, New Font("Arial", 8), Brushes.Blue, 40, 100)
25      g.FillPie(Brushes.Green, 100, 80, 80, 80, 0, 60)
26      g.FillPie(Brushes.Yellow, 100, 80, 80, 80, 60, 60)
27      g.FillPie(Brushes.LightBlue, 100, 80, 80, 80, 120, 80)
28      g.DrawPie(Pens.Red, 100, 80, 80, 80, 0, 60)
29      g.DrawPie(Pens.Red, 100, 80, 80, 80, 60, 60)
30      g.DrawPie(Pens.Red, 100, 80, 80, 80, 120, 80)
31    End Sub
32
33    Private Sub Button3_Click(ByVal sender As System.Object, ByVal e As
      System.EventArgs) Handles Button3.Click
34      g.Clear(Me.BackColor)
35      g.DrawString(sender.text, New Font("Arial", 8), Brushes.Blue, 40, 100)
36      g.DrawEllipse(Pens.Red, 100, 100, 80, 50)
37    End Sub
38
39    Private Sub Button4_Click(ByVal sender As System.Object, ByVal e As
      System.EventArgs) Handles Button4.Click
40      g.Clear(Me.BackColor)
41      g.DrawString(sender.text, New Font("Arial", 8), Brushes.Blue, 40, 100)
42      g.FillEllipse(Brushes.Green, 100, 100, 80, 50)
43    End Sub
44
45    Private Sub Button5_Click(ByVal sender As System.Object, ByVal e As
      System.EventArgs) Handles Button5.Click
```

```
46        g.Clear(Me.BackColor)
47        g.DrawString(sender.text, New Font("Arial", 8), Brushes.Blue, 40, 100)
48        g.DrawRectangle(Pens.Red, 100, 100, 50, 50)
49    End Sub
50
51    Private Sub Button6_Click(ByVal sender As System.Object, ByVal e As
         System.EventArgs) Handles Button6.Click
52        g.Clear(Me.BackColor)
53        g.DrawString(sender.text, New Font("Arial", 8), Brushes.Blue, 40, 100)
54        g.FillRectangle(Brushes.Green, 100, 100, 50, 50)
55    End Sub
56
57    Private Sub Button7_Click(ByVal sender As System.Object, ByVal e As
         System.EventArgs) Handles Button7.Click
58        Dim strFormat As New StringFormat
59        g.Clear(Me.BackColor)
60        g.DrawString(sender.text, New Font("Arial", 8), Brushes.Blue, 40, 100)
61        g.DrawString("Hello!", New Font("Arial", 14), Brushes.Red, 100, 100)
62    End Sub
63
64    Private Sub Button8_Click(ByVal sender As System.Object, ByVal e As
         System.EventArgs) Handles Button8.Click
65        Dim strFormat As New StringFormat
66        g.Clear(Me.BackColor)
67        g.DrawString(sender.text, New Font("Arial", 8), Brushes.Blue, 40, 100)
68        strFormat.FormatFlags = StringFormatFlags.DirectionVertical
69        g.DrawString("Hello!", New Font("Arial", 14), Brushes.Red, 150, 100,
         strFormat)
70    End Sub
71
72 End Class
```

✱ 執行結果

執行後依按鈕顯示對應的圖形。

**(a)畫直線**

**(c)畫橢圓**

**(b)畫圓餅圖及填滿**

**(e)畫矩形**

**(d)填滿橢圓**

**(g)畫水平文字**

**(f)填滿矩形**

**(h)畫垂直文字**

**圖12-7　執行結果**

## 例 12-3　Image物件與筆刷的使用練習─半透明的直線和矩形

### ✱ 功能說明

以「射箭1.bmp」為背景，畫出半透明的直線和矩形。

### ✱ 學習目標

Image物件的使用練習。

### ✱ 表單配置

圖12-8　表單配置

### ✱ 程式碼

```
01  Public Class E12_3_透明效果
02
03    Dim sPen As New Pen(Color.FromArgb(100, Color.Green), 5)
04    Dim tBrush As New SolidBrush(Color.FromArgb(80, 0, 0, 255))
05    Dim g As Graphics
06    Dim img As Image = Image.FromFile("C:\Documents and Settings\
        Administrator\桌面\VB_BOOK\圖片\射箭1.bmp")
07
08    Private Sub Button1_Click(ByVal sender As System.Object, ByVal e As
        System.EventArgs) Handles Button1.Click
09      g = PictureBox1.CreateGraphics
10      g.DrawImage(img, 0, 0)
```

```
11      g.DrawLine(sPen, 30, 30, 110, 110)
12      g.FillRectangle(tBrush, 50, 50, 50, 50)
13   End Sub
14
15   Private Sub Button2_Click(ByVal sender As System.Object, ByVal e As
        System.EventArgs) Handles Button2.Click
16      g.Clear(Color.White)
17   End Sub
18
19 End Class
```

## ✱ 執行結果

程式執行過程與結果如圖12-9之說明。

(a)載入圖片

(b)透明效果

圖12-9　執行結果

例 12-4 　　**DrawImage練習**

✽ **功能說明**

DrawImage的基本使用。

✽ **學習目標**

1. DrawImage的基本使用

2. 詳細Image物件的使用，可參考後面小節。

✽ **表單配置**

圖12-10 　表單配置

✽ **程式碼**

```
01 Public Class E12_4_DrawImage基本練習
02
03     Dim g As Graphics
04     Dim newImage As Image = Image.FromFile(Application.StartupPath & "\魚
       4.bmp")
05
06     Private Sub DrawImage基本練習_Load(ByVal sender As System.Object,
       ByVal e As System.EventArgs) Handles MyBase.Load
07         g = PictureBox1.CreateGraphics
08         Button1.Text = "顯示一條魚 (原始大小)"
09         Button2.Text = "顯示一條魚 (完整顯示)"
10         Button3.Text = "顯示九條小魚"
```

```
11     End Sub
12     Private Sub Button1_Click(ByVal sender As System.Object, ByVal e As
       System.EventArgs) Handles Button1.Click
13       Dim width As Integer = newImage.Width ' 150
14       Dim height As Integer = newImage.Height ' 150
15       '顯示區域設定(左上角x=0,左上角y=0,原圖寬度,原圖高度)
16       Dim destRect As New Rectangle(0, 0, width, height)
17       g.Clear(Me.BackColor)
18       '繪圖至欲顯示之區域(圖片來源, 顯示區域)
19       g.DrawImage(newImage, destRect)
20     End Sub
21
22     Private Sub Button2_Click(ByVal sender As System.Object, ByVal e As
       System.EventArgs) Handles Button2.Click
23       '顯示區域設定(左上角x=0,左上角y=0,顯示區域寬度, 顯示區域高度)
24       Dim destRect As New Rectangle(0, 0, PictureBox1.Width, PictureBox1.
       Height)
25       '圖片來源區域設定(左上角x=0,左上角y=0,顯示區域寬度, 顯示區域高度)
26       Dim units As GraphicsUnit = GraphicsUnit.Pixel
27       Dim srcRect As New Rectangle(0, 0, newImage.Width, newImage.
       Height)
28       g.Clear(Me.BackColor)
29       '繪圖至欲顯示之區域(圖片來源, 顯示區域, 圖片來源區域, 數值的單位)
30       g.DrawImage(newImage, destRect, srcRect, units)
31     End Sub
32
33     Private Sub Button3_Click(ByVal sender As System.Object, ByVal e As
       System.EventArgs) Handles Button3.Click
34       '顯示區域設定(左上角x=0,左上角y=0,顯示區域寬度, 顯示區域高度)
35       Dim dWidth As Int16 = PictureBox1.Width / 3
36       Dim dHeight As Int16 = PictureBox1.Height / 3
37       Dim srcRect As New Rectangle(0, 0, newImage.Width, newImage.
       Height)
38       Dim destRect As New Rectangle
39       Dim units As GraphicsUnit = GraphicsUnit.Pixel
40       g.Clear(Me.BackColor)
```

```
41      '繪圖至欲顯示之區域(圖片來源, 顯示區域, 圖片來源區域, 數值的單位)
42      For i = 0 To 2
43        For j = 0 To 2
44          destRect = New Rectangle(dWidth * i, dHeight * j, dWidth,
     dHeight)
45          g.DrawImage(newImage, destRect, srcRect, units)
46        Next
47      Next
48    End Sub
49
50 End Class
```

**✱ 執行結果**

   程式執行過程與結果如圖12-11之說明。

**(a)原始大小的魚**

**(b)完整大小的魚**

**(c)縮小的小魚**

圖12-11　執行結果

例 12-5　　表單上如何畫圖—徒手畫

**✴ 功能說明**

　　以滑鼠在表單上畫圖。

**✴ 學習目標**

　　在表單上如何畫圖。

**✴ 表單配置**

圖12-12　表單配置

**✴ 程式碼**

```
01 Public Class E12_5_徒手畫
02
03     Dim g As Graphics
04     Dim p As Pen
05     Dim startX, startY As Long
06
07     Private Sub 徒手畫_Load(ByVal sender As System.Object, ByVal e As
        System.EventArgs) Handles MyBase.Load
08       p = New Pen(Color.Red)
09       g = Me.CreateGraphics
10       Button1.Text = "清除畫面"
11     End Sub
12
```

```
13    Private Sub 徒手畫_MouseDown(ByVal sender As Object, ByVal e As
         System.Windows.Forms.MouseEventArgs) Handles Me.MouseDown
14        startX = e.X
15        startY = e.Y
16    End Sub
17
18    Private Sub 徒手畫_MouseMove(ByVal sender As Object, ByVal e As
         System.Windows.Forms.MouseEventArgs) Handles Me.MouseMove
19        If e.Button = MouseButtons.Left Then
20            g.DrawLine(p, startX, startY, e.X, e.Y)
21            startX = e.X
22            startY = e.Y
23        End If
24    End Sub
25
26    Private Sub Button1_Click(ByVal sender As System.Object, ByVal e As
         System.EventArgs) Handles Button1.Click
27        g.Clear(Me.BackColor)
28    End Sub
29
30 End Class
```

## ✱ 執行結果

程式執行過程與結果如圖12-13之說明。

**(a)開始執行**

**(b)以滑鼠寫字**

圖12-13　執行結果

## 例 12-6 在表單上列印九九乘法表

### ✱ 功能說明

在表單上列印出九九乘法表。

### ✱ 學習目標

在表單上如何列印文字。

### ✱ 表單配置

圖12-14 表單配置

### ✱ 程式碼

```
01 Public Class E12_6_九九乘法表
02
03     Dim g As Graphics
04     Dim f As New Font("Arial", 9, FontStyle.Regular)
05     Dim b As New SolidBrush(Color.Blue)
06     Private Sub 九九乘法表_Load(ByVal sender As System.Object, ByVal e As
           System.EventArgs) Handles MyBase.Load
07         g = Me.CreateGraphics
08         Button1.Text = "印出九九乘法表"
09         Button2.Text = "結束"
10     End Sub
11
12     Private Sub Button1_Click(ByVal sender As System.Object, ByVal e As
           System.EventArgs) Handles Button1.Click
13         Dim i, j As Integer
```

```
14      For i = 1 To 9
15        For j = 2 To 9
16          g.DrawString(j & "x" & i & "=" & i * j, f, b, 45 * (j - 2) + 1, 12 * i)
17        Next
18      Next
19    End Sub
20
21    Private Sub Button2_Click(ByVal sender As System.Object, ByVal e As
        System.EventArgs) Handles Button2.Click
22      End
23    End Sub
24
25 End Class
```

**✳ 執行結果**

**圖12-15　執行結果**

END

---

## 例 12-7　圖形跑馬燈(I)

**✳ 功能說明**

在表單上顯示圖形跑馬燈。

**✳ 學習目標**

畫圖練習與圖形處理技巧。

* **表單配置**

圖12-16　表單配置

* **程式碼**

```
01 Public Class E12_7_圖形跑馬燈1
02     Dim g As Graphics
03     Dim p As Pen
04     Dim br1, br2 As SolidBrush
05     Dim OK() As Integer = {0, 1, 2, 3, 4, 5}
06     Dim NOK() As Integer = {5, 0, 1, 2, 3, 4}
07
08     Private Sub Form1_Load(ByVal sender As System.Object, ByVal e As
       System.EventArgs) Handles MyBase.Load
09         p = New Pen(Color.Red)
10         br1 = New SolidBrush(Color.Green)
11         br2 = New SolidBrush(Me.BackColor)
12         g = Me.CreateGraphics
13         Button1.Text = "啟動"
14     End Sub
15
16     Private Sub Button1_Click(ByVal sender As System.Object, ByVal e As
       System.EventArgs) Handles Button1.Click
17         Timer1.Enabled = Not Timer1.Enabled
18         Button1.Text = IIf(Timer1.Enabled, "停止", "啟動")
19     End Sub
20
21     Private Sub Timer1_Tick(ByVal sender As System.Object, ByVal e As
       System.EventArgs) Handles Timer1.Tick
22         Static n As Integer
```

```
23      n = (n + 1) Mod 6
24      g.FillEllipse(br2, 40 * NOK(n) + 10, 50, 30, 30) '蓋舊色
25      g.DrawEllipse(p, 40 * NOK(n) + 10, 50, 30, 30) '畫外框
26      g.FillEllipse(br1, 40 * OK(n) + 10, 50, 30, 30) '填新色
27   End Sub
28
29 End Class
```

**\* 執行結果**

圖12-17　執行結果

END

## 例 12-8　　圖形跑馬燈(II)

**\* 功能說明**

在表單上顯示圖形跑馬燈。

**\* 學習目標**

畫圖練習與圖形處理技巧。

* 表單配置

圖12-18　表單配置

* 程式碼

```
01 Public Class E12_8_圖形跑馬燈2
02
03    Dim g As Graphics
04    Dim p As Pen
05    Dim br, br1 As SolidBrush
06
07    Private Sub Form1_Load(ByVal sender As System.Object, ByVal e As
      System.EventArgs) Handles MyBase.Load
08      g = Me.CreateGraphics
09      p = New Pen(Color.Red)
10      br = New SolidBrush(Color.Green)
11      br1 = New SolidBrush(Me.BackColor)
12      Button1.Text = "啟動"
13    End Sub
14
15    Private Sub Button1_Click(ByVal sender As System.Object, ByVal e As
      System.EventArgs) Handles Button1.Click
16      Timer1.Enabled = Not Timer1.Enabled
17      Button1.Text = IIf(Timer1.Enabled, "停止", "啟動")
18    End Sub
19
20    Private Sub Form1_Paint(ByVal sender As Object, ByVal e As System.
      Windows.Forms.PaintEventArgs) Handles Me.Paint
21      For i As Int16 = 0 To 9
22        g.DrawEllipse(p, 19 + 25 * i, 49, 22, 22)
```

```
23     Next
24   End Sub
25
26   Private Sub Timer1_Tick(ByVal sender As System.Object, ByVal e As
         System.EventArgs) Handles Timer1.Tick
27     Static k As Int16
28     '消去前次顏色
29     g.FillEllipse(br1, 20 + 25 * k, 50, 20, 20)
30     k = Int(Rnd() * 10)
31     '新位置填上新顏色
32     g.FillEllipse(br, 20 + 25 * k, 50, 20, 20)
33   End Sub
34
35 End Class
```

## ✴ 執行結果

程式執行過程與結果如圖12-19之說明。

(a)執行畫面

(b)按下[啟動]鈕

圖12-19　執行結果

END

## 例 12-9　順序動作規劃與繪圖技巧練習─紅綠燈燈號介面設計

## ✴ 功能說明

設計一個可以顯示紅綠燈燈號的介面。

* 學習目標

    順序動作規劃與繪圖技巧練習。

* 表單配置

圖12-20　表單配置

* 程式碼

```
01 Public Class E12_9_紅綠燈
02
03    Dim tGreen, tYellow, tRed As Int16
04    Dim tNow As Single      '紅綠燈啟動時間
05    Dim Signal As String    '紅綠燈狀態
06
07    Dim g As Graphics
08    Dim br1 As New SolidBrush(Color.White)
09    Dim pen1 As New Pen(Color.Black)
10
11    Private Sub Button1_Click(ByVal sender As System.Object, ByVal e As
         System.EventArgs) Handles Button1.Click
12        Timer1.Enabled = Not Timer1.Enabled
13        Button1.Text = IIf(Timer1.Enabled, "停止", "啟動")
14    End Sub
15
16    Private Sub 紅綠燈簡單版_Load(ByVal sender As System.Object, ByVal e
         As System.EventArgs) Handles MyBase.Load
17        tGreen = 5          '綠燈時間
```

```
18      tYellow = 1     '黃燈時間
19      tRed = tGreen + tYellow     '紅燈時間
20      g = Panel1.CreateGraphics
21      Button1.Text = "啟動"
22      '顯示紅綠燈初始狀態
23      Signal = "000000"
24      Label1.Text = "紅綠燈狀態：" & Signal
25   End Sub
26
27   Private Sub 紅綠燈簡單版_Paint(ByVal sender As Object, ByVal e As
          System.Windows.Forms.PaintEventArgs) Handles Me.Paint
28      '顯示紅綠燈燈號
29      Call plotSignal(Signal)
30   End Sub
31
32   Private Sub Timer1_Tick(ByVal sender As System.Object, ByVal e As
          System.EventArgs) Handles Timer1.Tick
33      tRed = tGreen + tYellow
34      tNow = (tNow + Timer1.Interval / 1000) Mod (2 * tRed)
35      If tNow < tGreen Then
36         Signal = "100001"  '綠燈/紅燈
37      ElseIf tNow < tGreen + tYellow Then
38         Signal = "010001"  '黃燈/紅燈
39      ElseIf tNow < 2 * tGreen + tYellow Then
40         Signal = "001100"  '紅燈/綠燈
41      ElseIf tNow < 2 * tGreen + 2 * tYellow Then
42         Signal = "001010"  '紅燈/黃燈
43      End If
44      '顯示紅綠燈狀態
45      Label1.Text = "紅綠燈狀態：" & Signal
46      '顯示紅綠燈燈號
47      Call plotSignal(Signal)
48   End Sub
49
50   Private Sub plotSignal(ByVal str1 As String)
51      Dim sx, sy As Int16 '燈號位置
```

```
52      Dim ch As Int16
53      '定義燈號顏色
54      Dim sColor() As Color = {Color.Green, Color.Yellow, Color.Red, Color.
        Green, Color.Yellow, Color.Red}
55      For i = 0 To 5
56        sx = 10 + 35 * (i Mod 3)
57        sy = 10 + 35 * (i \ 3)
58        '畫燈號框
59        g.DrawEllipse(pen1, sx, sy, 30, 30)
60        ch = Mid(str1, i + 1, 1)
61        '填燈號顏色
62        g.FillEllipse(New SolidBrush(IIf(ch = 1, sColor(i), Color.Black)), sx +
      1, sy + 1, 30 - 2, 30 - 2)
63      Next
64    End Sub
65
66 End Class
```

## ✻ 執行結果

程式執行過程與結果如圖12-21之說明。

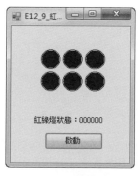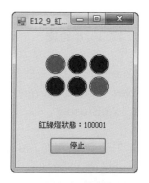

(a)執行畫面　　　　(b)按下[啟動]鈕

圖12-21　執行結果

例 12-10　　座標變換、三角函數應用與繪圖技巧—小時鐘繪製

## ✱ 功能說明

在表單上製作一個小時鐘。

## ✱ 學習目標

座標變換、三角函數應用與繪圖技巧。

## ✱ 表單配置

圖12-22　　表單配置

## ✱ 程式碼

```
01 Public Class E12_10_小時鐘
02
03    Dim g As Graphics
04    Dim p As New Pen(Color.Green, 1)
05    Dim br As SolidBrush
06
07    Private Sub Timer1_Tick(ByVal sender As System.Object, ByVal e As
       System.EventArgs) Handles Timer1.Tick
08       Static k As Integer
09       Dim ang, xs, ys, xm, ym, xh, yh As Single
10       k += 1
11       ang = k * 3.14159 / 30
12       xs = 120 + 50 * Math.Cos(ang - 1.5708)  '-90度當做起點
```

```
13    ys = 70 + 50 * Math.Sin(ang - 1.5708)
14    xm = 120 + 40 * Math.Cos(ang / 60 - 1.5708)
15    ym = 70 + 40 * Math.Sin(ang / 60 - 1.5708)
16    xh = 120 + 30 * Math.Cos(ang / 720 - 1.5708)
17    yh = 70 + 30 * Math.Sin(ang / 720 - 1.5708)
18    g.FillEllipse(br, 67, 17, 104, 104)    '消去指針線條
19    p.Color = Color.BlueViolet
20    g.DrawLine(p, 120, 70, xh, yh)
21    p.Color = Color.Purple
22    g.DrawLine(p, 120, 70, xm, ym)
23    p.Color = Color.Brown
24    g.DrawLine(p, 120, 70, xs, ys)
25  End Sub
26
27  Private Sub Button1_Click(ByVal sender As System.Object, ByVal e As
        System.EventArgs) Handles Button1.Click
28    Timer1.Enabled = Not Timer1.Enabled
29    Button1.Text = IIf(Timer1.Enabled, "停止", "啟動")
30  End Sub
31
32  Private Sub Form1_Paint(ByVal sender As Object, ByVal e As System.
        Windows.Forms.PaintEventArgs) Handles MyBase.Paint
33    Dim i As Integer
34    Dim x1, y1, x2, y2, r1 As Single
35    g = Me.CreateGraphics
36    br = New SolidBrush(Me.BackColor)
37    g.DrawEllipse(p, 60, 10, 120, 120)
38    For i = 0 To 59
40      p.Color = IIf(i Mod 5, Color.Green, Color.Purple)
41      r1 = IIf(i Mod 5, 0.95, 0.9)
42      x1 = 120 + r1 * 60 * Math.Cos(i * 2 * 3.1416 / 60)
43      x2 = 120 + 60 * Math.Cos(i * 2 * 3.1416 / 60)
44      y1 = 70 + r1 * 60 * Math.Sin(i * 2 * 3.1416 / 60)
45      y2 = 70 + 60 * Math.Sin(i * 2 * 3.1416 / 60)
46      g.DrawLine(p, x1, y1, x2, y2)
47    Next i
```

```
48    End Sub
49
50    Private Sub E12_10_小時鐘_Load(ByVal sender As System.Object, ByVal e
      As System.EventArgs) Handles MyBase.Load
51       Timer1.Interval = 1000
52       Button1.Text = "啟動"
53    End Sub
54
55 End Class
```

**✱ 執行結果**

程式執行過程與結果如圖12-23之說明。

(a)執行畫面

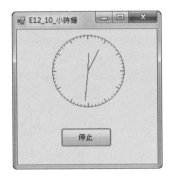
(b)按下[啟動]鈕

圖12-23　執行結果

**例 12-11**　　**畫圖練習與圖形處理技巧—繪製正弦波**

**✱ 功能說明**

產生正弦波，並畫在圖表上。其中指定格線爲白色，正弦波波形爲黃色，座標文字爲綠色，畫布背景爲黑色。

**✱ 學習目標**

畫圖練習與圖形處理技巧。

✱ 表單配置

圖12-24　表單配置

✱ 程式碼

```
01 Public Class E12_11_SinWave
02
03    '宣告畫布、畫筆、筆刷與字體
04    Dim g As Graphics
05    Dim p As New Pen(Color.Black)
06    Dim f As New Font(Me.Font.Name, 8)
07    Dim br As New SolidBrush(Color.Green)
08    '宣告格線橫向和縱向間距變數
09    Dim dw, dh As Single
10
11    Private Sub E12_11_SinWave_Load(ByVal sender As System.Object, ByVal
       e As System.EventArgs) Handles MyBase.Load
12       '設定畫布
13       g = Panel1.CreateGraphics
14       Panel1.BackColor = Color.Black
15       '設定格線橫向和縱向間距
16       dw = Panel1.Width / 12
17       dh = Panel1.Height / 13
18       '其他初始設定
19       px0 = dw
20       py0 = 6 * dh
21       Button1.Text = "開始"
22    End Sub
```

```
23
24   Private Sub E12_11_SinWave_Paint(ByVal sender As Object, ByVal e As
         System.Windows.Forms.PaintEventArgs) Handles Me.Paint
25       '初始畫面
26       Call plotGrid()
27   End Sub
28
29   Private Sub plotGrid()
30       '畫格線與座標副程式
31       Dim x2, y2, x1, y1 As Int16
32       p.Color = Color.White
33       For i = 0 To 10
34          x1 = dw
35          y1 = dh + i * dh
36          x2 = dw + 10 * dw
37          y2 = y1
38          g.DrawLine(p, x1, y1, x2, y2)
39          g.DrawString(10 - i, f, br, dw - 2 * f.Size, y1 - 0.5 * f.Size)
40          x1 = dw + i * dw
41          y1 = dh
42          x2 = x1
43          y2 = dh + 10 * dh
44          g.DrawLine(p, x1, y1, x2, y2)
45          g.DrawString(i + n * 10, f, br, x1 - 0.5 * f.Size, y2 + 0.5 * f.Size)
46       Next
47       p.Color = Color.Yellow
48   End Sub
49
50   Dim px0, py0, px1, py1 As Single
51   Dim t As Single = 0 '時間變數
52   Dim n As Int16 = 0 '換頁變數
53   Private Sub Timer1_Tick(ByVal sender As System.Object, ByVal e As
         System.EventArgs) Handles Timer1.Tick
54       '時間累計
55       t = t + 0.1
56       px1 = dw + (t Mod 10) * dw          '時間轉換成繪圖x軸座標
```

```
57        py1 = 6 * dh - 4 * dh * Math.Sin(t) '計算y軸位置
58        '換頁
59        If t > (n + 1) * 10 Then           '每增加10秒即換頁
60            n = n + 1                      '頁次加1
61            g.Clear(Color.Black)           '清除畫面
62            Call plotGrid()                '重畫格線
63            px0 = dw                       '畫圖座標移到最前面
64        End If
65        '畫圖
66        g.DrawLine(p, px0, py0, px1, py1)
67        '座標更新
68        px0 = px1
69        py0 = py1
70    End Sub
71
72    Private Sub Button1_Click(ByVal sender As System.Object, ByVal e As
          System.EventArgs) Handles Button1.Click
73        '啟動與停止
74        Timer1.Enabled = Not Timer1.Enabled
75        Button1.Text = IIf(Timer1.Enabled, "停止", "開始")
76    End Sub
77
78 End Class
```

## ✻ 執行結果

程式執行過程與結果如圖12-25之說明。

(a)執行　　　　　　　　　　　　(b)按[開始]後

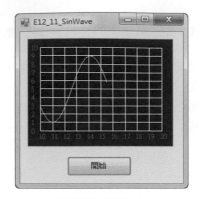

(c)換頁且按[停止]

圖12-25　執行結果

END

## 例 12-12　　繪圖與佇列的整合應用—動態圖形變化顯示

**✴ 功能說明**

　　設計一個畫圖系統，水平座標軸與圖形會隨時間的增加一起往左邊移動，也就是最右邊呈現新的圖形，而舊的圖形則消失在左邊。

**✴ 學習目標**

　　繪圖與佇列的整合應用。

**✴ 表單配置**

圖12-26　表單配置

## ✱ 程式碼

```
01 Public Class E12_12_動態曲線
02
03    Dim n_pt As Int16 = 100 'x軸座標點數
04    Dim x_interval As Int16 = 10 '間隔數
05    Dim dx, dy As Single    '間隔大小
06    Dim g As Graphics
07    Dim p As New Pen(Color.Yellow, 1)   '資料畫筆
08    Dim p1 As New Pen(Color.Green, 1)   '格點畫筆
09    Dim ptQueu As New Queue
10    Dim ptf As PointF
11
12    Private Sub Form1_Load(ByVal sender As System.Object, ByVal e As
         System.EventArgs) Handles MyBase.Load
13      g = PictureBox1.CreateGraphics
14      Button1.Text = "開始"
15      dx = PictureBox1.Width / x_interval
16      dy = PictureBox1.Height / 10
17      p1.DashStyle = Drawing2D.DashStyle.Dash
18    End Sub
19
20    Private Sub Timer1_Tick(ByVal sender As System.Object, ByVal e As
         System.EventArgs) Handles Timer1.Tick
21      '產生數據
22      ptf.X += 2
23      ptf.Y = 3 * dy * Math.Sin(0.1 * ptf.X) + 5 * dy
24      '將數據加入佇列
25      If ptQueu.Count > 100 Then
26        ptQueu.Dequeue()
27        ptQueu.Enqueue(ptf)
28      Else
29        ptQueu.Enqueue(ptf)
30      End If
31      '畫圖
32      plot()
33    End Sub
34
```

```
35    Private Sub plot()
36        Dim x0 As PointF
37        Dim t0 As Single = x0.X
38        g.Clear(Color.Black)
39        Dim x_0 As PointF = ptQueu.Peek
40        '畫格線
41        For i = 0 To 10
42            g.DrawLine(p1, -(x_0.X Mod dx) + i * dx, 0, -(x_0.X Mod dx) + i * dx,
          PictureBox1.Height)
43            g.DrawLine(p1, 0, i * dy, PictureBox1.Width, i * dy)
44        Next
45        '畫曲線
46        For Each x As PointF In ptQueu.ToArray
47            g.DrawLine(p, x0.X - x_0.X, x0.Y, x.X - x_0.X, x.Y)
48            x0 = x
49        Next
50    End Sub
51
52    Private Sub Button1_Click(ByVal sender As System.Object, ByVal e As
          System.EventArgs) Handles Button1.Click
53        Button1.Text = IIf(Timer1.Enabled, "開始", "停止")
54        Timer1.Enabled = Not Timer1.Enabled
55    End Sub
56
57 End Class
```

**✱ 執行結果**

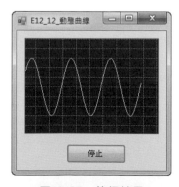

圖12-27　執行結果

## 例 12-13　畫圖方法練習—時序圖繪製

**✱ 功能說明**

以亂數產生0/1數據，畫出時序圖。

**✱ 學習目標**

畫圖方法練習。

**✱ 表單配置**

圖12-28　表單配置

**✱ 程式碼**

```
01 Public Class E12_13_時序1
02
03    '---[設定繪圖物件]----
04    Dim g As Graphics
05    Dim br As New SolidBrush(Color.White)
06    Dim p As New Pen(Color.Black)
07    Dim f As New Font("airal", 7)
08    '---[設定時序信號變數]----
09    Dim Signal0 As String = "0"     '前次信號
10    Dim Signal As String = ""        '目前信號
11    '---[設定圖表資訊]----
12    Dim tNow As Single = 0          '真正的時間
13    '繪圖區域格線間距
14    Dim dx As Single
15    Dim dy As Single
```

```vb
16      '繪圖區域左上角座標
17      Dim sx As Single
18      Dim sy As Single
19      Private Sub E12_13_時序1_Load(ByVal sender As System.Object, ByVal e
        As System.EventArgs) Handles MyBase.Load
20        g = Panel1.CreateGraphics
21        Button1.Text = "顯示時序圖"
22        Label1.Text = ""
23        '繪圖區域格線間距
24        dx = Panel1.Width / (10 + 2)    '水平10格
25        dy = Panel1.Height / (1 + 2)    '垂直1格
26        '繪圖區域左上角座標
27        sx = dx
28        sy = dy
29      End Sub
30
31      Private Sub Button1_Click(ByVal sender As System.Object, ByVal e As
        System.EventArgs) Handles Button1.Click
32        Timer1.Enabled = Not Timer1.Enabled
33        Button1.Text = IIf(Timer1.Enabled, "停止時序圖", "顯示時序圖")
34      End Sub
35
36      Private Sub Timer1_Tick(ByVal sender As System.Object, ByVal e As
        System.EventArgs) Handles Timer1.Tick
37        '------[產生時序亂數]-------
38        Dim rnd As New Random
39        Signal = IIf(rnd.Next(100) > 50, "1", "0")
40        '-------[畫時序圖]-------
41        Label1.Text = Format(tNow, "##.00") & "->" & Signal
42        Call plotTimeSeries()
43        tNow += 0.1        '更新時間
44        Signal0 = Signal   '更新前次信號
45      End Sub
46
47      Dim first As Boolean = True
48      Private Sub plotTimeSeries()
```

```
49        '-------[重繪格線判斷]------
50        Static RePlotGrid As Boolean = True '格線重繪旗標
51        Static n As Int16 = 0              '第n次圖形換頁
52        If tNow > (n + 1) * 10 Then    '(真正時間)>(n+1)*(圖表時間)
53          n = n + 1
54          RePlotGrid = True
55        End If
56
57        '-------[畫格線與框]------
58        If RePlotGrid Then
59          g.Clear(Color.Black)
60          p.Color = Color.DarkGray
61          For i = 0 To 1 '水平格線
62            g.DrawLine(p, sx, sy + i * dy, sx + 10 * dx, sy + i * dy)
63          Next
64          For i = 0 To 10 '垂直格線與水平座標標記
65            g.DrawLine(p, sx + i * dx, sy, sx + i * dx, sy + dy)
66            g.DrawString(i + n * 10, f, br, sx + (i - 0.2) * dx, (sy + dy) + 0.2 *
          dy)
67          Next
68          p.Color = Color.Red
69        End If
70        If first = True Then Exit Sub '一開始顯示畫面後即離開副程式
71
72        '-------[畫時序]------
73        Dim yy0, yy1 As Int16
74        Dim tt0, tt1 As Single
75        Dim tShow As Single = tNow Mod 10   '經MOD後的時間值(0~nx*dt 秒)
76        '計算x軸
77        tt1 = sx + tShow * dx
78        tt0 = tt1 - IIf(RePlotGrid, 0, 0.1) * dx '若重繪格線，則第一點設為0
79        '計算y軸(Channel從最下方往上畫)
80        yy0 = (sy + 2 * dy) - (Val(Mid(Signal0, 1, 1)) * dy / 2 + dy)
81        yy1 = (sy + 2 * dy) - (Val(Mid(Signal, 1, 1)) * dy / 2 + dy)
82        p.Color = Color.YellowGreen
83        '畫橫線
```

```
84       g.DrawLine(p, tt0, yy0, tt1, yy0)
85       '畫直線
86       g.DrawLine(p, tt1, yy0, tt1, yy1)
87       RePlotGrid = False
88    End Sub
89
90    Private Sub E12_13_時序1_Paint(ByVal sender As Object, ByVal e As
         System.Windows.Forms.PaintEventArgs) Handles Me.Paint
91      If first Then
92        Call plotTimeSeries()
93        first = False
94      End If
95    End Sub
96
97 End Class
```

## ✱ 執行結果

程式執行過程與結果如圖12-29之說明。

(a)開始執行

(b)顯示時序圖

圖12-29　執行結果

## 例 12-14 畫圖方法練習─多頻道時序圖繪製

### ✶ 功能說明

以亂數產生6組0/1數據，畫出時序圖，當時間超過頁面範圍，圖表會自動換頁。

### ✶ 學習目標

畫圖方法練習。

### ✶ 表單配置

圖12-30 表單配置

### ✶ 程式碼

```
01 Public Class E12_14_時序2
02
03    '---[設定繪圖物件]----
04    Dim g As Graphics
05    Dim br As New SolidBrush(Color.White)
06    Dim p As New Pen(Color.Black)
07    Dim fnt As New Font("airal", 7)
08    '---[設定時序信號變數]----
09    Dim Signal0 As String = StrDup(6, "0")     '前次信號
10    Dim Signal As String = ""          '目前信號
11    Dim ny As Int16 = Signal0.Length    '訊號通道數目
```

```vbnet
12    '---[設定圖表資訊]----
13    Dim nx As Single = 5          'x軸(時間軸)間隔數
14    Dim dt As Single = 1          'x軸(時間軸)間距(秒)
15    Dim tRange As Single = nx * dt '顯示區域時間範圍
16    Dim tNow As Single = 0         '真正的時間
17    Dim delta_t As Single = 0.1    '時序信號的時間間隔(秒)
18    '繪圖區域格線間距
19    Dim dx As Single
20    Dim dy As Single
21    '繪圖區域左上角座標
22    Dim sx As Single
23    Dim sy As Single
24    Private Sub E12_14_時序2_Load(ByVal sender As System.Object, ByVal e
      As System.EventArgs) Handles MyBase.Load
25      g = Panel1.CreateGraphics
26      Button1.Text = "顯示時序圖"
27      Label1.Text = ""
28      '繪圖區域格線間距
29      dx = Panel1.Width / (nx + 2)
30      dy = Panel1.Height / (ny + 2)
31      '繪圖區域左上角座標
32      sx = dx
33      sy = dy
34    End Sub
35
36    Private Sub Button1_Click(ByVal sender As System.Object, ByVal e As
      System.EventArgs) Handles Button1.Click
37      Timer1.Enabled = Not Timer1.Enabled
38      Button1.Text = IIf(Timer1.Enabled, "停止時序圖", "顯示時序圖")
39    End Sub
40
41    Private Sub Timer1_Tick(ByVal sender As System.Object, ByVal e As
      System.EventArgs) Handles Timer1.Tick
42      '------[產生時序亂數]-------
43      Dim rnd As New Random
44      Signal = ""
```

```
45      For i = 0 To Signal0.Length - 1
46        Signal &= IIf(rnd.Next(100) > 50, "1", "0")
47      Next
48      '------[畫時序圖]------
49      Label1.Text = Format(tNow, "##.00") & "->" & Signal
50      Call plotTimeSeries()
51      tNow += delta_t          '更新時間
52      Signal0 = Signal         '更新前次信號
53    End Sub
54
55    Dim first As Boolean = True
56    Private Sub plotTimeSeries()
57      '------[重繪格線判斷]------
58      Static RePlotGrid As Boolean = True '格線重繪旗標
59      Static n As Int16 = 0               '第n次圖形換頁
60      If tNow > (n + 1) * tRange Then    '(真正時間)>(n+1)*(圖表時間)
61        n = n + 1
62        RePlotGrid = True
63      End If
64
65      '------[畫格線與框]------
66      If RePlotGrid Then
67        g.Clear(Color.Black)
68        p.Color = Color.DarkGray
69        p.DashStyle = Drawing2D.DashStyle.Dot   '格線樣式設為點線
70        For i = 0 To ny '水平格線
71          g.DrawLine(p, sx, sy + i * dy, sx + nx * dx, sy + i * dy)
72          If i = ny Then Exit For
73          g.DrawString("CH" & i, fnt, Brushes.Yellow, sx - fnt.Size * 4, sy + (ny
    - i) * dy - 1 * fnt.Size)
74        Next
75        For i = 0 To nx '垂直格線與水平座標標記
76          g.DrawLine(p, sx + i * dx, sy, sx + i * dx, sy + ny * dy)
77          g.DrawString(i * dt + n * tRange, fnt, br, _
78                    sx + i * dx - 0.3 * Str(i * dt + n * tRange).Length * fnt.Size,
    (sy + ny * dy) + 0.2 * fnt.Size)
```

```
79        Next
80        p.DashStyle = Drawing2D.DashStyle.Solid   '格線樣式設為實線
81        g.DrawRectangle(p, sx, sy, nx * dx, ny * dy) '畫外框
82        p.Color = Color.Red
83     End If
84     If first = True Then Exit Sub '一開始顯示畫面後即離開副程式
85
86     '--------[畫時序]-------
87     Dim yy0, yy1 As Int16
88     Dim tt0, tt1 As Single
89     Dim dt0 As Single = delta_t
90
91     Dim tShow As Single = tNow Mod tRange    '經MOD後的時間值
       (0~nx*dt 秒)
92     Dim xScale As Single = dx / dt '單位時間的圖像距離＝格線間距/時間間
       距
93     For i = 0 To ny - 1
94        '計算x軸
95        tt1 = sx + tShow * xScale
96        tt0 = tt1 - IIf(RePlotGrid, 0, delta_t) * xScale '若重繪格線，則第一點
       設為0
97        '計算y軸(Channel從最下方往上畫)
98        yy0 = (sy + ny * dy) - (Val(Mid(Signal0, i + 1, 1)) * dy / 2 + i * dy)
99        yy1 = (sy + ny * dy) - (Val(Mid(Signal, i + 1, 1)) * dy / 2 + i * dy)
100       p.Color = Color.YellowGreen
101       '畫橫線
102       g.DrawLine(p, tt0, yy0, tt1, yy0)
103       '畫直線
104       g.DrawLine(p, tt1, yy0, tt1, yy1)
105    Next
106    RePlotGrid = False
107  End Sub
108
109  Private Sub E12_14_時序2_Paint(ByVal sender As Object, ByVal e As
     System.Windows.Forms.PaintEventArgs) Handles Me.Paint
110     If first Then
```

```
111        Call plotTimeSeries()
112        first = False
113    End If
114   End Sub
115
116 End Class
```

## ✳ 執行結果

程式執行過程與結果如圖12-31之說明。

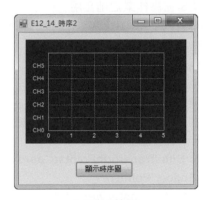
**(a)開始執行**

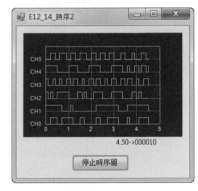
**(b)顯示時序圖**

圖12-31　執行結果

END

## ↘ 座標轉換方法

座標轉換方法列於表12-7。

表12-7　座標轉換方法

| 名稱 | 說明 |
|------|------|
| RotateTransform | 依指定的順序（MatrixOrder），將旋轉轉換套用至這個Graphics的變換矩陣。<br>(1) Overloads Public Sub RotateTransform(Single)<br>(2 Overloads Public Sub RotateTransform(Single, MatrixOrder)<br>其中，MatrixOrder為System.Drawing.Drawing2D命名空間中了列舉型別，成員有<br>(1) Append：新作業是在舊作業之後套用<br>(2) Prepend：新作業是在舊作業之前套用 |
| ScaleTransform | 依指定的順序（MatrixOrder），將縮放轉換套用至此Graphics的變換矩陣<br>(1) Overloads Public Sub ScaleTransform(Single, Single)<br>(2) Overloads Public Sub ScaleTransform(Single, Single, MatrixOrder) |
| TransformPoints | 使用這個Graphics的目前自然和頁面變換，將點陣列從一個座標空間變換到另一個座標空間<br>(1) Overloads Public Sub TransformPoints(CoordinateSpace, CoordinateSpace, Point())<br>(2) Overloads Public Sub TransformPoints(CoordinateSpace, CoordinateSpace, PointF())<br>其中，CoordinateSpace為System.Drawing.Drawing2D命名空間中了列舉型別，成員有：<br>(1) Device：指定座標位在設備座標內容中<br>(2) Page：指定座標位在畫面座標內容中<br>(3) World：指定座標位在全局座標內容中 |
| TranslateTransform | 依指定的順序（MatrixOrder），將平移轉換套用至這個Graphics物件的變換陣列<br>(1) Overloads Public Sub TranslateTransform(Single, Single)<br>(2) Overloads Public Sub TranslateTransform(Single, Single, MatrixOrder) |
| ResetTransform | 將這個Graphics的自然變換矩陣重設為單位矩陣 |

基本上，使用畫圖方法使圖形改變位置的方式有兩種：

1. 直接改變繪圖點的座標：如計算座標，或利用TransformPoints方法。

2. 利用變換矩陣：此時自然（world）座標不動，畫面（page）座標會依變換矩陣改變。

## 例 12-15　座標轉換練習─圖形的平移、旋轉和縮放等

### ＊ 功能說明

利用轉換矩陣，使圖形進行平移、旋轉和縮放等變換。

### ＊ 學習目標

座標轉換練習。

### ＊ 表單配置

圖12-32　表單配置

### ＊ 程式碼

```
01 Public Class E12_15_Transform
02
03    Dim g As Graphics
```

```
04    Dim curvePoints As Point()
05    Dim blackPen As New Pen(Color.Black, 1)
06    Dim greenBrush As New SolidBrush(Color.Green)
07    Private Sub E12_14_Transform_Load(ByVal sender As System.Object,
         ByVal e As System.EventArgs) Handles MyBase.Load
08       g = Me.CreateGraphics
09       Dim point1 As New Point(15, 5)
10       Dim point2 As New Point(18, 15)
11       Dim point3 As New Point(25, 18)
12       Dim point4 As New Point(18, 22)
13       Dim point5 As New Point(20, 28)
14       Dim point6 As New Point(15, 24)
15       Dim point7 As New Point(7, 26)
16       Dim point8 As New Point(10, 20)
17       Dim point9 As New Point(6, 10)
18       Dim point10 As New Point(12, 12)
19       curvePoints = New Point() {point1, point2, point3, point4, point5,
         point6, point7, point8, point9, point10}
20       Button1.Text = "平移"
21       Button2.Text = "旋轉"
22       Button3.Text = "比例調整"
23       Button4.Text = "畫星星"
24       Button5.Text = "填滿星星"
25       Button6.Text = "平移加旋轉"
26    End Sub
27
28    Private Sub Button1_Click(ByVal sender As System.Object, ByVal e As
         System.EventArgs) Handles Button1.Click
29
30       '平移
31       Dim myPen As New Pen(Color.Blue, 1)
32       Dim myPen2 As New Pen(Color.Red, 1)
33       g.Clear(Me.BackColor)
34       g.ResetTransform()
35       g.DrawRectangle(myPen, 50, 50, 50, 30)
36       g.TranslateTransform(100, 100)
37       g.DrawRectangle(myPen2, 50, 50, 50, 30)
```

```
38    End Sub
39
40    Private Sub Button2_Click(ByVal sender As System.Object, ByVal e As
      System.EventArgs) Handles Button2.Click
41        '旋轉
42        Dim myPen As New Pen(Color.Blue, 1)
43        Dim myPen2 As New Pen(Color.Red, 1)
44        g.Clear(Me.BackColor)
45        g.ResetTransform()
46        g.DrawRectangle(myPen, 50, 50, 50, 30)
47        g.RotateTransform(10)
48        g.DrawRectangle(myPen2, 50, 50, 50, 30)
49
50    End Sub
51
52    Private Sub Button3_Click(ByVal sender As System.Object, ByVal e As
      System.EventArgs) Handles Button3.Click
53        '比例調整
54        Dim myPen As New Pen(Color.Blue, 1)
55        Dim myPen2 As New Pen(Color.Red, 1)
56        g.Clear(Me.BackColor)
57        g.ResetTransform()
58        g.DrawRectangle(myPen, 50, 50, 20, 20)
59        g.ScaleTransform(2, 0.5)
60        g.DrawRectangle(myPen2, 50, 50, 20, 20)
61    End Sub
62
63    Private Sub Button4_Click(ByVal sender As System.Object, ByVal e As
      System.EventArgs) Handles Button4.Click
64        '畫星星
65        g.Clear(Me.BackColor)
66        g.ResetTransform()
67        g.DrawPolygon(blackPen, curvePoints)
68    End Sub
69
70    Private Sub Button5_Click(ByVal sender As System.Object, ByVal e As
      System.EventArgs) Handles Button5.Click
```

```
71        '填滿星星
72        g.Clear(Me.BackColor)
73        g.ResetTransform()
74        g.FillPolygon(greenBrush, curvePoints)
75    End Sub
76
77    Private Sub Button6_Click(ByVal sender As System.Object, ByVal e As
          System.EventArgs) Handles Button6.Click
78        '綜合
79        Dim myPen As New Pen(Color.Blue, 1)
80        Dim myPen2 As New Pen(Color.Red, 1)
81        g.Clear(Me.BackColor)
82        g.ResetTransform()
83        g.TranslateTransform(50, 50)
84        g.DrawRectangle(myPen, 0, 0, 80, 80)
85        g.DrawPolygon(myPen, curvePoints)
86        g.RotateTransform(20)
87        g.DrawRectangle(myPen2, 0, 0, 80, 80)
88        g.DrawPolygon(myPen2, curvePoints)
89    End Sub
90
91 End Class
```

**✱ 執行結果**

程式執行過程與結果如圖12-33之說明。

**(a)平移**

**(b)旋轉**

**(c)比例調整**

| (d)畫星星 | (e)填滿星星 | (f)平移加旋轉 |
|---|---|---|

圖12-33　執行結果

END

## 例 12-16　座標轉換練習―自訂座標系統畫圖

### ✱ 功能說明

　　利用轉換方法，設計一個副程式，可先定義畫布左上角及右下角座標後，再依自訂座標系統畫圖。

### ✱ 學習目標

1. 座標轉換練習。

2. 仿VB 6.0的Scale方法自訂座標系統。

### ✱ 表單配置

圖12-34　表單配置

**✱ 程式碼**

```
01 Public Class E12_16_座標轉換
02
03    Dim g As Graphics
04    'Dim f As New Font("Arial", 8, FontStyle.Regular)
05    Dim b As New SolidBrush(Color.Black)
06    Dim p As New Pen(Color.Green)
07    Dim sx, sy, dx, dy As Integer
08    Dim pt1, pt2 As Point
09    Dim VB6Scale As Single
10
11    Private Sub 座標轉換_Load(ByVal sender As System.Object, ByVal e As
          System.EventArgs) Handles MyBase.Load
12        '指定畫布
13        g = PictureBox1.CreateGraphics
14        '設定左上角座標
15        pt1.X = -1
16        pt1.Y = 6
17        '設定右下角座標
18        pt2.X = 11
19        pt2.Y = -6
20        '進行相關座標轉換，並使畫筆筆寬比例調整
21        Dim scale As Single = VB6_Scale(g, pt1, pt2)
22        p.Width /= scale
23        '
24        Button1.Text = "畫格線"
25        Button2.Text = "開始畫圖"
26        Button2.Enabled = False
27    End Sub
28
29
30    Private Sub Timer1_Tick(ByVal sender As System.Object, ByVal e As
          System.EventArgs) Handles Timer1.Tick
31        Static x0, y0, x1, y1 As Single
32        Dim i As Int16
33
```

```
34      x1 = x1 + 0.2
35      y1 = -5 + 10 * Rnd()
36      p.Color = Color.Red
37      g.DrawLine(p, x0, y0, x1, y1)
38      x0 = x1 : y0 = y1
39
40      If x1 >= 10 Then
41        g.Clear(PictureBox1.BackColor)
42        p.Color = Color.Green
43        For i = 0 To 10
44          g.DrawLine(p, 0, -5 + i, 10, -5 + i)
45          g.DrawLine(p, i, -5, i, 5)
46        Next
47        p.Color = Color.Red
48        x0 = 0 : y0 = 0 : x1 = 0
49      End If
50    End Sub
51
52    Private Sub Button1_Click(ByVal sender As System.Object, ByVal e As
        System.EventArgs) Handles Button1.Click
53      '畫格線
54      p.Color = Color.Green
55      For i = 0 To 10
56        g.DrawLine(p, 0, -5 + i, 10, -5 + i)
57        g.DrawLine(p, i, -5, i, 5)
58      Next
59      Button2.Enabled = True
60    End Sub
61
62    Private Sub Button2_Click(ByVal sender As System.Object, ByVal e As
        System.EventArgs) Handles Button2.Click
63      Timer1.Enabled = Not Timer1.Enabled
64      Button2.Text = IIf(Timer1.Enabled, "暫停", "開始")
65    End Sub
66
67    Private Function VB6_Scale(ByVal Gph As Graphics, ByVal Left_Tp As
```

```
         Point, ByVal Right_Bt As Point) As Single
68         '寫文字不適合
69         '適合於實線
70         Dim w, h As Int16
71         Dim x0, y0, x1, y1 As Int16
72         Dim dx, dy As Int16
73         Dim scaleX, scaleY As Single
74         w = Gph.VisibleClipBounds.Width
75         h = Gph.VisibleClipBounds.Height
76         x0 = Left_Tp.X
77         y0 = Left_Tp.Y
78         x1 = Right_Bt.X
79         y1 = Right_Bt.Y
80         dx = x1 - x0
81         dy = y1 - y0
82         scaleX = w / dx
83         scaleY = h / dy
84         Gph.ResetTransform()
85         '先平移，使以下的翻轉後的繪圖區域落在[相對]第一象限內。
86         Gph.TranslateTransform(IIf(scaleX > 0, 0, w), IIf(scaleY > 0, 0, h))
87         '翻轉座標軸，並調整其Scale
88         Gph.ScaleTransform(scaleX, scaleY)
89         '將左下角的座標(x0,y1)平移至(0,0)
90         Gph.TranslateTransform(-x0, -y1)
91         VB6_Scale = IIf(scaleX > scaleY, scaleX, scaleY)
92    End Function
93
94 End Class
```

## ✱ 執行結果

程式執行過程與結果如圖12-35之說明。

 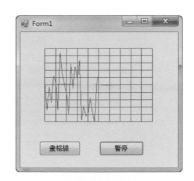

(a)開始執行後畫格線　　　　　　(b)按[開始畫圖]鈕

圖12-35　執行結果

END

## ↘ 釋放資源方法—Dispose

釋放繪圖物件（Graphics、Pen、SolidBrush）使用的所有資源，語法為：

> 繪圖物件.Dispose()

## 12-3　影像類別—Image類別、Bitmap類別與 Metafile類別

Image類別為抽象基底類別，提供使用點陣影像（點陣圖）和向量影像（中繼檔）的方法，Bitmap類別和Metafile類別都是繼承自Image類別。此外，Bitmap類別透過提供載入、儲存和管理點陣影像的其他方法，增強Image類別的功能，而Metafile類別則透過提供記錄和檢視向量影像的其他方法，增強Image類別的功能。

### 12-3-1　Image類別

Image類別提供功能給Bitmap和Metafile子代類別的抽象基底類別，其類別說明如圖12-36。

圖12-36　Image類別說明

Image類別沒有建構函式，使用方式為：

---

**Dim img As Image**

---

透過FromFile方法，便可從指定的檔案建立Image物件，語法為：

---

**img.FromFile("檔案名稱")**

---

此外，透過Image的RotateFlip方法，亦可對Image物件的影像進行旋轉和翻轉操作，操作參數為RotateFlipType列舉型別的成員，成員列於表12-8。

表12-8　RotateFlipType列舉型別成員

| 成員名稱 | 說明 |
| --- | --- |
| Rotate180FlipNone | 指定不翻轉的180度旋轉 |
| Rotate180FlipX | 指定180度旋轉，後面接續水平翻轉 |
| Rotate180FlipXY | 指定180度旋轉，後面接續水平和垂直翻轉 |
| Rotate180FlipY | 指定180度旋轉，後面接續垂直翻轉 |
| Rotate270FlipNone | 指定不翻轉的270度旋轉 |
| Rotate270FlipX | 指定270度旋轉，後面接續水平翻轉 |
| Rotate270FlipXY | 指定270度旋轉，後面接續水平和垂直翻轉 |
| Rotate270FlipY | 指定270度旋轉，後面接續垂直翻轉 |
| Rotate90FlipNone | 指定不翻轉的90度旋轉 |
| Rotate90FlipX | 指定90度旋轉，後面接續水平翻轉 |
| Rotate90FlipXY | 指定90度旋轉，後面接續水平和垂直翻轉 |

| Rotate90FlipY | 指定90度旋轉，後面接續垂直翻轉 |
|---|---|
| RotateNoneFlipNone | 指定不旋轉和不翻轉 |
| RotateNoneFlipX | 指定不旋轉，後面接續水平翻轉 |
| RotateNoneFlipXY | 指定不旋轉，後面接續水平和垂直翻轉 |
| RotateNoneFlipY | 指定不旋轉，後面接續垂直翻轉 |

至於Image類別的常見屬性列於表12-9。

表12-9　Image類別常見屬性

| 屬性 | 說明 |
|---|---|
| Height | 取得Image物件的高度 |
| HorizontalResolution | 取得Image物件的水平解析度（單位為每英吋的像素） |
| Palette | 取得或設定用於Image物件的色板 |
| PhysicalDimension | 取得影像的寬度和高度 |
| PixelFormat | 取得Image物件的像素格式 |
| RawFormat | 取得Image物件的格式 |
| Size | 取得影像的寬度和高度，單位為像素 |
| VerticalResolution | 取得Image物件的垂直解析度（單位為每英吋的像素） |
| Width | 取得Image物件的寬度 |

至於要建立以Image物件的影像為畫布的Graphics物件，則可以利用Graphics物件的FromImage方法達成。語法如下：

```
Dim g As Graphics = Graphics.FromImage(img)
```

由於Image物件的畫布無法直接在表單上呈現，必須再將Image物件指定給表單上的物件。若為PictureBox物件具有Image屬性，則可以將Image物件指定給PictureBox的Image屬性。

```
PictureBox物件.Image＝Image物件
```

或透過其他Graphics物件的DrawImage方法，將Image物件的指定範圍繪製Graphics物件上的指定區域。DrawImage為一多載方法，常用語法已在12-2節中說明。底下為從建立Image物件到指定Image物件為畫布的範例：

```
01    Private Sub Form1_Paint(ByVal sender As Object, ByVal e As System.
          Windows.Forms.PaintEventArgs) Handles Me.Paint
02        '建立Image物件
03        Dim imageFile As Image = Image.FromFile("檔案名稱")
04        '建立一畫布--以Image物件的影像做為畫布
05        Dim imageGraphics As Graphics = Graphics.FromImage(imageFile)
06        '在畫布(Image物件)指定位置上畫一個填滿的橢圓
07        imageGraphics.FillEllipse(New SolidBrush(Color.Green), 140, 40, 30, 30)
08        '將imageGraphics的影像置入e建立的畫布
09        e.Graphics.DrawImage(imageFile, New PointF(0.0F, 0.0F))
10        '釋放繪圖物件資源
11        imageGraphics.Dispose()
12    End Sub
```

在上面的說明中，imageFile物件（Image類別）被指定為畫布imageGraphics（Graphics類別），因此，在imageGraphics作畫時，會被限制在原imageFile物件範圍。若要顯示imageGraphics物件，則需透過實體畫布（e.Graphics）及DrawImage方法來呈現。

## 例 12-17　Image物件方法運用—隨滑鼠移動放大之圖形

**✱ 功能說明**

當在圖形上按下滑鼠且移動時，圖形上會出現移動的矩形框，且另一個繪圖區域會顯示該矩形選取圖形區域的放大圖形。

**✱ 學習目標**

Image物件方法和畫布的運用。

**✱ 表單配置**

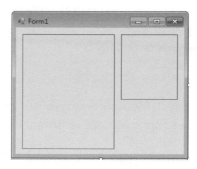

圖12-37 表單配置

**✱ 程式碼**

```
01 Public Class E12_17_Image
02     '宣告畫布
03     Dim g1, g2 As Graphics
04     '宣告Image物件，並取得物件內容
05     Dim img As Image = Image.FromFile(Application.StartupPath & "\girl6.
          bmp")
06     '宣告一個Image物件做為副本
07     Dim imgClone As Image
08     '宣告兩個矩形結構
09     Dim rect1, rect2 As Rectangle
10
11     Private Sub Form1_Load(ByVal sender As System.Object, ByVal e As
          System.EventArgs) Handles MyBase.Load
12         '建立img的副本imgClone
13         imgClone = img.Clone
14         '設定畫布g1為imgClone, g2為PictureBox2
15         g1 = Graphics.FromImage(imgClone)
16         g2 = PictureBox2.CreateGraphics
17         '設定矩形結構(放大顯示區域)
18         rect2 = New Rectangle(0, 0, 100, 100)
19         PictureBox2.Size = rect2.Size
20     End Sub
21
```

```vbnet
22    Private Sub Form1_Paint(ByVal sender As Object, ByVal e As System.
          Windows.Forms.PaintEventArgs) Handles Me.Paint
23        'PictureBox1 顯示來源圖形
24        PictureBox1.Image = imgClone
25    End Sub
26
27    Private Sub PictureBox1_MouseMove(ByVal sender As Object, ByVal e
          As System.Windows.Forms.MouseEventArgs) Handles PictureBox1.
          MouseMove
28        If e.Button = Windows.Forms.MouseButtons.Left Then
29            '設定矩形結構，rect1 會隨滑鼠改變相對位置
30            rect1 = New Rectangle(e.X, e.Y, 40, 40)
31            '重新設定副本的圖形
32            imgClone = img.Clone
33            '將副本圖形指定為畫布 g1
34            g1 = Graphics.FromImage(imgClone)
35            '將img圖形中的recct1區域指定給g2的rect2區域
36            g2.DrawImage(img, rect2, rect1, GraphicsUnit.Pixel)
37            '在g1(即imgClone)畫出rect1的外框
38            Dim p As New Pen(Color.Blue)
39            p.DashStyle = Drawing2D.DashStyle.Dash
40            g1.DrawRectangle(p, rect1)
41            '將imgClone指定給PictureBox1
42            PictureBox1.Image = imgClone
43        End If
44    End Sub
45
46    Private Sub PictureBox1_MouseUp(ByVal sender As Object, ByVal e
          As System.Windows.Forms.MouseEventArgs) Handles PictureBox1.
          MouseUp
47        '鬆開滑鼠擊將PIctureBox1的圖形復原，PictureBox2上的圖形取消
48        PictureBox1.Image = img
49        PictureBox2.Image = Nothing
50    End Sub
51
52 End Class
```

**✱ 執行結果**

　　程式執行過程與結果如圖12-38之說明。

　　　(a)移動滑鼠之畫面(I)　　　　　(b)移動滑鼠之畫面(II)

圖12-38　執行結果

END

## 例 12-18　在影像畫布上利用繪圖方法，產生動態效果

**✱ 功能說明**

　　以一個小男孩影像為背景，男孩手上一個圓球有上拋的動作。

**✱ 學習目標**

　　以影像為畫布，並在畫布上利用繪圖方法，產生動態效果。

**✱ 表單配置**

圖12-37　表單配置

**★ 程式碼**

```
01 Public Class E12_18_Image範例
02
03    Dim g As Graphics
04    Dim imageFile As Image
05
06    Private Sub Image範例_Load(ByVal sender As Object, ByVal e As System.
         EventArgs) Handles Me.Load
07      g = Me.CreateGraphics
08      Button1.Text = "拋球"
09    End Sub
10
11    Private Sub Image範例_Paint(ByVal sender As Object, ByVal e As System.
         Windows.Forms.PaintEventArgs) Handles Me.Paint
12      imageFile = Image.FromFile(Application.StartupPath & "\Boy_1.bmp")
13      e.Graphics.DrawImage(imageFile, New PointF(10.0F, 10.0F))
14    End Sub
15
16    Private Sub Timer1_Tick(ByVal sender As System.Object, ByVal e As
         System.EventArgs) Handles Timer1.Tick
17      Static k As Int16 = 0
18      Dim dh() As Int16 = {0, 1, 2, 3, 4, 5, 4, 3, 2, 1}
19      '建立Image物件
20      Dim imageFile As Image = Image.FromFile(Application.StartupPath & "\
         Boy_1.bmp")
21      '建立一畫布--以Image物件的影像做為畫布
22      Dim imageGraphics As Graphics = Graphics.FromImage(imageFile)
23      '在畫布指定位置上畫一個填滿的橢圓
24      imageGraphics.FillEllipse(New SolidBrush(Color.Green), 140, 35 - dh(k)
         * 6, 30, 30)
25      '將imageGraphics的影像置入e建立的畫布
26      g.DrawImage(imageFile, New PointF(10.0F, 10.0F))
27      k = (k + 1) Mod 10
28    End Sub
29
30    Private Sub Button1_Click(ByVal sender As System.Object, ByVal e As
```

```
        System.EventArgs) Handles Button1.Click
31        Timer1.Enabled = Not Timer1.Enabled
32        Button1.Text = IIf(Timer1.Enabled, "暫停", "拋球")
33    End Sub
34
35 End Class
```

＊ 執行結果

　　程式執行過程與結果如圖12-40之說明。

(a)開始執行　　　　　　(b)拋球(I)　　　　　　(c)拋球(II)

圖12-40　執行結果

END

## 12-3-2　Bitmap類別

　　Bitmap類別封裝GDI+點陣圖，用來處理像素資料所定義影像的物件。透過Bitmap建構函式可初始化Bitmap類別的新執行個體。Bitmap建構函式為多載的函式，底下列出部分多載清單。

表12-10　Bitmap類別建構函式之常用多載清單

| 名稱 | 說明 |
|---|---|
| **Bitmap (Image)** | 從指定的現有影像初始化**Bitmap**類別的新執行個體 |
| **Bitmap (String)** | 從指定的檔案，初始化**Bitmap**類別的新執行個體 |
| **Bitmap (Image, Size)** | 從指定的現有影像，並使用指定大小，初始化**Bitmap**類別的新執行個體 |
| **Bitmap (Int32, Int32)** | 使用指定的大小，初始化**Bitmap**類別的新執行個體 |
| **Bitmap (String, Boolean)** | 從指定的檔案，初始化**Bitmap**類別的新執行個體 |
| **Bitmap (Image, Int32, Int32)** | 從指定的現有影像，並使用指定大小，初始化**Bitmap**類別的新執行個體 |

　　由表12-10知，建立Bitmap物件主要分成兩種方式：一種是直接指定現有的Bitmap檔案；另一種則指定Bitmap的寬度和高度的像素大小。建立Bitmap物件執行實體的常用語法如下：

> **(1) Dim bmp As New Bitmap("指定現有點陣圖檔")**
> **(2) Dim bmp As New Bitmap(指定點陣圖的大小)**

　　這也是Image物件與Bitmap物件的重要差異之一，Bitmap物件可以只定義點陣圖的大小便建立執行個體。表12-11為Bitmap類別常見的屬性。

表12-11　Bitmap類別常見屬性

| 名稱 | 說明 |
|---|---|
| **Height** | 取得物件的高度 |
| **HorizontalResolution** | 取得物件的水平解析度（單位為每英吋的像素） |
| **PhysicalDimension** | 取得影像的寬度和高度 |
| **PixelFormat** | 取得物件的像素格式 |
| **Size** | 取得影像的寬度和高度，單位為像素 |
| **VerticalResolution** | 取得物件的垂直解析度（單位為每英吋的像素） |
| **Width** | 取得物件的寬度 |

支援Bitmap物件的繪圖方法不多，底下列出常用的方法。與Image物件相比，Image物件並沒有GetPixel和SetPixel方法。

表12-12　Bitmap類別常見方法

| 名稱 | 說明 |
|---|---|
| Clone | 建立使用指定PixelFormat定義的Bitmap之區段複本。其中PixelFormat為列舉型別，用以指定影像中每個像素的色彩資料格式 |
| GetPixel | 取得Bitmap中指定像素的色彩 |
| MakeTransparent | 為Bitmap將預設的透明色彩變為透明 |
| RotateFlip | 旋轉、翻轉或者旋轉和翻轉物件 |
| SetPixel | 設定Bitmap物件中指定像素的色彩 |

至於要將Bitmap物件作為畫布，作法與Image物件相同，必須利用Graphics物件的FromImage方法達成。語法如下：

```
Dim g As Graphics = Graphics.FromImage(bmp)
```

例 12-19　Bitmap物件的GetPixel與SetPixel方法練習
　　　　　替換點陣圖的特定顏色

✽ 功能說明

載入一個點陣圖，接著替換點陣圖的特定顏色。

✽ 學習目標

Bitmap物件的GetPixel與SetPixel方法練習。

✱ 表單配置

圖12-41　表單配置

✱ 程式碼

```
01 Public Class E12_19_Bitmap範例
02
03    Dim g As Graphics
04    Dim myBitmap As Bitmap
05
06    Private Sub Bitmap範例_Load(ByVal sender As System.Object, ByVal e As
      System.EventArgs) Handles MyBase.Load
07      g = PictureBox1.CreateGraphics
08      Button1.Text = "載入圖片"
09      Button2.Text = "變色"
10    End Sub
11
12    Private Sub Button1_Click(ByVal sender As System.Object, ByVal e As
      System.EventArgs) Handles Button1.Click
13      myBitmap = New Bitmap(Application.StartupPath & "\girl_1.bmp")
14      g.DrawImage(myBitmap, 0, 0, PictureBox1.Width, PictureBox1.Height)
15    End Sub
16
17    Private Sub Button2_Click(ByVal sender As System.Object, ByVal e As
      System.EventArgs) Handles Button2.Click
18      For i = 0 To myBitmap.Width - 1
19        For j = 0 To myBitmap.Height - 1
20          If myBitmap.GetPixel(i, j) = Color.FromArgb(255, 255, 255, 255)
```

```
        Then
21          myBitmap.SetPixel(i, j, Color.Green)
22        End If
23      Next
24    Next
25    g.DrawImage(myBitmap, 0, 0, PictureBox1.Width, PictureBox1.Height)
26  End Sub
27
28 End Class
```

**\* 執行結果**

　　程式執行過程與結果如圖12-42之說明。

(a)開始執行　　　　　　(b)載入圖片　　　　　　(c)變色

圖12-42　執行結果

## 例 12-20　Bitmap物件與繪圖方法的整合應用—小小塗鴉板

**\* 功能說明**

　　設計一個塗鴉板，可畫直線、矩形、橢圓及徒手畫，並可將最後的圖案存成點陣圖檔。

✱ 學習目標

　　Bitmap物件與繪圖方法的整合應用。

✱ 表單配置

**圖12-43　表單配置**

✱ 程式碼

```
01 Public Class E12_20_塗鴉板
02
03    Dim rdBtnText() As String = {"直線", "矩形", "橢圓", "徒手畫"}
04    Dim ch, px, py As Int16
05    Dim g As Graphics
06    Dim p As Pen
07    Dim br As SolidBrush
08    Dim btn As Bitmap
09
10    Private Sub 塗鴉板_Load(ByVal sender As System.Object, ByVal e As
      System.EventArgs) Handles MyBase.Load
11      Dim rdBtn() As RadioButton = {RadioButton1, RadioButton2,
      RadioButton3, RadioButton4}
12      PictureBox1.BorderStyle = BorderStyle.Fixed3D
13      PictureBox2.BorderStyle = BorderStyle.FixedSingle
14      PictureBox3.BorderStyle = BorderStyle.FixedSingle
15      GroupBox1.Text = "繪圖模式"
16      Label1.Text = "筆寬:"
```

```
17      Label2.Text = "顏色:"
18      Button1.Text = "清除"
19      Button2.Text = "儲存圖片"
20      For i = 0 To 3
21        rdBtn(i).Text = rdBtnText(i)
22        rdBtn(i).Tag = i
23        AddHandler rdBtn(i).Click, AddressOf RadioButton1_Click
24      Next
25      CheckBox1.Text = "填滿"
26
27      '設定btn為畫布
28      btn = New Bitmap(Me.PictureBox1.Width, Me.PictureBox1.Height)
29      g = Graphics.FromImage(btn)
30      p = New Pen(Color.Red)
31      br = New SolidBrush(Color.Green)
32      PictureBox1.BackColor = Color.White
33      ComboBox1.Text = p.Width.ToString
34      PictureBox2.BackColor = p.Color
35      PictureBox3.BackColor = br.Color
36    End Sub
37    Private Sub RadioButton1_Click(ByVal sender As Object, ByVal e As
        System.EventArgs) Handles RadioButton1.Click
38      ch = sender.tag
39    End Sub
40
41    Private Sub Button1_Click(ByVal sender As System.Object, ByVal e As
        System.EventArgs) Handles Button1.Click
42      g.Clear(Color.White)
43      Me.PictureBox1.Image = btn '將btn的繪圖結果設為Picturebox1的
        Image
44    End Sub
45
46    Private Sub PictureBox1_MouseDown(ByVal sender As Object, ByVal
        e As System.Windows.Forms.MouseEventArgs) Handles PictureBox1.
        MouseDown
47      px = e.X
```

```vbnet
48        py = e.Y
49    End Sub
50
51    Private Sub PictureBox1_MouseMove(ByVal sender As Object, ByVal
          e As System.Windows.Forms.MouseEventArgs) Handles PictureBox1.
          MouseMove
52      If e.Button = Windows.Forms.MouseButtons.Left Then
53        Select Case ch
54          Case 0
55          Case 1
56          Case 2
57          Case 3
58            g.DrawLine(p, px, py, e.X, e.Y)
59            px = e.X
60            py = e.Y
61            Me.PictureBox1.Image = btn   '將btn的繪圖結果設為Picturebox1
      的Image
62        End Select
63      End If
64    End Sub
65
66    Private Sub PictureBox1_MouseUp(ByVal sender As Object, ByVal e
          As System.Windows.Forms.MouseEventArgs) Handles PictureBox1.
          MouseUp
67      Dim tmpx, tmpy As Int16
68      If e.Button = Windows.Forms.MouseButtons.Left Then
69        Select Case ch
70          Case 0
71            g.DrawLine(p, px, py, e.X, e.Y)
72          Case 1
73            tmpx = e.X - px
74            tmpy = e.Y - py
75            If CheckBox1.Checked = True Then
76              g.FillRectangle(br, IIf(tmpx > 0, px, e.X), IIf(tmpy > 0, py, e.Y),
      Math.Abs(e.X - px), Math.Abs(e.Y - py))
77            Else
```

```
78              g.DrawRectangle(p, IIf(tmpx > 0, px, e.X), IIf(tmpy > 0, py,
     e.Y), Math.Abs(e.X - px), Math.Abs(e.Y - py))
79              End If
80          Case 2
81              tmpx = e.X - px
82              tmpy = e.Y - py
83              If CheckBox1.Checked = True Then
84                  g.FillEllipse(br, IIf(tmpx > 0, px, e.X), IIf(tmpy > 0, py, e.Y),
     Math.Abs(e.X - px), Math.Abs(e.Y - py))
85              Else
86                  g.DrawEllipse(p, IIf(tmpx > 0, px, e.X), IIf(tmpy > 0, py, e.Y),
     Math.Abs(e.X - px), Math.Abs(e.Y - py))
87              End If
88          Case 3
89          End Select
90          Me.PictureBox1.Image = btn    '將btn的繪圖結果設為Picturebox1的
     Image
91      End If
92  End Sub
93
94  Private Sub PictureBox2_Click(ByVal sender As System.Object, ByVal e As
     System.EventArgs) Handles PictureBox2.Click
95      Dim MyDialog As New ColorDialog()
96      If (MyDialog.ShowDialog() = DialogResult.OK) Then
97          p.Color = MyDialog.Color
98          PictureBox2.BackColor = p.Color
99      End If
100 End Sub
101
102 Private Sub PictureBox3_Click(ByVal sender As System.Object, ByVal e
     As System.EventArgs) Handles PictureBox3.Click
103     Dim MyDialog As New ColorDialog()
104     If (MyDialog.ShowDialog() = DialogResult.OK) Then
105         br.Color = MyDialog.Color
106         PictureBox3.BackColor = br.Color
107     End If
```

```
108    End Sub
109
110    Private Sub ComboBox1_SelectedIndexChanged(ByVal sender As
       System.Object, ByVal e As System.EventArgs) Handles ComboBox1.
       SelectedIndexChanged
111        p.Width = ComboBox1.Text
112    End Sub
113
114    Private Sub Button2_Click(ByVal sender As System.Object, ByVal e As
       System.EventArgs) Handles Button2.Click
115        Me.PictureBox1.Image.Save("c:\1.jpg")
116    End Sub
117
118 End Class
```

**★ 執行結果**

程式執行過程與結果如圖12-44之說明。

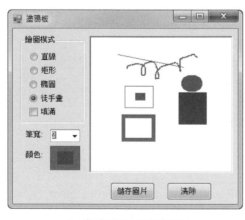
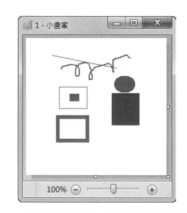

(a)在畫布上任意畫圖          (b)儲存圖片後在小畫家開啟檔案

圖12-44　執行結果

例 12-21 Bitmap物件、繪圖與佇列的整合應用—
水平座標軸隨時間移動的座標系統

✱ 功能說明

設計一個水平座標軸可以隨時間移動的座標系統。

✱ 學習目標

Bitmap物件、繪圖與佇列的整合應用。

✱ 表單配置

圖12-45 表單配置

✱ 程式碼

```
01 Public Class E12_21_動態曲線
02
03     Dim n_pt As Int16 = 100 'x軸座標點數
04     Dim x_interval As Int16 = 10 '間隔數
05     Dim dx, dy As Single    '間隔大小
06     Dim g As Graphics
07     Dim p As New Pen(Color.Yellow, 1)   '資料畫筆
08     Dim p1 As New Pen(Color.Green, 1)   '格點畫筆
09     Dim ptQueu As New Queue
10     Dim ptf As PointF
11     Dim bmp As Bitmap
```

```vbnet
12
13  Private Sub Form1_Load(ByVal sender As System.Object, ByVal e As
    System.EventArgs) Handles MyBase.Load
14      '---------[方法一]-----------
15      g = PictureBox1.CreateGraphics
16      '---------[方法二]-----------
17      bmp = New Bitmap(CInt(0.8 * PictureBox1.Width), CInt(0.8 *
        PictureBox1.Height))
18      g = Graphics.FromImage(bmp)
19
20      Button1.Text = "開始"
21      PictureBox1.BackColor = Color.Brown
22      dx = bmp.Width / x_interval
23      dy = bmp.Height / 10
24      p1.DashStyle = Drawing2D.DashStyle.Dash
25  End Sub
26
27  Private Sub Timer1_Tick(ByVal sender As System.Object, ByVal e As
    System.EventArgs) Handles Timer1.Tick
28      '產生數據
29      ptf.X += 2 * 0.8
30      ptf.Y = 0.8 * 60 * Math.Sin(0.1 * ptf.X) + 100 * 0.8
31      '將數據加入佇列
32      If ptQueu.Count > 100 Then
33          ptQueu.Dequeue()
34          ptQueu.Enqueue(ptf)
35      Else
36          ptQueu.Enqueue(ptf)
37      End If
38      '畫圖
39      plot()
40  End Sub
41
42  Private Sub plot()
43      Dim x0 As PointF
44      Dim t0 As Single = x0.X
```

```
45      g.Clear(Color.Black)
46      Dim x_0 As PointF = ptQueu.Peek
47      '畫格線
48      For i = 0 To 10
49         g.DrawLine(p1, -(x_0.X Mod dx) + i * dx, 0, -(x_0.X Mod dx) + i * dx,
        bmp.Height)
50         g.DrawLine(p1, 0, i * dy, bmp.Width, i * dy)
51      Next
52      '畫曲線
53      For Each x As PointF In ptQueu.ToArray
54         g.DrawLine(p, x0.X - x_0.X, x0.Y, x.X - x_0.X, x.Y)
55         x0 = x
56      Next
57      '顯示在PictureBox1
58      PictureBox1.SizeMode = PictureBoxSizeMode.CenterImage
59      PictureBox1.Image = bmp
60   End Sub
61
62   Private Sub Button1_Click(ByVal sender As System.Object, ByVal e As
        System.EventArgs) Handles Button1.Click
63      Button1.Text = IIf(Timer1.Enabled, "開始", "停止")
64      Timer1.Enabled = Not Timer1.Enabled
65   End Sub
66
67 End Class
```

✱ **執行結果**

　　與範例12-15比較，利用Bitmap為繪圖物件，再顯示在PictureBox1上，圖形不會有閃爍現象，應是繪製動態曲線較好的呈現方式。

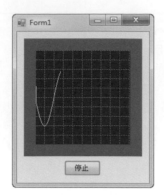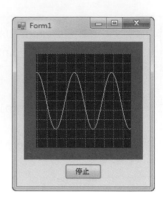

圖12-46　執行結果

## 12-3-3 metafile類別

　　Metafile類別的影像為向量圖，使用語法與Bitmap類別相似，但其命名空間為System.Drawing.Imaging，與Bitmap類別並不相同，因此，使用Metafile類別的命名空間時須特別注意。一個簡單範例說明如何在表單上顯示向量圖檔。

### 例 12-22　Metafile物件與繪圖方法的基本練習

**✱ 功能說明**

　　在PictureBox控制項顯示向量圖檔，並在上面畫圖。

**✱ 學習目標**

　　Metafile物件與繪圖方法的基本練習。

* 表單配置

**圖12-47　表單配置**

* 程式碼

```
01 Imports System.Drawing.Imaging
02 Public Class E12_22_Metafile範例
03    Dim g As Graphics
04
05    Private Sub Metafile範例_Load(ByVal sender As System.Object, ByVal e As
      System.EventArgs) Handles MyBase.Load
06       g = PictureBox1.CreateGraphics
07       PictureBox1.SizeMode = PictureBoxSizeMode.StretchImage
08       Button1.Text = "載入圖片"
09       Button2.Text = "畫上鼻子"
10    End Sub
11
12    Private Sub Button1_Click(ByVal sender As System.Object, ByVal e As
      System.EventArgs) Handles Button1.Click
13       Dim myMetafile As New Metafile(Application.StartupPath & "\smile.
      wmf")
14       g.DrawImage(myMetafile, 0, 0, PictureBox1.Width, PictureBox1.Height)
15    End Sub
16
17    Private Sub Button2_Click(ByVal sender As System.Object, ByVal e As
      System.EventArgs) Handles Button2.Click
18       g.FillEllipse(Brushes.Red, 90, 90, 20, 20)
```

```
19    End Sub
20
21 End Class
```

**❋ 執行結果**

程式執行過程與結果如圖12-48之說明。

(a)載入圖片

(b)畫上鼻子

圖12-48　執行結果

END

## 12-4　進階筆刷運用

在前面的繪圖範例中，都是使用單色筆刷SolidBrush，除了使用單一顏色筆刷以外，GDI+還提供其他類別的筆刷，而它們都是衍生自Brush的類別，類別名稱分別為：TextureBrush、HatchBrush、LinearGradientBrush和PathGradientBrush。其中，TextureBrush被分類在System.Drawing命名空間下，而其他三種筆刷則被分類在System.Drawing.Drawing2D命名空間下。表12-13列出四種筆刷的用途。

表12-13　System.Drawing.Drawing2D命名空間筆刷類別

| 類別名稱 | 用途 |
|---|---|
| HatchBrush | 使用規劃樣式、前景色彩和背景色彩來定義矩形筆刷 |
| TextureBrush | 這個物件會使用影像來填滿形狀的內部 |
| LinearGradientBrush | 使用線形漸層封裝Brush，可視為一種簡單的漸層 |
| PathGradientBrush | 這個物件會使用漸層來填滿GraphicsPath物件的內部，可視為一種較複雜的漸層 |

　　四種筆刷的語法簡單說明如下：

1. HatchBrush語法

```
Dim br as New HatchBrush(HatchStyle, 圖案前景色, 圖案背景色)
```

其中，HatchStyle為一列舉型別，用以指定圖樣的樣式。

2. TextureBrush語法

```
Dim br as New TextureBrush(bmp, WrapMode, 矩形區域)
```

其中，bmp為Bitmap物件，即要作為筆刷的圖形。

　　WrapMode為一列舉型別，用以指定在紋理或漸層小於要填滿的區域時的拼接方式。

3. LinearGradientBrush語法

```
Dim br as New LinearGradientBrush(Point1,Point2,Color1,Color2)
```

其中，Point1和Point2表示開始漸層顏色的端點座標。

Color1和Color2則為對應Point1和Point2指定漸層的顏色。

4. PathGradientBrush語法

```
Dim br as New PathGradientBrush (PointF( )或GraphicsPath)
```

其中，PointF()為路徑頂點的座標，GraphicsPath則表示一系列連接的直線和曲線。另外，PathGradientBrush物件還須設定中心點位置、中心點顏色和各頂點的顏色，以利漸層筆刷之使用。中心點位置使用CenterPoint屬性設定，中心點顏色使用CenterColor屬性設定，各頂點的顏色則使用SurroundColors屬性來設定。

## 例 12-23　不同筆刷物件的繪製方法練習

**✻ 功能說明**

使用不同的筆刷物件繪製圖案。

**✻ 學習目標**

TextureBrush、HatchBrush、LinearGradientBrush和PathGradientBrush四種筆刷物件與繪圖方法的綜合練習。

**✻ 表單配置**

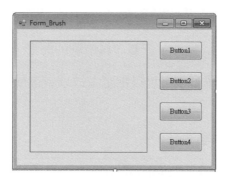

圖12-49　表單配置

**✻ 程式碼**

```
01 Imports System.Drawing.Drawing2D
02 Public Class E12_23_Form_Brush
03
04    Dim g As Graphics
05    Dim w As Int16
06    Dim h As Int16
```

```
07    Private Sub Form_Brush_Load(ByVal sender As System.Object, ByVal e As
         System.EventArgs) Handles MyBase.Load
08      g = Panel1.CreateGraphics
09      w = Panel1.Width
10      h = Panel1.Height
11      Button1.Text = "填入圖案"
12      Button2.Text = "填入圖片"
13      Button3.Text = "簡單漸層"
14      Button4.Text = "複雜漸層"
15    End Sub
16
17    Private Sub Button1_Click(ByVal sender As System.Object, ByVal e As
         System.EventArgs) Handles Button1.Click
18      Dim br As HatchBrush
19      Dim dw As Single = w / 10
20      Dim dh As Single = h / 10
21      Dim HStyle As HatchStyle
22      For i = 0 To 9
23        For j = 0 To 9
24            '垂直圖案與水平圖案交錯
25            HStyle = IIf((i + j) Mod 2, HatchStyle.DarkHorizontal, HatchStyle.
    DarkVertical)
26            br = New HatchBrush(HStyle, Color.Blue, Color.GreenYellow)
27            '在指定矩形區域中繪製筆刷定義的圖案
28            g.FillRectangle(br, i * dw, j * dh, dw, dh)
29        Next
30      Next
31    End Sub
32
33    Private Sub Button2_Click(ByVal sender As System.Object, ByVal e As
         System.EventArgs) Handles Button2.Click
34      Dim br As TextureBrush
35      Dim g1 As Graphics
36      Dim bmp As New Bitmap(w, h)
37      Dim bmp1 As New Bitmap(Application.StartupPath & "\聖誕老人.bmp")
38      g1 = Graphics.FromImage(bmp)
39    '縮放圖片,使圖片完整存入bmp
40      g1.DrawImage(bmp1, New Rectangle(0, 0, w, h))
```

```vb
41        br = New TextureBrush(bmp, WrapMode.Clamp, New RectangleF(0, 0, w,
          h))
42        '在(0,0,w,h)橢圓區域中繪製筆刷定義的圖片
43        g.FillEllipse(br, 0, 0, w, h)
44    End Sub
45
46    Private Sub Button3_Click(ByVal sender As System.Object, ByVal e As
          System.EventArgs) Handles Button3.Click
47        Dim br As LinearGradientBrush
48        br = New LinearGradientBrush(New Point(0, h / 2), New Point(w, h / 2),
          Color.Blue, Color.Red)
49        '在(0,0,w,h)矩形區域中繪製筆刷定義的漸層
50        g.FillRectangle(br, 0, 0, w, h)
51    End Sub
52
53    Private Sub Button4_Click(ByVal sender As System.Object, ByVal e As
          System.EventArgs) Handles Button4.Click
54        Dim pts() As PointF
55        '設定頂點集合
56        pts = New PointF() {New PointF(w / 2 - w / 4, h / 2 - h / 4), _
57                    New PointF(w / 2 + w / 4, h / 2 + h / 4), _
58                    New PointF(w / 2 + w / 2, h / 2), _
59                    New PointF(w / 2 + w / 4, h / 2 - h / 4), _
60                    New PointF(w / 2 - w / 4, h / 2 + h / 4), _
61                    New PointF(w / 2 - w / 2, h / 2)}
62        Dim br As PathGradientBrush
63        br = New PathGradientBrush(pts)
64        '設定中心點位置與中心點顏色
65        br.CenterPoint = New PointF(w / 2, h / 2)
66        br.CenterColor = Color.White
67        '設定各頂點的顏色
68        br.SurroundColors = New Color() {Color.Green, Color.Purple, Color.Blue,
          Color.Yellow, Color.Brown, Color.Red}
69        '在(0,0,w,h)矩形區域中繪製筆刷定義的漸層
70        g.FillRectangle(br, 0, 0, w, h)
71    End Sub
72
73 End Class
```

＊ **執行結果**

程式執行過程與結果如圖12-50之說明。

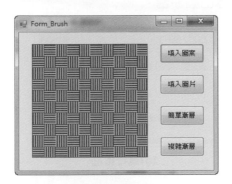

(a)按[填入圖案]鈕

(b)按[填入圖片]鈕

(c)按[簡單漸層]鈕

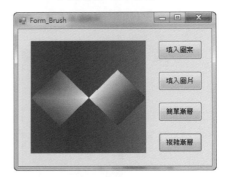

(d)按[複雜漸層]鈕

圖12-50　執行結果

# 習 題

1. 給定一組數據後，依數據比例畫出對應的圓餅圖。

**(a)表單配置**

**(b)執行畫面**

圖一

2. 設計一應用程式，可以依照設定的撲克牌花色與數字發牌。

**(a)表單配置**

**(b)產生黑桃A**

**(c)產生方塊6**

**(d)產生梅花K**

圖二

3. 設計一撲克牌發牌應用程式，每次可以隨機發5張不重複的牌。

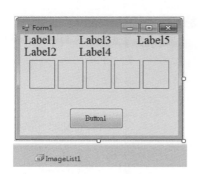
(a)表單配置

(b)發牌

圖三

4. 設計一個從左邊吃向右邊的小精靈。

(a)表單配置

(b)啟動

圖四

5. 利用亂數產生0~100的數值，並畫在圖表上。

(a)表單配置

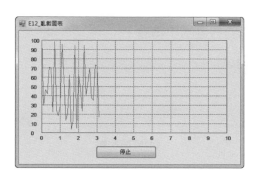

(b)執行結果

圖五

6. 設計一噴槍繪圖功能應用程式，可以調整噴槍濃度與噴嘴大小。

(a)表單配置　　　　　　　　　(b)執行結果

圖六

7. 紅綠燈控制系統，可設定綠燈時間、閃爍次數、紅燈時間。透過切換TabControl控制項，可以顯示燈號狀態，也可以畫出時序圖。

(a)表單配置

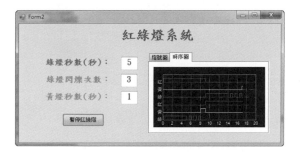

(b)執行結果(I)

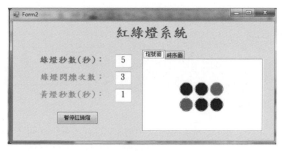

(c)執行結果(II)

圖七

# NOTE

```
PRIVATE SUB BUTTON1_CLICK(BYVAL SENDER AS SYS
    BYVAL E AS SYSTEM.EVENTARGS) HANDLES BUTT
    TEXTBOX1.COPY()
END SUB

PRIVATE SUB BUTTON2_CLICK(BYVAL SENDER AS SYS
    BYVAL E AS SYSTEM.EVENTARGS) HANDLES BUTT
    TEXTBOX1.CUT()
END SUB

PRIVATE SUB BUTTON3_CLICK(BYVAL SENDER AS SYS
    BYVAL E AS SYSTEM.EVENTARGS) HANDLES BUTT
    TEXTBOX1.PASTE()
END SUB

PRIVATE SUB BUTTON4_CLICK(BYVAL SENDER AS SYS
    BYVAL E AS SYSTEM.EVENTARGS) HANDLES BUTT
    TEXTBOX1.U
END SUB
```

# 13

# VB.NET的序列通訊

Visual Basic

```
IVATE SUB BUTTON3_
    CLICK(BYVAL SENDER
    AS SYSTEM.OBJECT,
    BYVAL E AS SYSTEM.
    EVENTARGS) HANDLES
    BUTTON3.CLICK
    LABEL1.LEFT += 10
D SUB

IVATE SUB BUTTON4_
    CLICK(BYVAL SENDER
    AS SYSTEM.OBJECT,
    BYVAL E AS SYSTEM.
    EVENTARGS) HANDLES
    BUTTON4.CLICK
    BUTTON2.ENABLED =
FALSE
    BUTTON3.ENABLED =
```

　　VB.NET在VB 2005以後，新增了SerialPort控制項，它可以讓我們很容易的取得序列（或叫作串列）通訊的資源，以進行序列通訊的應用設計。序列通訊有什麼用呢？當然就是透過序列通訊埠進行資料的傳送與接收。早期，兩台電腦之間的資料傳遞，便是透過序列通訊埠。至於目前，實際應用多為具序列通訊設備（各式儀器，如示波器等；或控制器，如溫控器與PLC等）的資訊傳送，經由序列通訊埠，電腦可以讀取儀器的資訊，或下達參數給儀器，若結合視窗介面的設計，則可以實現圖形監控的應用。

# 13-1　序列通訊簡介

　　傳統的桌上型電腦，一般有兩個序列通訊埠（9-pins或25-pins），名稱預設為COM1和COM2。至於筆記型電腦，並沒有序列通訊埠，但可以利用USB/RS232轉換接頭替代。

(a)PC的序列埠　　　　　　　(b)USB/232轉換接頭

圖13-1　序列通訊介面

　　安裝驅動程式後，可以按下[電腦]右鍵選擇[內容]，接著在[硬體/裝置管理員/連接埠]清單中觀察對應的序列通訊埠名稱。

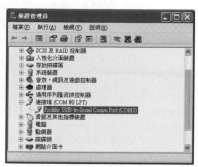

(a)Windows XP

(b)Windows 7

圖13-2　硬體裝置管理員

　　電腦上使用的序列通訊標準是RS-232（ANSI/EIA-232標準），它是IBM-PC及其相容機上的序列連接標準。9-pins序列通訊埠腳位說明如下：

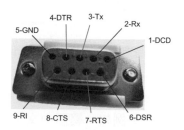

圖13-3　9-pins序列通訊埠腳位

表13-1 9-pins序列通訊埠腳位說明

| 腳位 | 簡稱 | 說明 | 訊號方向 |
|------|------|------|----------|
| 1 | DCD | Data Carrier Dectect資料載波檢測 | PC← |
| 2 | RD (Rx) | Received Data接收傳進來的資料 | PC← |
| 3 | TD (Tx) | Transmited Data傳送訊號 | PC→ |
| 4 | DTR | Data Terminal Ready資料終端備妥 | PC→ |
| 5 | GND | Signal Ground接地 | |
| 6 | DSR | Data Set Ready資料裝置備妥 | PC← |
| 7 | RTS | Request To Send要求開始傳送資料 | PC→ |
| 8 | CTS | Clear To Send資料已經清除 | PC← |
| 9 | RI | Ring Indicator響鈴指示 | PC← |

　　早期的RS-232外接Modem作為撥接網路的數據通訊設備（DCE），因此，它的腳位各有其功能，表13-1說明各腳位在其作動流程中的訊號方向（輸入和輸出）。本章不打算特別去說明序列通訊的電路介面，僅就VB.NET支援的序列通訊控制項SerialPort做說明與應用範例的設計。

# 13-2 　SerialPort控制項

　　SerialPort類別支援下列編碼方式：ASCII Encoding、UTF8 Encoding、Unicode Encoding、UTF32 Encoding，以及任何在字碼頁（Code Page）為54936或小於50000的mscorlib.dll中定義的編碼方式。資料傳遞中，可依照編碼的方式自行設定Encoding屬性，例如：繁體中文字碼須設定：

```
SerialPort1. Encoding = System.Text.Encoding.GetEncoding("BIG5")
```

　　SerialPort常見成員如下：

表13-2　SerialPort控制項常用方法

| 名稱 | 說明 |
|------|------|
| Close | 關閉連接埠連線，即關閉SerialPort物件，也就是將IsOpen屬性設為False，並將清除接收緩衝區和傳輸緩衝區 |
| GetPortNames | 取得目前電腦序列埠名稱的陣列，在目前電腦上查詢有效序列埠名稱清單 |
| Open | 開啟序列埠連線 |
| Read | 從SerialPort輸入緩衝區讀取。用法如下：<br>　　Read(字元陣列或位元組陣列, 陣列索引位移量, 讀取長度) |
| ReadByte | 從SerialPort輸入緩衝區同步讀取一個位元組 |
| ReadChar | 從SerialPort輸入緩衝區非同步讀取一個字元 |
| ReadExisting | 根據編碼方式，讀取SerialPort輸入緩衝區中所有可用的位元組 |
| ReadLine | 讀取輸入緩衝區NewLine值之前的內容。這個方法不會傳回NewLine值，NewLine值會直接從輸入緩衝區移除 |
| Write | 將資料寫入序列埠輸出緩衝區。多載清單如下：<table><tr><th>名稱</th><th>說明</th></tr><tr><td>Write(String)</td><td>將指定的字串寫入序列埠</td></tr><tr><td>Write(Byte陣列, Int32, Int32)</td><td>使用緩衝區中的資料，將指定的位元組數目寫入序列埠</td></tr><tr><td>Write(Char陣列, Int32, Int32)</td><td>使用緩衝區中的資料，將指定的字元數目寫入序列埠</td></tr></table> |
| WriteLine | 將指定字串，再加上NewLine值，一併寫入輸出緩衝區 |

表13-3　SerialPort控制項常用屬性

| 名稱 | 說明 |
|---|---|
| BaudRate | 取得或設定序列傳輸速率。預設值為每秒9600位元（bps） |
| BytesToRead | 取得接收緩衝區中的資料位元組數 |
| BytesToWrite | 取得傳送緩衝區中的資料位元組數 |
| CDHolding | 取得連接埠載波偵測線路的狀態 |
| CtsHolding | 取得Clear-to-Send線路的狀態 |
| DataBits | 取得或設定每一位元組之資料位元的標準長度。 |
| DsrHolding | 取得Data Set Ready (DSR)信號的狀態 |
| DtrEnable | 取得或設定值，在序列通訊期間啟用Data Terminal Ready (DTR)信號 |
| Encoding | 取得或設定文字傳輸前後轉換的位元組編碼方式。預設為ASCII Encoding |
| Handshake | 取得或設定用於資料序列埠傳輸的交握通訊協定 |
| IsOpen | 取得值，指出SerialPort物件的開啟或關閉狀態 |
| Parity | 取得或設定同位檢查通訊協定 |
| PortName | 取得或設定通訊連接埠COM連接埠名稱 |
| ReadBufferSize | 取得或設定SerialPort輸入緩衝區的大小 |
| ReadTimeout | 取得或設定讀取作業未完成時，發生逾時之前的毫秒數 |
| ReceivedBytesThreshold | 取得或設定DataReceived事件發生前，輸入緩衝區中的位元組數 |
| RtsEnable | 取得或設定值，指出在序列通訊期間是否啟用Request to Send (RTS)信號 |
| StopBits | 取得或設定每位元組之停止位元的數目。StopBits的預設值為One |
| WriteBufferSize | 取得或設定序列埠輸出緩衝區的大小 |
| WriteTimeout | 取得或設定寫入作業未完成時，發生逾時之前的毫秒數。預設值為InfiniteTimeout |

表13-4　SerialPort控制項常用事件

| 名稱 | 說明 |
|---|---|
| DataReceived | 此方法將會處理SerialPort物件的資料接收事件 |
| PinChanged | 此方法將會處理SerialPort物件的序列腳位狀態變更事件 |

例 13-1　　SerialPort控制項PinChanged事件－監視序列埠腳位1、6、8

**★ 功能說明**

直接監視序列埠的腳位1、6、8，並將結果顯示在即時運算視窗。

**★ 學習目標**

透過PinChanged事件，觀察序列埠腳位1、6、8，作為輸入腳的輸入狀態。

**★ 表單配置**

圖13-4　表單配置

**★ 程式碼**

```
01 Imports System.IO.Ports
02 Public Class E13_1_Pins1
03
04    Private Sub Form1_Load(ByVal sender As System.Object, ByVal e As
          System.EventArgs) Handles MyBase.Load
05       Label1.Text = "由[即時運算視窗]觀察腳位1,6,8的變化"
06       SerialPort1.PortName = "COM6"
07       SerialPort1.Open()
08    End Sub
```

```
09
10     Private Sub SerialPort1_PinChanged(ByVal sender As Object, ByVal e
       As System.IO.Ports.SerialPinChangedEventArgs) Handles SerialPort1.
       PinChanged
11       Static pinStateValue As String = "000"
12       Select Case e.EventType
13         Case SerialPinChange.CDChanged  'CD發生變化(1)
14           Mid(pinStateValue, 1) = IIf(SerialPort1.CDHolding, "1", "0")
15         Case SerialPinChange.DsrChanged   'DSR發生變化(6)
16           Mid(pinStateValue, 2) = IIf(SerialPort1.DsrHolding, "1", "0")
17         Case SerialPinChange.CtsChanged  'CTS發生變化(8)
18           Mid(pinStateValue, 3) = IIf(SerialPort1.CtsHolding, "1", "0")
19       End Select
20       Debug.Print(pinStateValue)
21     End Sub
22
23 End Class
```

## ✱ 執行結果

使用3V直流電源，Pin 5接負極，1、6、8輪流接上正極，從即時運算視窗觀察字串pinStateValue的變化。

(a)表單畫面

(b)即時運算視窗畫面

圖13-5　執行結果圖

**註** 本例並未將腳位變化狀態顯示在表單上的元件，原因是序列埠的PinChanged事件與表單的執行緒不同。因此，PinChanged事件中的變數pinStateValue無法直接供表單主執行緒使用，解決的辦法必須使用委派的方式。相關範例會在稍後利用DataReceived事件說明。

例 13-2　**SerialPort控制項PinChanged事件－**
**監視序列埠腳位1、6、8，及控制腳位4、7**

**✲ 功能說明**

　監視序列埠的腳位1、6、8，及控制序列埠的腳位4、7。

**✲ 學習目標**

1. 使用SerialPort的屬性。可監控3輸入/2輸出：

　　✦ 3輸入：CD(pin-1)、DSR(pin-6)、CTS(pin-8)

　　✦ 2輸出：DTR(pin-4)、RTS(pin-7)

2. 序列通訊控制項基本練習。

**✲ 表單配置**

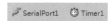

圖13-6　表單配置

**✲ 程式碼**

```
01 Public Class E13_2_Pins2
02
03    '設定繪圖物件
04    Dim g As Graphics
05    Dim brON As New SolidBrush(Color.Red)
06    Dim brON1 As New SolidBrush(Color.GreenYellow)
07    Dim brOFF As New SolidBrush(Color.Black)
08    Private Sub Form1_Load(ByVal sender As System.Object, ByVal e As
         System.EventArgs) Handles MyBase.Load
```

```vbnet
09      SerialPort1.PortName = "com1"   '設定串列通訊埠名稱
10      SerialPort1.Open()              '開啟串列通訊埠
11      g = Panel1.CreateGraphics
12      Button1.Text = "開始監控"
13      GroupBox1.Text = "pin 4"
14      GroupBox2.Text = "pin 7"
15      RadioButton1.Text = "OFF"
16      RadioButton2.Text = "ON"
17      RadioButton3.Text = "閃爍"
18      RadioButton4.Text = "OFF"
19      RadioButton5.Text = "ON"
20      RadioButton6.Text = "閃爍"
21   End Sub
22
23   Private Sub Button1_Click(ByVal sender As System.Object, ByVal e As
        System.EventArgs) Handles Button1.Click
24      Timer1.Enabled = Not Timer1.Enabled
25      Button1.Text = IIf(Timer1.Enabled, "監控中...(停止監控)", "開始監控")
26   End Sub
27
28   Private Sub Form1_Paint(ByVal sender As Object, ByVal e As System.
        Windows.Forms.PaintEventArgs) Handles Me.Paint
29      '值型顯示畫面(圖形)
30      For i = 0 To 8
31         g.FillEllipse(brOFF, 120 - 20 * (i Mod 5), 10 + 30 * (i \ 5), 20, 20)
32      Next
33   End Sub
34
35   Private Sub Timer1_Tick(ByVal sender As System.Object, ByVal e As
        System.EventArgs) Handles Timer1.Tick
36      '輸入腳位判斷
37      g.FillEllipse(IIf(SerialPort1.CDHolding, brON, brOFF), 120 - 0 * 20, 10,
        20, 20) 'pin-1
38      g.FillEllipse(IIf(SerialPort1.DsrHolding, brON, brOFF), 120 - 0 * 20, 40,
        20, 20) 'pin-6
39      g.FillEllipse(IIf(SerialPort1.CtsHolding, brON, brOFF), 120 - 2 * 20, 40,
```

```
            20, 20) 'pin-8
40      '輸出腳位設定
41      If RadioButton1.Checked Then
42          SerialPort1.DtrEnable = False    '強制OFF
43      ElseIf RadioButton2.Checked Then
44          SerialPort1.DtrEnable = True    '強制ON
45      ElseIf RadioButton3.Checked Then
46          SerialPort1.DtrEnable = Not SerialPort1.DtrEnable    '交替ON/OFF
47      End If
48      g.FillEllipse(IIf(SerialPort1.DtrEnable, brON1, brOFF), 120 - 3 * 20, 10,
            20, 20) 'pin-4
49      If RadioButton4.Checked Then
50          SerialPort1.RtsEnable = False    '強制OFF
51      ElseIf RadioButton5.Checked Then
52          SerialPort1.RtsEnable = True    '強制ON
53      ElseIf RadioButton6.Checked Then
54          SerialPort1.RtsEnable = Not SerialPort1.RtsEnable    '交替ON/OFF
55      End If
56      g.FillEllipse(IIf(SerialPort1.RtsEnable, brON1, brOFF), 120 - 1 * 20, 40,
            20, 20) 'pin-7
57      End Sub
58
59 End Class
```

## ✱ 執行結果

程式執行過程與操作結果如圖13-7之說明。

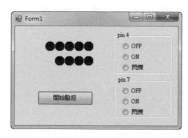

**(a)電腦上的畫面**

**(b)序列埠之接腳**

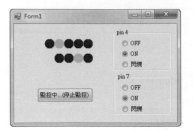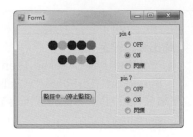

(c)執行畫面

圖13-7　執行結果

END

## 例 13-3　SerialPort控制項的資料傳送和接收

### ✳ 功能說明

電腦透過同一個序列通訊埠在同一表單中送出資料，再接收回資料。

### ✳ 學習目標

序列通訊控制項基本練習。需注意：因為是使用同一個SerialPort，因此腳位2（RX）或腳位3（TX）必須接通才能傳輸。

### ✳ 表單配置

圖13-8　表單配置

## ✱ 程式碼

```
01 Public Class E13_3_傳送接收
02
03    Private Sub E13_2_傳送接收_Load(ByVal sender As System.Objecl, ByVal e
         As System.EventArgs) Handles MyBase.Load
04       Button1.Text = "傳送"
05       Button2.Text = "接收(ReadExisting)"
06       Button3.Text = "接收(ReadByte)"
07       Button4.Text = "接收(ReadChar)"
08       TextBox1.Text = "ABCDE"
09       Label1.Text = ""
10       Label2.Text = "輸入:"
11       Label3.Text = "接收:"
12       SerialPort1.PortName = "COM6"
13       SerialPort1.Open()
14    End Sub
15
16    Private Sub Button1_Click(ByVal sender As System.Object, ByVal e As
         System.EventArgs) Handles Button1.Click
17       '傳送TxetBox1中的內容
18       SerialPort1.Write(TextBox1.Text)
19    End Sub
20
21    Private Sub Button2_Click(ByVal sender As System.Object, ByVal e As
         System.EventArgs) Handles Button2.Click
22       '方法一：讀取輸入緩衝區所有資料
23       Label1.Text = SerialPort1.ReadExisting
24    End Sub
25
26    Private Sub Button3_Click(ByVal sender As System.Object, ByVal e As
         System.EventArgs) Handles Button3.Click
27       '方法二：以位元組方式讀取輸入緩衝區所有資料
28       Dim n As Int16 = SerialPort1.BytesToRead
29       Dim str1(n - 1) As Byte
30       '讀入字元碼，寫進str(0)～str(n-1)
31       SerialPort1.Read(str1, 0, n)
```

```
32      Label1.Text = ""
33      For i = 0 To n - 1
34        Label1.Text &= Convert.ToChar(str1(i))   '也可以直接用Chr(str1(i))
35      Next i
36    End Sub
37
38    Private Sub Button4_Click(ByVal sender As System.Object, ByVal e As
          System.EventArgs) Handles Button4.Click
39      '方法三：以字元方式讀取輸入緩衝區所有資料
40      Dim n As Int16 = SerialPort1.BytesToRead
41      Dim str1(n - 1) As Char
42      '讀入字元，寫進str(0)～str(n-1)
43      SerialPort1.Read(str1, 0, n)
44      Label1.Text = ""
45      For i = 0 To n - 1
46        Label1.Text &= str1(i)
47      Next i
48    End Sub
49
50 End Class
```

**✱ 執行結果**

程式執行過程與結果如圖13-9之說明。

**(a)輸入文字後按[傳送]鈕**　　　　**(b)按[接收]鈕**

圖13-9　執行結果

註 1. 若要傳送繁體中文，可在程式加入字碼設定。
    SerialPort1.Encoding = System.Text.Encoding.GetEncoding("BIG5")
    2. 使用Read方法接收中文時，不能使用位元組方式讀取。

END

## 例 13-4　　GetPortNames方法練習

**✱ 功能說明**

電腦透過同一個序列通訊埠送出資料，再接收回資料。

**✱ 學習目標**

GetPortNames方法練習。需注意：因為是使用同一個SerialPort，因此腳位2或腳位3必須接通才能傳輸。

**✱ 表單配置**

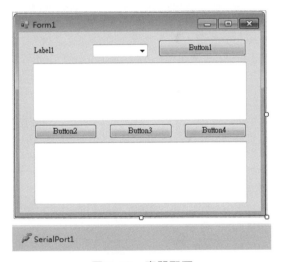

圖13-10　　表單配置

**✱ 程式碼**

```
01 Public Class E13_4_GetPortNames
02
03   Private Sub E13_3_SerialPort3_Load(ByVal sender As System.Object,
        ByVal e As System.EventArgs) Handles MyBase.Load
04     Dim portName As String() = SerialPort1.GetPortNames
05     Label1.Text = "通訊埠清單:"
06     ComboBox1.Items.Clear()
07     For Each x In portName
```

```
08          ComboBox1.Items.Add(x)
09       Next
10       Button1.Text = "選擇通訊埠"
11       Button2.Text = "送出資料"
12       Button3.Text = "讀取資料"
13       Button4.Text = "關閉通訊埠"
14       Button2.Enabled = False
15       Button3.Enabled = False
16       Button4.Enabled = False
17    End Sub
18
19    Private Sub ComboBox1_SelectedIndexChanged(ByVal sender As
          System.Object, ByVal e As System.EventArgs) Handles ComboBox1.
          SelectedIndexChanged
20       Button1.Text = "開啟通訊埠->" & ComboBox1.Text
21    End Sub
22
23    Private Sub Button1_Click(ByVal sender As System.Object, ByVal e As
          System.EventArgs) Handles Button1.Click
24       Try
25          SerialPort1.PortName = ComboBox1.Text
26          '繁體中文(BIG5) 編碼
27          SerialPort1.Encoding = System.Text.Encoding.GetEncoding("BIG5")
28          SerialPort1.Open()
29       Catch ex As Exception
30          Exit Sub
31       End Try
32       Button1.Enabled = False
33       Button2.Enabled = True
34       Button3.Enabled = True
35       Button4.Enabled = True
36       Button1.Text = ComboBox1.Text & "已開啟"
37    End Sub
38
39    Private Sub Button2_Click(ByVal sender As System.Object, ByVal e As
          System.EventArgs) Handles Button2.Click
```

```
40      SerialPort1.Write(TextBox1.Text)
41   End Sub
42
43   Private Sub Button4_Click(ByVal sender As System.Object, ByVal e As
        System.EventArgs) Handles Button4.Click
44      SerialPort1.Close()
45      Button1.Enabled = True
46      Button2.Enabled = False
47      Button3.Enabled = False
48      Button4.Enabled = False
49      Button1.Text = "選擇通訊埠"
50   End Sub
51
52   Private Sub Button3_Click(ByVal sender As System.Object, ByVal e As
        System.EventArgs) Handles Button3.Click
53      '方法1
54      Dim n As Int16 = SerialPort1.BytesToRead
55      Dim buf(n) As Char
56      SerialPort1.Read(buf, 0, n)
57      TextBox2.Text = ""
58      For Each x As Char In buf
59         TextBox2.Text += x
60      Next
61      '方法2
62      'TextBox2.Text = SerialPort1.ReadExisting
63   End Sub
64
64 End Class
```

**❋ 執行結果**

　　可分別使用方法1和方法2練習，程式執行過程與結果如圖13-11之說明。

(a)開始執行

(b)輸入欲傳送文字

(c)開啟通訊埠並送出資料

(d)讀取資料

圖13-11　執行結果

## 例 13-5　利用序列通訊模擬MSN的對話功能

★ 功能說明

　　兩台電腦間利用序列通訊模擬MSN的對話功能。

★ 學習目標

　　與Timer結合使用，利用Timer自動接收對方（電腦）傳送來的訊息。

* 表單配置

圖13-12　表單配置

* 程式碼

```
01 Public Class E13_5_MSN
02
03    Private Sub E13_5_MSN_Disposed(ByVal sender As Object, ByVal e As
       System.EventArgs) Handles Me.Disposed
04       SerialPort1.Close()
05    End Sub
06
07    Private Sub E13_5_MSN_Load(ByVal sender As System.Object, ByVal e As
       System.EventArgs) Handles MyBase.Load
08       Dim portName As String() = SerialPort1.GetPortNames
09       Label1.Text = "通訊埠清單:"
10       Label2.Text = "傳送內容:"
11       Label3.Text = "通話紀錄:"
12       ComboBox1.Items.Clear()
13       For Each x In portName
14          ComboBox1.Items.Add(x)
15       Next
16       Button1.Text = "選擇通訊埠"
17       Button2.Text = "開始接收"
18       Button3.Text = "傳送資料"
19       Button2.Enabled = False
20       Button3.Enabled = False
21    End Sub
```

```vbnet
22
23    Private Sub Button1_Click(ByVal sender As System.Object, ByVal e As
      System.EventArgs) Handles Button1.Click
24        SerialPort1.PortName = ComboBox1.Text
25        SerialPort1.Open()
26        SerialPort1.Encoding = System.Text.Encoding.GetEncoding("BIG5")
27        Button2.Enabled = True
28        Button3.Enabled = True
29    End Sub
30
31    Private Sub Button2_Click(ByVal sender As System.Object, ByVal e As
      System.EventArgs) Handles Button2.Click
32        Timer1.Enabled = Not Timer1.Enabled
33        Button2.Text = IIf(Timer1.Enabled, "暫停接收", "開始接收")
34    End Sub
35
36    Private Sub Button3_Click(ByVal sender As System.Object, ByVal e As
      System.EventArgs) Handles Button3.Click
37        Dim str1 As String = "[李大仁說]"
38        str1 &= TextBox1.Text
39        '顯示自已傳送的訊息
40        TextBox2.Text &= str1 & vbNewLine
41        '送出訊息
42        SerialPort1.Write(str1 & vbNewLine)
43    End Sub
44
45    Private Sub Timer1_Tick(ByVal sender As System.Object, ByVal e As
      System.EventArgs) Handles Timer1.Tick
46        Dim str2 As String = SerialPort1.ReadExisting
47        If str2 = "" Then Exit Sub '若Buffer無資料，則離開程序
48        '顯示自已傳送的訊息
49        TextBox2.Text &= str2
50    End Sub
51
52 End Class
```

**✱ 執行結果**

　　程式執行過程與結果如圖13-13之說明。

(a)輸入傳送內容　　　　　　　　　(b)通話紀錄

圖13-13　執行結果

END

---

**例 13-6**　　**PC作為虛擬機器產生訊號，再利用超級終端機讀取資料**

**✱ 功能說明**

1. 設計一台虛擬機器，虛擬機器會固定週期送出信號（正弦波），並利用超級終端機接收信號。

2. 以第12章的正弦波作為虛擬機器送出信號。

**註** Windows 7不支援超級終端機功能，因此，本例是在Windows XP上執行。

**✱ 學習目標**

　　進行兩個通訊埠間的資料傳送／接收，其中，虛擬機器端的SerialPort腳位3必須分別與超級終端機對應的序列埠腳位2接通，才能進行傳輸。

## ✱ 表單配置

圖13-14　表單配置

## ✱ 程式碼

　　直接從範例12-11修改，程式增加之部分以網底標示。

```
01 Public Class E13_6_Sin1
02
03    '宣告畫布、畫筆、筆刷與字體
04    Dim g As Graphics
05    Dim p As New Pen(Color.Black)
06    Dim f As New Font(Me.Font.Name, 8)
07    Dim br As New SolidBrush(Color.Green)
08    '宣告格線橫向和縱向間距變數
09    Dim dw, dh As Single
10
11    Private Sub Form1_Disposed(ByVal sender As Object, ByVal e As System.
         EventArgs) Handles Me.Disposed
12       SerialPort1.Close()
13    End Sub
14    Private Sub Form1_Load(ByVal sender As System.Object, ByVal e As
         System.EventArgs) Handles MyBase.Load
15       '設定畫布
16       g = Panel1.CreateGraphics
17       Panel1.BackColor = Color.Black
18       '設定格線橫向和縱向間距
19       dw = Panel1.Width / 12
```

```
20      dh = Panel1.Height / 13
21      '其他初始設定
22      px0 = dw
23      py0 = 6 * dh
24      Button1.Text = "開始"
25      SerialPort1.PortName = "COM6"   '設定序列通訊埠名稱
26      SerialPort1.Open()          '開啟序列通訊埠
27    End Sub
28
29    Private Sub Form1_Paint(ByVal sender As Object, ByVal e As System.
        Windows.Forms.PaintEventArgs) Handles Me.Paint
30      '初始畫面
31      Call plotGrid()
32    End Sub
33
34    Private Sub plotGrid()
35      '畫格線與座標副程式
36      Dim x2, y2, x1, y1 As Int16
37      p.Color = Color.White
38      For i = 0 To 10
39        x1 = dw
40        y1 = dh + i * dh
41        x2 = dw + 10 * dw
42        y2 = y1
43        g.DrawLine(p, x1, y1, x2, y2)
44        g.DrawString(10 - i, f, br, dw - 2 * f.Size, y1 - 0.5 * f.Size)
45        x1 = dw + i * dw
46        y1 = dh
47        x2 = x1
48        y2 = dh + 10 * dh
49        g.DrawLine(p, x1, y1, x2, y2)
50        g.DrawString(i + n * 10, f, br, x1 - 0.5 * f.Size, y2 + 0.5 * f.Size)
51      Next
52      p.Color = Color.Yellow
53    End Sub
54
```

```vb
55    Dim px0, py0, px1, py1 As Single
56    Dim t As Single = 0 '時間變數
57    Dim n As Int16 = 0 '換頁變數
58    Private Sub Timer1_Tick(ByVal sender As System.Object, ByVal e As
         System.EventArgs) Handles Timer1.Tick
59        '時間累計
60        t = t + 0.1
61        px1 = dw + (t Mod 10) * dw        '時間轉換成繪圖x軸座標
62        py1 = 6 * dh - 4 * dh * Math.Sin(t) '計算y軸位置
63        '換頁
64        If t > (n + 1) * 10 Then           '每增加10秒即換頁
65          n = n + 1                        '頁次加1
66          g.Clear(Color.Black)             '清除畫面
67          Call plotGrid()                  '重畫格線
68          px0 = dw                         '畫圖座標移到最前面
69        End If
70        SerialPort1.Write(py1.ToString & vbNewLine)
71        '畫圖
72        g.DrawLine(p, px0, py0, px1, py1)
73        '座標更新
74        px0 = px1
75        py0 = py1
76    End Sub
77
78    Private Sub Button1_Click(ByVal sender As System.Object, ByVal e As
         System.EventArgs) Handles Button1.Click
79        '啟動與停止
80        Timer1.Enabled = Not Timer1.Enabled
81        Button1.Text = IIf(Timer1.Enabled, "停止", "開始")
82    End Sub
83
84 End Class
```

* **執行結果**

從[開始/所有程式/附屬應用程式/通訊/超級終端機]進入設定。

(a)選擇通訊埠

(b)設定通訊參數

圖13-15　超級終端機設定

透過終端機直接顯示讀取自正弦產生裝置的信號。

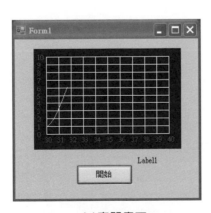

(a)表單畫面

(b)超級終端機畫面

圖13-16　超級終端顯示的結果

END

例 13-7　PC作為虛擬機器產生訊號：另一台PC作為儀器讀取資料

**✱ 功能說明**

1. 正弦波程式產生正弦波信號值，透過序列埠送出。

2. 建立新的表單，可讀取序列埠資料，並顯示在文字方塊中。

**✱ 學習目標**

三種可以進行實作練習的方法：

1. 同一台電腦使用兩個序列埠。

2. 兩台電腦，一台產生正弦波資料，並透過序列埠送出；另一台則開啓表單，透過序列埠讀資料。

3. 宣告一個跨兩個表單的SerialPort全域變數，兩個表單可以共用同一個SerialPort控制項。

**✱ 表單配置**

圖13-17　表單配置

**✱ 程式碼**

```
01 Public Class E13_7_Sin2
02
03    Private Sub E13_7_Sin2_Load(ByVal sender As System.Object, ByVal e As
       System.EventArgs) Handles MyBase.Load
04       SerialPort1.PortName = "COM6"  '設定串列通訊埠名稱
```

```
05      SerialPort1.Open()            '開啟串列通訊埠
06      Label1.Text = "接收到的信號:"
07      Button1.Text = "開始"
08   End Sub
09
10   Private Sub Timer1_Tick(ByVal sender As System.Object, ByVal e As
       System.EventArgs) Handles Timer1.Tick
11      Dim tmp As String
12      tmp = SerialPort1.ReadExisting
13      If tmp <> "" Then
14        TextBox1.Text &= tmp
15      End If
16   End Sub
17
18   Private Sub Button1_Click(ByVal sender As System.Object, ByVal e As
       System.EventArgs) Handles Button1.Click
19      '啟動與停止
20      Timer1.Enabled = Not Timer1.Enabled
21      Button1.Text = IIf(Timer1.Enabled, "停止", "開始")
22   End Sub
23
24 End Class
```

## ✱ 執行結果

程式執行過程與結果如圖13-18之說明。

(a)傳送端畫面

(b)接收端畫面

圖13-18　執行結果圖

例 13-8    PC作為虛擬機器產生訊號：
另一台PC作為儀器讀取資料並畫圖

## ✱ 功能說明

設計虛擬機器與虛擬訊號接收器架構，虛擬機器（即範例13-6）會固定週期送出信號；而接收端則固定週期接收信號，並將結果以繪畫圖形呈現出來。

## ✱ 學習目標

開啓2個序列通訊埠，進行兩個通訊埠間的資料傳送／接收。其中一個SerialPort的腳位2和3必須分別與另一個SerialPort的腳位3和2接通，才能進行傳輸。

## ✱ 表單配置

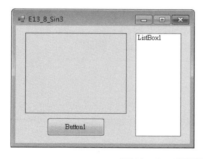

圖13-19　表單配置

## ✱ 程式碼

直接從範例12-11修改，程式增加之部分以網底標示。

```
01 Public Class E13_8_Sin3
02
03    '宣告畫布、畫筆、筆刷與字體
04    Dim g As Graphics
05    Dim p As New Pen(Color.Black)
06    Dim f As New Font(Me.Font.Name, 8)
07    Dim br As New SolidBrush(Color.Green)
```

```
08    '宣告格線橫向和縱向間距變數
09    Dim dw, dh As Single
10
11    Private Sub E13_8_Sin3_Disposed(ByVal sender As Object, ByVal e As
      System.EventArgs) Handles Me.Disposed
12        SerialPort1.Close()
13    End Sub
14
15    Private Sub E13_8_Sin3_Load(ByVal sender As System.Object, ByVal e As
      System.EventArgs) Handles MyBase.Load
16       '設定畫布
17        g = Panel1.CreateGraphics
18        Panel1.BackColor = Color.Black
19       '設定格線橫向和縱向間距
20        dw = Panel1.Width / 12
21        dh = Panel1.Height / 13
22       '其他初始設定
23        px0 = dw
24        py0 = 6 * dh
25        Button1.Text = "開始"
26        SerialPort1.PortName = "com6"   '設定串列通訊埠名稱
27        SerialPort1.Open()              '開啟串列通訊埠
28    End Sub
29
30    Private Sub E13_8_Sin3_Paint(ByVal sender As Object, ByVal e As System.
      Windows.Forms.PaintEventArgs) Handles Me.Paint
31       '初始畫面
32        Call plotGrid()
33    End Sub
34
35    Private Sub plotGrid()
36       '畫格線與座標副程式
37        Dim x2, y2, x1, y1 As Int16
38        p.Color = Color.White
39        For i = 0 To 10
40            x1 = dw
```

```vbnet
41        y1 = dh + i * dh
42        x2 = dw + 10 * dw
43        y2 = y1
44        g.DrawLine(p, x1, y1, x2, y2)
45        g.DrawString(10 - i, f, br, dw - 2 * f.Size, y1 - 0.5 * f.Size)
46        x1 = dw + i * dw
47        y1 = dh
48        x2 = x1
49        y2 = dh + 10 * dh
50        g.DrawLine(p, x1, y1, x2, y2)
51        g.DrawString(i + n * 10, f, br, x1 - 0.5 * f.Size, y2 + 0.5 * f.Size)
52     Next
53     p.Color = Color.Yellow
54  End Sub
55
56  Dim px0, py0, px1, py1 As Single
57  Dim t As Single = 0 '時間變數
58  Dim n As Int16 = 0 '換頁變數
59  Private Sub Timer1_Tick(ByVal sender As System.Object, ByVal e As
       System.EventArgs) Handles Timer1.Tick
60     Dim tmp As String
61     Static tmpVal As Single = 6 * dh
62     tmp = SerialPort1.ReadExisting
63     If IsNumeric(tmp) Then
64        tmpVal = Convert.ToSingle(tmp)
65        ListBox1.Items.Add(tmpVal)
66     End If
67     '時間累計
68     t = t + 0.1
69     px1 = dw + (t Mod 10) * dw          '時間轉換成繪圖x軸座標
70     py1 = tmpVal '6 * dh - 4 * dh * Math.Sin(t) '計算y軸位置
71     '換頁
72     If t > (n + 1) * 10 Then            '每增加10秒即換頁
73        n = n + 1                        '頁次加1
74        g.Clear(Color.Black)             '清除畫面
75        Call plotGrid()                  '重畫格線
```

```
76      px0 = dw                    '畫圖座標移到最前面
77    End If
78    '畫圖
79    g.DrawLine(p, px0, py0, px1, py1)
80    '座標更新
81    px0 = px1
82    py0 = py1
83  End Sub
84
85  Private Sub Button1_Click(ByVal sender As System.Object, ByVal e As
      System.EventArgs) Handles Button1.Click
86    '啟動與停止
87    Timer1.Enabled = Not Timer1.Enabled
88    Button1.Text = IIf(Timer1.Enabled, "停止", "開始")
89  End Sub
90
91 End Class
```

**✱ 執行結果**

　　程式執行過程與結果如圖13-20之說明。

 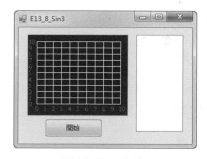

(a)開始執行傳送端畫面　　　　　　(b)開始執行接收端畫面

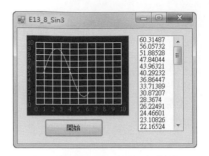

(c)執行後傳送端畫面　　　　　　(d)執行後接收端畫面

圖13-20　執行結果

END

## 13-3　SerialPort控制項的DataReceived事件

在使用序列埠進行資料通訊時，常見的問題是：信號接收端並不知道機器設備何時傳送信號進入儀器，因此，儀器端可以利用序列通訊控制項，當緩衝區接收到資料時，會引發DataReceived事件，便可在其事件處理程序中讀取輸入緩衝區的資料。

### 例 13-9　SerialPort控制項的DataReceived事件練習

**＊ 功能說明**

同上例，但虛擬訊號接收器不使用Timer控制項，而是由DataReceived事件引發的事件處理程序接收信號，並將收到的資料顯示在Label控制項中。

**＊ 學習目標**

1. DataReceived事件引發的事件處理程序設計。

2. 委派的應用。

★ 表單配置

(a)設備端

(b)儀器端

圖13-21　表單配置

★ 屬性設定與程式碼

1. 屬性設定

　　完成E13_9_Machine表單配置後，表單E13_9_Instrument1的SerialPort控制項的ReceivedBytesThresold屬性表示引發DataReceived事件時，輸入緩衝器必須要接收到的字元數。要引發事件，此屬性需有正數值，在此設定ReceivedBytesThresold=1，表示只要輸入緩衝區中接收到一個字元，便會引發DataReceived事件。

圖13-22　屬性設定

2. 程式碼

(1) 設備端

```
01 Public Class E13_9_Machine
02
03    Private Sub SerialPort_Ex3_Load(ByVal sender As System.Object, ByVal e
         As System.EventArgs) Handles MyBase.Load
04       Dim portName As String() = SerialPort1.GetPortNames
05       Label1.Text = "正弦波產生裝置"
06       Label2.Text = "通訊埠清單:"
07       Label3.Text = "裝置輸出信號大小："
08       Label1.Font = New Font(Me.Font.Name, 16)
09       ComboBox1.Items.Clear()
10       For Each x In portName
11          ComboBox1.Items.Add(x)
12       Next
13       Button1.Text = "連接通訊埠"
14       Button2.Text = "Run(送出正弦波)"
15       Button3.Text = "顯示信號接收裝置"
16    End Sub
17
18    Private Sub Button1_Click(ByVal sender As System.Object, ByVal e As
         System.EventArgs) Handles Button1.Click
19       SerialPort1.PortName = ComboBox1.Text
20       SerialPort1.Open()
21    End Sub
22
23    Private Sub Timer1_Tick(ByVal sender As System.Object, ByVal e As
         System.EventArgs) Handles Timer1.Tick
24       '正弦信號產生，並傳送正弦波資料
25       Static t As Single = 0
26       t = t + 0.01
27       Dim x, y As Single
28       x = 2 * Math.PI * t
29       y = Math.Round(Math.Sin(x), 3)
30       Label3.Text = "裝置輸出信號大小：" & y
31       ProgressBar1.Value = y * 1000 + 1000
32       SerialPort1.Write(y.ToString)
```

```
33        '----修正----
34        'SerialPort1.Write(y.ToString & vbCr)
35   End Sub
36
37   Private Sub Button2_Click(ByVal sender As System.Object, ByVal e As
         System.EventArgs) Handles Button2.Click
38        Timer1.Enabled = Not Timer1.Enabled
39   End Sub
40
41   Private Sub Button3_Click(ByVal sender As System.Object, ByVal e As
         System.EventArgs) Handles Button3.Click
42        '----接收資料顯示在[即時運算視窗]----
43        E13_9_Instrument1.Show()
44        '----以委派方式接收資料----
45        'E13_9_Instrument2.Show()
46   End Sub
47
48 End Class
```

(2) 儀器端

```
01 Public Class E13_9_Instrument1
02
03   Private Sub E13_9_Instrument1_Load(ByVal sender As System.Object,
         ByVal e As System.EventArgs) Handles MyBase.Load
04        Dim portName As String() = SerialPort1.GetPortNames
05        Label1.Text = "信號接收裝置"
06        Label2.Text = "通訊埠清單:"
07        Label3.Text = "接收信號大小："
08        Label4.Text = ""
09        Label1.Font = New Font(Me.Font.Name, 16)
10        ComboBox1.Items.Clear()
11        For Each x In portName
12           ComboBox1.Items.Add(x)
13        Next
14        Button1.Text = "連接通訊埠"
15   End Sub
```

```
16
17   Private Sub SerialPort1_DataReceived(ByVal sender As Object, ByVal e
         As System.IO.Ports.SerialDataReceivedEventArgs) Handles SerialPort1.
         DataReceived
18       '將結果顯示在即時運算視窗
19       Debug.Print(SerialPort1.ReadExisting)
20
21       '----修正----
22       'Dim ch As Integer
23       'Dim str1 As String = ""
24       'ch = SerialPort1.ReadChar()
25       'While Convert.ToChar(ch) <> vbCr
26       '    str1 = str1 & Chr(ch)
27       '    ch = SerialPort1.ReadChar()
28       'End While
29       '將結果顯示在即時運算視窗
30       'Debug.Print(str1)
31   End Sub
32
33   Private Sub Button1_Click(ByVal sender As System.Object, ByVal e As
         System.EventArgs) Handles Button1.Click
34       SerialPort1.PortName = ComboBox1.Text
35       SerialPort1.Open()
36   End Sub
37
38 End Class
```

* 執行結果

圖13-23　即時運算視窗顯示資料不完整

　　顯然接收到的結果無法正確呈現，原因在於：當一次讀取輸入緩衝區的內容時，每一筆資料尚未完整送達。解決方法很多，修正的方式之一為：儀器端送出資料加一個特定字元（如vbCr），而接收端則可以用逐字元接收的方式組合資料，並以該特定字元（vbCr）作為是否為一筆完整資料的判斷依據。程式修改如下：

(1) 設備端

```
01    Private Sub Timer1_Tick(ByVal sender As System.Object, ByVal e As
          System.EventArgs) Handles Timer1.Tick
02        '正弦信號產生，並傳送正弦波資料
03        Static t As Single = 0
04        t = t + 0.01
05        Dim x, y As Single
06        x = 2 * Math.PI * t
07        y = Math.Round(Math.Sin(x), 3)
08        Label3.Text = "裝置輸出信號大小：" & y
09        ProgressBar1.Value = y * 1000 + 1000
10        SerialPort1.Write(y.ToString & vbCr)
11    End Sub
```

(2) 儀器端

```
01    Private Sub SerialPort1_DataReceived(ByVal sender As Object, ByVal e
          As System.IO.Ports.SerialDataReceivedEventArgs) Handles SerialPort1.
          DataReceived
02        Dim ch As Integer
03        Dim str1 As String = ""
04        ch = SerialPort1.ReadChar()
05        While Convert.ToChar(ch) <> vbCr
06            str1 = str1 & Chr(ch)
07            ch = SerialPort1.ReadChar()
08        End While
09        '將結果顯示在即時運算視窗
10        Debug.Print(str1)
11    End Sub
```

執行結果為正常。

圖13-24　即時運算視窗顯示資料完整正常

現在，儀器端若要將接收的結果顯示在Label4控制項上，一般直接增加一行程式即可。

---

**Label4.Text = str1**

---

執行結果如下：

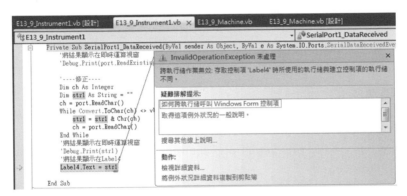

圖13-25　跨執行緒之執行錯誤訊息

如例外之說明，Label4存取的執行緒與DataReceived事件處理程序的執行緒不同，因此，無法在[DataReceived事件處理程序]執行緒中處理別的執行緒的工作（Label4的存取）。透過委派，可以解決這個問題。修改儀器端程式如下：

```
01 Public Class E13_9_Instrument2
02
03    Private Sub E13_9_Instrument2_Load(ByVal sender As System.Object,
      ByVal e As System.EventArgs) Handles MyBase.Load
04      Dim portName As String() = SerialPort1.GetPortNames
05      Label1.Text = "信號接收裝置"
06      Label2.Text = "通訊埠清單:"
07      Label3.Text = "接收信號大小："
08      Label4.Text = ""
09      Label1.Font = New Font(Me.Font.Name, 16)
10      ComboBox1.Items.Clear()
11      For Each x In portName
12        ComboBox1.Items.Add(x)
13      Next
14      Button1.Text = "連接通訊埠"
15    End Sub
16
17    Private Sub SerialPort1_DataReceived(ByVal sender As Object, ByVal e
      As System.IO.Ports.SerialDataReceivedEventArgs) Handles SerialPort1.
      DataReceived
18      Me.Invoke(New EventHandler(AddressOf ReceiveData))
19    End Sub
20
21    Private Sub ReceiveData()
22      Dim ch As Integer
23      Dim str1 As String = ""
24      ch = SerialPort1.ReadChar()
25      While Convert.ToChar(ch) <> vbCr
26        str1 = str1 & Chr(ch)
27        ch = SerialPort1.ReadChar()
28      End While
29      Label4.Text = str1
30    End Sub
31
32    Private Sub Button1_Click(ByVal sender As System.Object, ByVal e As
      System.EventArgs) Handles Button1.Click
```

```
33      SerialPort1.PortName = ComboBox1.Text
34      SerialPort1.Open()
35    End Sub
36
37 End Class
```

執行結果如下：

**(a)執行後之傳送端畫面**　　　　**(b)執行後之接收端畫面**

**圖13-26　執行結果**

END

# 習 題

1. 利用在模組中宣告全域變數的設計方式，重做範例13-8，使兩個表單可以共用一個SerialPort控制項。

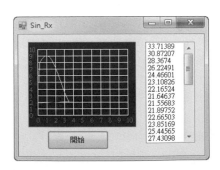

圖一

2. 表單配置包含兩個表單和一個模組，其中模組用以宣告SerialPort全域變數。表單之一為現場端，可以透過勾選CheckBox控制項模擬大門、窗戶、電燈、瓦斯之狀態；另一表單為監控端，透過序列埠接收來自現場端的訊息，並將大門、窗戶、電燈、瓦斯之狀態畫成時序圖。

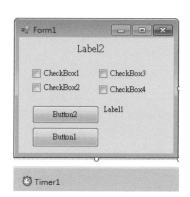 

**(a)表單配置**

 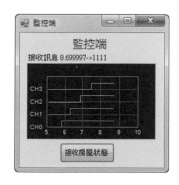

**(b)執行畫面**

圖二

# NOTE

```
PRIVATE SUB BUTTON1_CLICK(BYVAL SENDER AS SY
    BYVAL E AS SYSTEM.EVENTARGS) HANDLES BUT
    TEXTBOX1.COPY()
END SUB

PRIVATE SUB BUTTON2_CLICK(BYVAL SENDER AS SY
    BYVAL E AS SYSTEM.EVENTARGS) HANDLES BUT
    TEXTBOX1.CUT()
END SUB

PRIVATE SUB BUTTON3_CLICK(BYVAL SENDER AS SY
    BYVAL E AS SYSTEM.EVENTARGS) HANDLES BUT
    TEXTBOX1.PASTE()
END SUB

PRIVATE SUB BUTTON4_CLICK(BYVAL SENDER AS SY
    BYVAL E AS SYSTEM.EVENTARGS) HANDLES BUT
    TEXTBOX1.U
END SUB
```

# 14

# VB.NET與資料庫

Visual Basic

```
RIVATE SUB BUTTON3_
    CLICK(BYVAL SENDER
    AS SYSTEM.OBJECT,
    BYVAL E AS SYSTEM.
    EVENTARGS) HANDLES
    BUTTON3.CLICK
    LABEL1.LEFT += 10
ND SUB

RIVATE SUB BUTTON4_
    CLICK(BYVAL SENDER
    AS SYSTEM.OBJECT,
    BYVAL E AS SYSTEM.
    EVENTARGS) HANDLES
    BUTTON4.CLICK
    BUTTON2.ENABLED =
FALSE
    BUTTON3.ENABLED =
```

資料庫（DataBase）是將一群相關的資料收集在一起而成。資料庫包含至少一個資料表（Table）；而每個資料表則由許多筆的資料列（Data Row）所組成；每一筆資料列則包括好幾個欄位（Field）。

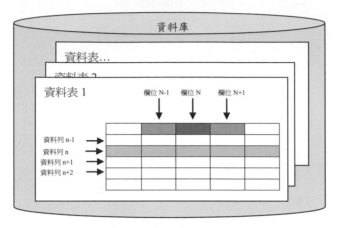

**圖14-1 資料庫架構說明**

以一個學校的專題製作資料庫為例，我們可以建立學生基本資料表、指導老師基本資料表，以及專題題目資料表。其中，每個資料表都有自己的資料列。例如：學生基本資料表每筆資料列的欄位為學生姓名、班級、座號、專題題目、聯絡電話等，三個資料表的欄位內容簡單列於圖14-2。

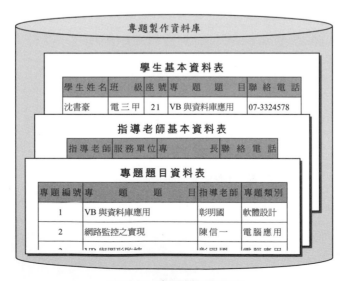

**圖14-2 專題製作資料庫**

　　資料庫的管理與維護是由資料庫廠商所開發，而要透過自行撰寫應用程式對資料庫進行存取與利用，必須透過適合的資料庫驅動引擎，才能進入到資料庫。

　　VB 2010針對資料庫與應用程式之間，提供了ADO.NET資料存取技術，透過ADO.NET的設定，可以輕鬆的選擇所要連結的不同資料庫類型，並利用許多的元件功能，對資料庫進行操作。

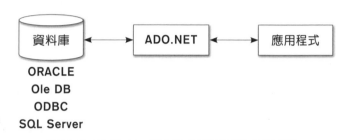

圖14-3　資料庫、ADO物件與應用程式的關係

　　簡單來說，ADO.NET可以看成是：可針對不同類型資料庫進行操作的類別所組成的集合。透過ADO.NET，程式設計師對不同類型資料庫，可以使用一致的方法進行資料應用程式設計。

　　ADO.NET有兩類元件可以用來存取及操作資料：.NET Framework Data Providers（資料提供者）與DataSet。

## .NET Framework資料提供者

　　.NET Framework資料提供者Data Providers是一種設計用來操作資料，以及快速存取順向唯讀資料的元件。.NET Framework資料提供者針對不同的資料庫，有不同的Data Provider，包括SQL Server、Ole DB、ODBC和Oracle等。底下不以資料庫做區分，直接針對.NET Framework資料提供者的相關元件進行功能介紹。

1. Connection物件提供與資料來源的連接。

2. Command物件可存取資料庫命令，以傳回資料、修改資料、執行預存程序，並且傳送或擷取參數資訊。

3. DataReader提供來自資料來源的高效能資料流。

4. DataAdapter使用Command物件，於資料來源處執行SQL命令，把資料載入DataSet，並將DataSet內的資料更新回資料來源。也可以這麼說：DataAdapter可視為DataSet物件與資料來源之間的橋接器。

## DataSet

ADO.NET的DataSet可獨立於任何資料來源外而存取資料，它可與多個不同的資料來源一起使用（包括XML資料），或用來管理應用程式所在電腦的資料。DataSet包含一或多個由資料列和資料行所組成的資料表（DataTable）物件集合，此集合中也可包含DataTable物件中的主索引鍵、外部索引鍵、條件約束及資料的關聯資訊。圖14-4說明.NET Framework資料提供者與DataSet之間的關聯性。

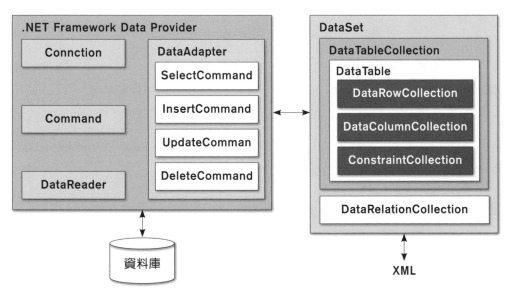

圖14-4　ADO.NET架構圖（Framework資料提供者與DataSet之間的關聯性）

.NET Framework中的資料提供者，可直接操作資料庫的物件，因此可視為即時連線類別。至於DataSet屬於離線的類別，也就是當把資料庫載入DataSet後，便可與資料庫連線中斷，接著便直接在DataSet上進行存取、操作。DataSet物件可以看成是在記憶體上建構成的資料庫，而DataSet物件中又可包含許多的DataTable物件，也就是資料表；同樣的，DataTable物件亦是由許多的DataRow物件組成，DataRow物件就是資料行；當然，資料行是由許多的欄位（Field）組成，而這些欄位即為DataColumn物件。顯然，ADO. NET將資料庫中的元件都物件化了，因此，在應用程式的撰寫上，就是以物件的態度來操作資料庫物件。

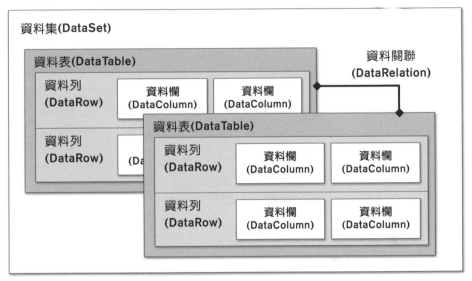

圖14-5　DataSet中主要元件的關係

此外，VB 2010亦提供許多資料庫的繫結元件，可支援對資料庫的操作，包括BindingSource元件，以及資料的呈現如：DataGridView、TextBox、ListBox等，以利應用程式的撰寫與資料呈現。整個資料庫運作的元件架構如圖14-6所示。

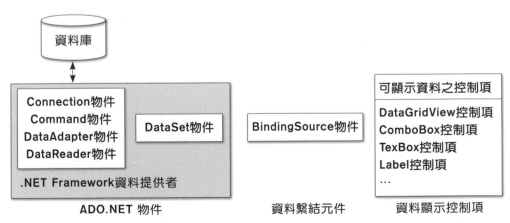

圖14-6　資料庫運作的元件架構

## 14-1 資料庫建立與SQL語法簡介

　　為了學習與操作的方便性，本章中與資料庫有關的所有檔案路徑都預設為「E:\資料庫\」，因此，讀者在操作前，請先將隨書光碟中「\資錄庫\」資料夾整個複製到電腦硬碟中。

### 14-1-1　資料庫建立與連結

　　ADO.NET所支援的資料庫有很多類，如主從式資料庫SQL Server、檔案型資料庫Access等。本節以Visual Basic Express版為平台，說明以Microsoft Access如何建立資料庫。

### ↘ 直接建立Access資料庫

**Step 1**　開啟Microsoft Access，選擇[開新檔案]。

圖14-7　進入Access 2007畫面及開新檔案

**Step 2**　設定資料夾與資料庫檔案名稱，接著按[建立]鈕。

**(a)建立資料庫檔案名稱與設定路徑**

**(b)進入資料庫設計視窗**

**圖14-8　進入Access 2007設計視窗畫面及開新檔案**

**Step 3**　選擇[設計檢視]模式，給定資料表名稱及設定資料表欄位。

**(a)選擇[設計檢視]及給定資料表名稱**

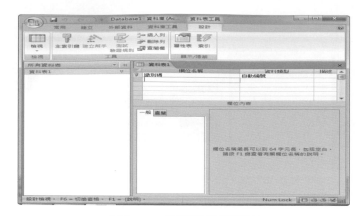

**(b)Access之[設計檢視]畫面**

**圖14-9 進入Access之[設計檢視]畫面**

**Step 4** 設定輸入欄位名稱與選擇對應的資料型態。

**圖14-10 設定輸入欄位名稱與選擇對應的資料型態**

**Step 5** 儲存檔案後回[檢視]模式,即可輸入資料,儲存輸入資料後即完成資料庫之建立。

圖14-11 以Access建立資料庫

## ▶ 匯入.xls轉換成資料表

**Step 1** 在Access中可以匯入由Excel建立的資料成為資料表。

| | A | B | C | D | E |
|---|---|---|---|---|---|
| 1 | 教師編號 | 教師姓名 | 服務單位 | 專長 | 聯絡電話 |
| 2 | 00101 | 陳信一 | 電機系 | 程式設計 | 06-5977777 |
| 3 | 00201 | 彭明國 | 自控系 | 介面控制 | 06-5988888 |
| 4 | 00102 | 馬振民 | 電機系 | 電路設計 | 06-5999999 |
| 5 | 00301 | 陳慕妮 | 機械系 | 自動化機構 | 06-5965555 |

圖14-12 Excel上的資料

**Step 2** 進入Access 2007,並選擇[開啓舊檔]選項,接著在[開啓資料庫]視窗
中選擇[開啓檔案]的類型為[Microsoft Excel],並請選擇「E:\資料庫\
教師資料.xls」。

(a)選擇[開啟舊檔]選項

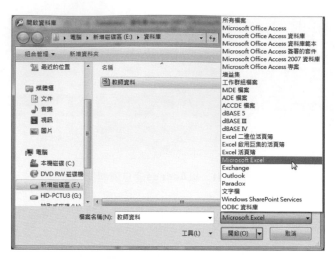

**(b)選擇[開啟檔案]的類型為[Microsoft Excel]**

**圖14-13　開啟Excel檔**

**Step 3** 透過[連結試算表精靈]，依圖14-14步驟將Excel檔轉換成資料庫檔案。

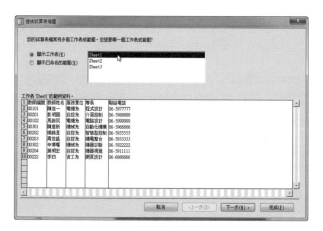

**(a)選擇工作表**

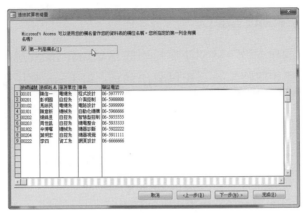

**(b)指定欄位名稱**

**(c)設定資料表名稱並按完成**

**(d)檢視資料表中的資料內容**

**圖14-14　以Access開啟Excel檔**

## 14-1-2 資料來源的建立

完成資料庫的建立後，就要使資料庫成為Visual Basic應用程式的資料來源。底下範例示範如何將Access資料庫作為Visual Basic應用程式開發環境的資料來源。

**例 14-1** 建立Visual Basic應用程式的資料來源

**Step 1** 建立Visual Basic新專案。

**Step 2** 選擇[顯示資料來源]以開啟[資料來源]視窗，或直接選擇[加入新資料來源]。

**圖14-15 選擇[顯示資料來源]**

**Step 3** 方案總管視窗中切換到[資料來源]視窗頁籤。

**圖14-16 方案總管與資料來源視窗**

**Step 4** 點擊[加入新資料來源]進入資料來源組態精靈，依照圖14-17步驟，完成資料來源視窗資料庫的連結（即建立資料連接字串）。

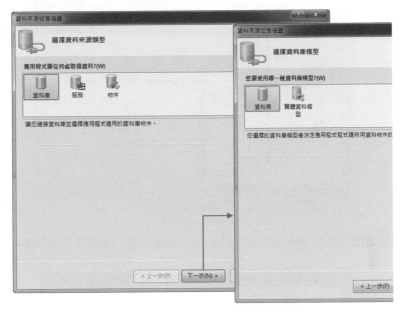

**(a)選擇[資料庫]按[下一步]鈕，接著選擇[資料集]再按[下一步]鈕**

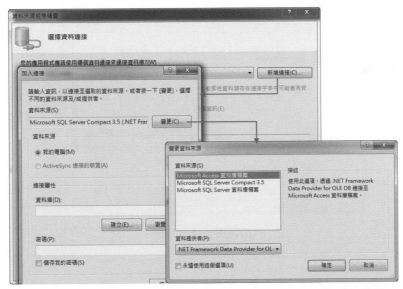

**(b)選擇[新增連接]鈕，接著按[變更]鈕，變更資料來源為[Microsoft Access資料庫檔案]**

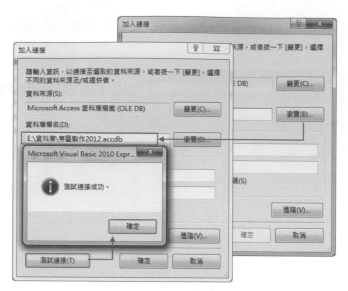

(c)從[瀏覽]鈕設定資料庫名稱,接著按[測試連接]鈕,測試連接是否成功。

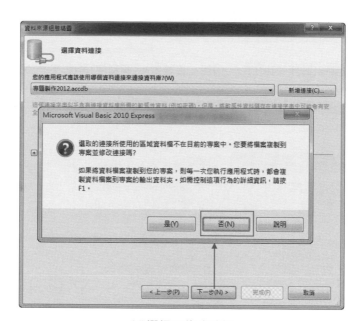

(d)選擇不修改連接

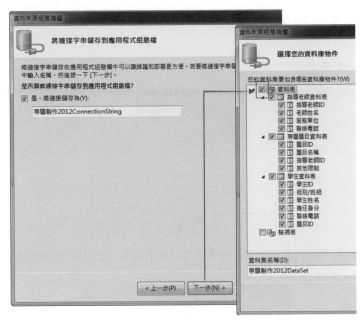

**(e)勾選[資料表]後按[完成]鈕**

**(f)資料來源完成建立**

**圖14-17　以資料來源組態精靈完成資料來源之建立**

## 14-1-3　SQL語法簡介

　　資料庫程式設計中須使用SQL陳述式進行資料的查詢。底下利用[資料庫總管]進行SQL語法查詢練習，[資料庫總管]視窗可以從功能表的[檢視/其他視窗]中開啓；另外，也可以從功能表選單新增查詢。

例 14-2    SQL語法查詢練習

**Step 1**    新增查詢

(a)由伺服器總管的資料庫項目中按滑鼠右鍵，並選擇[新增查詢]

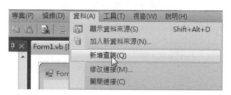

(b)選擇功能表的[資料/新增查詢]

圖14-18    新增查詢

**Step 2**    加入資料表

(a)加入資料表

(b)完成資料表之加入

圖14-19　加入資料表

**Step 3**　建立SQL陳述式

1. Select * from：從資料表選擇所要查詢的欄位。

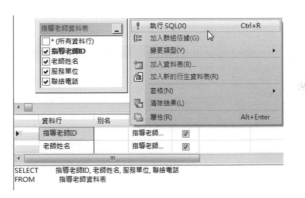

(a)選擇資料表欄位後按滑鼠右鍵，點選[執行SQL]

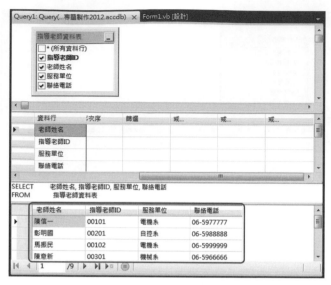

(b)[執行SQL]後結果

圖14-20　Select * from語法練習與查詢結果

2. where、like：篩選符合條件的欄位。

　　在[老師姓名]欄位對應的[篩選]項目中輸入「LIKE '陳%%'」，並完成[執行SQL]操作，即可得到查詢結果。

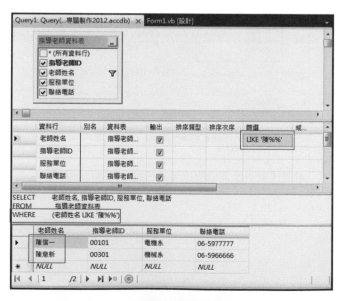

圖14-21　where與like語法練習與查詢結果

3. Order by：對指定欄位進行指定類型的排序

在[連絡電話]欄位對應的[排序類型]項目中選擇「遞減」，[排序次序]項目中選擇「1」，並完成[執行SQL]操作，即可得到查詢結果。

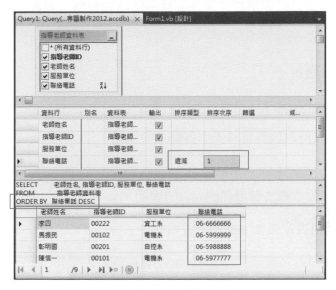

圖14-22　Order by語法練習與查詢結果

## 14-2　使用VB工具設計資料庫應用程式

由前面的說明知道，要使用ADO.NET的元件、各種資料繫結物件，與資料顯示元件設計資料庫應用程式，必須要深入了解各種元件的運作原理，同時要熟悉元件提供的方法和屬性，才能對資料庫的管理與應用操作自如。為提供初學者快速進入資料庫的應用，VB亦支援多種方式，可以讓程式設計者很容易的操作資料庫，底下直接以範例來說明。

## 例 14-3　VB的資料庫應用程式設計工具練習—表單連結到資料庫

**＊ 功能說明**

　　利用VB的資料庫應用程式設計工具，連結資料庫，並顯示在表單中。

**＊ 學習目標**

1. 資料來源的建立。

2. 建立DataGridView控制項與資料表的繫結。

3. 建立TextBox控制項與資料表中各欄位的繫結。

**＊ 操作步驟**

1. 加入資料來源步驟請參考範例14-1的說明。

2. 從[資料來源]視窗拖曳欲顯示的資料元件。

拖曳至表單　　　　　　　　　　　拖曳至表單
產生DataGridView控制項　　　　　產生詳細資料(TextBox控制項)

**(a)設定拖曳資料之顯示元件類別**

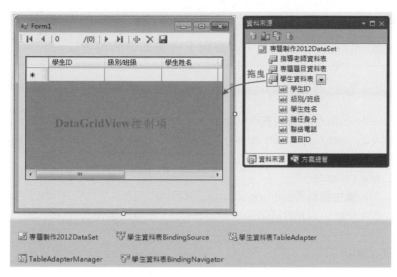

(b)顯示DataGridView控制項

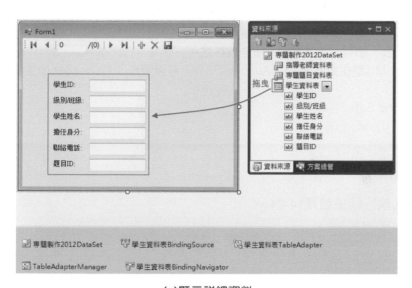

(c)顯示詳細資料

圖14-23　從資料來源視窗拖曳資料顯示元件到表單

**✱ 程式碼**

觀察顯示詳細資料的情況，在表單上自動產生的程式碼如下：

```
01 Public Class Form1
02
03   Private Sub 學生資料表BindingNavigatorSaveItem_Click(ByVal sender
       As System.Object, ByVal e As System.EventArgs) Handles 學生資料表
       BindingNavigatorSaveItem.Click
04     Me.Validate()
05     Me.學生資料表BindingSource.EndEdit()
06     Me.TableAdapterManager.UpdateAll(Me.專題製作2012DataSet)
07
08   End Sub
09
10   Private Sub Form1_Load(ByVal sender As System.Object, ByVal e As
       System.EventArgs) Handles MyBase.Load
11     'TODO: 這行程式碼會將資料載入 '專題製作2012DataSet.學生資料表' 資料
       表。您可以視需要進行移動或移除。
12     Me.學生資料表TableAdapter.Fill(Me.專題製作2012DataSet.學生資料表)
13
14   End Sub
15 End Class
```

**✱ 執行結果**

程式執行結果如圖14-24。

(a)執行畫面

(b)透過BindingNavigator操作資料庫

圖14-24  執行結果圖

註　在執行應用程式時，若使用的作業系統為64位元，VB編譯器預設的CPU不支援，在進行程式偵錯時，可能出現圖14-25(a)的錯誤訊息，對此有兩種方法可以解決：

1. 在專案的屬性頁中選擇[編譯]頁籤，並更改CPU為X86即可順利執行；但若使用的VB 2008/VB 2010為Express版，則無法進行CPU的更改。

(a)錯誤訊息畫面

(b)修改[編譯/目標CPU]設定

圖14-25　Express版錯誤訊息與[編譯/目標CPU]設定

2. 當VB為Express版時，可先關閉應用程式，接著開啟應用程式的專案檔（.prj），並於第一個<PropertyGroup>區段中加入以下程式：

```
<PlatformTarget>x86</PlatformTarget>
```

接著在儲存專案檔後重新開啟方案，即可進行偵錯。

## 例 14-4　DataGridView、TextBox及Combo物件的DataBing 設定練習

### ✱ 功能說明

　　從[學生基本資料表]點選姓名，TextBox欄位會顯示出其他訊息來，DataGridView控制項也會指向對應的資料列。

圖14-26　功能目標示意圖

### ✱ 學習目標

　　DataGridView、TextBox及Combo物件的DataBing設定練習。

### ✱ 表單配置

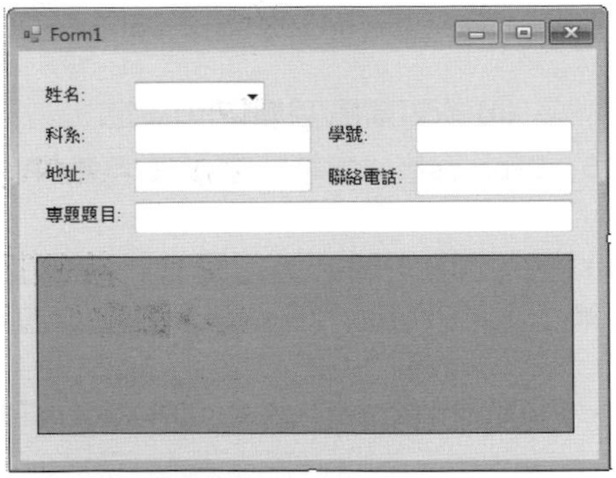

圖14-27　表單配置圖

## ✱ 設計過程

1. 加入資料來源

　　資料來源加入之步驟如範例14-1。這裡要特別注意一點：使用Access 2003建立的資料庫檔案（副檔名為.mdb）和使用Access 2007建立的資料庫檔案（副檔名為.accdb），資料庫連接字串是不相同的（如圖14-28）。

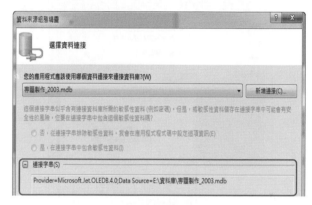

**(a)Access 2003資料庫檔案之連接字串**

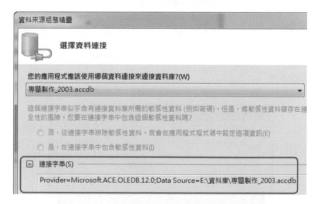

**(b)Access 2007資料庫檔案之連接字串**

**圖14-28　不同版本資料庫檔案之連接字串**

　　為說明的一致性，後面的所有範例中均採用Access 2007建立的資料庫檔案，若讀者使用不同版本的Access建立的資料庫，請務必記得修改連接結字串的內容。

2. 完成表單配置。

3. 設定元件的資料繫結。

(1) ComboBox設定資料來源（DataSource）與顯示成員（Display Member）。

首先設定ComboBox的資料來源為專題製作_2003DataSet中的學生基本資料表。

圖14-29　ComboBox的資料來源繫結設定

當完成ComboBox的資料來源設定後，系統會自動建立三個物件：專題製作_2003DataSet、學生基本資料表BindingSoure、學生基本資料表TableAdapter。

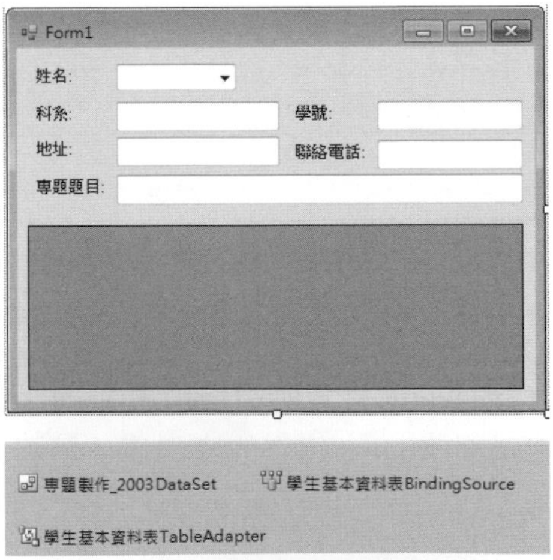

圖14-30　完成繫結後產生的元件

接著指定ComboBox的顯示成員為「姓名」。

**圖14-31　指定ComboBox對應的顯示成員為姓名**

至於TextBox控制項的資料繫結方式，必須從屬性視窗中展開DataBinding屬性後，在展開的Text屬性中進行設定。

**圖14-32　指定科系TextBox對應的顯示成員為科系**

其他TextBox控制項的資料繫結方式與圖14-32相同，不再贅述。

(2) DataGridView設定資料來源

　　設定DataGridView的資料來源選擇為前一個步驟產生的學生基本資料表BindingSoure即可。

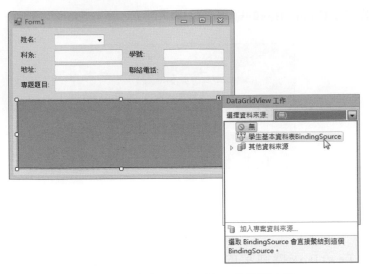

圖14-33　設定DataGridView的資料來源

圖14-34　完成DataGridView的資料來源設定後的表單畫面

## ✱ 程式碼

完成資料來源設定後，系統自動產生的程式碼如下：

```
01 Public Class Form1
02
03    Private Sub Form1_Load(ByVal sender As System.Object, ByVal e As
       System.EventArgs) Handles MyBase.Load
```

```
04      'TODO: 這行程式碼會將資料載入 '專題製作_2003DataSet.學生基本資料
表' 資料表。您可以視需要進行移動或移除。
05      Me.學生基本資料表TableAdapter.Fill(Me.專題製作_2003DataSet.學生基
本資料表)
06
07   End Sub
08 End Class
```

## ✱ 執行結果

執行結果如圖14-35之說明。

圖14-35　執行結果圖

END

# 14-3　.NET Framework資料提供者

　　上一節透過VB提供的工具設計資料庫程式，設計者都不需要自行撰寫程式，但是缺乏設計的彈性。若要自行設計撰寫資料庫程式，須對ADO.NET的物件有充分的了解。.NET Framework資料提供者的物件是在OleDB命名空間中，因此，使用時可使用Imports陳述式匯入命名空間以簡化程式碼，接著在程式中宣告物件名稱，如：

```
01 Imports System.Data.OleDb
02 Public Class Form1
03     Dim cn As New OleDbConnection
04     Dim da As New OleDbDataAdapter
05     Dim cmd As New OleDbCommand
06     Dim dr As OleDbDataReader
07     Private Sub Form1_Load(ByVal sender As System.Object, ByVal e As
            System.EventArgs) Handles MyBase.Load
08
09     End Sub
10 End Class
```

以下說明各物件的功能作用與設定。

## Connection物件—連接到資料來源

Connection物件用來連接特定資料來源，其內容包括：資料庫提供者、資料庫路徑、資料庫帳號與密碼等的設定。每個.NET Framework資料提供者都會包含一個Connection物件。設定Connection物件的方法有兩種：直接設定ConnectString屬性，和利用連接字串產生器類別。底下直接設定ConnectString屬性，設定語法範例如下：

1. Access 2003建立的資料庫

```
Provider＝Microsoft.Jet.OLEDB.4.0; Data Source＝d:\專題製作.mdb;
User ID＝Admin;Password＝;
```

2. Access 2007建立的資料庫

```
Provider＝Microsoft.ACE.OLEDB.12.0; Data Source＝d:\專題製作.accdb;
User ID＝Admin;Password＝;
```

其中，Provider＝資料庫連線之OLE DB提供者名稱，Data Source＝連接的資料庫來源名稱。

## ⤷ Command物件—使用命令

　　建立資料來源的連接後，可使用Command建構函式來建立命令。Command物件的CommandText屬性可用來查詢及修改Command物件的SQL陳述式。假設從某資料表選取所有的資料列，SQL語法如下：

```
Command物件.CommandText = " select * from資料表名稱"
```

　　若要執行查詢，則須使用ExcuteReader方法，語法如下：

```
Command物件.CommandText = "select * from資料表名稱"
dr = Command物件.ExecuteReader
```

　　其中，dr為DataReader物件，後面會加以說明。

　　此外，配合資料顯示元件對於資料表中資料列的操作，可以利用Command物件的預存程序，將資料庫作業封裝在單一命令中。此方式須搭配DataAdapter物件進行。

## ⤷ DataReader—使用DataReader

　　使用ADO.NET的DataReader物件，可以從資料庫擷取順向唯讀資料流資料，並提高應用程式的效能。

1. 使用DataReader擷取資料

　　使用DataReader擷取資料時，須先建立Command物件的執行個體，再藉由呼叫Command物件.ExecuteReader擷取資料來源的資料列。建立DataReader的語法如下：

```
Dim reader As SqlDataReader = Command物件.ExecuteReader()
```

　　使用DataReader物件的Read方法，可以從查詢結果前進到下一筆資料列，並利用GetDateTime、GetDouble、GetByte、GetChar、GetBytes、GetChars、GetInt16等方法，將取得資料列的值直接指定為對應的資料型態，可減少資料擷取過程的型別轉換量。

2. 關閉DataReader

　　DataReader物件用畢後，須呼叫Close方法。在DataReader開啓期間，Connection只能供該DataReader使用。若要執行Connection的其他命令，必須將原DataReader關閉。

## 例 14-5　　DataReader與資料顯示元件的應用

**✱ 功能說明**

　　開啓資料庫檔案「E:\資料庫\成績資料.accdb」，在TextBox控制項中顯示資料表欄位名稱，在ListBox控制項中顯示資料表的內容。

圖14-36　ADO.NET物件運用架構圖

**✱ 表單配置**

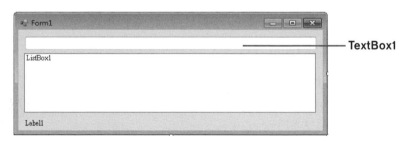

圖14-37　表單配置圖

* **程式碼**

```
01 Imports System.Data.OleDb
02 Public Class E14_5_DataReader
03
04     Dim cn As New OleDbConnection
05     Dim cmd As New OleDbCommand
06     Dim dr As OleDbDataReader
07     Dim n As Int16 = 0
08     Private Sub E14_4_DataReader_Load(ByVal sender As System.Object,
           ByVal e As System.EventArgs) Handles MyBase.Load
09        Dim cnString As String
10        cnString = "provider=microsoft.ACE.oledb.12.0;Data source=E:\資料庫
           \成績資料.accdb"
11        cn.ConnectionString = cnString
12        cn.Open()
13
14        '設定SQL 陳述式字串
15        Dim sqlString As String
16        sqlString = "select * from 成績資料表"
17
18        '宣告command物件及DataReader物件
19        Dim cmd As New OleDbCommand
20        Dim dr As OleDbDataReader
21
22        '指定command物件內容
23        cmd.Connection = cn
24        cmd.CommandText = sqlString
25
26        '執行command物件方法，將執行結果指定給DataReader物件
27        dr = cmd.ExecuteReader
28
29        '顯示DataReader物件的內容
30        Dim str1 As String = ""
31        For i As Int16 = 0 To dr.FieldCount - 1
32           str1 += dr.GetName(i) & vbTab
33           If i = 1 Then str1 += vbTab '姓名多Tab一次
```

```
34        Next
35        str1 += "總分"
36
37        TextBox1.Text = str1
38        While dr.Read
39          Dim sum As Int16 = 0
40          n += 1
41          str1 = ""
42          For i As Int16 = 0 To dr.FieldCount - 1
43            str1 += dr.Item(i) & vbTab
44            If i >= 3 And i <= 7 Then sum += Convert.ToInt16(dr.Item(i))
45          Next
46          str1 &= sum
47          ListBox1.Items.Add(str1)
48        End While
49        Label1.Text = "名單(共" & n & "筆)"
50        dr.Close()
51        cn.Close()
52
53    End Sub
54
55 End Class
```

* **執行結果**

   執行結果如圖14-38之說明。

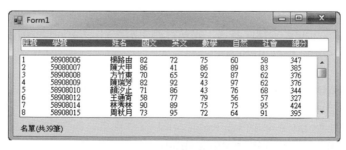

**圖14-38　執行結果圖**

## 📌 DataAdapter物件─使用DataAdapters

DataAdapter稱為資料配接器，用於從資料來源擷取資料，並填入DataSet（隨後介紹）內的資料表（使用Fill方法）。DataAdapter亦可將對DataSet所做的變更更新回資料來源（使用Update方法）。DataAdapter使用Connection物件連接到資料來源，並使用Command物件從資料來源擷取資料，以及將變更更新回資料來源。DataAdapter的宣告與使用語法如下：

```
Dim DataAdapter物件As DataAdapter
DataAdapter物件 = New DataAdapter(SQL陳述式, ConnectString)
```

或

```
DataAdapter物件 = New DataAdapter(Command物件)
```

DataAdapter具有四個屬性，可用來擷取資料來源的資料，以及將資料更新回資料來源：SelectCommand屬性可傳回資料來源的資料；InsertCommand、UpdateCommand與DeleteCommand屬性可用來管理資料來源上的變更。DataAdapter的Fill與UpDate方法的說明如圖14-39。

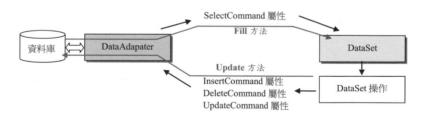

圖14-39　DataAdapter與DataSet的關係

1. Fill方法

DataAdapter的Fill方法是用來把DataAdapter的SelectCommand結果填入DataSet。Fill把下列各項當成引數：要填入的DataSet、DataTable物件，或是以SelectCommand傳回資料列填入的DataTable名稱。Fill是一個多載方法，幾種常用的語法為：

> DataAdapter物件.Fill (ds)
>
> 或　　DataAdapter物件.Fill(ds, srcTable)

其中參數　ds：要填入資料列和結構描述的DataSet。

srcTable：用於資料表對應的來源資料表名稱。

傳回值則為成功加入至DataSet或在其中重新整理的資料列數目。

## 例 14-6　DataSet與DataAdapter的結合使用

### ✱ 功能說明

將資料庫檔案「E:\資料庫\成績資料.accdb」中的[成績資料表]顯示在 DataGridView上。

### ✱ 學習目標

1. 以程式撰寫方式連結資料庫。

2. DataSet與DataAdapter的結合使用。

3. DataGridView顯示資料表。

圖14-40　ADO.NET物件運用架構圖

### ✱ 表單配置

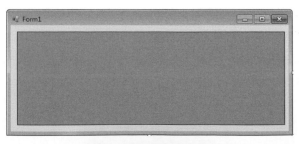

圖14-41　表單配置圖

★ 程式碼

```
01 Imports System.Data
02 Imports System.Data.OleDb
03
04 Public Class E14_6_Form
05
06     Private Sub Form1_Load(ByVal sender As System.Object, ByVal e As
        System.EventArgs) Handles MyBase.Load
07        '設定Connection
08        Dim cn As New OleDbConnection
09        Dim cnString As String
10        cnString = "provider=microsoft.ACE.oledb.12.0;Data source=E:\資料庫
           \成績資料.accdb"
11        cn.ConnectionString = cnString
12
13        '設定SQL 陳述式字串
14        Dim sqlString As String
15        sqlString = "select * from 成績資料表"
16
17        '將Connection 及SQL陳述式指定給DataAdapter
18        Dim da As New OleDbDataAdapter(sqlString, cn)
19
20        '將DataAdapter 的"Freiend"資料表填入DataSet
21        Dim ds As New DataSet
22        da.Fill(ds, "成績資料表")
23
24        '將DataGridView1的DataSource設為DataSet中名稱為"成績資料表"的資料
           表
25        DataGridView1.DataSource = ds.Tables("成績資料表")
26        '調整所有資料行的寬度，以符合所有儲存格的內容
27        DataGridView1.AutoResizeColumns()
28     End Sub
29
30 End Class
```

## ✻ 執行結果

執行結果如圖14-42之說明。

**圖14-42　執行結果圖**

---

| 例 14-7 | DataSet中指定資料表的資料列移動與內容顯示 |
|---|---|

## ✻ 功能說明

開啓資料庫檔案「E:\資料庫\專題製作_2003.accdb」，以TextBox控制項顯示資料內容，並可移動資料位置，查詢並顯示資料內容。

## ✻ 學習目標

1. 以程式撰寫方式連結資料庫。

2. DataSet與DataAdapter的結合使用。

3. 純粹資料查詢功能，直接指定TextBox控制項對應的DataSet中的資料表（Table）的資料列（Row）的項目（Item）。

**圖14-43　ADO.NET物件運用架構圖**

**✱ 表單配置**

**圖14-44　表單配置圖**

**✱ 程式碼**

```
01 Imports System.Data.OleDb
02
03 Public Class E14_7_Form
04
05    Dim cn As New OleDbConnection
06    Dim da As OleDbDataAdapter
07    Dim cmd As New OleDbCommand
08    Dim ds As New DataSet
09    Dim selIndex As Integer = 0
10    Dim TotalNo As Integer
11    Private Sub Form1_Load(ByVal sender As System.Object, ByVal e As
        System.EventArgs) Handles MyBase.Load
12      cn.ConnectionString = "Provider=Microsoft.ACE.OLEDB.12.0;Data
      Source=E:\資料庫\專題製作_2003.accdb"
13      cn.Open()
14      cmd.CommandText = "Select * From 學生基本資料表"
15      cmd.Connection = cn
16      da = New OleDbDataAdapter(cmd)
17      da.Fill(ds, "學生基本資料表")
18      TotalNo = ds.Tables(0).Rows.Count
19
20      Button1.Text = "|<<第一筆"
21      Button2.Text = "<上一筆"
22      Button3.Text = "下一筆>"
```

```vbnet
23        Button4.Text = "最末筆>>|"
24        UpdateStaus()
25    End Sub
26
27    Private Sub Button1_Click(ByVal sender As System.Object, ByVal e As
          System.EventArgs) Handles Button1.Click
28        selIndex = 0
29        UpdateStaus()
30    End Sub
31
32    Private Sub Button2_Click(ByVal sender As System.Object, ByVal e As
          System.EventArgs) Handles Button2.Click
33        selIndex -= 1
34        UpdateStaus()
35    End Sub
36
37    Private Sub Button3_Click(ByVal sender As System.Object, ByVal e As
          System.EventArgs) Handles Button3.Click
38        selIndex += 1
39        UpdateStaus()
40    End Sub
41
42    Private Sub Button4_Click(ByVal sender As System.Object, ByVal e As
          System.EventArgs) Handles Button4.Click
43        selIndex = TotalNo - 1
44        UpdateStaus()
45    End Sub
46
47    Private Sub UpdateStaus()
48        Label1.Text = (selIndex + 1) & "/ " & TotalNo
49        TextBox1.Text = ds.Tables(0).Rows(selIndex).Item(0)
50        科系TextBox.Text = ds.Tables(0).Rows(selIndex).Item(1)
51        學號TextBox.Text = ds.Tables(0).Rows(selIndex).Item(2)
52        地址TextBox.Text = ds.Tables(0).Rows(selIndex).Item(3)
53        聯絡電話TextBox.Text = ds.Tables(0).Rows(selIndex).Item(4)
54        專題題目TextBox.Text = ds.Tables(0).Rows(selIndex).Item(5)
```

```
55
56      Button3.Enabled = IIf(selIndex = TotalNo - 1, False, True)
57      Button4.Enabled = Button3.Enabled
58      Button2.Enabled = IIf(selIndex = 0, False, True)
59      Button1.Enabled = Button2.Enabled
60   End Sub
61 End Class
```

**＊　執行結果**

執行結果如圖14-45之說明。

**圖14-45　執行結果圖**

2. Update方法

同樣的，Update也是一個多載方法，幾種常用的語法為：

> **DataAdapter物件.Update (ds)**
> **或　　DataAdapter物件.Update(ds,srcTable)**

其中參數　ds：用來更新資料來源的DataSet。

　　　　　srcTable：用於資料表對應的來源資料表名稱。

傳回值則為自DataSet中成功更新的資料列數目。

3. 使用參數配合DataAdapter

呼叫DataAdapter的Update方法之前，針對DataSet中之資料所進行的變

更，必須先設定InsertCommand、UpdateCommand或DeleteCommand屬性
（例如，如果已經加入資料列，則必須先設定InsertCommand），才能呼叫
Update方法。下面說明使用參數配合DataAdapter進行資料變更的步驟：

(1) 設定DataAdapter的Command屬性

在處理已插入、已更新或已刪除的資料列時，DataAdapter會使
用Command屬性來處理這項動作，而該動作則透過Command物
件的CommandText屬性設定。例如：要進行資料的更新，其中，
DataAdapter物件為DA，Command物件為Cmd，則程式寫法如下：

```
Cmd.CommandText="Update 資料表名稱 SET 欄位1名稱=@參數1名稱
欄位2名稱=@參數2名稱..."
DA.UpdateCommand=Cmd
```

(2) 透過Parameters集合，將目前資訊傳遞給Command物件的
CommandText屬性。

撰寫如下程式：

```
DA.UpdateCommand.Parameters.Add("@參數1",參數型別,參數長度,
欄位1名稱)
DA.UpdateCommand.Parameters.Add("@參數2",參數型別,參數長
度,欄位2名稱)
...
```

則已修改資料列的目前資訊便會透過Parameters集合傳遞給Command物
件的CommandText屬性。另外，若欲將更新資訊直接加入Parameters集
合，則語法可寫為：

```
DA.UpdateCommand.Parameters.Add("@參數名稱",參數型別,資料
長度).Value=更新資訊
或
DA.UpdateCommand.Parameters.Add("@參數名稱",參數型別,資料
長度,"欄位名稱").Value=更新資訊
```

(3) 執行DataAdapter的Update方法完成資料的變更

> **DA.Update(DataSet名稱, 資料表名稱)**

有一點必須特別注意的是：當執行Update方法時，回傳值為從DataSet中成功更新資料來源的資料筆數，若無法順利完成更新（回傳值為0），則須進一步觀察更新資料列的RowState的變化，以確定是否順利完成資料列的更新。

## 例 14-8　使用DataAdapter的Update方法更新資料表── 資料的更新、新增和刪除

**✱ 功能說明**

　　開啟資料庫檔案「E:\資料庫\專題製作_2003.accdb」，以DataGridView顯示資料內容，並可進行資料的更新、新增和刪除。

**✱ 學習目標**

1. 以程式撰寫方式連結資料庫。

2. DataSet與DataAdapter的結合使用，並以DataGridView顯示資料表。

3. DataAdapter物件的Command屬性運用。

4. 直接在DataGridView上，以DataAdapetr物件對資料表進行新增、更新與刪除的操作，並以Update方法更新資料表。

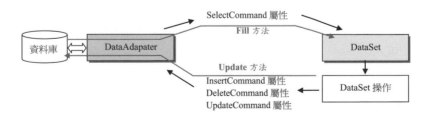

**圖14-46　ADO.NET物件運用架構圖**

**✸ 表單配置**

圖14-47　表單配置圖

**✸ 程式碼**

```
01 Imports System.Data
02 Imports System.Data.OleDb
03
04 Public Class E14_8_Form
05
06   Dim cn As New OleDbConnection
07   Dim cmd As New OleDbCommand
08   Dim ds As New DataSet
09   Dim da As OleDbDataAdapter
10   Private Sub Form1_Load(ByVal sender As System.Object, ByVal e As
        System.EventArgs) Handles MyBase.Load
11     cn.ConnectionString = "Provider=Microsoft.ACE.OLEDB.12.0;Data
        Source=E:\資料庫\專題製作_2003.accdb"
12     Dim n As Int16
13     cn.Open()
14     cmd.CommandText = "Select * From 指導老師基本資料表"
15     '設定DataAdapter
16     da = New OleDbDataAdapter(cmd.CommandText, cn)
17     '填入DataSet
18     n = da.Fill(ds, "指導老師基本資料表")
19     'DataGridView顯示
20     DataGridView1.DataSource = ds.Tables(0)
21     DataGridView1.AutoResizeColumns()
22     Button1.Text = "更新"
23     Button2.Text = "新增"
```

```
24    Button3.Text = "確定新增"
25    Button4.Text = "取消新增"
26    Button5.Text = "刪除"
27    Button3.Enabled = False
28    Button4.Enabled = False
29  End Sub
30
31  Private Sub Button1_Click(ByVal sender As System.Object, ByVal e As
      System.EventArgs) Handles Button1.Click
32    '------更新
33    Dim selNo As Int16 = DataGridView1.CurrentRow.Index '取得編輯列的索
      引
34    Dim strNo As String                                '取得索引對應
      的"編號"
35    strNo = ds.Tables("指導老師基本資料表").Rows(selNo).Item(0).ToString()
36
37    '設定CommandText
38    cmd.CommandText = "UPDATE 指導老師基本資料表 SET 教師姓名=@A,
      服務單位=@B,專長=@C,聯絡電話=@D where 教師編號='" & strNo & "'"
39    cmd.Connection = cn
40    '設定UpdateCommand
41    da.UpdateCommand = cmd
42    '
43    da.UpdateCommand.Parameters.Add("@A", OleDb.OleDbType.VarChar, 8,
      "教師姓名")
44    da.UpdateCommand.Parameters.Add("@B", OleDb.OleDbType.VarChar, 6,
      "服務單位")
45    da.UpdateCommand.Parameters.Add("@C", OleDb.OleDbType.VarChar,
      50, "專長")
46    da.UpdateCommand.Parameters.Add("@D", OleDb.OleDbType.VarChar,
      12, "聯絡電話")
47    '更新DataAdpater
48    da.Update(ds, "指導老師基本資料表")
49    '重新顯示
50    ds.Clear()
51    da.Fill(ds, "指導老師基本資料表")
52  End Sub
```

```vb
53
54   Private Sub Button2_Click(ByVal sender As System.Object, ByVal e As
         System.EventArgs) Handles Button2.Click
55       '------新增
56       ds.Tables(0).Rows.Add()
57       DataGridView1.CurrentCell = DataGridView1.Rows(DataGridView1.
         RowCount - 2).Cells(0) '<= CurrentRow為唯讀，不能設定
58       Button3.Enabled = True
59       Button4.Enabled = True
60   End Sub
61
62   Private Sub Button3_Click(ByVal sender As System.Object, ByVal e As
         System.EventArgs) Handles Button3.Click
63       '------確定新增
64       Dim selNo As Int16 = DataGridView1.CurrentRow.Index '取得編輯列的索
         引
65       Dim strNo As String                              '取得索引對應
         的"編號"
66       strNo = ds.Tables("指導老師基本資料表").Rows(selNo).Item(0).ToString()
67       If Not IsNumeric(strNo) Then
68           MsgBox("請輸入正確教師編號!!")
69           Exit Sub
70       End If
71       '設定CommandText
72       cmd.CommandText = "INSERT INTO 指導老師基本資料表(教師編號,教師
         姓名,服務單位,專長,聯絡電話) VALUES(@A0,@A,@B,@C,@D)"
73       cmd.Connection = cn
74       '設定InsertCommand
75       da.InsertCommand = cmd
76       '
77       da.InsertCommand.Parameters.Add("@A0", OleDb.OleDbType.VarChar, 5,
         "教師編號")
78       da.InsertCommand.Parameters.Add("@A", OleDb.OleDbType.VarChar, 8, "
         教師姓名")
79       da.InsertCommand.Parameters.Add("@B", OleDb.OleDbType.VarChar, 6, "
         服務單位")
```

```
80    da.InsertCommand.Parameters.Add("@C", OleDb.OleDbType.VarChar, 50,
      "專長")
81    da.InsertCommand.Parameters.Add("@D", OleDb.OleDbType.VarChar, 12,
      "聯絡電話")
82    '更新DataAdpater
83    da.Update(ds, "指導老師基本資料表")
84    '重新顯示
85    ds.Clear()
86    da.Fill(ds, "指導老師基本資料表")
87    Button3.Enabled = False
88    Button4.Enabled = False
89  End Sub
90
91  Private Sub Button4_Click(ByVal sender As System.Object, ByVal e As
      System.EventArgs) Handles Button4.Click
92    ds.Tables(0).Rows.RemoveAt(DataGridView1.CurrentRow.Index)
93    Button3.Enabled = False
94    Button4.Enabled = False
95  End Sub
96
97  Private Sub Button5_Click(ByVal sender As System.Object, ByVal e As
      System.EventArgs) Handles Button5.Click
98    '------刪除
99    Dim selNo As Int16 = DataGridView1.CurrentRow.Index '取得編輯列的索
      引
100   Dim strNo As String                              '取得索引對應
      的"編號"
101   strNo = ds.Tables("指導老師基本資料表").Rows(selNo).Item(0).ToString()
102
103   '確定是否刪除
104   Dim result As MsgBoxResult = MsgBox("確定刪除:" & ds.Tables("指導老
      師基本資料表").Rows(selNo).Item(0).ToString, MsgBoxStyle.OkCancel)
105   If result = MsgBoxResult.Cancel Then Exit Sub
106
107   '設定CommandText
108   cmd.CommandText = "DELETE from 指導老師基本資料表 where 教師編號
      ="" & strNo & """
```

```
109   cmd.Connection = cn
110   '設定DeleteCommand
111   da.DeleteCommand = cmd
112   '
113   ds.Tables(0).Rows(selNo).Delete()
114   '更新DataAdpater
115   da.Update(ds, "指導老師基本資料表")
116   '重新顯示
117   ds.Clear()
118   da.Fill(ds, "指導老師基本資料表")
119 End Sub
120 End Class
```

* **執行結果**

執行結果如圖14-48之說明。

**(a)新增操作**

**(b)刪除操作**

圖14-48 執行結果圖

註 1. 每次只能更新一筆資料列。
2. 因為DataGridView與DatSet的DataTable已建立繫結，所以，在DataGridView更改資料，並執行DataAdapter的Update方法，可以順利更新資料來源。
3. 欲新增資料列，若直接在DataGridView上新增，則無法順利。必須在DataTable上新增資料列，此時，DataGridView因繫結至DatSet的DataTable，故會顯示新增一資料列。

END

# 14-4　DataSet物件

　　DataSet物件是資料的記憶體常駐表示，它表示一組完整的資料，包括相關資料表、條件約束及資料表間的關聯性。圖14-49顯示DataSet物件模型。

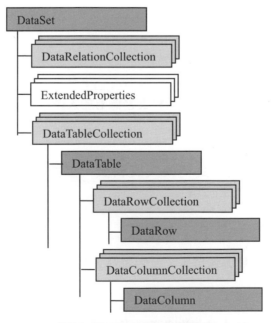

**圖14-49　DataSet物件模型**

　　由圖14-49的物件模型知道：DataTableCollection包含DataSet中所有DataTable物件。而DataTable為記憶體常駐資料的單一資料表，它包含由DataColumnCollection所表示的資料行（DataColumn）集合和由DataRowCollection所表示的資料列（DataRow）集合。另外，DataRelationCollection包含由DataRelation物件組成的關聯性集合。DataRelation物件會將一個DataTable中的資料列與其他DataTable中的資料列相關聯。

1. 建立DataSet

透過DataSet建構函式來建立DataSet的執行個體。語法如下：

> **Dim 資料集變數 As DataSet = New DataSet(資料集名稱)**

2. 建立DataTable

建立DataTable的執行個體，語法如下：

> **Dim 資料表變數 As DataTable = New DataTable(資料表名稱)**

3. 將DataTable加入DataSet

語法如下：

> **資料集名稱.Tables.Add(來源資料表名稱 [,加入資料集後的資料表名稱])**

## 例 14-9　以程式建立資料集與資料表，並將資料表名稱顯示在 ListBox控制項

✱ 功能說明

以程式建立資料集與資料表，並將資料表名稱顯示在ListBox控制項中。

✱ 學習目標

資料集、資料表的建立，並將資料表加到資料集中。

✱ 表單配置

**圖14-50　表單配置圖**

## ★ 程式碼

```
01 Public Class E14_8_DataSet1
02
03    '新增 DataSet 變數 ds，資料集名稱為 YSK
04    Dim ds As New DataSet("dsYSK")
05    '新增 DataTable 變數 dt1，資料表名稱為 dtYSK1
06    Dim dt1 As New DataTable("dtYSK1")
07    Dim dt2 As New DataTable("dtYSK2")
08    Dim dt3 As New DataTable("dtYSK3")
09
10    Private Sub Form1_Load(ByVal sender As System.Object, ByVal e As
          System.EventArgs) Handles MyBase.Load
11      Button1.Text = "顯示資料集中的資料表名稱"
12      '將資料表 dtYSK1 加入到資料集 ds 中，並將該資料表命名為 YSK1
13      ds.Tables.Add("YSK1", "dtYSK1")
14      ds.Tables.Add("YSK2", "dtYSK2")
15      ds.Tables.Add("YSK3", "dtYSK3")
16    End Sub
17
18    Private Sub Button1_Click(ByVal sender As System.Object, ByVal e As
          System.EventArgs) Handles Button1.Click
19      For Each dt As DataTable In ds.Tables
20        ListBox1.Items.Add(dt.TableName)
21      Next
22    End Sub
23
24 End Class
```

**✱ 執行結果**

程式執行說明如圖14-51。

(a)程式執行畫面　　　(b)按[顯示資料集中的資料表名稱]鈕後畫面

圖14-51　執行結果

4. 建立DataColumn

建立DataColumn就是要建立資料表的欄位（Field），在存入資料之前，須先建立欄位的名稱。語法範例如下：

```
Dim 資料欄變數 As DataColumn = New DataColumn(欄位名稱)
資料欄變數.MaxLength = 資料欄資料長度值
資料欄變數.DataType = System.Type.GetType("System.String")  '資料欄之資料型態
資料欄變數.AllowDBNull = True[ or Fale]      '資料欄內容可否為Null
資料欄變數.Unique = True     '資料欄內容是否唯一(不重複)
目的資料表名稱.Columns.Add(資料欄變數)      '將資料欄變數加入資料表
```

或

```
Dim資料欄變數As DataColumn = 目的資料表名稱.Columns.Add (欄位名稱)
資料欄變數欄位變數.MaxLength = 欄位長度值
資料欄變數.DataType = System.Type.GetType("System.String")  '欄位資料型態
資料欄變數.AllowDBNull = True[ or Fale]       '欄位資料內容可否為Null
資料欄變數.Unique = True     '資料欄內容是否唯一(不重複)
```

5. 建立DataRow

　　資料表中的每一筆資料稱為資料列，它包含前面所說欄位的集合。因此，要新增資料列，須先建立新的DataRow物件，並指定新的DataRow物件的欄位與目標資料表的欄位結構一致，接著在欄位中填入設定內容後，再把此DataRow加入資料表中。

## 例 14-10　資料集、資料表、資料欄位名稱與資料列的建立

### ✽ 功能說明

　　在建立的資料集與資料表中，加入資料欄位名稱和資料列，並將資料列顯示在DataGridView控制項中。

### ✽ 學習目標

　　資料集、資料表、資料欄位名稱與資料列的建立。

### ✽ 表單配置

圖14-52　表單配置圖

### ✽ 程式碼

```
01 Public Class E14_10_DataSet2
02
03    '宣告 DataSet 變數 ds，資料集名稱為 教師資料
04    Dim ds As New DataSet("教師資料")
```

```vbnet
05    '宣告 DataTable 變數 dt，資料表名稱為 教師資料表
06    Dim dt As New DataTable("教師資料表")
07
08    Private Sub E14_9_DataSet2_Load(ByVal sender As System.Object, ByVal
      e As System.EventArgs) Handles MyBase.Load
09      '將資料表 dt 加入到資料集 ds 中
10      ds.Tables.Add(dt)
11      '宣告欄位名稱
12      Dim dCol1 As DataColumn = dt.Columns.Add("編號")
13      Dim dCol2 As DataColumn = dt.Columns.Add("姓名", System.Type.
      GetType("System.String"))
14      Dim dCol3 As DataColumn = dt.Columns.Add("系別", System.Type.
      GetType("System.String"))
15
16      '設定欄位格式
17      With dCol1
18        '.MaxLength = 2
19        .DataType = System.Type.GetType("System.Int16")   '欄位資料型態
20        .AllowDBNull = False     '欄位資料內容可否為Null
21        .Unique = True           '欄位資料內容是否唯一(不重複)
22      End With
23
24      '指定DataGridView的資料連結
25      DataGridView1.DataSource = ds
26      DataGridView1.DataMember = "教師資料表"
27      DataGridView1.AutoResizeColumns()
28
29      Button1.Text = "建立資料列"
30    End Sub
31
32    Private Sub Button1_Click(ByVal sender As System.Object, ByVal e As
        System.EventArgs) Handles Button1.Click
33      '宣告資料列變數
34      Dim dr As DataRow
35      dr = dt.NewRow()    '此資料列變數dr與資料表dt的DataRow的結構相同
36      dr(0) = 1           '設定新增列之欄位內容
```

```
37      dr(1) = "李大仁"    '設定新增列之欄位內容
38      dr(2) = "自控系"    '設定新增列之欄位內容
39      dt.Rows.Add(dr)    '將資料列加入資料表中
40  End Sub
41
42 End Class
```

✱ 執行結果

程式執行說明如圖14-53。

(a)程式執行畫面

(b)按[建立資料列]鈕後畫面

圖14-53　執行結果

END

6. 新增、刪除、修改與更新

　　由於DataSet所處理的資料為離線資料，因此，利用DataRow類別的方法進行資料列的新增、修改、刪除與更新時，並不是直接更改資料庫的內容，而是將所有資料列的異動資訊暫時存放在RowState屬性中。資料列的RowState屬性有下面幾種狀態：

表14-1　DataRow屬性

| DataRow屬性 | Value | 說明 |
| --- | --- | --- |
| Detached | 1 | 已經建立新的資料列後，或已經從集合中完成資料列的移除 |

| UnChanged | 2 | 自從上次呼叫AcceptChanges之後，資料列尚未變更 |
|---|---|---|
| Added | 4 | 資料列已經加入至DataRowCollection後，且尚未呼叫AcceptChanges |
| Deleted | 8 | 使用DataRow的Delete方法來刪除資料列 |
| Modified | 16 | 已經進行資料列編修，且尚未呼叫AcceptChanges |

以下針對資料列新增、修改、刪除與更新時的RowState變化，及其對應呼叫的方法列表說明。

表14-2　新增、修改與刪除之RowState變化

| 新增 | | 修改 | | 刪除 | |
|---|---|---|---|---|---|
| 執行方法 | RowState變化 | 執行方法 | RowState變化 | 執行方法 | RowState變化 |
| | Unchanged 2 | | Unchanged 2 | | Unchanged 2 |
| NewRow | | 編輯操作 | | Delete | |
| | Detached 1 | | Modified 16 | | Deleted 8 |
| Add | | AcceptChanges/RejectChanges | | AcceptChanges | |
| | Added 4 | | Unchanged 2 | | Detached 1 |
| AcceptChanges/RejectChanges | | | | 或 RejectChanges | |
| | Unchanged 2 | | | | Unchanged 2 |

**註** 若使用DataRowCollections的Remove方法，是無法被取消（RejectChanges）的，RowState狀態為Datched。

## 例 14-11　利用DataTable的WriteXML方法將資料建立成XML檔

**✻ 功能說明**

以DataGridView顯示資料內容，並使用TextBox進行資料的更新、新增和刪除，同時可建立XML資料。

## ✳ 學習目標

1. 此例不使用Connection與DataAdapter物件，而是直接建立資料集（DataSet）、資料表（DataTable）、資料列（DataRow）與資料欄（DataColumn）物件，並將資料列加入資料表中。

2. DataTable的方法練習與RowState屬性觀察。

3. 利用DataTable的WriteXML方法，將資料建立成XML檔。

## ✳ 表單配置

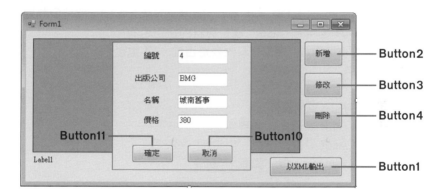

圖14-54　表單配置圖

## ✳ 程式碼

```
01 Public Class E14_11_XML
02
03     '宣告 DataSet 變數 ds，資料集名稱為 dsEx
04     Dim ds As New DataSet("dsEx")
05     '宣告 DataTable 變數 dt，資料表名稱為 dtEx
06     Dim dt As New DataTable("dtEx")
07     '宣告資料列變數
08     Dim dr As DataRow
09     Private Sub Form1_Load(ByVal sender As System.Object, ByVal e As System.EventArgs) Handles MyBase.Load
10         '將資料表 dt 加入到資料集 ds 中
11         ds.Tables.Add(dt)
12         '宣告欄位名稱
```

```vbnet
13      Dim dCol1 As DataColumn = dt.Columns.Add("ID")
14      Dim dCol2 As DataColumn = dt.Columns.Add("Company", System.
        Type.GetType("System.String"))
15      Dim dCol3 As DataColumn = dt.Columns.Add("Title", System.Type.
        GetType("System.String"))
16      Dim dCol4 As DataColumn = dt.Columns.Add("Price", System.Type.
        GetType("System.String"))
17
18    '設定欄位格式
19    With dCol1
20      .DataType = System.Type.GetType("System.Int16")   '欄位資料型態
21      .AllowDBNull = False   '欄位資料內容可否為Null
22      .Unique = True  '欄位資料內容是否唯一(不重複)
23    End With
24
25    '將資料列加入資料表中
26    dt.Rows.Add(1, "風潮", "越界嬉遊", "350")
27    dt.Rows.Add(2, "就是音樂", "思想起", "420")
28    dt.Rows.Add(3, "上揚", "梁祝", "360")
29
30    '或讀取XML資料
31    'dt.ReadXml("E:\資料庫\test.xml")
32
33    dt.AcceptChanges()
34
35    '指定DataGridView的資料連結
36    DataGridView1.DataSource = ds
37    DataGridView1.DataMember = "dtEx"
38    Label1.Text = "RowState:"
39    End Sub
40
41  Private Sub Button2_Click(ByVal sender As System.Object, ByVal e As
      System.EventArgs) Handles Button2.Click
42      Panel1.Visible = True
43    '宣告資料列變數
44    dr = dt.NewRow()    '此資料列變數dr與資料表dt的DataRow的結構相同
```

```
45     Label1.Text = "RowState:" & dr.RowState.ToString
46  End Sub
47
48  Private Sub Button3_Click(ByVal sender As System.Object, ByVal e As
       System.EventArgs) Handles Button3.Click
49     Dim txt() As TextBox = {TextBox1, TextBox2, TextBox3, TextBox4}
50     dr = dt.Rows(DataGridView1.CurrentRow.Index)
51     For i = 0 To 3
52        txt(i).Text = dr(i)
53     Next
54     Panel1.Visible = True
55     Label1.Text = "RowState:" & dr.RowState.ToString
56  End Sub
57
58  Private Sub Button4_Click(ByVal sender As System.Object, ByVal e As
       System.EventArgs) Handles Button4.Click
59     Dim txt() As TextBox = {TextBox1, TextBox2, TextBox3, TextBox4}
60     dr = dt.Rows(DataGridView1.CurrentRow.Index)
61     For i = 0 To 3
62        txt(i).Text = dr(i)
63     Next
64     Panel1.Visible = True
65     dr.Delete()
66     Label1.Text = "RowState:" & dr.RowState.ToString
67  End Sub
68
69  Private Sub Button11_Click(ByVal sender As System.Object, ByVal e As
       System.EventArgs) Handles Button11.Click
70     Dim txt() As TextBox = {TextBox1, TextBox2, TextBox3, TextBox4}
71     Select Case dr.RowState
72       Case 1  ' Datched
73          dr(0) = Val(txt(0).Text)
74          For i As Int16 = 1 To 3
75             dr(i) = txt(i).Text
76          Next
77          dt.Rows.Add(dr)        '將資料列加入資料表中
```

```
78          dr.AcceptChanges()
79          Panel1.Visible = False
80      Case 8  ' Deleted
81          dr.AcceptChanges()
82          Panel1.Visible = False
83      Case Else   '2 Unchange
84          dr(0) = Val(txt(0).Text)
85          For i As Int16 = 1 To 3
86              dr(i) = txt(i).Text
87          Next
88          dr.AcceptChanges()
89      End Select
90      Label1.Text = "RowState:" & dr.RowState.ToString
91      Panel1.Visible = False
92  End Sub
93
94  Private Sub Button10_Click(ByVal sender As System.Object, ByVal e As
        System.EventArgs) Handles Button10.Click
95      Panel1.Visible = False
96      Try
97          dr.RejectChanges()
98      Catch ex As Exception
99      End Try
100      Label1.Text = "RowState:" & dr.RowState.ToString
101  End Sub
102
103  Private Sub Button1_Click(ByVal sender As System.Object, ByVal e As
        System.EventArgs) Handles Button1.Click
104      dt.WriteXml("E:\資料庫\test.xml")
105  End Sub
106
107 End Class
```

**✱ 執行結果**

程式執行說明如圖14-55。

**(a)開始執行**

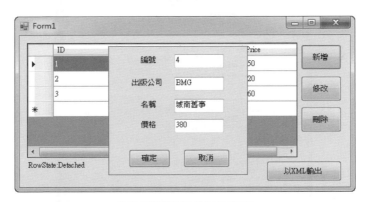

**(b)按[新增]鈕後輸入資料**

**(c)新增完成**

**圖12-44 執行結果**

**✱ DataSet與DataTable的存檔**

```
Private Sub Button1_Click(ByVal sender As System.Object, ByVal e As System.
    EventArgs) Handles Button1.Click
    dt.WriteXml("d:\資料庫\test.xml")
End Sub
```

執行Test.xml的畫面如圖14-56。

圖14-56　開啟test.xml畫面

# 14-5　BindingSource元件

　　BindingSource元件是設計用來簡化控制項至基礎資料來源的繫結程序。在Visual Studio中，可繫結控制項（如：Combox、TextBox、Label等）可以透過[屬性]視窗中的DataBindings屬性，將BindingSource繫結至控制項。至於資料來源方面，BindingSource元件透過DataSource屬性的設定，可以繫結到簡單資料來源（例如某個物件或基本集合的單一屬性）；透過DataSource和DataMember屬性分別設定爲資料庫和資料表，則可以繫結到複雜資料來源（例如資料庫資料表）。圖14-57說明BindingSource元件在哪些地方符合現有的資料繫結架構。

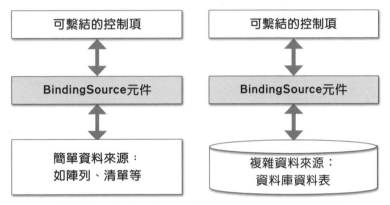

圖14-57　BindingSource元件的簡單繫結與複雜繫結

**＊ 簡單繫結語法範例**

```
Dim a() As Int16 = {1, 2, 3, 4, 5}
BindingSource1.DataSource = a
ListBox1.DataSource = BindingSource1   '或 = a
```

**＊ 複雜繫結語法範例**

```
Dim cn As New OleDb.OleDbConnection
Dim dc As New System.Data.OleDb.OleDbCommand
Dim dr As OleDb.OleDbDataReader
cn.ConnectionString = "Provider=Microsoft.Jet.OLEDB.4.0;Data
```

```
    Source=E:\資料庫\專題製作.mdb"
cn.Open()
dc.CommandText = "select * from 學生基本資料表"
dc.Connection = cn
dr = dc.ExecuteReader
BindingSource1.DataSource = dr
DataGridView1.DataSource = BindingSource1
```

BindingSource常用方法與屬性列於表14-3：

表14-3　BindingSource常用方法

| 方法名稱 | 說明 |
|---|---|
| Add | 將既有項目加入清單中 |
| AddNew | 在清單中加入新的項目。此方法會自動引發AddingNew事件，因此，可以利用對應的事件處理程序，建構新的項目，或撰寫其他程式 |
| ApplySort | 使用指定的排序描述，對資料來源排序 |
| CancelEdit | 取消目前的編輯作業，包括AddNew |
| Clear | 將所有項目從清單中移除 |
| EndEdit | 將暫停變更套用到資料來源 |
| Find | 尋找資料來源中的指定項目 |
| IndexOf | 搜尋指定的物件，並傳回整個清單中第一個相符項目的索引 |
| Insert | 將項目插入位於指定索引的清單中 |
| MoveFirst | 移至清單中的第一個項目 |
| MoveLast | 移至清單中的最後一個項目 |
| MoveNext | 移至清單中的下一個項目 |
| MovePrevious | 移至清單中的上一個項目 |
| Remove | 移除清單中指定的項目 |
| RemoveAt | 移除清單中指定索引的項目 |
| RemoveCurrent | 從清單移除目前的項目 |

| RemoveFilter | 移除與BindingSource有關的篩選條件 |
|---|---|
| RemoveSort | 移除與BindingSource有關的排序 |

表14-4　BindingSource常用屬性

| 屬性名稱 | 說明 |
|---|---|
| AllowEdit | 取得值。指出清單中的項目是否可以編輯 |
| AllowNew | 取得或設定值。指出AddNew方法是否可以用來將項目加入清單中 |
| AllowRemove | 取得值。指出是否可以從清單中移除項目 |
| Count | 取得清單中的項目總數 |
| Current | 取得清單中的目前項目 |
| DataMember | 取得或設定此BindingSource目前繫結至的資料來源中的特定清單 |
| DataSource | 取得或設定此BindingSource所繫結的資料來源 |
| Filter | 取得或設定篩選檢視資料列的運算式 |
| Item | 取得或設定指定索引中的清單項目 |
| List | 取得BindingSource要繫結的清單 |
| Position | 取得或設定清單中目前項目的索引 |
| Sort | 取得或設定用來排序的資料行名稱，以及用來檢視資料來源中資料列的排序次序 |

　　BindingSource元件可以從工具箱中的[資料]項目中加進表單設計中；也可以直接在程式中宣告與建立。當BindingSource元件以控制項型式作為表單中的控制項時，若在[設計]階段直接設定BindingSource元件的DataSource屬性時，VB會自動建立DataSet元件。另一方面，若資料顯示控制項（如TextBox、ComoBox等）在屬性視窗進行[進階繫結]選擇時，則會自動建立DataSet元件、BindingSource元件與TableAdapter元件。

**例 14-12　DataAdapter結合BindingSource，進行資料的更新、新增和刪除**

**✱ 功能說明**

　　開啓資料庫檔案「E:\資料庫\專題製作_2003.accdb」，以DataGridView顯示資料內容，並結合BindingSource進行資料的更新、新增和刪除操作。

**✱ 學習目標**

1. 以程式撰寫方式建立Connection、DataAdapter、DataSet、BindingSource與DataGridView等物件的關聯。

2. 結合BindingSource物件進行資料的更新、新增和刪除。

3. 此範例與[範例14-8]的功能完全相同，但是引進BindingSource元件的使用。

**✱ 表單配置**

圖14-58　表單配置圖

**✱ 程式碼**

```
01 Imports System.Data
02 Imports System.Data.OleDb
03
04 Public Class E14_11_BindingSource
05
06    Dim cn As New OleDbConnection
```

```
07    Dim cmd As New OleDbCommand
08    Dim ds As New DataSet
09    Dim da As OleDbDataAdapter
10    Dim bs As New BindingSource '<==
11    Private Sub Form1_Load(ByVal sender As System.Object, ByVal e As
      System.EventArgs) Handles MyBase.Load
12      cn.ConnectionString = "Provider=Microsoft.ACE.OLEDB.12.0;Data
      Source=E:\資料庫\專題製作_2003.accdb"
13      Dim n As Int16
14      cn.Open()
15      cmd.CommandText = "Select * From 指導老師基本資料表"
16      '設定DataAdapter
17      da = New OleDbDataAdapter(cmd.CommandText, cn)
18      '填入DataSet
19      n = da.Fill(ds, "指導老師基本資料表")
20      'DataGridView顯示
21      bs.DataSource = ds.Tables(0)    '<==
22      DataGridView1.DataSource = bs  '<== ds.Tables(0)
23      DataGridView1.AutoResizeColumns()
24      Button1.Text = "更新"
25      Button2.Text = "新增"
26      Button3.Text = "確定新增"
27      Button4.Text = "取消新增"
28      Button5.Text = "刪除"
29      Button3.Enabled = False
30      Button4.Enabled = False
31    End Sub
32
33    Private Sub Button1_Click(ByVal sender As System.Object, ByVal e As
      System.EventArgs) Handles Button1.Click
34      '------更新
35      'bs.Current(0):資料表目前項目的第一個欄位資料
36      cmd.CommandText = "UPDATE 指導老師基本資料表 SET 教師姓名
      =@A,服務單位=@B,專長=@C,聯絡電話=@D where 教師編號='" &
      bs.Current(0) & "'"
37      cmd.Connection = cn
```

```
38        '設定UpdateCommand
39        da.UpdateCommand = cmd
40        '
41        da.UpdateCommand.Parameters.Add("@A", OleDb.OleDbType.VarChar,
          8, "教師姓名")
42        da.UpdateCommand.Parameters.Add("@B", OleDb.OleDbType.VarChar,
          6, "服務單位")
43        da.UpdateCommand.Parameters.Add("@C", OleDb.OleDbType.VarChar,
          50, "專長")
44        da.UpdateCommand.Parameters.Add("@D", OleDb.OleDbType.VarChar,
          12, "聯絡電話")
45        '更新DataAdpater
46        da.Update(ds, "指導老師基本資料表")
47        '重新顯示
48        ds.Clear()
49        da.Fill(ds, "指導老師基本資料表")
50     End Sub
51
52     Private Sub Button2_Click(ByVal sender As System.Object, ByVal e As
          System.EventArgs) Handles Button2.Click
53        '------新增
54        bs.AddNew() '<==
55        Button3.Enabled = True
56        Button4.Enabled = True
57     End Sub
58
59     Private Sub Button3_Click(ByVal sender As System.Object, ByVal e As
          System.EventArgs) Handles Button3.Click
60        '------確定新增
61        Dim selNo As Int16 = DataGridView1.CurrentRow.Index '取得編輯列的索
          引
62        Dim strNo As String                    '取得索引對應的"編號"
63        strNo = ds.Tables("指導老師基本資料表").Rows(selNo).Item(0).ToString()
64        If Not IsNumeric(strNo) Then
65           MsgBox("請輸入正確教師編號!!")
66           Exit Sub
```

```
67    End If
68    '設定CommandText
69    cmd.CommandText = "INSERT INTO 指導老師基本資料表(教師編號,教師
      姓名,服務單位,專長,聯絡電話) VALUES(@A0,@A,@B,@C,@D)"
70    cmd.Connection = cn
71    '設定InsertCommand
72    da.InsertCommand = cmd
73    '
74    da.InsertCommand.Parameters.Add("@A0", OleDb.OleDbType.VarChar,
      5, "教師編號")
75    da.InsertCommand.Parameters.Add("@A", OleDb.OleDbType.VarChar, 8,
      "教師姓名")
76    da.InsertCommand.Parameters.Add("@B", OleDb.OleDbType.VarChar, 6,
      "服務單位")
77    da.InsertCommand.Parameters.Add("@C", OleDb.OleDbType.VarChar,
      50, "專長")
78    da.InsertCommand.Parameters.Add("@D", OleDb.OleDbType.VarChar,
      12, "聯絡電話")
79    '更新DataAdpater
80    da.Update(ds, "指導老師基本資料表")
81    '重新顯示
82    ds.Clear()
83    da.Fill(ds, "指導老師基本資料表")
84    Button3.Enabled = False
85    Button4.Enabled = False
86  End Sub
87
88  Private Sub Button4_Click(ByVal sender As System.Object, ByVal e As
      System.EventArgs) Handles Button4.Click
89    ds.Tables(0).Rows.RemoveAt(DataGridView1.CurrentRow.Index)
90    Button3.Enabled = False
91    Button4.Enabled = False
92  End Sub
93
94  Private Sub Button5_Click(ByVal sender As System.Object, ByVal e As
      System.EventArgs) Handles Button5.Click
```

```
95        '------刪除
96        Dim selNo As Int16 = DataGridView1.CurrentRow.Index '取得編輯列的索
          引
97        Dim strNo As String                '取得索引對應的"教師編號"
98        strNo = ds.Tables("指導老師基本資料表").Rows(selNo).Item(0).ToString()
99
100        '確定是否刪除
101        Dim result As MsgBoxResult = MsgBox("確定刪除:" & ds.Tables("指導
          老師基本資料表").Rows(selNo).Item(0).ToString, MsgBoxStyle.OkCancel)
102        If result = MsgBoxResult.Cancel Then Exit Sub
103
104        '設定CommandText
105        cmd.CommandText = "DELETE from 指導老師基本資料表 where 教師編
          號='" & strNo & "'"
106        cmd.Connection = cn
107        '設定DeleteCommand
108        da.DeleteCommand = cmd
109        '
110        bs.RemoveCurrent()      '<==
111        '更新DataAdpater
112        da.Update(ds, "指導老師基本資料表")
113        '重新顯示
114        ds.Clear()
115        da.Fill(ds, "指導老師基本資料表")
116    End Sub
117 End Class
```

**✱ 執行結果**

　　執行結果同範例14-8。

**註** BindingSource的AddNew方法因繫結至DataGridView，所以會在
DataGridView中新增一列空白，但只要是用DataAdapter將輸入的資料
Update回資料來源，就必須執行InsertCommand或UpdateCommand中
的內容。

底下介紹BindingSource元件常用的一些操作：

## ➥ MoveFirst、MoveNext、MovePrevious、MoveLast、 AddNew、Remove等

使用BindingSource的便利處之一，是可以使用其方法MoveFirst、MoveNext、MovePrevious、MoveLast等操作。

### 例 14-13　BindingSource的MoveFirst、MovePrevious、MoveNext、MoveLast方法練習

**✱ 功能說明**

連接資料庫檔案「E:\資料庫\專題製作_2003.accdb」，在點擊按鈕[第一筆]、[上一筆]、[下一筆]、[最末筆]後，各個文字方塊中的內容會自動依指示變更。

**✱ 學習目標**

1. TextBox控制項的資料繫結設定練習。

2. 使用BindingSource的資料繫結與MoveFirst、MovePrevious、MoveNext、MoveLast等方法練習。

**✱ 表單配置**

圖14-59　表單配置

**✱ 設計過程**

1. 加入資料來源，步驟如範例14-1。

2. 建立表單的控制項配置。

3. 依序為各個TextBox控制項設定DataBindings。完成DataBindings設定後，表單設計視窗會新增三個元件，如圖14-60。

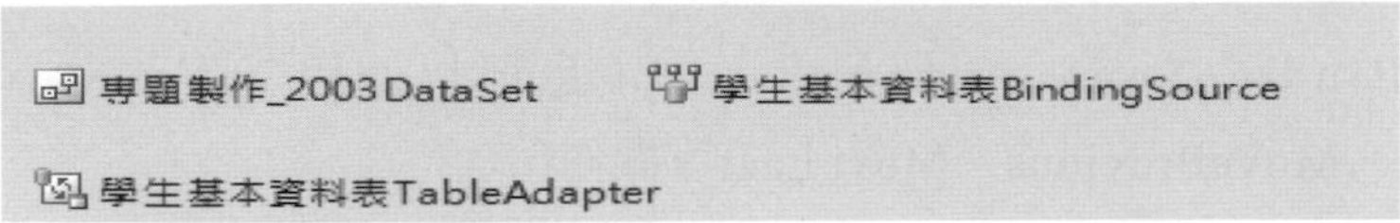

**圖14-60　進行DataBinding後自動產生的資料庫相關元件**

📋 TextBox控制項亦可直接自[資料來源]視窗拖曳出來更快！

4. 利用自動產生的[學生基本資料表BindingSource]物件，使用其MoveFirst、MovePrevious、MoveNext和MoveLast方法，進行資料表中目前資料的移動的程式碼設計。

**✻ 程式碼**

```
01 Public Class E14_13_Form
02
03    Private Sub Form1_Load(ByVal sender As System.Object, ByVal e As
       System.EventArgs) Handles MyBase.Load
04     'TODO: 這行程式碼會將資料載入 '專題製作_2003DataSet.學生基本資料
       表' 資料表。您可以視需要進行移動或移除。
05     Me.學生基本資料表TableAdapter.Fill(Me.專題製作_2003DataSet.學生基
       本資料表)
06     '----------------以上為自動產生的程式碼----------------
07     Button1.Text = "|＜＜第一筆"
08     Button2.Text = "＜上一筆"
09     Button3.Text = "下一筆＞"
10     Button4.Text = "最末筆＞＞|"
11     UpdateStatus()
12   End Sub
13
14   Private Sub Button1_Click(ByVal sender As System.Object, ByVal e As
       System.EventArgs) Handles Button1.Click
15     學生基本資料表BindingSource.MoveFirst()
```

```
16      UpdateStatus()
17    End Sub
18
19    Private Sub Button2_Click(ByVal sender As System.Object, ByVal e As
         System.EventArgs) Handles Button2.Click
20      學生基本資料表BindingSource.MovePrevious()
21      UpdateStatus()
22    End Sub
23
24    Private Sub Button3_Click(ByVal sender As System.Object, ByVal e As
         System.EventArgs) Handles Button3.Click
25      學生基本資料表BindingSource.MoveNext()
26      UpdateStatus()
27    End Sub
28
29    Private Sub Button4_Click(ByVal sender As System.Object, ByVal e As
         System.EventArgs) Handles Button4.Click
30      學生基本資料表BindingSource.MoveLast()
31      UpdateStatus()
32    End Sub
33
34    Private Sub UpdateStatus()
35      Label1.Text = "第" & (學生基本資料表BindingSource.Position + 1) & "筆/
        共" & 學生基本資料表BindingSource.Count & "筆"
36      Button3.Enabled = IIf(學生基本資料表BindingSource.Position = 學生基
        本資料表BindingSource.Count - 1, False, True)
37      Button4.Enabled = Button3.Enabled
38      Button2.Enabled = IIf(學生基本資料表BindingSource.Position = 0,
        False, True)
39      Button1.Enabled = Button2.Enabled
40    End Sub
41
42  End Class
```

**✱　執行結果**

　　程式執行說明如圖14-61。

(a)程式開始          (b)操作其他按鈕

圖14-61 執行結果

END

## ↘ Filter設定

BindingSource的Filter屬性可用來篩選資料列，使用語法如下：

> **BindingSource元件.Filter= criteria**

其中Criteria可為：

> 欄位名稱 = '資料名稱'
> 欄位名稱 like '部分資料名稱*'
> 欄位名稱 like '部分資料名稱%'

每個criteria可用and、or連結。復原篩選語法為：

> **BindingSource元件.Filter= Nothing**

### 例 14-14    BindingSource的Filter屬性設定練習— 指導老師、專題題目與專題學生查詢系統

**\* 功能說明**

　　連接資料庫檔案「E:\資料庫\專題製作_2003.accdb」，設計程式使點選
[教師]下拉清單後，對應該教師的專題題目會顯示在[專題題目]下拉清單中；
接著點選[專題題目]下拉清單任一項目，DataGridView會顯示參與該專題題目
的所有學生名單。

✱ 學習目標

1. 利用設計工具建立資料來源。

2. DataGridView及Combo物件的DataBing設定練習。

3. BindingSource的Filter屬性設定練習。

✱ 表單配置

圖14-62　表單配置圖

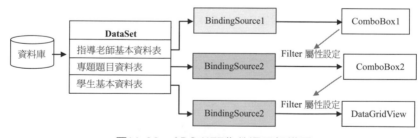

圖14-63　ADO.NET物件運用架構圖

✱ 設計過程

1. 加入資料來源，完成資料集[專題製作_2003DataSet]之建立。

2. 建立ComboBox1、ComboBox2和DataGridView與資料集[專題製作
   _2003DataSet]的資料繫結。

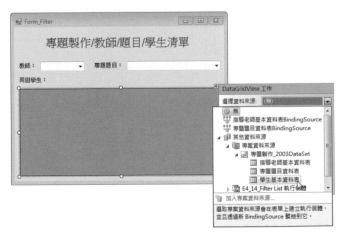

(a)設定ComboBox1的資料繫結

(b)設定ComboBox2的資料繫結

(c)設定DataGridView1的資料繫結

圖14-64　元件繫結設定

系統會自動建立下面的元件：

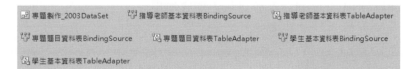

圖14-65　自動產生之元件

3. 系統自動產生的程式碼如下。

```
01 Public Class E4_14_Filter
02
03   Private Sub E4_14_Filter_Load(ByVal sender As System.Object, ByVal e As
        System.EventArgs) Handles MyBase.Load
04     'TODO: 這行程式碼會將資料載入 '專題製作_2003DataSet.學生基本資料表'
        資料表。您可以視需要進行移動或移除。
05     Me.學生基本資料表TableAdapter.Fill(Me.專題製作_2003DataSet.學生基本
        資料表)
06     'TODO: 這行程式碼會將資料載入 '專題製作_2003DataSet.專題題目資料表'
        資料表。您可以視需要進行移動或移除。
07     Me.專題題目資料表TableAdapter.Fill(Me.專題製作_2003DataSet.專題題目
        資料表)
08     'TODO: 這行程式碼會將資料載入 '專題製作_2003DataSet.指導老師基本資
        料表' 資料表。您可以視需要進行移動或移除。
09     Me.指導老師基本資料表TableAdapter.Fill(Me.專題製作_2003DataSet.指導
        老師基本資料表)
10
11   End Sub
12
13 End Class
```

4. DataGridView1的ReadOnly屬性設為唯讀。

**✱ 程式碼**

完整程式碼中自行撰寫部分以灰色網底呈現。

```
01 Public Class E4_14_Filter
02
03    Private Sub E4_14_Filter_Load(ByVal sender As System.Object, ByVal e As
         System.EventArgs) Handles MyBase.Load
04       'TODO: 這行程式碼會將資料載入 '專題製作_2003DataSet.學生基本資料表'
         資料表。您可以視需要進行移動或移除。
05       Me.學生基本資料表TableAdapter.Fill(Me.專題製作_2003DataSet.學生基本
         資料表)
06       'TODO: 這行程式碼會將資料載入 '專題製作_2003DataSet.專題題目資料表'
         資料表。您可以視需要進行移動或移除。
07       Me.專題題目資料表TableAdapter.Fill(Me.專題製作_2003DataSet.專題題目
         資料表)
08       'TODO: 這行程式碼會將資料載入 '專題製作_2003DataSet.指導老師基本資
         料表' 資料表。您可以視需要進行移動或移除。
09       Me.指導老師基本資料表TableAdapter.Fill(Me.專題製作_2003DataSet.指導
         老師基本資料表)
10
11       專題題目資料表BindingSource.Filter = "指導老師='" & ComboBox1.Text & "'"
12       學生基本資料表BindingSource.Filter = "專題題目='" & ComboBox2.Text & "'"
13       DataGridView1.AutoResizeColumns()
14    End Sub
15
16    Private Sub ComboBox2_SelectedIndexChanged(ByVal sender As
         System.Object, ByVal e As System.EventArgs) Handles ComboBox2.
         SelectedIndexChanged
17       學生基本資料表BindingSource.Filter = "專題題目='" & ComboBox2.Text & "'"
18    End Sub
19
20    Private Sub ComboBox1_SelectedIndexChanged(ByVal sender As
         System.Object, ByVal e As System.EventArgs) Handles ComboBox1.
         SelectedIndexChanged
21       專題題目資料表BindingSource.Filter = "指導老師='" & ComboBox1.Text & "'"
22       學生基本資料表BindingSource.Filter = "專題題目='" & ComboBox2.Text & "'"
23    End Sub
```

```
24
25 End Class
```

## ✱ 執行結果

程式執行與操作說明如圖14-66。

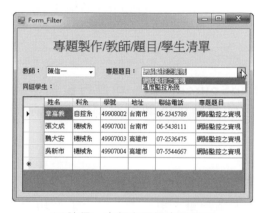

(a)陳信一老師有兩個專題題目

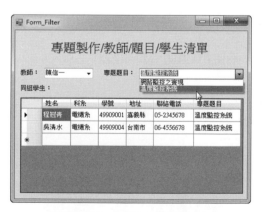

(b)顯示第二個專題題目的學生

圖14-66　執行結果

## ➥ 以程式設定繫結及編輯／刪除作業

資料顯示控制項要與BindingSource建立繫結，可直接在程式中使用控制項的DataBindings屬性加以撰寫，語法如下：

控制項名稱.**DataBindings.Add(** "Text", 資料來源名稱, 資料成員名稱, **True)**

其中，資料來源名稱即為BindingSource名稱；資料成員名稱即為欲繫結的資料成員。

---

### 例 14-15　BindingSource練習—可進行資料更新、新增、刪除和移動目前資料列的教師資料表管理系統

#### ✱ 功能說明

連接資料庫檔案「E:\資料庫\專題製作_2003.accdb」，完成教師資料表管理系統，有上一筆、下一筆、第一筆、最末筆等功能，且可以進行資料的更新、新增和刪除。

#### ✱ 學習目標

1. 全部以程式撰寫，不使用VB的資料庫設計工具。

2. 資料繫結設定練習。

3. BindingSource練習。

#### ✱ 表單配置

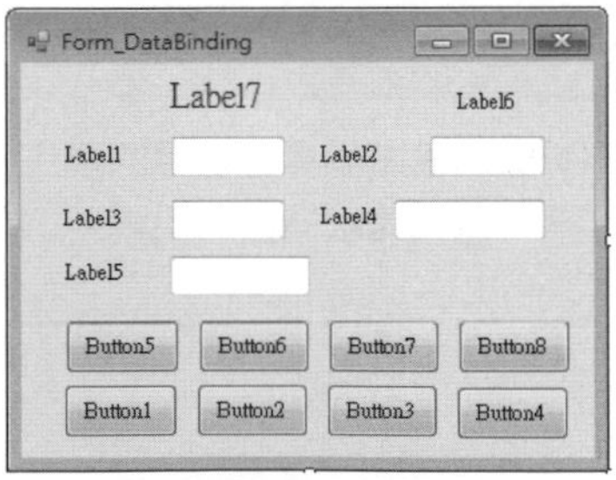

圖14-67　表單配置圖

### ★ 程式碼

```vb.net
01 Imports System.Data.OleDb
02 Public Class E14_15_Form_DataBinding
03
04   Dim cn As New OleDbConnection
05   Dim cmd As New OleDbCommand
06   Dim ds As New DataSet
07   Dim da As New OleDbDataAdapter
08   Dim bs As New BindingSource
09
10   Private Sub Form_DataBinding_Load(ByVal sender As System.Object, ByVal
       e As System.EventArgs) Handles MyBase.Load
11     cn.ConnectionString = "Provider=Microsoft.ACE.OLEDB.12.0;Data
       Source=E:\資料庫\專題製作_2003.accdb"
12     cn.Open()
13     cmd.CommandText = "Select * From 指導老師基本資料表"
14
15     da = New OleDb.OleDbDataAdapter(cmd.CommandText, cn)
16     da.Fill(ds)
17     bs.DataSource = ds.Tables(0)
18     TextBox1.DataBindings.Add("Text", bs, "教師編號", True)
19     TextBox2.DataBindings.Add("Text", bs, "教師姓名", True)
20     TextBox3.DataBindings.Add("Text", bs, "服務單位", True)
21     TextBox4.DataBindings.Add("Text", bs, "專長", True)
22     TextBox5.DataBindings.Add("Text", bs, "聯絡電話", True)
23     '-----------------
24     Button1.Text = "新增"
25     Button2.Text = "確定新增"
26     Button3.Text = "更新"
27     Button4.Text = "刪除"
28     Button1.Text = "新增"
29     Button5.Text = "|<"
30     Button6.Text = "<<"
31     Button7.Text = ">>"
32     Button8.Text = ">|"
33     Label1.Text = "教師編號:"
34     Label2.Text = "教師姓名:"
```

```
35    Label3.Text = "服務單位:"
36    Label4.Text = "專長:"
37    Label5.Text = "聯絡電話:"
38    Label6.Text = "#" & (bs.Position + 1) & "/" & bs.Count
39    Label7.Text = "教師基本資料管理"
40  End Sub
41  Private Sub Button5_Click(ByVal sender As System.Object, ByVal e As
        System.EventArgs) Handles Button5.Click
42    bs.MoveFirst()
43    Label6.Text = "#" & (bs.Position + 1) & "/" & bs.Count
44  End Sub
45
46  Private Sub Button8_Click(ByVal sender As System.Object, ByVal e As
        System.EventArgs) Handles Button8.Click
47    bs.MoveLast()
48    Label6.Text = "#" & (bs.Position + 1) & "/" & bs.Count
49  End Sub
50
51  Private Sub Button6_Click(ByVal sender As System.Object, ByVal e As
        System.EventArgs) Handles Button6.Click
52    bs.MovePrevious()
53    Label6.Text = "#" & (bs.Position + 1) & "/" & bs.Count
54  End Sub
55
56  Private Sub Button7_Click(ByVal sender As System.Object, ByVal e As
        System.EventArgs) Handles Button7.Click
57    bs.MoveNext()
58    Label6.Text = "#" & (bs.Position + 1) & "/" & bs.Count
59  End Sub
60
61  Private Sub Button1_Click(ByVal sender As System.Object, ByVal e As
        System.EventArgs) Handles Button1.Click
62    bs.AddNew()
63    Label6.Text = "#" & (bs.Position + 1) & "/" & bs.Count
64  End Sub
65
66  Private Sub Button2_Click(ByVal sender As System.Object, ByVal e As
```

```
      System.EventArgs) Handles Button2.Click
67    '確定新增
68    Dim InsertSQL As String = "Insert Into 指導老師基本資料表(教師編號,教
      師姓名,服務單位,專長,聯絡電話) Values(@A,@B,@C,@D,@E)"
69    cmd.CommandText = InsertSQL
70    cmd.Connection = cn
71    cmd.Parameters.Add("@A", OleDb.OleDbType.Integer, 3, "教師編號
      ").Value = TextBox1.Text
72    cmd.Parameters.Add("@B", OleDb.OleDbType.Char, 50, "教師姓名").Value
      = TextBox2.Text
73    cmd.Parameters.Add("@C", OleDb.OleDbType.Char, 50, "服務單位").Value
      = TextBox3.Text
74    cmd.Parameters.Add("@D", OleDb.OleDbType.Char, 50, "專長").Value =
      TextBox3.Text
75    cmd.Parameters.Add("@E", OleDb.OleDbType.Char, 50, "聯絡電話").Value
      = TextBox3.Text
76    da.InsertCommand = cmd
77
78    '----
79    bs.EndEdit()
80    '---------
81    Dim n As Int16
82    n = da.Update(ds)
83    ds.Clear()
84    da.Fill(ds)
85  End Sub
86
87  Private Sub Button4_Click(ByVal sender As System.Object, ByVal e As
      System.EventArgs) Handles Button4.Click
88    '刪除
89    Dim DeleteSQL As String = "Delete from 指導老師基本資料表 where 教師
      編號= '" & bs.Current(0) & "'"
90    cmd.CommandText = DeleteSQL
91    cmd.Connection = cn
92    da.DeleteCommand = cmd
93    '----
94    bs.RemoveCurrent()
```

```vb
95     '------------
96     Dim n As Int16
97     n = da.Update(ds)
98     ds.Clear()
99     da.Fill(ds)
100    Label6.Text = "#" & (bs.Position + 1) & "/" & bs.Count
101 End Sub
102
103 Private Sub Button3_Click(ByVal sender As System.Object, ByVal e As
       System.EventArgs) Handles Button3.Click
104    '更新
105    Dim UpdateSQL As String = "Update 指導老師基本資料表 Set 教師姓
       名=@B,服務單位=@C,專長=@D,聯絡電話=@E where 教師編號= '" &
       bs.Current(0) & "'"
106    cmd.CommandText = UpdateSQL
107    cmd.Connection = cn
108
109    cmd.Parameters.Add("@B", OleDb.OleDbType.Char, 50, "教師姓名").Value
       = TextBox2.Text
110    cmd.Parameters.Add("@C", OleDb.OleDbType.Char, 50, "服務單位").Value
       = TextBox3.Text
111    cmd.Parameters.Add("@D", OleDb.OleDbType.Char, 50, "專長").Value =
       TextBox4.Text
112    cmd.Parameters.Add("@E", OleDb.OleDbType.Char, 50, "聯絡電話").Value
       = TextBox5.Text
113    '----
114    da.UpdateCommand = cmd
115    bs.EndEdit()
116    '----
117    Dim nn As Int16 = ds.Tables(0).Rows(bs.Position).RowState
118    Dim n As Int16
119    n = da.Update(ds)
120    ds.Clear()
121    da.Fill(ds)
122    End Sub
123
124 End Class
```

**✽ 執行結果**

程式執行結果如圖14-68。

**(a)執行與新增**

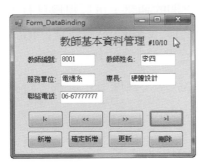

**(b)新增完成與刪除**

**圖14-68　執行結果**

# 14-6　TableAdapter元件

TableAdapter類別並不屬於.NET Framework的類別，它是透過[DataSet設計工具]所建立的，並會位在某特定的命名空間內，這個命名空間是依據與TableAdapter關聯的資料集名稱所識別的，完整名稱（命名空間.物件名稱）如下：

---

**資料集名稱TableAdapters.關聯資料表TableAdapterDataSetName**

---

若要變更TableAdapter的類別名稱，可使用[DataSet設計工具]的[名稱]屬性進行修改。

TableAdapter提供應用程式與資料庫之間的通訊，可以視爲具有內建連接物件及包含多個查詢能力的DataAdapter。TableAdapter會將傳回的資料載入到應用程式中的關聯資料表內，或是傳回已填入資料的新資料表。

TableAdapter一般會包含Fill和Update方法，以擷取和更新資料庫中的資料。底下以範例說明如何建立與應用TableAdapter。

## 例 14-16　建立TableAdapter的資料查詢方法

本例功能爲利用TableAdapter建立查詢方法，實際步驟說明如下：

**Step 1**　進行表單配置

圖14-69　表單配置

**Step 2**　建立TableAdapter的執行個體

建立資料顯示控制項與資料來源的繫結，即可自動產生TableAdapter物件。

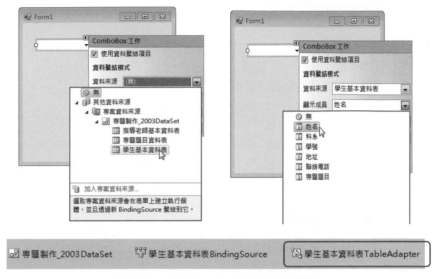

圖14-70　完成ComboBox1之資料繫結

觀察VB在Form1.Designer.vb自動產生與上面三個元件有關的程式碼（灰底）。

```
01 <Global.Microsoft.VisualBasic.CompilerServices.DesignerGenerated()> _
02 Partial Class Form1
03   Inherits System.Windows.Forms.Form
04
05   'Form 覆寫 Dispose 以清除元件清單。
06   <System.Diagnostics.DebuggerNonUserCode()> _
07   Protected Overrides Sub Dispose(ByVal disposing As Boolean)
08     Try
09       If disposing AndAlso components IsNot Nothing Then
10           components.Dispose()
11       End If
12     Finally
13       MyBase.Dispose(disposing)
```

```
14      End Try
15    End Sub
16
17    '為 Windows Form 設計工具的必要項
18    Private components As System.ComponentModel.IContainer
19
20    '注意: 以下為 Windows Form 設計工具所需的程序
21    '可以使用 Windows Form 設計工具進行修改。
22    '請不要使用程式碼編輯器進行修改。
23    <System.Diagnostics.DebuggerStepThrough()> _
24    Private Sub InitializeComponent()
25      Me.components = New System.ComponentModel.Container()
26      Me.Button1 = New System.Windows.Forms.Button()
27      Me.ComboBox1 = New System.Windows.Forms.ComboBox()
28      Me.專題製作_2003DataSet = New E14_16.專題製作_2003DataSet()
29      Me.學生基本資料表BindingSource = New System.Windows.Forms.
        BindingSource(Me.components)
30      Me.學生基本資料表TableAdapter = New E14_16.專題製作_2003DataSet
        TableAdapters.學生基本資料表TableAdapter()
31      CType(Me.專題製作_2003DataSet, System.ComponentModel.
        ISupportInitialize).BeginInit()
32      CType(Me.學生基本資料表BindingSource, System.ComponentModel.
        ISupportInitialize).BeginInit()
33      Me.SuspendLayout()
34      '
35      'Button1
36      '
37      Me.Button1.Location = New System.Drawing.Point(149, 31)
38      Me.Button1.Name = "Button1"
39      Me.Button1.Size = New System.Drawing.Size(95, 20)
40      Me.Button1.TabIndex = 3
41      Me.Button1.Text = "新查詢"
42      Me.Button1.UseVisualStyleBackColor = True
43      '
44      'ComboBox1
45      '
```

```
46    Me.ComboBox1.DataSource = Me.學生基本資料表BindingSource
47    Me.ComboBox1.DisplayMember = "姓名"
48    Me.ComboBox1.FormattingEnabled = True
49    Me.ComboBox1.Location = New System.Drawing.Point(27, 32)
50    Me.ComboBox1.Name = "ComboBox1"
51    Me.ComboBox1.Size = New System.Drawing.Size(103, 20)
52    Me.ComboBox1.TabIndex = 2
53    '
54    '專題製作_2003DataSet
55    '
56    Me.專題製作_2003DataSet.DataSetName = "專題製作_2003DataSet"
57    Me.專題製作_2003DataSet.SchemaSerializationMode = System.Data.
      SchemaSerializationMode.IncludeSchema
58    '
59    '學生基本資料表BindingSource
60    '
61    Me.學生基本資料表BindingSource.DataMember = "學生基本資料表"
62    Me.學生基本資料表BindingSource.DataSource = Me.專題製作
      _2003DataSet
63    '
64    '學生基本資料表TableAdapter
65    '
66    Me.學生基本資料表TableAdapter.ClearBeforeFill = True
67    '
68    'Form1
69    '
70    Me.AutoScaleDimensions = New System.Drawing.SizeF(6.0!, 12.0!)
71    Me.AutoScaleMode = System.Windows.Forms.AutoScaleMode.Font
72    Me.ClientSize = New System.Drawing.Size(284, 262)
73    Me.Controls.Add(Me.Button1)
74    Me.Controls.Add(Me.ComboBox1)
75    Me.Name = "Form1"
76    Me.Text = "Form1"
77    CType(Me.專題製作_2003DataSet, System.ComponentModel.
      ISupportInitialize).EndInit()
78    CType(Me.學生基本資料表BindingSource, System.ComponentModel.
```

```
        ISupportInitialize).EndInit()
79      Me.ResumeLayout(False)
80
81    End Sub
82    Friend WithEvents Button1 As System.Windows.Forms.Button
83    Friend WithEvents ComboBox1 As System.Windows.Forms.ComboBox
84    Friend WithEvents 專題製作_2003DataSet As E14_16.專題製作
      _2003DataSet
85    Friend WithEvents 學生基本資料表BindingSource As System.Windows.
        Forms.BindingSource
86    Friend WithEvents 學生基本資料表TableAdapter As E14_16.專題製作
      _2003DataSetTableAdapters.學生基本資料表TableAdapter
87
88 End Class
```

在Form_TableAdapter.vb自動產生的程式碼為：

```
01 Public Class Form1
02
03    Private Sub Form1_Load(ByVal sender As System.Object, ByVal e As
        System.EventArgs) Handles MyBase.Load
04      'TODO: 這行程式碼會將資料載入 '專題製作_2003DataSet.學生基本資料表'
        資料表。您可以視需要進行移動或移除。
05      Me.學生基本資料表TableAdapter.Fill(Me.專題製作_2003DataSet.學生基本
        資料表)
06
07    End Sub
08 End Class
```

表示[學生基本資料表TableAdapter]將查詢的結果填入[專題製作
_2003DataSet.學生基本資料表]中。執行結果為：

圖14-71　開始執行之畫面

**Step 3**　在TableAdpater中加入查詢與建立方法

1. 雙擊方案總管中的[專題製作_2003DataSet.xsd]，在[學生基本資料表 TableAdapter]按下滑鼠右鍵，並選擇[設定]選項，觀察TableAdapter的主查詢的SQL設定。

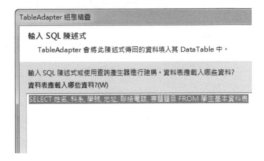

圖14-72　觀察TableAdapter主查詢之SQL陳述式

2. 如圖14-73選擇[預覽]選項，並在[預覽資料]視窗中點選[預覽]鈕，即可預覽TableAdapter主查詢的結果。

圖14-73　預覽TableAdapter主查詢後的結果

3. 加入新查詢

(1) 加入查詢

**(a)**加入查詢，進入查詢組態精靈後按[下一步]

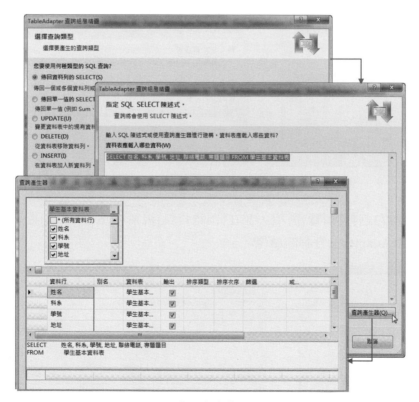

**(b)**進入查詢產生器

圖14-74　加入新查詢

(2) 設定篩選條件與排序類型

假設篩選條件設為：機械系或自控系學生中住台南市，且以學號遞增
排序。依此條件的查詢器輸入設定，可得到SQL陳述式，並可預覽執行
查詢的結果，最後按[完成]鈕。

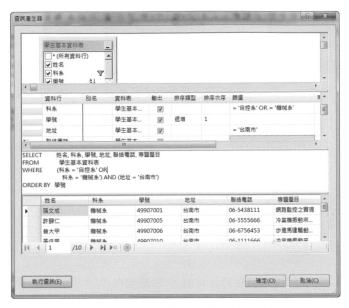

圖14-75　篩選條件設定與執行查詢

圖14-76　完成SQL陳述式設定

(3) 修改新查詢對應的方法名稱

(a)選擇查詢方法

(b)設定查詢方法名稱

(c)完成查詢方法之命名

圖14-77　設定查詢方法名稱

**Step 4** 利用TableAdpater新的查詢方法FillBy_SQL1將結果填入關聯資料表，新增程式碼（灰色網底）如下：

```
01 Public Class Form1
02
03    Private Sub Form1_Load(ByVal sender As System.Object, ByVal e As
      System.EventArgs) Handles MyBase.Load
04      'TODO: 這行程式碼會將資料載入 '專題製作_2003DataSet.學生基本資料
      表' 資料表。您可以視需要進行移動或移除。
05      Me.學生基本資料表TableAdapter.Fill(Me.專題製作_2003DataSet.學生基
      本資料表)
06
07    End Sub
08
09    Private Sub Button1_Click(ByVal sender As System.Object, ByVal e As
      System.EventArgs) Handles Button1.Click
10      Me.學生基本資料表TableAdapter.FillBy_SQL1(Me.專題製作
      _2003DataSet.學生基本資料表)
11    End Sub
12
13 End Class
```

**✳ 執行結果**

按[新查詢]鈕後，會在ComboBox1產生新的查詢名單。

圖14-78　新查詢畫面

END

國家圖書館出版品預行編目資料

Visual Basic .NET 實力應用教材/ 楊錫凱,
陳世宏 編著. - -三版. - -新北市：全華圖書,
2012.12
　　面　；　公分
　　ISBN 978-957-21-8814-9(平裝附光碟片)
1. BASIC(電腦程式語言)

312.32B3　　　　　　　　　101026592

# Visual Basic .NET 實力應用教材

作者 / 楊錫凱・陳世宏

執行編輯 / 李慧茹

發行人 / 陳本源

出版者 / 全華圖書股份有限公司

郵政帳號 / 0100836-1 號

印刷者 / 宏懋打字印刷股份有限公司

圖書編號 / 03900027

三版二刷 / 2013 年 3 月

定價 / 新台幣 600 元

ISBN / 978-957-21-8814-9

全華圖書 / www.chwa.com.tw

全華網路書店 Open Tech / www.opentech.com.tw

若您對書籍內容、排版印刷有任何問題，歡迎來信指導 book@chwa.com.tw

**臺北總公司(北區營業處)**
地址：23671 新北市土城區忠義路 21 號
電話：(02) 2262-5666
傳真：(02) 6637-3695、6637-3696

**中區營業處**
地址：40256 臺中市南區樹義一巷 26 號
電話：(04) 2261-8485
傳真：(04) 3600-9806

**南區營業處**
地址：80769 高雄市三民區應安街 12 號
電話：(07) 381-1377
傳真：(07) 862-5562